原书第二版

流致振动

〔美〕Robert D. Blevins 著

戴绍仕 译

科学出版社

北 京

图字：01-2022-6114 号

内 容 简 介

本书是美国加利福尼亚大学研究生基础课的教材之一。作者在第一版的基础上纠正并更新了一部分内容，更全面地反映当前成熟的、先进的研究成果。本书在引入理想流体模型等内容的基础上，重点介绍适用于流体所致小尺度结构的涡致振动、跳跃振动和涡致声的基本概念、基本原理和计算方法，并结合实际应用附上典型算例。本书的主要特点是全面、系统、适用范围广且通俗易懂。

本书主要是为船舶与海洋工程、航天工程研究生编写的，但涡致振动、跳跃振动、湍流和声致振动的基本原理和方法也适用于土木工程、力学等领域。本书自第一版发行以来，被很多高校和科研单位选为教学资料，相信修订的第二版一定能成为学生的良师益友，为学生从事流致振动方向的研究打下更坚实的基础。本书也可供从事流致振动相关工作的教师、技术人员和科研工作者学习和使用。

图书在版编目(CIP)数据

流致振动：原书第二版/（美）罗伯特 • D. 布莱文斯（Robert D. Blevins）著；戴绍仕译. —北京：科学出版社，2022.6

书名原文：Flow-Induced Vibration

ISBN 978-7-03-069810-0

Ⅰ. ①流…　Ⅱ. ①罗…　②戴…　Ⅲ. ①流体动力学　Ⅳ. ①O351.2

中国版本图书馆 CIP 数据核字(2021)第 188393 号

责任编辑：姜　红　张培静 / 责任校对：樊雅琼
责任印制：吴兆东 / 封面设计：无极书装

科学出版社 出版
北京东黄城根北街 16 号
邮政编码：100717
http://www.sciencep.com
北京中科印刷有限公司 印刷
科学出版社发行　各地新华书店经销
*
2022 年 6 月第　一　版　开本：787×1092　1/16
2022 年 6 月第一次印刷　印张：24 1/4
字数：575 000

定价：89.00 元
（如有印装质量问题，我社负责调换）

中 文 版 序

本书旨在为机械工程师、航空工程师、土木工程师、海洋工程师和学生提供分析工具，用于分析处于流动流体中结构的振动。本书呈现了一些结构振动和流体力学的知识。由于本书是基本的介绍，所以附录中给出了结构振动的回顾和一些关于随机振动理论的讲解。因为任何给定的结构都可能受到多种流致振动机制的作用，所以本书是根据流体运动引起振动的机理来组织全文，而不是依据结构类型。

本书代表着加利福尼亚州圣迭戈的通用原子公司、加利福尼亚州帕萨迪纳的加州理工学院、马里兰州卡德罗克的大卫·泰勒模型试验水池和加利福尼亚州丘拉维斯塔的罗尔工业公司的相关研究成果。第二版是对第一版的修订和补充。

在第二版中，所有已知错误都被纠正，并且更新内容来反映当前的研究。由于很多受流致振动影响的系统遵循美国机械工程师协会（ASME）规范，因此在本书中又增加了有关流致振动规范的新内容。

我诚挚地感谢对第二版的修订给予过帮助的人。我的同事提供了见解、灵感和数据，尤其是 H. Aref、M. K. Au-Yang、B. Bickers、M. Gharib、I. Holehouse、T. M. Mulcahy、M. P. Paidoussis、M.W. Parkin、M. J. Pettigrew、J. Sandifer、T. Sarpkaya、D. S. Weaver。在无休止的重写中，Kathleen Cudahy 成功地经受住了席卷我们房子的“纸风暴”，她一直善意地支持我。Boecky Yal 编辑了手稿中的每一个词，本书因她的技术变得更好。哈尔滨工程大学戴绍仕博士翻译了第二版，我非常感谢其翻译技术和勤奋努力。我还要感谢黄德波教授、孙丽萍教授、唐聃博士和 B. A. Younis 教授的细致审阅。

这本书献给那些永远不知悉我或你们名字的人，他们可能是飞机上的旅行者、楼宇里的工作者以及被本书致力分析和防护的发电装置所温暖的人们。他们激励我们工作，保护他们是我们的首要责任。

Robert D Blevins

2020 年 3 月 18 日

中文版序

Preface for Chinese Translation

The purpose of this book is to provide mechanical engineers, aeronautical engineers, civil engineers, marine engineers, and students with analytical tools for the analysis of the vibrations of structures exposed to fluid flow. The book assumes some knowledge of structural vibrations and fluid mechanics. Since the book is basically introductory, a review of vibrations of structures is provided in the appendices, and some explanatory material on the theory of random vibrations is also presented. The text is organized according to the fluid dynamic mechanism for exciting vibration rather than by type of structure, since any given structure may be subject to several mechanisms for flow-induced vibration.

This book represents the sum of research at General Atomics, San Diego, California; the California Institute of Technology, Pasadena, California; David Taylor Model Basin, Carderock, Maryland; and Rohr Industries, Chula Vista, California. The second edition is revised and expanded from the first edition.

In the second edition, all known errors have been corrected and updates have been made to reflect current research. Since many systems that are prone to flow-induced vibration are also governed by the ASME code, new information on vibration-related code rules has been added.

The author is indebted to many individuals for their help with the second edition. Colleagues, especially H. Aref, M. K. Au-Yang, B. Bickers, M. Gharib, I. Holehouse, T. M. Mulcahy, M. P. Paidoussis, M. W. Parkin, M. J. Pettigrew, J. Sandifer, T. Sarpkaya, and D. S. Weaver, provided insight, inspiration, and data. Kathleen Cudahy withstood the paper blizzard that covered our house and supported the author with kindness during endless rewrites. Boecky Yal edited every word in the manuscript and the book is much better for her skill. Dr. S. S. Dai of the Harbin Engineering University translated this edition. I am very grateful for her skill and effort. I also thank for Professor D. B. Huang, Professor L. P. Sun, Dr. D. Tang and Professor B. A. Younis' s checking.

This book is dedicated to people who will never know my name or yours. They are the people who travel in the airplanes, work in the buildings, and are warmed by the power plants that this book endeavors to analyze and protect. They motivate us to work, and protecting them is our first responsibility.

Robert D Blevins

2020-3-18

原书前言

本书旨在为机械工程师、航空工程师、土木工程师、海洋工程师和学生提供分析工具，用于分析处于流动流体中结构的振动。本书呈现了一些结构振动和流体力学的知识。由于本书是基本的介绍，所以附录中给出了结构振动的回顾和一些关于随机振动理论的讲解。因为任何给定的结构都可能受到多种流致振动机制的作用，所以本书是根据流体运动引起振动的机理来组织全文，而不是依据结构类型。

本书代表着加利福尼亚州圣迭戈的通用原子公司、加利福尼亚州帕萨迪纳的加州理工学院、马里兰州卡德罗克的大卫 • 泰勒模型试验水池和加利福尼亚州丘拉维斯塔的罗尔工业公司的相关研究成果。第二版是对第一版的修订和补充。“理想流体模型”这一章是全新的，其他章节也进行了更新和扩展。除了第一版中讨论的换热器、近海和风工程主题外，还增加了关于颤振和声疲劳方面的新内容。增加的很多练习和实例使这本书更适合用作教材。

在第二版中，所有已知错误都被纠正，并且更新内容来反映当前的研究。由于很多受流致振动影响的系统遵循美国机械工程师协会（ASME）规范，因此在本书中又增加了有关流致振动规范的新内容。

附录 E 中包含《ASME 锅炉与压力容器规范》（1992 年）的附录 N 的第 1 部分第III节。表 3-2 给出了计算圆柱涡致振动的建议公式，图 5-6（a）给出了管列中不稳定计算的结果，并且 7.3.2 节和 7.3.3 节给出了与湍流致振动代码相一致的方法。

本书中有效的计算程序和求解方法都来自阿维安（Avian）软件。

程序包括离散涡运动、涡致振动、颤振、换热器振动分析和声致板的疲劳。在撰写这些时，单独副本或类别许可证的价格是 179 美元，磁盘上的这些程序适用于 IBM 计算机或兼容机。

我诚挚地感谢对第二版的修订给予过帮助的人。我的同事提供了见解、灵感和数据，尤其是 H. Aref、M. K. Au-Yang、B. Bickers、M. Gharib、I. Holehouse、T. M. Mulcahy、M. P. Paidoussis、M. W. Parkin、M. J. Pettigrew、J. Sandifer、T. Sarpkaya、D. S. Weaver。在无休止的重写中，Kathleen Cudahy 成功地经受住了席卷我们房子的“纸风暴”，她一直善意地支持我。Boecky Yal 编辑了手稿中的每一个词，本书因她的技术变得更好。

这本书献给那些永远不知悉我或你们名字的人，他们可能是飞机上的旅行者、楼宇里的工作者以及被本书致力分析和防护的发电装置所温暖的人们。他们激励我们工作，保护他们是我们的首要责任。

原书前言

目　录

符　号　表

符号	含义
A	横截面积或振幅（峰值间位移的 1/2）
C_a	附加质量系数
C_D	阻力系数
C_L	升力系数
C_M	力矩系数
C_m	惯性力系数
C_v	垂向力系数
c	流体中或翼弦处的声速
D	用于计算气动系数的特征尺寸
F	单位长度上的力或力矩
f	频率（Hz）
G	阵风系数
g	重力加速度
$\bar{g}$	峰值与均方根值的比
I	截面惯性矩
i	虚数单位
i	整数
J_θ	质量极惯性矩
KC	柯莱根-卡彭特数
k	单位长度的弹簧常数
L	展向长度
l_c	相关长度
M	质量或附加质量
m	单位长度质量
p	压力或概率
q	动压，$\rho U^2/2$
Re	雷诺数
r	相关函数
S	施特鲁哈尔数
S_p	压力功率谱密度
SPL	声压级
t	时间
U	自由流或最小区域的流体速度
V	结构速度
$\underline{V}$	体积
v	垂直速度分量
X	平行于自由流的位置
x	平行于自由流的坐标位移
Y	垂直于自由流的位置
y	垂直于自由流的坐标位移
z	展向坐标或复数
α	迎角
δ	对数衰减率
δ_r	约化阻尼，$2m(2\pi\zeta)/(\rho D^2)$
θ	旋转角
λ	波长
ν	运动黏性系数
ζ	阻尼系数
ρ	流体密度
τ	时间间隔
ϕ	相位角或势函数
ψ	流函数
ω	圆频率或涡量

下标和上标

a	声学
D	阻力
i	积分常数或索引数
j	整数
L	升力
max	最大值
rms	均方根
x	平行于自由流的方向
y	垂直于自由流的方向
θ	扭转
$(\dot{\ })$	对时间的微分
$(\bar{\ })$	时均值
$(\tilde{\ })$	振型（x, y, z 的函数）

绪　论

流体绕过结构物流动，小到单簧管簧片，大到摩天大楼，在对其产生有利运动的同时也会引起破坏性的振动事故。风会将树叶吹得沙沙作响，使得风铃产生回响，但又会将农作物连根拔起，甚至是破坏整个群体；能够冲开海藻叶子的海流也会将海洋平台摧毁在大海中；冷却增殖堆芯的液态钠也会破坏反应堆核心的防护和沉淀熔融。近些年来，流致振动的研究变得越来越重要，设计师使用的材料已经达到极限，导致结构逐渐变得更轻、更灵活、更容易产生振动。

一些新的行业术语已被用来描述这些流所诱发的各类振动。如：加拿大冰雪覆盖的电缆在稳定风中的“跳跃振动”（也称驰振）；悬挂水听器的海上拖缆在可预测频率下的“弹奏”；超过临界速度时飞机的细长机翼“颤振”；换热器管阵经历的“流体弹性失稳”。每种类型的振动都来自这些显著的流体动态现象，我们可以根据流动和结构的类型对它们进行分类（图 0-1）。

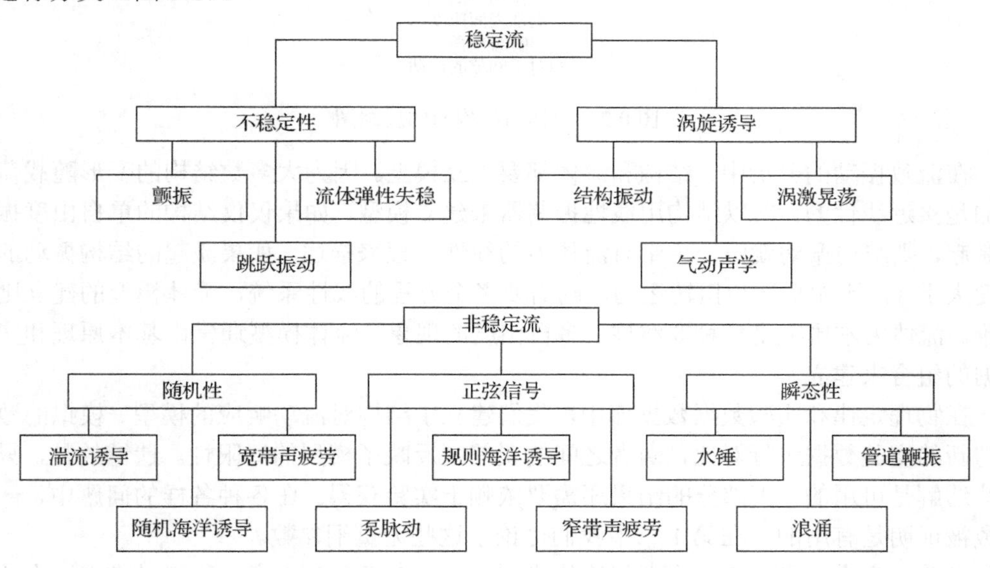

图 0-1　流致振动的分类

本书探索了由低速流所诱导的结构振动。许多结构考虑的都是钝体，钝体结构是指在结构较大截面处会发生流动分离的结构。大多数土木工程结构，比如桥梁或者换热器管，都是钝体结构，它们的主要用途不是像飞机部件那样获得升力或者减小阻力，而是承受负载，控制流动或者提供热转换面。这些结构没有进行空气动力学的优化。在事故发生之前，流体诱发振动通常被视为辅助设计考虑因素，至少在发生故障之前是如此。

流体与结构之间的耦合作用是通过流体施加在结构上的作用力来实现的（图 0-2）。流体力会引起结构物的变形。当结构发生变形时，流体流动的方向会发生变化，流体力也可能会改变。在某些情况下，比如在湍流冲击船体外板时所产生的激励，结构变形的微小变化不会对流体力产生影响。而在其他情况下，比如在稳定风中被冰雪覆盖的电缆的振动，流体力是完全由结构相对于流体流动的速度和方向决定的。最后，在流体对结构施加作用力的同时，结构也会对流体产生一个大小相等的反作用力。作用在流体上的结构力可以使尾流中的涡流同步地产生大幅振动。

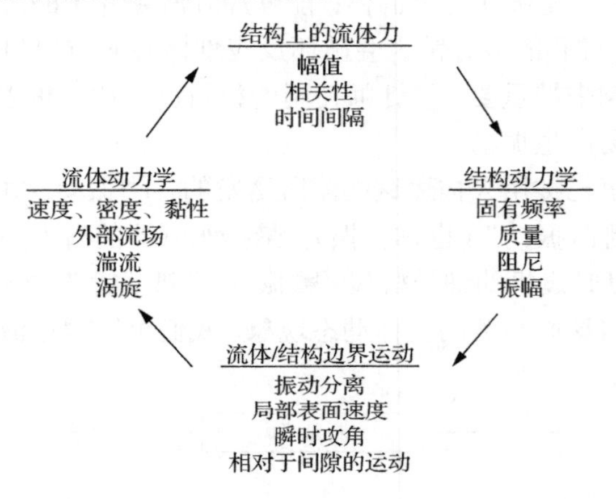

图 0-2　流体与结构间的反馈图

在流致振动的分析中，结构和流体都要建立模型。因为大多数结构的变形随载荷的增加是接近线性的，所以结构用线性振荡器来建立模型。如果仅仅结构的单自由度振动被激起，则结构振动就用一个带有流体力的线性方程来描述。如果激起的结构振动的自由度大于 1，比如平移和扭转运动，则需要多个方程的线性系统，流体模型的建立则更困难。流体力本质上是一种非线性、多自由度的现象，流体模型通常由基本原理和实验数据的组合来建立。

在物理定律和实验数据数据库中，我们建立了结构对流动响应的模型。模拟的数据可与新的实验数据进行对比，两者之间的误差则反映了模型的局限性。遗憾的是，只有一些通解是可用的，大部分的结果还需要依赖于实验获得。在各种各样的问题中，一些参数被证明是有用的，在第 1 章中我们讨论了这些无量纲参数。

在第 2 章中，我们考虑了理想流体模型。从第 3 章到第 5 章，我们对稳定流中的结构响应进行了分析。振荡流、湍流和声对结构的影响在第 6 章和第 7 章中给出了讲解。第 8 章分别用分析和实验的方法探讨了限制流致振动主要机理的结构阻尼。第 9 章给出了流所诱导的声（气动声学）的特性。第 10 章给出了内流效应对管道的影响。附录介绍了结构动力学、气动声学以及谱分析的数学基础。

第1章 量纲分析

图1-1表示在稳定流中一个二维的、弹簧支撑的、有阻尼的振动模型。这个模型是处于流动流体中弹性结构的原型。这个模型的振动可以依据控制流体流动、模型和流固耦合的无量纲参数来描述。这些参数可以用于衡量流致振动和评估不同流体现象的重要程度。

1.1 无量纲参数

1. 几何参数

几何特征是决定流体对结构作用力的最重要参数，建立模型的几何参数由长细比来定义：

$$\frac{l}{D}=\frac{\text{长度}}{\text{宽度}}=\text{长细比} \tag{1-1}$$

几何的定义通常包括在三维中长度与宽度之比（纵横比）和表面粗糙度与宽度之比。

2. 约化速度和无量纲振幅

当模型在流动的流体中振动时，它的轨迹描述如图1-2所示。对于稳态振动，一个周期的轨迹长度为U/f，这里U为自由流速度，f为振动频率；轨迹宽度为$2A_y$（其中A_y为振幅）。这些轨迹尺寸与模型尺寸有关：

$$\frac{U}{fD}=\frac{\text{一个周期的轨迹长度}}{\text{模型宽度}}=\text{约化速度} \tag{1-2}$$

$$\frac{A_y}{D}=\frac{\text{振幅}}{\text{模型宽度}}=\text{无量纲振幅} \tag{1-3}$$

我们通常把第一个参数称为约化速度或无量纲速度。它的倒数被称为无量纲频率。模型的宽度（D）通常被用来计算这些参数，因为这个宽度趋向于尾流的宽度。如果约化速度介于2～8，那么该模型经常会与其尾流中的涡旋脱落发生强烈的相互作用。

柯莱根-卡彭特数（KC）和施特鲁哈尔数（S）是与约化速度密切相关的两个无量纲参数。KC用于振荡流场中，例如海浪（见第6章）。它在形式上与约化速度相同，但是U定义为直径为D的结构在频率为f的振荡流中流体速度幅值。施特鲁哈尔数

$S=\dfrac{f_s D}{U}$，其中 f_s 是定常流速 U 中直径为 D 的结构发生的周期性涡旋脱落的频率。

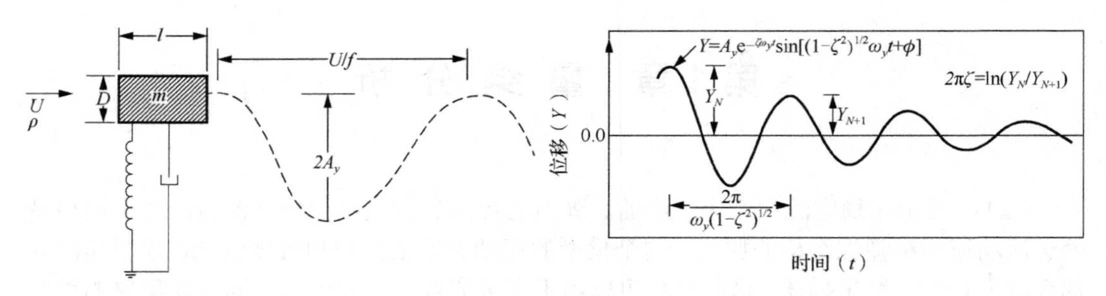

图 1-1　二维的、弹簧支撑的、有阻尼的振动模型

图 1-2　黏性阻尼结构的自由振动（ω_y 是振动的固有频率，单位是 rad/s）

3. 质量比

模型的质量与其排开的流体质量成比例：

$$\frac{m}{\rho D^2}=\frac{\text{模型单位长度上的质量}}{\text{流体密度}\times\text{模型特征尺寸的平方}}=\text{质量比} \tag{1-4}$$

式中，m 通常包括结构质量和振动模型所夹带流体的“附加质量”（见第 2 章）。质量比是模型受到的浮力和附加质量效应相对重要的一个衡量。它被更普遍地用来衡量轻型结构对于流致振动的敏感程度。随着流体质量与结构质量之比的增大，流体诱发振动的趋势也随之增大。

4. 雷诺数

边界层的发展和流动分离是由微观水平上的流体力决定的。模型周围流体的惯性作用促使结构产生边界层，结构表面的黏性摩擦会阻碍边界层发展。边界层中惯性力与黏性力之比（Schlichting，1968）为

$$\frac{UD}{\nu}=Re \tag{1-5}$$

式中，ν 是流体的运动黏性系数，它等于动力黏性系数与流体密度的比。

雷诺数（Re）用来衡量边界层厚度和层流向湍流转化的程度。根据结构的宽度，流体从钝体背面分离时 Re 要大于 50。

5. 马赫数

马赫数计算方法为

$$\frac{U}{c}=\frac{\text{流速}}{\text{声速}}=\text{马赫数} \tag{1-6}$$

式中，c 是声在流体中的传播速度。

马赫数用来衡量流体遇到结构时压缩的趋势。本书主要讨论马赫数小于 0.3 的情况。压缩性通常不会影响振动。

湍流强度同马赫数一样是相对自由流速度的测量，其定义为

$$\frac{u'_{\mathrm{rms}}}{U}=\frac{\text{湍流均方根}}{\text{自由流速度}} \tag{1-7}$$

湍流强度测量了流体的湍流程度。通常湍流在结构上游生成，结构将对这种随机激励做出响应。典型低湍流风洞的湍流等级是自由流速度的 0.1%，而风致湍流是大于 100 的因子（见 7.4.1 节）。

6. 阻尼系数和约化阻尼

结构振动时所耗散的能量以阻尼系数为特征：

$$\zeta=\frac{\text{一个周期的能量损耗}}{4\pi\times\text{结构的全部能量}}=\text{阻尼系数} \tag{1-8}$$

这里的 ζ 称为阻尼系数或阻尼比，它通常表示成临界阻尼系数为 1 的一个分数。对于线性、黏性阻尼结构来说，$2\pi\zeta$ 等于小阻尼结构自由衰减振动时的任意两个相邻周期的振幅比的自然对数值（图 1-2）。如果输入给结构的能量小于它在阻尼中耗散的能量，流致振动将会减小。多数真实结构的阻尼系数约为 0.01（即临界值的 1%），见第 8 章。

一个非常有用的参数，可以称为约化阻尼、质量阻尼或斯克鲁顿数（Walshe，1983），它由质量比与阻尼系数的乘积组成：

$$\frac{2m(2\pi\zeta)}{\rho D^2}=\text{约化阻尼} \tag{1-9}$$

提高约化阻尼通常可以降低流致振动的振幅。

1.2 应　　用

在描述低速流（马赫数小于 0.3）中弹性结构的振动时，下面的无量纲参数是非常有用的。

（1）几何参数（l/D）。

（2）约化速度［$U/(fD)$］。

（3）无量纲振幅（A_y/D）。

（4）质量比［$m/(\rho D^2)$］。

（5）雷诺数（UD/ν）。

（6）阻尼系数（ζ）。

（7）湍流强度（u'_{rms}/U）。

在每种流致振动的分析中，这些无量纲变量中的部分变量会出现，其他的变量也可能会出现。

本书分析的目标是把流致振动中的无量纲振幅表述为其余无量纲变量的函数。

$$\frac{A_y}{D}=F\left[\frac{l}{D},\frac{UD}{\nu},\frac{U}{fD},\frac{m}{\rho D^2},\zeta,\frac{u'_{\mathrm{rms}}}{U}\right] \tag{1-10}$$

例如，在图 1-3 中给出了模型流致振动的无量纲振幅是约化速度和阻尼系数的函数。振动发生在模型的固有频率处。振幅的两个峰值是由于不同的流动现象引起的。在频率为 $f_s=\frac{SU}{D}$（S 约为 0.2）时，就会出现周期性的涡旋脱落。固有频率即特征频率 f，涡旋脱落频率等于结构固有频率时约化速度 $U/(fD)\approx 1/S$，近似为 5。因此，振动中的第一个峰值是由涡旋脱落所致；当约化速度约为 11 时，第二个峰值伴随着称为“跳跃振动”的不稳定性，这种现象与飞机的颤振类似。需要注意的是，这两种振动都随着阻尼的增加而降低。

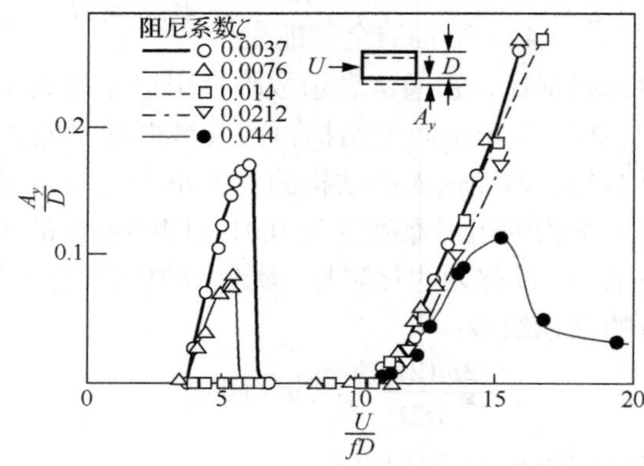

图 1-3　一个边长比为 2 的弹性支撑、有阻尼模型的横向响应

［模型的固有频率为 6Hz，D=3.35in①（8.51cm），$m/(\rho D^2)=129.5$］（Novak，1971）

练　习　题

1. 对于风绕过学校建筑（如图书馆）的问题，估算每个无量纲参数。其中 D 为建筑窄边的宽度，L 是建筑的高度。估计最大风速为 150ft②/s（46m/s），或者使用风的极限数据，见图 7-17 与图 7-18。室温状态下的空气属性如下：$\rho=0.075$lb③/ft^3（1.2kg/m^3），ν=0.00016ft^2/s（0.000015m^2/s），$c=1100$ft/s（335m/s）。假设一个典型建筑的平均密度

① 1in=2.54cm

② 1ft=0.3048m

③ 1lb=0.453592kg

为10lb/ft^3（160kg/m^3），估算出单位高度的图书馆质量。当$f=10/N$ Hz时，估算基本模态的固有频率，其中N是结构的楼层数［或参考式（7-85）］，使用阻尼系数为$\zeta=0.0076$或使用8.4.3节中的数据。根据$u'_{\text{rms}}=0.2U$或使用式（7-64）估算湍流均方根。如果你觉得你的建筑在风中没有明显的移动，那么A_y近似为0。结合图1-3，对于约化速度$\dfrac{U}{fD}=5$时，图书馆需要设计为多高？

参考文献

Novak M. 1971. Galloping and vortex induced oscillations of structures. Proceedings of the Third International Conference on Wind Effects on Buildings and Structures, Tokyo, Japan.

Schlichting H. 1968. Boundary layer theory. New York: McGraw-Hill.

Walshe D E. 1983. Scruton number. Journal of Wind Engineering & Industrial Aerodynamics, 12(1): 99.

第 2 章　理想流体模型

理想流体是一种无黏性的流体。不足为奇，理想流体远比黏性流体更容易建模。在本章中，我们将推导理想流体流动模型，并用于确定变速运动物体的附加质量和流体与相邻结构的耦合作用。本章还介绍离散涡的基本知识。

2.1　势流理论基础

考虑一个不可压缩、无黏性的流体团，如图 2-1（a）所示。流体团中有一表面积为 S 的结构。流体可以在结构周围流动且结构相对于流体有运动。对于二维流体的运动，流体的速度矢量为 V，水平和垂直方向的速度分量分别为 u 和 v：

$$V(x,y,t)=u(x,y,t)i+v(x,y,t)j \tag{2-1}$$

二维直角坐标系的坐标轴为 x 和 y。t 是时间，i 和 j 分别表示 x 和 y 方向上的单位矢量。

流体团中理想流体的运动受 3 组方程控制：①连续性方程（质量守恒）；②欧拉方程（动量守恒）；③物面边界条件。每个方程的推导如下。

在二维直角坐标系中，不可压缩流体的连续性方程（Newman，1977）：

$$\frac{\partial u}{\partial x}+\frac{\partial v}{\partial y}=0 \tag{2-2}$$

相同地，用矢量表示 V 的散度为 0：

$$\nabla \cdot V=0 \tag{2-3}$$

式中，∇ 表示矢量梯度算符；$(\cdot)$ 表示矢量的点积。

由速度势函数 $\phi(x,y,t)$ 的微分得到一个速度场：

$$u=\frac{\partial \phi}{\partial x} \text{ 和 } v=\frac{\partial \phi}{\partial y} \tag{2-4}$$

在矢量术语中，速度矢量是速度势的梯度：

$$V=\nabla \phi \tag{2-5}$$

这个方程式暗示了常数 ϕ 的线（等势线）与速度矢量相垂直。

将式（2-4）代入式（2-2）中，我们得到速度势（满足拉普拉斯方程）的线性方程，

$$\frac{\partial^2 \phi}{\partial x^2}+\frac{\partial^2 \phi}{\partial y^2}\equiv \nabla^2 \phi=0 \tag{2-6}$$

在柱坐标系中，流体速度分量为

$$u_r = \frac{\partial \phi}{\partial r} \text{ 和 } u_\theta = \frac{1}{r}\frac{\partial \phi}{\partial \theta} \tag{2-7}$$

相应的拉普拉斯方程表示为

$$\frac{\partial^2 \phi}{\partial r^2} + \frac{1}{r}\frac{\partial \phi}{\partial r} + \frac{\partial^2 \phi}{r^2 \partial \theta^2} \equiv \nabla^2 \phi = 0 \tag{2-8}$$

式中，r 为半径坐标；θ 为角坐标；u_r 和 u_θ 为相应的速度分量。

涡量是流体微团旋转速度的一个度量，其被定义为

$$\omega = \frac{\partial v}{\partial x} - \frac{\partial u}{\partial y} \tag{2-9}$$

如图 2-1（b）所示。ω 是流体微团的相邻两边的旋转速度之和。在柱坐标系中涡量为

$$\omega = \frac{1}{r}\frac{\partial (r u_\theta)}{\partial r} - \frac{1}{r}\frac{\partial u_r}{\partial \theta} \tag{2-10}$$

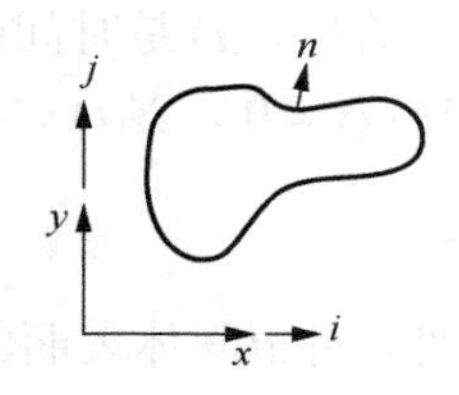

（a）理想流体团中物体

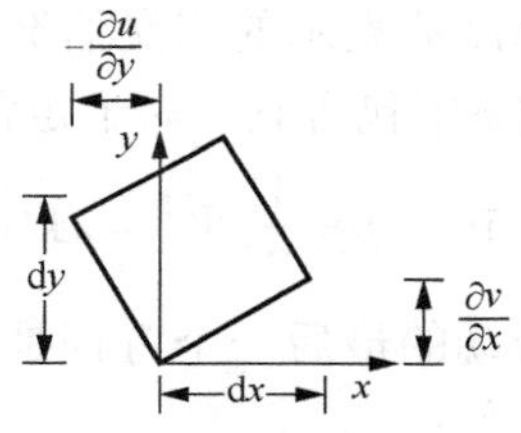

（b）流体微元的转动

图 2-1　流体团

一些学者将涡量定义为这项量的负值。将式（2-4）代入式（2-9）中，我们发现势流中 $\omega = 0$。换而言之，势流中不允许流体微团旋转。这个结果也可以从速度恒等式中得到。涡量矢量是速度矢量的旋度：

$$\omega = \nabla \times V \tag{2-11}$$

因为任何连续、可微函数的旋度恒为 0，所以势流的涡量为 0，

$$\nabla \times V = \nabla \times (\nabla \phi) \equiv 0 \tag{2-12}$$

式中，$\times$ 表示矢量叉积。因此，若在某点存在速度势，那么该点的涡量必定是 0。相应地，零涡量也暗示着速度势的存在（Newman，1977）。流场中涡量处处为 0 时被称为无旋。在许多理想流体中，涡量完全为 0，除了在少数速度势不可微的点处。这些点被称为奇点，它们与涡量源有关。

欧拉方程描述了压力梯度与理想的不可压缩流体运动间的关系。该方程于 1755 年由莱昂哈德·欧拉首次推导得出，其可以用矢量形式表达（Landau et al.，1959）：

$$\frac{\partial V}{\partial t} + (V \cdot \nabla) V = -\frac{1}{\rho}\nabla p \tag{2-13}$$

式中，p 表示流体稳态压力；ρ 表示流体密度。利用矢量力学的恒等式：

$$\frac{1}{2}\nabla\bar{V}^2 = V\times(\nabla\times V)+(V\cdot\nabla)V \tag{2-14}$$

式中，$\bar{V}=(u^2+v^2)^{1/2}$，表示V的模量。式（2-13）可以写为

$$\frac{\partial V}{\partial t}+\frac{1}{2}\nabla\bar{V}^2 - V\times(\nabla\times V) = -\frac{1}{\rho}\nabla p \tag{2-15}$$

将速度势表达式（2-5）代入式（2-15）并使用式（2-12）中的速度等式，梯度算符可以整理到等式外侧：

$$\nabla\left(\frac{\partial\phi}{\partial t}+\frac{1}{2}\bar{V}^2+\frac{p}{\rho}\right)=0$$

因此，括号中的量是一个与空间无关的函数；其为一个常数或一个时间的函数。设其为一个函数$F(t)$，则有

$$p=-\rho\frac{\partial\phi}{\partial t}-\frac{1}{2}\rho\bar{V}^2+F(t) \tag{2-16}$$

这个式子是用速度势表示的广义伯努利方程。函数$F(t)$是时间的函数，但与流体微元的位置无关；通常ϕ中包含它。对于定常流，$\partial\phi/\partial t=0$，$F(t)=$常数，由此伯努利方程简化为更熟悉的形式，$p+\frac{1}{2}\rho\bar{V}^2=$总压=常数。

描述理想流体流动的最后一个方程是边界条件。对于固体表面的边界条件可简化为流体不可穿透物面条件：

$$V\cdot n=0 \text{（在物面}S\text{上）} \tag{2-17}$$

式中，n是垂直物面向外的单位法向矢量。如果物面以速度U运动，上述条件则变为

$$V\cdot n=U\cdot n \text{（在物面}S\text{上）} \tag{2-18}$$

式中，U是局部的物面速度矢量。上述条件都说明了物面处就是一条流线或迹线，流线与来流相切。没有流体能穿过流线。迹线是在非稳定流中流体微团所形成的轨迹。数学上，根据速度来定义流函数ψ（Sabersky et al.，1971），在直角坐标系中，

$$\frac{\partial\psi}{\partial x}=-\frac{\partial\phi}{\partial y},\quad \frac{\partial\psi}{\partial y}=\frac{\partial\phi}{\partial x} \tag{2-19}$$

在柱坐标系中，

$$\frac{\partial\psi}{\partial\theta}=r\frac{\partial\phi}{\partial r},\quad \frac{\partial\psi}{\partial r}=-\frac{1}{r}\frac{\partial\phi}{\partial\theta} \tag{2-20}$$

这些方程称为柯西-黎曼条件，它揭示了ϕ的常数线（等势线）和ψ的常数线是相互正交的。要注意的是：式（2-17）和式（2-18）的边界条件只反映了速度的法向分量。在黏性流体中，这将意味着表面的切向速度为0（如无滑移流动）。在理想流体中物体表面的切向速度不一定受到这个条件限制。

图2-2给出了稳态势流绕过一个圆柱的例子，流线与等势线相互垂直。流线在更高速度处是弯曲的，速度沿流线汇合的方向增长。圆柱本身的边缘就是一条流线。事实上，任何一条流线可以被解释为一固体表面，因此也存在多种方式来解释势流。例如，图2-2

中的势流既能解释为圆柱上的流动，又能解释为在壁面上有半圆形凸起的流动。

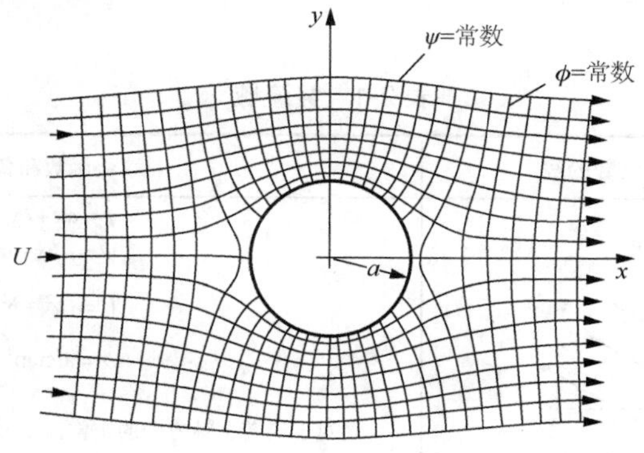

图 2-2　势流绕过圆柱

图 2-2 中速度势函数为

$$\phi = U\left(r + \frac{a^2}{r}\right)\cos\theta \tag{2-21}$$

相应的流函数是 $\psi = U(r - a^2/r)\sin\theta$，式中，$r$ 是场点到圆柱中心的半径长度；θ 是场点矢径与水平方向的夹角；U 是自左向右的自由流速度。由式（2-7）可获得到流场速度的径向和切向分量，

$$\begin{aligned} u_r &= \frac{\partial \phi}{\partial r} = U\left(1 - \frac{a^2}{r^2}\right)\cos\theta \\ u_\theta &= \frac{1}{r}\frac{\partial \phi}{\partial \theta} = -U\left(1 + \frac{a^2}{r^2}\right)\sin\theta \end{aligned} \tag{2-22}$$

在半径 $r = a$ 时，速度的径向分量总为 0，因此圆柱边缘是一条流线。圆柱表面速度的切向分量并不为 0，因为理想流体允许流体相对于表面有滑动。

圆柱表面上的压力可由伯努利方程［式（2-16）］得到：

$$p_{r=a} - p_{r=\infty} = \frac{1}{2}\rho U^2(4\cos^2\theta - 3) \tag{2-23}$$

由于此流态下的压力分布关于过圆柱中心的正交平面对称，理想流体在圆柱上没有合力。这个结论与实际经验相冲突；这个矛盾被称为达朗贝尔悖论，D'Alembert（1717—1783）建立了势流理论。

势流无法模拟流体的剪切力［式（2-12）］导致剪切力为 0，这是经典势流理论的基本限制之一。为尽可能地克服这一限制，在某种程度上，可以使用一种称为离散涡模型的数值技术，这个技术我们将在 2.4 节中阐述。

表 2-1 中给出了许多势流函数。Milne-Thomson（1968）、Newman（1977）、Kirchhoff（1985）、Kochin 等（1964）、Kennard（1967）、Sedov（1965）、Blevins（1984a）给出其他的势流。表 2-1 中大多数流体是奇点速度势的结果。即，在这些流场中存在一个

或者多个点的势函数无限大，因此它们的导数是没有意义的，这些奇点被称作源、汇，或点涡。

表 2-1 势流域[①]

序号	流场域，ψ=常数的线	势函数和备注
1	定常流	$\phi = ax + by$ $\psi = -bx + ay$ $\overline{V} = (a^2 + b^2)^{\frac{1}{2}}$ $\alpha = \arctan\left(\frac{b}{a}\right)$ （对于沿着 x 轴方向的定常流，$\Phi = U_0 z$）可用于三维情况
2	楔形体绕流	$\Phi = Ar^{\frac{2}{2-\frac{\alpha}{\pi}}}$ $\phi = Ar^{\frac{2}{2-\frac{\alpha}{\pi}}}\cos\left(\frac{2\theta}{2-\frac{\alpha}{\pi}}\right)$ $\psi = Ar^{\frac{2}{2-\frac{\alpha}{\pi}}}\sin\left(\frac{2\theta}{2-\frac{\alpha}{\pi}}\right)$ $\overline{V} = \frac{2A}{2-\frac{\alpha}{\pi}} r^{\frac{2}{2-\frac{\alpha}{\pi}}-1}$
3	源或汇 显示为源	$\Phi = k\ln z$ $\phi = k\ln r$ $\psi = k\theta$ $\overline{V} = k/r$ 源：$k > 0$ 汇：$k < 0$ （对于轴对称的源，$\phi = A/r$）
4	点涡	$\Phi = -\frac{\mathrm{i}\Gamma}{2\pi}\ln z$ $\phi = \frac{\Gamma}{2\pi}\theta$ $\psi = -\frac{\Gamma}{2\pi}\ln r$ Γ = 环量
5	带有环量的圆柱绕流	$\Phi = U_0\left(a + \frac{a^2}{z}\right) + \frac{\mathrm{i}\Gamma}{2\pi}\ln\frac{z}{a}$ 圆柱上升力= $\rho\Gamma U_0$ Γ =环量

续表

序号	流场域，ψ=常数的线	势函数和备注
6	偶极子	$\Phi=\dfrac{m}{2\pi z}$ $\phi=\dfrac{m\cos\theta}{2\pi r}$ $\psi=-\dfrac{m\sin\theta}{2\pi r}$ （偶极子是一对相距极近的源和汇。对于轴对称的偶极子，$\phi=\dfrac{A\cos\theta}{r^2}$ ）
7	圆柱绕流	$\Phi=U_0\left(z+\dfrac{a^2}{z}\right)$ $\phi=U_0\left(r+\dfrac{a^2}{r}\right)\cos\theta$ $\psi=U_0\left(r-\dfrac{a^2}{r}\right)\sin\theta$
8	圆球绕流	$\phi=U_0\left(r+\dfrac{a^3}{2r^2}\right)\cos\theta$ $\overline{V}\big\|_{球面上}=\dfrac{3}{2}U_0\sin\theta$ $p_{球面上}-p_0=\dfrac{\rho}{2}U_0^2\left(\dfrac{9}{4}\sin^2\theta-1\right)$

资料来源：Blevins（1984a）；亦见 Milne-Thomson（1968）与 Kirchhoff（1985）的文章。

注：①p 为压力；ϕ 为势函数；r 为从原点起的半径；α 为角度，rad；$\overline{V}$ 为流速的模；θ 为场点矢径与 x 轴夹角；x,y 为直角坐标；$\Phi=\phi+\mathrm{i}\psi$ 为复势；$z=x+\mathrm{i}y$ 为复坐标；ψ 为流函数。

表 2-1 中第 4 个例子以多种方式给出了势流的涡量解，这也是势流理论中最有趣的事。表 2-1 中的势流唯一不包含对称面的势流。在另外一个无旋转的流场域中，涡旋中心是一个涡量源。旋转域的强度是按其环量度量。一个区域的环量被定义为速度矢量绕一个闭合路径旋转一周的线积分：

$$\Gamma=\oint V\cdot\mathrm{d}l \tag{2-24}$$

式中，dl 为积分路径的矢量微元。为了评估环量，我们可以使用斯托克斯理论——计算面积分而非路径积分。结合涡量式（2-11），我们有

$$\Gamma=\oint V\cdot\mathrm{d}l=\int_A(\nabla\times V)\cdot\mathrm{d}A=\int_A\omega\mathrm{d}A \tag{2-25}$$

面积矢量微元 dA 有垂直于表面的方向。

式（2-25）中，面积矢量微元 dA 有垂直于其表面的方向。回顾表 2-1 中的流场域，我们知道，除了涡旋，所有这些流动至少关于一个轴都是无旋、对称的，因此 $\Gamma=0$ 。然而对涡的流线进行积分［式（2-24）］给出的结果都是非零的 Γ ，这是计算涡旋环量

都是包含了在原点有涡量奇点的原因。因此，势流涡有能模拟真实流场的属性，详见2.4节。

练习题

1. 考虑一个二维矩形流体微团，其高为$\mathrm{d}y$，其长为$\mathrm{d}x$，如图2-1（b）所示，但不转动。左下角坐标记为(x_0, y_0)。进入左边的速度记为$u(x=x_0)$，右侧射出的流速为$u(x=x_0)+(\mathrm{d}u/\mathrm{d}x)\mathrm{d}x$。应用这些附加条件，考虑流入水平面的流体，证明连续性方程（2-2）。

2. 使用梯度和旋度的表达式（2-4）、式（2-5）和式（2-9）证明矢量恒等式（2-12）和式（2-14）。

3. 纳维-斯托克斯方程描述了不可压缩黏性流体的运动方程，其形式如下（White，1974）：

$$\frac{\partial V}{\partial t}+(V\cdot\nabla V)V=-\frac{1}{\rho}\nabla p+\nu\nabla^2 V$$

式中，ν为流体运动黏性系数；$\nabla^2=\partial^2/\partial x^2+\partial^2/\partial y^2$。

这个方程与欧拉方程式（2-13）有什么相同之处和不同之处？表2-1中哪种流动同时满足欧拉方程和纳维-斯托克斯方程？

4. 由于拉普拉斯方程是一个线性方程，这就使得叠加两个势流而得到第三个势流成为可能。通过叠加定常势流（表2-1中例7）和点涡（表2-1中例4），能够得到怎样的势流？这提出了什么物理问题？画出流线图。在$r=a$处的环形流线的稳态压力是怎样的？是否存在一个作用在圆柱的合力？

5. 证明$\psi=U(r-a^2/r)\sin\theta$是势函数式（2-21）所对应的流函数。

2.2 附加质量

我们研究流体绕过物体的首要原因是为了计算流体作用于物体上的力和动量。作用在物体上的净力是物体表面正压力和切应力的总和。由于理想流体并不能计算剪切形变，因此在理性流体中黏性剪切对物体受力无任何贡献。在实践应用中有一些重要的流体现象，如附加质量，极大程度上独立于黏性，并且可使用理想流体理论进行分析。

理想流体中物体所受的合力与合力矩只是物体表面压力的结果，

$$F_x=-\int_S pn\mathrm{d}S \tag{2-26}$$

$$F_\theta = -\int_S p(r \times n)\mathrm{d}S \tag{2-27}$$

式中，n 是垂直物面向外的单位法矢量；r 是由参考点指向物面微元 $\mathrm{d}S$ 的矢径；S 是物体表面积，参考式（2-1），将伯努利方程（2-16）代入上述等式，并将 $F(t)$ 代入 ϕ 中，得到

$$F_x = \rho\int_S \left(\frac{\partial \phi}{\partial t} + \frac{1}{2}\bar{V}^2\right) n\mathrm{d}S \tag{2-28}$$

$$F_\theta = \rho\int_S \left(\frac{\partial \phi}{\partial t} + \frac{1}{2}\bar{V}^2\right)(r \times n)\mathrm{d}S \tag{2-29}$$

我们将用一个简单的例子来说明这些公式的性质。

以加速来流中静止的圆柱为例［图 2-3（a）］，此流场的速度势是一个定常流（见表 2-1 中例 1）和一个偶极子（表 2-1 中例 6）势的叠加。速度势既可在极坐标系中给出（表 2-1 中例 7），

$$\phi = U(t)\left(r + \frac{a^2}{r}\right)\cos\theta \tag{2-30}$$

也可以在直角坐标系中给出，

$$\phi = U(t)x + U(t)\frac{a^2 x}{x^2 + y^2} \tag{2-31}$$

式中，$x = r\cos\theta$ 是横坐标转换；$y = r\sin\theta$ 是纵坐标转换；$U(t)$ 是水平自由流速度；a 是圆柱的半径。

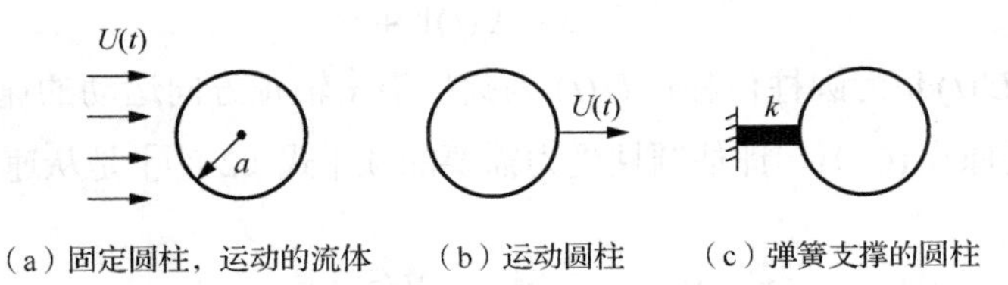

（a）固定圆柱，运动的流体　（b）运动圆柱　（c）弹簧支撑的圆柱

图 2-3　圆柱-流体相对运动的算例

这个速度势代表着稳态的或者随时间变化的自由来流。考虑 U 是随时间做加速运动，为计算圆柱上的流体力［式（2-28）］，式（2-28）积分中的 $\partial\phi/\partial t$ 和 $\bar{V}^2$ 需要求出。对式（2-30）和式（2-31）在时间上求导，并将式（2-22）代入，我们得出

$$\begin{aligned}\frac{\partial \phi}{\partial t} &= \frac{\mathrm{d}U}{\mathrm{d}t}\left(r + \frac{a^2}{r}\right)\cos\theta = \frac{\mathrm{d}U}{\mathrm{d}t}x + \frac{\mathrm{d}U}{\mathrm{d}t}\frac{a^2 x}{x^2 + y^2} \\ \bar{V}^2 &= u_r^2 + u_\theta^2 = U^2\left[1 + \left(\frac{a}{r}\right)^4\right] - 2U^2\left(\frac{a}{r}\right)^2\cos 2\theta\end{aligned} \tag{2-32}$$

圆柱表面微元 $\mathrm{d}S = a\mathrm{d}\theta$。在直角坐标系中，法向矢量可以表示为 $n = i\cos\theta + j\sin\theta$。将上述公式代入式（2-28）中，并在 $r = a$ 处沿圆柱表面积分，我们可得到作用在单位长度圆柱上的合力：

$$F=\rho\int_{\theta=0}^{\theta=2\pi}\left[\left(\frac{\mathrm{d}U}{\mathrm{d}t}\right)(a+a)\cos\theta+U^2(1-\cos 2\theta)\right](i\cos\theta+j\sin\theta)a\mathrm{d}\theta$$
$$=\left(\rho\pi a^2\frac{\mathrm{d}U}{\mathrm{d}t}+\rho\pi a^2\frac{\mathrm{d}U}{\mathrm{d}t}\right)i \tag{2-33}$$

这个结果又有三个有趣的结论。其一，力与平均流量无关。这是达朗贝尔悖论的解释，稳态无旋的理想流体中单圆柱受到的合力为0。其二，流体力与流体加速度成正比。其三，式（2-33）中右侧第一项为来自流场中平均压力梯度的浮力［$\mathrm{d}p/\mathrm{d}x=\rho\mathrm{d}U/\mathrm{d}t$，式（2-15）和式（2-31）］。这种浮力等于排开流体的质量（$\rho\pi a^2$）乘以流体的加速度。它的作用方向是流体加速度方向。圆柱上流体力的第二项分量是圆柱所携带的流体质量，这个力称为附加质量、虚拟质量或水动力质量，它也作用在流体加速度方向上。

由加速度引起的圆柱力矩可用式（2-29）计算。如果选择圆柱中心为参考点，则矢径为$r=i\cos\theta+j\sin\theta$，因为它与单位法向矢量$n$的方向相同，叉积的结果$r\times n$=0。（在二维问题中叉积的模为两矢量模的乘积乘以矢量夹角的正弦值。）因此，圆柱上的中心力矩0。如果参照点偏离了中心，则合力矩可由稳态或者加速的理想流动导出（Newman，1977）。

为进一步探索附加质量的本质，考虑在另一个稳定流流体团中做运动的圆柱[图2-3(b)]。把均匀流中的一个圆柱的速度势通过删掉水平流项［$U(t)x$，式（2-31）］和将偶极子转换为相对移动水平坐标系的方式来适配自己的速度势（Milne-Thomson，1968）：

$$\phi=\frac{U(t)a^2[x-X(t)]}{[x-X(t)]^2+y^2} \tag{2-34}$$

式中，$X(t)=\int U(t)\mathrm{d}t$为圆柱位移；$U(t)$为圆柱沿$x$轴正方向运动的速度。

当圆柱通过原点(0, 0)，评估圆柱受力需要的项［式（2-8）］是从速度势［式（2-34）］获得的，

$$\frac{\partial\phi}{\partial t}=\frac{a^2x}{x^2+y^2}\frac{\mathrm{d}U}{\mathrm{d}t}-\frac{U^2a^2}{x^2+y^2}+\frac{2U^2a^2x^2}{(x^2+y^2)^2}，\text{在 } X=0 \text{ 处}$$
$$\bar{V}^2=U^2\frac{a^4}{r^4}，\text{在 } X=0 \text{ 处} \tag{2-35}$$

式中，$r^2=x^2+y^2$。要注意的是，式（2-35）中只有右侧第一项正比于加速度，并且$\bar{V}^2$项对合力没有贡献，因为$\bar{V}^2$与θ没有关系。将上述结果代入式（2-28）中，并沿圆柱表面进行积分，我们可以得到作用在单位长度圆柱加速运动时的附加质量力：

$$F=-\rho\pi a^2\frac{\mathrm{d}U}{\mathrm{d}t}i \tag{2-36}$$

附加质量力与圆柱的加速度方向相反。合力大小为在加速运动的流体中圆柱受力的1/2，因为流场中没有合压力梯度。

最后，考虑在另一静止流场中的一个弹性支撑的圆柱［图2-3（c）］。圆柱在稳态、理想流体做自由振动，圆柱仅受到附加质量力。依据流体力计算公式（2-36），弹性支

撑圆柱的运动方程为

$$m\frac{\mathrm{d}^2X}{\mathrm{d}t^2}+kX=-\rho\pi a^2\frac{\mathrm{d}U}{\mathrm{d}t}$$

式中，X 为圆柱的位移；m 为单位长度圆柱的质量；k 为单位长度的弹性系数。

上式右侧存在负数项，因为附加质量力与圆柱的加速度方向相反。将 $U(t)=\mathrm{d}X/\mathrm{d}t$ 代入，这个方程变为

$$(m+\rho\pi a^2)\frac{\mathrm{d}^2X}{\mathrm{d}t^2}+kX=0 \tag{2-37}$$

流体的附加质量增加了动力分析中结构的有效质量。此效应的幅值依赖于相对结构质量的流体密度。整体来说，在相对密的流体中附加质量是更重要的，如在水中就比在气体中（如空气）要明显得多。

表 2-2 给出了若干个横截面和结构的附加质量。Blevins（1984b）、Chen（1977）、Kennard（1967）、Newman（1977）、Milne-Thomson（1968）和 Sedov（1965）也给出了许多其他的结果。尽管这些系数是通过理想、无黏性的流动分析来确定的，但是实际上这些结果与 10%的误差范围内、各种流动与振动情况的实验测量结果相吻合（King et al.，1973；Ackermann et al.，1964；Stelson et al.，1957）。

表 2-2　横向加速度所致附加质量

序号	几何图形	附加质量
1	半径为 a 的圆形截面	$\rho\pi a^2 b$
2	边长为 $2a$ 的方形截面	$1.51\rho\pi a^2 b$
3	长半轴为 a 的椭圆形截面	$\rho\pi a^2 b$
4	高为 $2a$ 的矩形截面	$\rho\pi a^2 b$ 附加质量绕质心 C 点的转动惯量为 $\rho\frac{\pi}{8}a^4$

续表

序号	几何图形	附加质量
5	半径为 a 的球体	$\frac{2}{3}\rho\pi a^3$
6	边长为 a 的立方体	$0.7\rho a^3$
7	一系列固定尺度的圆柱	$\frac{\rho\pi D^2 b}{4}\frac{\left(\frac{D_e}{D}\right)^2+1}{\left(\frac{D_e}{D}\right)^2-1}$，式中，$\frac{D_e}{D}=\left(1+\frac{1}{2}\frac{P}{D}\right)\frac{P}{D}$

资料来源：Blevins（1984b）；Pettigrew 等（1989）。

ρ为流体密度，加速是由左至右；b 为二维截面的跨距。总体来说，附加质量与物体的平动与转动有关。稳定流中、三维变速运动刚体上的附加质量力是六自由度刚体变速所致的附加质量力的和：

$$F_j = -\sum_{i=1}^{6} M_{ij}\frac{\mathrm{d}U_i}{\mathrm{d}t} \tag{2-38}$$

式中，M_{ij} 为六自由度附加质量矩阵。下标 i 和 j 为直角坐标系的平移和关于此坐标系的三个旋转。

理论上附加质量矩阵是对称的，$M_{ij}=M_{ji}$（Newman，1977）。因此 36 个元素中只有 21 个是独立的。对于一个有 N 自由度运动的物体，它有 $N(N+1)/2$ 个独立元素。物体的几何对称性可进一步降低独立元素的数目。例如，若将参照点选在圆柱中心，则对圆柱的二维运动来说，仅为非零项的是 $M_{11}=M_{22}=\rho\pi a^2$。然而，若将参考点选在 y 轴正向的圆柱边缘，非对角线项 $M_{16}=M_{61}=-\rho\pi a^3$，这是因为作用在质心的合力与偏心参照点的力矩相耦合。

练　习　题

1. 一根直径为 1m、壁厚为 0.05m 的钢管从海底延伸到海上平台。计算空管在空气与水中时单位长度的附加质量。钢的密度为 8000kg/m^3，空气密度为 1.2kg/m^3，水的密度为 1020kg/m^3，求附加质量占结构质量的比。

2. 由 6.3.1 节给出的公式，黏性流体中圆柱的附加质量约为 $\rho\pi a^2 b[1+2(\pi^2 af/\nu)^{-1/2}]$，式中，$f$ 为振动的频率（Hz）；a 为圆柱半径；b 为圆柱展向长度；ν 为运动黏性系数。黏性是否可以增加或降低附加质量？证明你的结论。如果 $f=1\text{Hz}$，在水中 $\nu=0.0000012\text{m}^2/\text{s}$，在空气中 $\nu=0.00002\text{m}^2/\text{s}$，黏性对附加质量起到了怎样的作用？

3. 将平板的横向加速度（表 2-2 中例 4）分解为法向和切向，若平板相对于 x 轴倾斜的角度为 θ，附加质量为 $M_{11}=\rho\pi a^2\sin^2\theta$，$M_{22}=\rho\pi a^2\cos^2\theta$，$M_{12}=\rho\pi a^2\sin 2\theta$，附加质量的惯性矩为多少（Newman，1977）？

2.3　流 体 耦 合

一个结构通常与另外一个结构相邻，且缝隙中充满了液体。在这种情况下，流体不仅提供了附加质量，还引起两个结构间的耦合。当一个结构开始运动时，相邻结构趋向振动。耦合的幅值是结构与中间流体的函数。继 Fritz（1972）之后，本节将使用理想流体理论去确定流体耦合和因此发生的自由振动模态。

考虑两个同心圆柱，其间隙中填满了理想、不可压缩流体（图 2-4）。

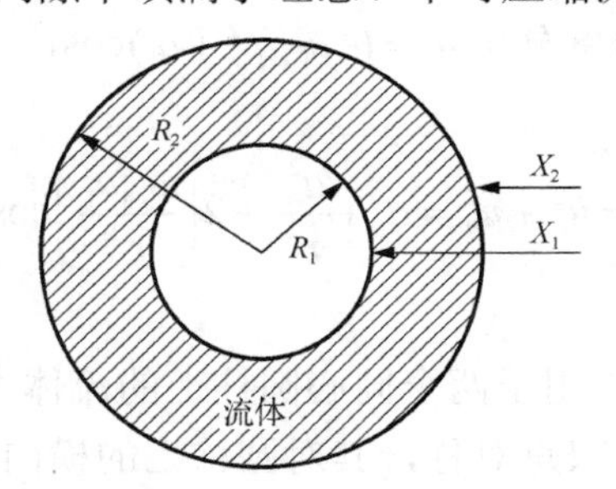

图 2-4　通过间隙流的两个同心圆柱的耦合

内柱半径为 R_1，外柱半径为 R_2，两圆柱都保持圆形横截面，但它们可以相对彼此沿水平方向移动。内柱的水平方向移动速度为 $V_1(t)$，而外柱的水平方向移动速度为 $V_2(t)$。与此运动相关的边界条件为圆柱表面法向流体速度分量与圆柱运动相一致。当两圆柱同心时，这些边界条件可写为

$$
\begin{aligned}
u_r &= \frac{\partial \phi}{\partial r} = V_1 \cos\theta, \quad r = R_1 \\
u_r &= \frac{\partial \phi}{\partial r} = V_2 \cos\theta, \quad r = R_2
\end{aligned}
\tag{2-39}
$$

在速度的切向分量上无边界条件，因为理想流体允许在边界处发生滑移，详见 2.1 节。

在此环状流场中的速度势必须满足拉普拉斯方程（2-8）。在柱坐标系中，拉普拉斯方程的通解为

$$\phi(r,\theta,t) = a_i f_i(r)\cos i\theta + b_i f_i(r)\sin i\theta \tag{2-40}$$

式中，θ 为与水平方向的夹角；i 为索引数；$f(r)$ 为半径 r 的函数。

将式（2-40）代入式（2-8）中，拉普拉斯方程简化为一种常微分方程形式：

$$r^2 f_i'' + rf_i' - i^2 f_i = 0 \tag{2-41}$$

式中，$(')$ 表示 f 对 r 求导数。此方程的解中 i 为 r 的幂指数，所以拉普拉斯方程的通解为一系列的傅里叶级数：

$$\phi(r,\theta,t) = \sum_{i=-\infty}^{i=+\infty} r^i (a_i \cos i\theta + b_i \sin i\theta) \tag{2-42}$$

为了保证解在 $\theta = 0°$ 的极轴处的连续性，索引数 i 必须为整数 $\cdots, -2, -1, 0, 1, 2, \cdots$。系数 a_i 由式（2-39）的边界条件确定，容易发现速度势只含有正比于 $\cos\theta$ 的项：

$$\phi(r,\theta,t) = a_1 r\cos\theta + a_{-1}(1/r)\cos\theta \tag{2-43}$$

将此方程代入式（2-39）以确定系数 a_1 和 a_{-1}，结果为

$$a_1 = \frac{V_2 R_2^2 - V_1 R_1^2}{R_2^2 - R_1^2}$$

$$a_{-1} = \frac{(V_2 - V_1) R_1^2 R_2^2}{R_2^2 - R_1^2}$$

式（2-7）给出了流体速度分量 $u_r = (-a_{-1}/r^2 + a_1)\cos\theta$，$u_\theta = -(a_{-1}/r^2 + a_1)\sin\theta$，因此速度的模为

$$\bar{V}^2 = u_r^2 + u_\theta^2 = a_1^2 + \frac{a_{-1}^2}{r^4} - 2\left(\frac{a_{-1}a_1}{r^2}\right)\cos 2\theta \tag{2-44}$$

其关于两正交平面相对称。

由式（2-28）可以得到作用于两个同心圆柱上的流体力。等式的积分中含有 $\bar{V}^2$ 和 $\partial\phi/\partial t$ 两项。因为 $\bar{V}^2$ 关于 θ 双重对称，其对圆柱上的横向力无贡献；不是双重对称。速度势 ϕ 是位置和圆柱移动速度的函数。$\partial\phi/\partial t$ 可用微分的链式法求解得到：

$$\frac{\partial\phi}{\partial t} = \frac{\partial\phi}{\partial V_1}\frac{\mathrm{d}V_1}{\mathrm{d}t} + \frac{\partial\phi}{\partial V_2}\frac{\mathrm{d}V_2}{\mathrm{d}t} + \frac{\partial\phi}{\partial X_1}\frac{\mathrm{d}X_1}{\mathrm{d}t} + \frac{\partial\phi}{\partial X_2}\frac{\mathrm{d}X_2}{\mathrm{d}t} \tag{2-45}$$

式中，X_1 和 X_2 为圆柱中心相对其同心起始点的横向位移。圆柱移动的速度为 $V_1 = \mathrm{d}X_1/\mathrm{d}t$ 和 $V_2 = \mathrm{d}X_2/\mathrm{d}t$。出现在后两项的 $\partial\phi/\partial X_1$ 和 $\partial\phi/\partial X_2$ 无法使用式（2-43）的速度势进行求解，这是由于速度势只在 $X_1 = X_2 = 0$ 是有效的；但如果我们考虑圆柱由 $V_1 = V_2 = 0$ 的静止状态开始加速，则式（2-45）暗示了这些项对圆柱上的力无贡献［Paidoussis 等（1984）讨论了正比于圆柱速度项的影响］。对于这个例子，式（2-45）中，只有等号右侧的前两项对合力有贡献。将式（2-43）代入式（2-28）可估算式（2-45）的前两项且沿每个圆柱的表面进行积分。

对关于同心位置做小幅振荡的圆柱而言，每个柱所受的横向流体力为

$$F_1 = -M_1\ddot{X}_1 + M_{12}\ddot{X}_2 \tag{2-46}$$

$$F_2 = M_{12}\ddot{X}_1 - M_2\ddot{X}_2 \tag{2-47}$$

式中，$(\dot{})$ 表示对时间的微分；X_1 和 X_2 表示圆柱相对于原点的位移。流体质量和单位长度圆柱的耦合为

$$M_1 = \rho\pi R_1^2 \frac{1+(R_1/R_2)^2}{1-(R_1/R_2)^2} = \text{内柱的附加质量}$$

$$M_{12} = \rho\pi R_1^2 \frac{2}{1-(R_1/R_2)^2} = \text{流体耦合} \tag{2-48}$$

$$M_2 = \rho\pi R_2^2 \frac{1+(R_1/R_2)^2}{1-(R_1/R_2)^2} = \text{外柱的附加质量}$$

如果间隙 $R_1 - R_2$ 变得比内柱半径 R_1 大，内柱的附加质量将类似于一个单柱的附加质量 $\rho\pi R_1^2$，而外柱的附加质量将类似于它所包含流体的质量。随着间隙减小，附加质量和耦合效应变得更大，且流体力趋向于缓冲一个圆柱对另一个圆柱的作用。这种影响被称为“挤压薄膜效应”。

现在再考虑内外两圆柱都是弹性支撑的，我们可以确定圆柱的自由振动。利用式（2-46）和式（2-47）可以得出同心的小位移运动方程：

$$\begin{aligned} m_1\ddot{X}_1 + k_1X_1 &= -M_1\ddot{X}_1 + M_{12}\ddot{X}_2 \\ m_2\ddot{X}_2 + k_2X_2 &= M_{12}\ddot{X}_1 - M_2\ddot{X}_2 \end{aligned} \tag{2-49}$$

式中，m_1 和 m_2 为单位长度圆柱的质量；k_1 和 k_2 为相应的弹性常数。式（2-49）可以写成矩阵形式：

$$\begin{bmatrix} (m_1+M_1) & -M_{12} \\ -M_{12} & (m_2+M_2) \end{bmatrix} \begin{Bmatrix} \ddot{X}_1 \\ \ddot{X}_2 \end{Bmatrix} + \begin{bmatrix} k_1 & 0 \\ 0 & k_2 \end{bmatrix} \begin{Bmatrix} X_1 \\ X_2 \end{Bmatrix} = 0 \tag{2-50}$$

这个线性的矩阵方程是圆柱位移的解，此解是关于时间的正弦函数：

$$X_1 = A_1 \sin\omega t,\quad X_2 = A_2 \sin\omega t \tag{2-51}$$

式中，A_1 和 A_2 是幅值；ω 是圆频率（rad/s）（在这里向读者致歉，ω 表示圆频率，而非涡量）。将式（2-51）代入式（2-50），则产生了一个关于振动的频率与幅值的本征值问题：

$$\begin{bmatrix} -(m_1+M_1)\omega^2 + k_1 & M_{12}\omega^2 \\ M_{12}\omega^2 & -(m_2+M_2)\omega^2 + k_2 \end{bmatrix} \begin{Bmatrix} A_1 \\ A_2 \end{Bmatrix} = 0 \tag{2-52}$$

当且仅当左侧矩阵的行列式值为零时（Bellman，1970），此方程有非零解（如 $A_1 = A_2 = 0$ 以外的解）。将行列式的值设为 0，需要满足一个关于自由振动的两固有圆频率的多项式：

$$(1-\alpha)\omega^4 - \omega^2(\omega_1^2 + \omega_2^2) + \omega_1^2\omega_2^2 = 0 \tag{2-53}$$

式中，$\alpha = M_{12}^2/[(m_1+M_1)(m_2+M_2)]$ 为耦合因子。相应的阵型（如相对幅值）可通过将式（2-53）的解代入式（2-52）得到

$$\frac{A_1}{A_2}=\left(1-\frac{\omega_2^2}{\omega_1^2}\right)\frac{m_2+M_2}{M_{12}} \tag{2-54}$$

式中，ω_1 和 ω_2 分别为内柱和外柱的固有圆频率（rad/s）。当忽略流体耦合效应（M_{12}）时，

$$\omega_1=\left(\frac{k_1}{m_1+M_1}\right)^{1/2}，\quad \omega_2=\left(\frac{k_2}{m_2+M_2}\right)^{1/2} \tag{2-55}$$

回顾式（2-48）～式（2-54），我们可以看到，当流体的密度为 0（$\rho=0$）时，附加质量 M_1、M_2 和 M_{12} 为 0，$\alpha=0$，并且固有频率由式（2-55）给出，圆柱的振动是彼此独立的。然而，当流体密度不为 0，耦合因子 α 非 0 时，固有频率为式（2-53）的两根，并且相应的阵型涉及两圆柱同步的耦合运动。流体密度越大，耦合越明显。

换热器管束就是多弹性圆柱（管道）系统与其周围流体相耦合的一个应用。柱列的速度势可使用类似于式（2-42）进行扩展，并匹配上相应的圆柱表面上的边界运动进行分析。把这些级数进行截断，给出该级数系数的有限矩阵（Paidoussis et al.，1984；Chen，1975）。图 2-5 给出了来自 Chen（1977）所计算的稠密液体中密布管列的三种模态的自由振动的一些结果。在稠密液体中（如水），当管间的间隙小于管半径时，产生这些模态的流体耦合是非常重要的。

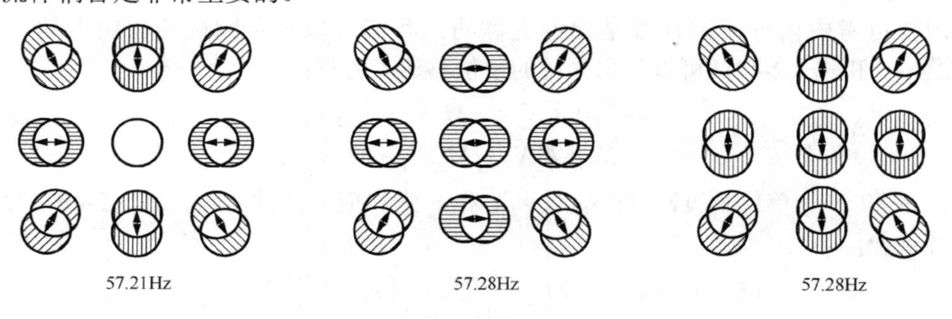

图 2-5　流体与耦合的管列的模态（振型）

耦合流体分析的另一应用是加压水冷反应堆的动力学问题。在这里，同心钢柱壳体通过相对较小的冲水间隙耦合。当横截面无变形的壳体移动时（$n=1$ 时壳体的模式），本节的分析是完全适用的。对于更高阶的壳的模态，必须使用其他方法，参见 Brown（1982）和 Au-Yang（1986）所做的回顾。Zienkiewicw（1977）、Chilukuri（1987）、Pattani 等（1988）与 Montero de Espinosa 等（1984）讨论了确定附加质量与流体耦合的数值方法。Yeh 等（1978）讨论了黏性对附加质量的影响。

练　习　题

1. 验算式（2-46）、式（2-47）和式（2-48）。

2. 考虑两个同心球体，通过间隙中填充的液体进行耦合，彼此相对移动，类似图 2-4，但 θ 表示极角。内球的半径为 R_1，外球的半径为 R_2。对于一个轴对称问题，拉普拉斯方程为

$$\frac{\partial^2\phi}{\partial r^2}+\frac{2}{r}\frac{\partial\phi}{\partial r}+\frac{1}{r^2}\frac{\partial^2\phi}{\partial\theta^2}+\frac{\cot\theta}{r^2}\frac{\partial\phi}{\partial\theta}=0$$

如果 θ 为极角，边界条件与式（2-39）给出的条件一致。考虑形式为 $\phi=f(r)\cos\theta$ 的解，将此解代入并确定 $f(r)$ 的微分方程，求出其解。

3. 通过耦合球体问题的求解继续练习第 2 题，解出附加质量。此解已由 Fritz（1972）给出。

2.4　涡旋运动

如表 2-1 所示，许多二维、无黏性的流动可以由源、汇或点涡来模拟，这使得任意的二维无黏性流体通过大量奇点分布来建模成为可能。离散涡方法（discrete vortex method，DVM）是一种用涡来模拟二维无黏性流动的数值方法，它的优点是任何不可压缩的二维流动都可以模拟，缺点是这种技术仅限于二维流动。黏性效应，如边界层只能近似地来模拟，需要大量的计算机资源。

对于由涡旋运动主导的流动，将涡量［式（2-11）］而不是速度作为流动的主要参数是有用的。在不可压缩、无黏性流体中，流体的涡量输运方程可由对欧拉方程［式（2-13）］取旋度得到。对于二维流动，方程为

$$\frac{\partial\omega}{\partial t}+(V\cdot\nabla)\omega=\frac{\mathrm{D}\omega}{\mathrm{D}t}=0 \tag{2-56}$$

式中，ω 为涡量，其方向指向二维平面外；V 为速度矢量；算符 $\partial/\partial t$ 为对固定坐标系的时间导数（拉格朗日法）；$\mathrm{D}/\mathrm{D}t=\partial/\partial t+(V\cdot\nabla)$ 为对随体坐标系的时间导数（欧拉法）。

式（2-56）表明二维、无黏性、不可压缩流体，其涡量的全导数为 0。也就是说，涡量既不能产生也不能消灭；每个流体微团内的涡量保持不变；涡量只在相邻流体中运输。这就是二维涡量输运的亥姆霍兹理论［三维情况更复杂（Lugt（1983）］。

对于二维势流而言，复数是一种简便的标记方式。考虑图 2-6 所示的位于 x 轴上的两个点涡。根据表 2-2 中例 4 可以得到此种情况的复速度势：

$$\Phi(z)=-\frac{\mathrm{i}\Gamma_1}{2\pi}\ln(z-z_1)-\frac{\mathrm{i}\Gamma_2}{2\pi}\ln(z-z_2) \tag{2-57}$$

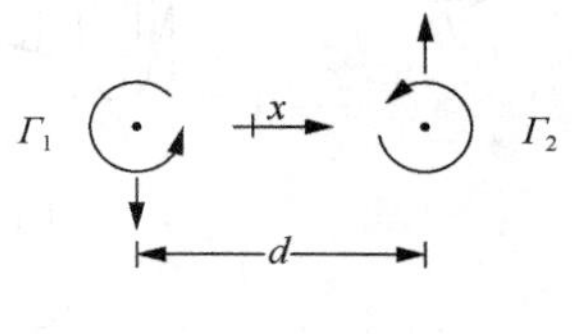

图 2-6　同向环量的两个点涡

点涡分别位于 z_1 和 z_2 两点，其涡量为 Γ_1 和 Γ_2。复速度势为势函数与 i 乘以流函数之和：

$$\Phi(z)=\phi(x,y)+\mathrm{i}\psi(x,y) \tag{2-58}$$

式中，虚数单位 $\mathrm{i}=\sqrt{-1}$；z 为复坐标，

$$z = x + \mathrm{i}y \tag{2-59}$$

将 x-y 平面转换到假想平面。因此，坐标 z 同时含有 x 和 y。类似的复势同时含有速度势 ϕ 和流函数 ψ。复势的一个优点是易于计算流体速度：

$$\frac{\mathrm{d}\Phi}{\mathrm{d}z} = \frac{\partial \phi}{\partial x} + \mathrm{i}\frac{\partial \psi}{\partial y} = \frac{\partial \phi}{\partial (\mathrm{i}y)} + \mathrm{i}\frac{\partial \psi}{\partial (\mathrm{i}y)} = u - \mathrm{i}v \tag{2-60}$$

式中，u 为水平速度分量；v 为垂直速度分量。当且仅当复函数 $\Phi(z)$ 对复坐标 z 的导数与微分路径无关时，复函数 $\Phi(z)$ 对复坐标 z 的导数存在。这就意味着，增量 $\mathrm{d}z$ 可以是 $\mathrm{d}x$，也可以是 $\mathrm{d}(\mathrm{i}y)$。这种路径满足柯西-黎曼条件［式（2-19）］。Φ 被称为 z 的解析函数。

图 2-7 中双涡问题的复速度，通过将式（2-60）应用于式（2-57）中，进而得到

$$u - \mathrm{i}v = -\frac{\mathrm{i}\Gamma_1}{2\pi(z - z_1)} - \frac{\mathrm{i}\Gamma_2}{2\pi(z - z_2)} \tag{2-61}$$

现考虑每个涡旋中心的局部极坐标：

$$z - z_1 = r_1 \mathrm{e}^{\mathrm{i}\theta_1}, \quad z - z_2 = r_2 \mathrm{e}^{\mathrm{i}\theta_2} \tag{2-62}$$

复指数是

$$\mathrm{e}^{\mathrm{i}\theta} = \cos\theta + \mathrm{i}\sin\theta \tag{2-63}$$

由式（2-56）的结果可知一个点涡在自身处不会产生速度，在每个涡旋中心的速度是由邻涡引起的，

$$v(z_1) = \frac{\Gamma_2}{2\pi d}, \quad v(z_2) = -\frac{\Gamma_1}{2\pi d}$$

式中，d 为两点涡之间的距离。

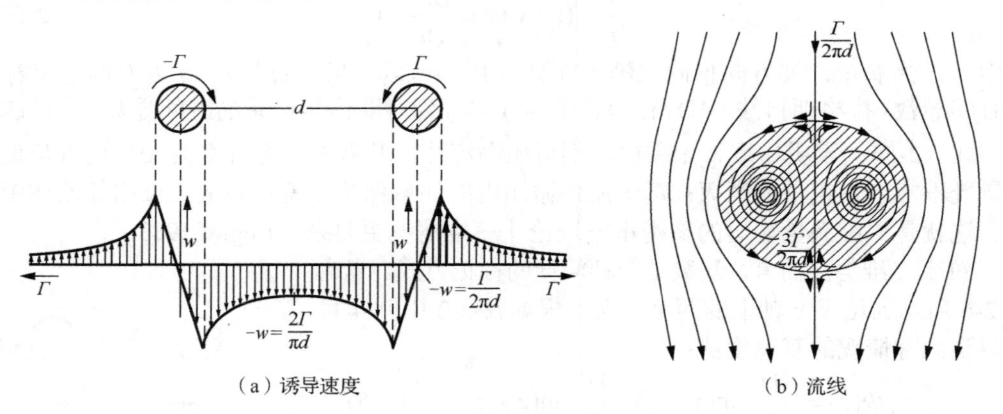

图 2-7　反向循环的两个涡量（Prandtl et al.，1934）

图 2-7（a）中右侧的涡旋将经历上洗，而左侧的涡旋将经历下洗。这些涡旋彼此环绕旋转，若两个环量相等，$\Gamma_1 = \Gamma_2 = \Gamma$，涡旋将围绕着两者中位的中心点旋转，旋转频率为 $\Gamma/(2\pi^2 d^2)$。

另外，如果两个涡旋是相反的，但环量相等，这就导致由彼此涡旋引发的速度的方向相同。两个涡将沿着相同的方向对流，垂直于两者中心的连线（图 2-7）。$r=r_1=r_2$ 时，此流场的复势可用式（2-57）改写为 $\Gamma=\Gamma_1=-\Gamma_2$。

$$\Phi(z)=\phi+\mathrm{i}\psi=\frac{\Gamma}{2\pi}(\theta_2-\theta_1)+\mathrm{i}\frac{\Gamma}{2\pi}\ln\left(\frac{r_1}{r_2}\right) \tag{2-64}$$

这个方程暗示了流线具有恒定比 r_1/r_2。每条流线以大致的椭圆形来环绕两个点涡（Prandtl et al.，1934）。因此，可以认为速度势沿着一条准椭圆的轨迹以速度 $\Gamma/(2\pi d)$ 做运动（图 2-7）。

图 2-8（a）显示了无限的双交错的涡街。需要注意的是，第一行涡与下面一行涡有相反的轨迹。von Karman（1912）找到了一个巧妙的速度势的表达式，研究了这种模式的稳定性［关于 von Karman 稳定性分析的更多方法参见 Lim 等（1988）、Saffman 等（1982）、Milne-Thomson（1968）、Kochin 等（1964）、Lamb（1945）的文章］。对任意数量的涡进行数值模拟是可能的（Sarpkaya，1989；Rangel et al.，1989；Kadtke et al.，1987；Aref，1983）。

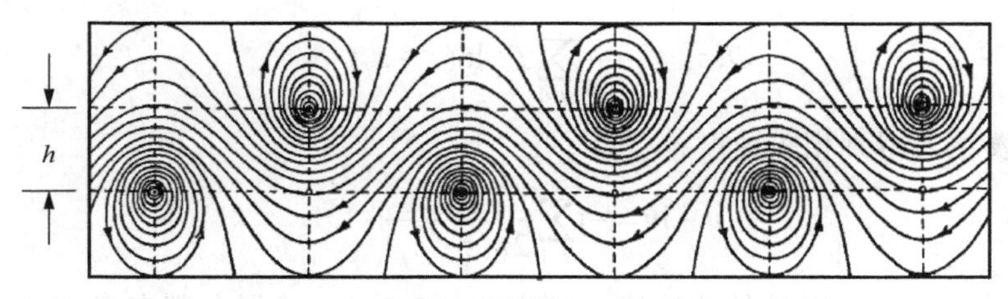

（a）von Karman 理想涡街，$h/l=0.281$

（b）圆柱尾流涡旋脱落（Bearman，1987）

（c）机翼的尾流涡旋脱落（Stuber et al.，1988）

（d）桥面的尾流涡旋脱落（Nakamura et al.，1986）

图 2-8　涡街

对于一组数量为N位于$z_1, z_2, \cdots, z_N$的点，对于N个涡的集合的复杂势是一个有限的序列：

$$\Phi(z) = -\frac{1}{2\pi}\sum_{j=1}^{N}\Gamma_j \ln(z - z_j) \tag{2-65}$$

通过求导这个表达式得到相关速度：

$$u - \mathrm{i}v = -\mathrm{i}\sum_{j=1}^{N}\frac{\Gamma_j}{2\pi(z - z_j)} \tag{2-66}$$

此表达式定义了点涡中心以外处的速度。根据式（2-56），点涡在其自身中心处不产生速度，所以略去上式第k项，可得到在第k个点涡处$(z = z_k)$的速度：

$$u - \mathrm{i}v\,|_{z=z_k} = -\mathrm{i}\sum_{\substack{j=1\\ j\neq k}}^{N}\frac{\Gamma_j}{2\pi(z_k - z_j)} \tag{2-67}$$

此表达式阐明了在点涡中心的速度是其邻近点涡诱导速度的和。这是类似电磁学中的一种表达，称为毕奥-萨伐尔定律。

式（2-66）数值计算的困难是：靠近点涡中心z_j的点z的速度变成奇点，且所得之和受到截断误差的强烈影响。一个实际的、但不严格的消除奇点的方法是引入一个环绕在涡旋中心处小的有限的核，Spalart 等（1981）与 Rottman 等（1987）使用该核给出了如下的速度表达式：

$$u(z) - \mathrm{i}v(z) = -\frac{\mathrm{i}}{2\pi}\sum_{j=1}^{N}\frac{(z - z_j)^{*}\Gamma_j}{\sigma^2 + [\mathrm{Re}(z - z_j)]^2 + [\mathrm{Im}(z - z_j)]^2} \tag{2-68}$$

式中，σ表示涡核的半径；Re 表示实部；Im 表示虚部；*表示取共轭复数。这种表达式在$z = z_j$处不是奇异的。事实上，根据毕奥-萨伐尔定律，在涡中心奇异项为 0，所以没有必要从这个序列中消除这一项。当核的大小接近 0 时，式（2-68）接近于式（2-66）。

在势流中的一个物面可以由一定分布的表面涡来表达。物面可以由一系列有限的表面点来离散，最好是近似等距的。在表面点上引入一个涡旋，选取这些表面涡的环量，使得所有表面点上的流函数相等，通过这些点的流线就被创建了。如 2.1 节所知，在理想流体理论中一条流线表示一个物面。

表面涡的环量是用来平衡外部流的流函数和邻近面涡所诱导的流函数。如果在流动中的其余部分有 P 个表面点和 N 个涡旋，采用式（2-67）计算在物面点 z_p 处的流函数，计算结果如下：

$$\psi(z_{pi}) - \psi_e(z_{pi}) = -\frac{1}{2\pi}\mathrm{Im}\left\{\sum_{j=1}^{P}[\Gamma_j \ln(z_{pi} - z_{pj})]\right\}$$
$$= \sum_{j=1}^{P} a_{ij}\Gamma_j \tag{2-69}$$

式中，ψ_e 为自由流中的非物面点涡引起的流函数。如果物面处的流函数设为 0，此方程变为一个表面点涡循环的线性矩阵方程：

$$[a_{ij}]\{\Gamma_j\} = -\{\psi_e\}$$

式中，$[a_{ij}]$ 是 $P\times P$ 的对称矩阵；$\{\Gamma_j\}$ 是 $P\times 1$ 的矢量；$\{\psi_e\}$ 是 $P\times 1$ 的矢量。

通过求矩阵 $[a_{ij}]$ 的逆阵，可以求得表面点涡所需的环量。如果物面几何形状固定，逆阵仅需计算一次即可。通过将外部流的流函数的反向替换，可以得到物面涡量。

应用离散涡方法的步骤如下：

（1）将表面离散并指定自由来流。

（2）由式（2-69）计算表面涡的环量。

（3）由式（2-68）计算每个涡中心的速度。

（4）对流涡量，包含以速度在微小时间步 Δt 下的物面涡（经验表明，应该选择 Δt，使得在离散的表面点之间的距离上发生对流；加利福尼亚州圣迭戈大学的 Aref 教授的结果说明可能需要一个可变的时间步长来精确再现涡流相互作用的细节）。

（5）引入新的表面涡以保证表面流线稳定。

（6）计算受力与运动（van der Vegt，1988）。

随着涡旋位置的更新，重复步骤（2）及以后的步骤，使得流场随时间演化。由于不断地有新的涡旋被引入表面，所以涡旋的数量将会趋向几何倍数的增长，除非在我们关注的区域之外的点涡能够融合，以保持涡旋数量的近似恒定。Leonard（1980）对该方法进行了回顾。Chorin（1973）讨论了这个理论，Spalart 等（1981），Stansby 等（1983）、Nagano 等（1982）、Blevins（1991）、Sarpkaya（1989）、Sarpkaya 等（1986）和 Smith 等（1989）给出了一些应用。

图 2-9（a）显示了由离散涡方法计算的圆柱涡旋脱落。这些离散点是离散涡的中心。请注意，流动是与时间相关的，且发生了流动分离。由于圆柱内的流体保持静止，因此在圆柱表面流场与流动之间的短距离内存在一个数值梯度。这是一个有效的无黏边界层，并且其导致了分离流。图 2-9（b）是对于相同几何模型的计算，但是对纳维-斯托

克斯方程的求解是基于网格的数值解。注意，两个计算结果的相似性是基于对同一个问题的两种不同的方法。

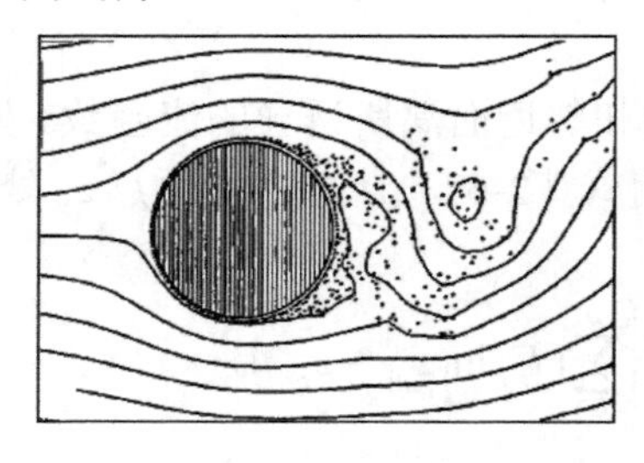

（a）离散涡方法（作者的结果）

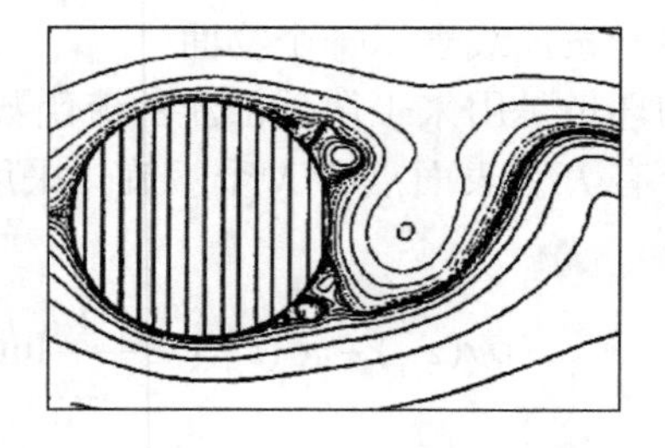

（b）基于网格的纳维-斯托克斯方程的数值解

图 2-9　流体绕过固定圆柱的流线的数值解（Tsuboi et al.，1989）

练　习　题

1. 推导一个分离距离为 d 且环量不等的两点涡旋运动的广义表达式。根据符号和重要性对各种可能的行为类型进行分类。

2. 考虑在实轴上 $x=0,+a,-a,+2a,-2a,+3a,-3a,\cdots$ 上的双无限涡线，写出诱导速度域的表达式。证明该序列等价于 Lamb（1945）给出的以下表达式：

$$\Phi(z)=\frac{\mathrm{i}\Gamma}{2\pi}\ln\sin\left(\frac{\pi z}{a}\right)$$

提示：$\sin u=u(1-u^2/\pi^2)[1-u^2/(2^2\pi^2)]\cdots[1-u^2/(n^2\pi^2)]\cdots$（Milne-Thomson，1968）。

3. 考虑在等边三角形顶点处设置同循环的三个点涡。它们的瞬时速度矢量为多少？如果在三角形的质心处加上带有等值反向的第四个涡旋，那么涡旋运动会如何？

4. 在一张网格纸上绘制一对涡旋的运动：①环量相同；②环量等值且反向。

5. 写一个程序去追踪涡旋的运动。把三个涡旋脱落在 ϕ 轴上，其坐标分别为 $x_1=1$，$y_1=0$；$x_2=-1$，$y_2=0$；$x_3=y_3=0$。使用下面的环量：$\Gamma_1=\Gamma_2=1$，$\Gamma_3=-1$。设时间步长为0.1，核半径为0.01，计算200步后的运动。解释涡旋中心的运动。现保持原有位置和循环不变，令 $x_3=0.05$，重新计算。注意涡旋中心的运动。初始位置微小的变化是否导致了最终位置的很大变化？这种对初始情况的敏感度是混沌动力学的研究途径。

参 考 文 献

Ackermann N L, Arbhabhirama A. 1964. Viscous and boundary effects on virtual mass. Journal of the Engineering Mechanics Division, 90(4): 123-130.

Aref H. 1983. Integrable, chaotic, and turbulent vortex motion in two-dimensional flows. Annual Review of Fluid Mechanics, 15: 345-389.

Au-Yang M K. 1986. Dynamics of coupled fluid-shells. Journal of Vibration, Acoustics Stress, and Reliability in Design, 108(3): 339-347.

Bearman P W. 1987. Personal correspondence and transmittal of photograph of vortex wake taken at Imperial College of Science and Technology. London.

Bellman R. 1970. Introduction to matrix analysis. 2nd ed. New York: McGraw-Hill.

Blevins R D. 1984a. Applied fluid dynamics handbook. New York: Van Nostrand Reinhold.

Blevins R D. 1984b. Formulas for natural frequency and mode shape. Malabar, Fla.: Krieger.

Blevins R D. 1991. Application of the discrete vortex method to fluid-structure interaction. Journal of Pressure Vessel Technology, 113(3): 437-445.

Brown S J. 1982. A survey of studies into the hydrodynamic response of fluid-coupled circular cylinders. Journal of Pressure Vessel Technology, 104(1): 2-19.

Chen S S. 1975. Vibration of nuclear fuel bundles. Nuclear Engineering and Design, 35(3): 399-422.

Chen S S. 1977. Dynamics of heat exchanger tube banks. Journal of Fluids Engineering, 99(3): 462-467.

Chen S S, Chung H. 1976. Design guide for calculating hydrodynamic mass. Part I. circular cylindrical structures. Argonne National Laboratory, Report ANL-CT-76-45.

Chilukuri R. 1987. Incompressible laminar flow past transversely vibrating cylinder. Journal of Fluids Engineering, 109(2): 166-171.

Chorin A J. 1973. Numerical study of slightly viscous flow. Journal of Fluid Mechanics, 57(4): 785-796.

Fritz R J. 1972. The effect of liquids on the dynamic motions of immersed solids. Journal of Manufacturing Science and Engineering, 94(1): 167-173.

Kadtke J B, Campbell L J. 1987. Method for finding stationary states of point vortices. Physical Review A, 36(9): 4360-4370.

Kennard E H. 1967. Irrotational flow of frictionless fluids: mostly of invariable density. Research and Development, David Taylor Model Basin, Report 2299.

King R, Prosser M J, Johns D J. 1973. On vortex excitation of model piles in water. Journal of Sound and Vibration, 29(2): 169-188.

Kirchhoff R H. 1985. Potential flows: computer graphic solutions. New York: Marcel Dekker.

Kochin N E, Kibel I A, Roze N V. 1964. Theoretical hydromechanics. New York: Wiley.

Lamb S H. 1945. Hydrodynamics. 6th ed. Reprint of 1932 edition. New York: Dover Publications.

Landau L D, Lifshitz E M. 1959. Fluid mechanics. Mass: Pergamon Press, Addison-Wesley.

Leonard A. 1980. Vortex methods for flow simulation. Journal of Computational Physics, 37(3): 289-335.

Lim C C, Sirovich L. 1988. Nonlinear vortex trail dynamics. Physics of Fluids, 31(5): 991-998.

Lugt H J. 1983. Vortex flow in nature and technology. New York: Wiley.

Milne-Thomson L M. 1968. Theoretical hydrodynamics. 5th ed. New York: Macmillan.

Montero de Espinosa F, Gallego-Juarez J A. 1984. On the resonance frequencies of water-loaded circular plates. Journal of Sound and Vibration, 94(2): 217-222.

Nagano S, Naito M, Takata H. 1982. A numerical analysis of two-dimensional flow past a rectangular prism by a discrete vortex model. Computers and Fluids, 10(4): 243-259.

Nakamura Y, Nakashima M. 1986. Vortex excitation of prisms with elongated rectangular, H and ⊢ cross sections. Journal of Fluid Mechanics, 163: 149-169.

Newman J N. 1977. Marine hydrodynamics. Cambridge: The MIT Press.

Paidoussis M P, Mavriplis D, Price S J. 1984. A potential-flow theory for the dynamics of cylinder arrays in cross-flow. Journal of Fluid Mechanics, 146: 227-252.

Pattani P G, Olson M D. 1988. Forces on oscillating bodies in viscous fluid. International Journal for Numerical Methods in Fluids, 8(5): 519-536.

Pettigrew M J, Taylor C E, Kim B S. 1989. Vibration of tube bundles in two-phase cross-flow: part 1—hydrodynamic mass and damping. Journal of Pressure Vessel Technology, 111(4): 466-477.

Prandtl L, Tietjens O G. 1934. Fundamentals of hydro- and aeromechanics. New York: Dover Publications.

Rangel R H, Sirignano W A. 1989. The dynamics of vortex pairing and merging. AIAA, Washington, D.C., Paper 89-0128.

Rottman J W, Simpson J E, Stansby P K. 1987. The motion of a cylinder of fluid released from rest in cross-flow. Journal of Fluid Mechanics, 177: 307-337.

Sabersky R H, Acosta A J, Hauptmann E G. 1971. Fluid flow: a first course in fluid mechanics. New York: Macmillan.

Saffman P G, Schatzman J C. 1982. An inviscid model for the vortex-street wake. Journal of Fluid Mechanics, 122: 467-486.

Sarpkaya T. 1989. Computational methods with vortices—The 1988 freeman scholar lecture. Journal of Fluids Engineering, 111(1): 5-52.

Sarpkaya T, Ihrig C J. 1986. Impulsively started steady flow about rectangular prisms: experiments and discrete vortex analysis. Journal of Fluids Engineering, 108(1): 47-54.

Sedov L I. 1965. Two dimensional problems in hydrodynamics and aerodynamics. New York: Wiley.

Smith P A, Stansby P K. 1989. An efficient surface algorithm for random-particle simulation of vorticity and heat transport. Journal of Computational Physics, 81(2): 349-371.

Spalart P R, Leonard A. 1981. Computation of separated flows by a vortex tracing algorithm. AIAA 14th Fluid and Plasma Dynamics Conference, Palo Alto, Calif., Paper 81-1246.

Stansby P K, Dixon A G. 1983. Simulation of flows around cylinders by a lagrangian vortex scheme. Applied Ocean Research, 5(3): 167-178.

Stelson T E, Frederic T. 1957. Virtual mass and acceleration in fluids. Transactions of the American Society of Civil, 122(1): 518-525.

Stuber K, Gharib M. 1988. Experiment on the forced wake of an airfoil transition from order to chaos. AIAA, Washington, D.C., Paper 88-3840-CP.

Tsuboi K, Tamura T, Kuwahara K. 1989. Numerical study for vortex induced vibration of a circular cylinder in high-Reynolds-number flow. AIAA, Washington, D.C., Paper 89-0294.

van der Vegt J J W. 1988. Calculation of forces and moments in vortex methods. Journal of Engineering Mathematics, 22: 225-238.

von Karman T. 1912. Uber den mechanismus des Widerstandes, den ein bewegter Korper in einer Flussigkeit erfart. 2. Nachrichten der K. Gesellschaft der Wissenschaften zu Gottingen: 547-556. (von Karman T. 1956. Collected works of theodore von Karman. London: Butterworths: 331-338.)

White F M. 1974. Viscous fluid flow. New York: McGraw-Hill.

Yeh T T, Chen S S. 1978. The effect of fluid viscosity on coupled tube/fluid vibrations. Journal of Sound and Vibration, 59(3): 453-467.

Zienkiewicw O C. 1977. The finite element method. 3rd ed. New York: McGraw-Hill.

第3章 涡致振动

在低速流中，结构会发生涡旋脱落现象。不管结构的几何形状如何，其涡街尾流趋于相似。当涡旋先从一边脱落，再从另一边脱落时，对结构施加表面压力（图3-1）。振荡的压力引起弹性结构振动，并产生称为风成声的气动声（见第9章）。由于涡旋脱落对桥梁、烟囱、塔、海上管道和换热器具有潜在的破坏作用，因此由涡旋脱落所致的弹性结构振动具有重要的实践意义。

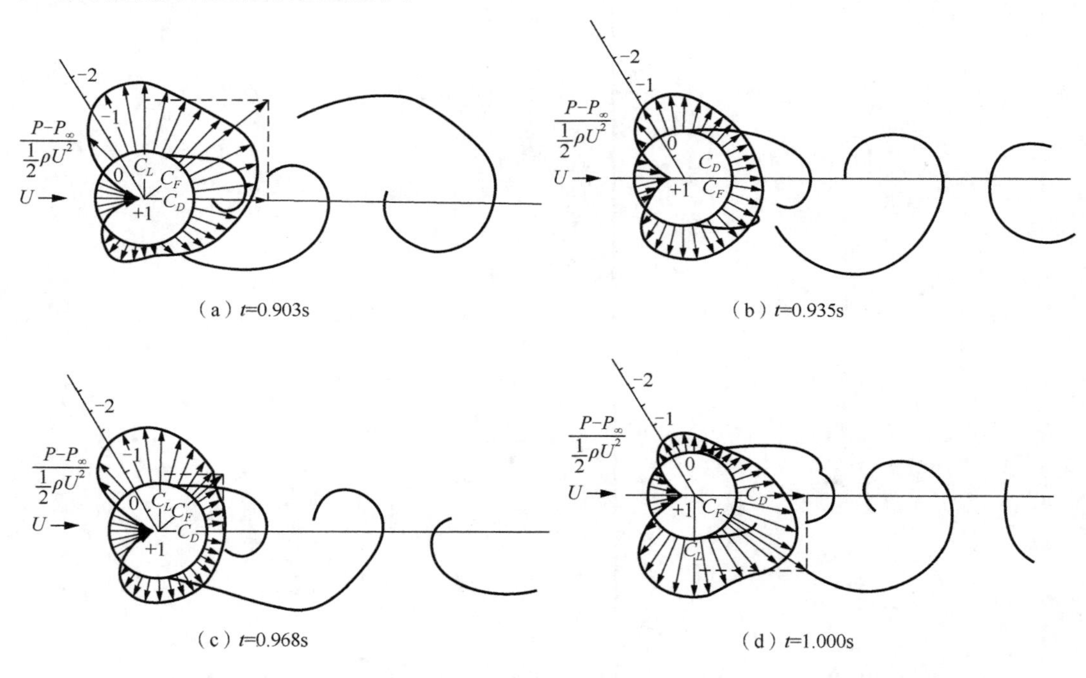

图3-1　模拟的一系列表面压力场和 $Re = 112000$ 时涡旋脱落约1/3周期的尾流形式

3.1　静止圆柱的涡旋尾流

自古以来，人们就知道风可以使风鸣琴上紧绷的琴弦产生涡致振动。15世纪时，Leonardo da Vinci在一个打桩的尾流里画了一连串的涡旋（Lugt，1983）。1878年，

Strouhal 发现由一根弦线发生的风鸣音调和风速与弦线直径之商成正比。1879 年，Rayleigh 发现烟囱通风道中的小提琴弦主要是通过气流振动，而不是与气流一起振动。1908 年，Benard 将圆柱后面尾流的周期性和涡旋的形状联系起来考察，而在 1912 年 von Karman 将它和一条稳定的交错涡街的形成联系起来了。

当一个流体质点流近圆柱的前缘时，流体质点的压力就从自由流压力升高到驻点压力。随着两侧边界层的发展，靠近前缘高的流体压力推动着圆柱周围的流体流动。然而，在高雷诺数情况下，高压是不足以让水流绕着圆柱后部流动的。在圆柱最宽截面的附近，边界层从圆柱表面的两侧脱开，并形成两个尾随在水流中并束缚了尾流的剪切层。由于流体与圆柱接触的剪切层最里面的部分比与自由流接触的剪切层最外面的部分移动得慢得多，因此剪切层卷入近尾流，在那里它们相互折叠并合并成离散的涡旋（Williamson et al.，1988；Perry et al.，1982）。一种规则的、尾流在尾部的涡流模式称为涡街（图 2-8）。涡旋与圆柱发生相互作用，这就是涡致振动效应的来源。

在低速稳定流中，光滑圆柱上涡旋脱落是雷诺数的函数。雷诺数取决于自由流速度 U 和圆柱直径 D：

$$Re = \frac{UD}{\nu} \tag{3-1}$$

式中，ν 是流体的运动黏性系数。Lienhard（1966）总结了光滑圆柱涡旋脱落的主要雷诺数范围（图 3-2）。当雷诺数很低，$Re < 5$ 时，流体流动沿着圆柱轮廓；当 $5 \leqslant Re \leqslant 45$ 时，流动从圆柱后部分离，并在近尾流中形成对称的一对涡旋。涡旋的流向长度随雷诺数线性增加，当 $Re = 45$ 时达到三个圆柱直径的长度（Nishioka et al.，1978）。随着雷诺数的进一步增加，尾流变得不稳定（Huerre et al.，1990），并且其中一个涡旋会脱离（Friehe，1980），形成具有相反方向的交错涡旋的层流周期性尾流（涡街）。Roshko（1954）发现，当 $Re = 150 \sim 300$ 时，尽管圆柱上的边界层仍然保持层状，但是从圆柱上脱落的涡旋变成湍流。

雷诺数范围在 $300 < Re < 1.5 \times 10^5$ 时称为亚临界区。在此范围内，层流边界层在圆柱后方约 80°处分离，并且涡旋脱落是强烈的、周期性的。在过渡范围内（$1.5 \times 10^5 < Re < 3.5 \times 10^6$），圆柱边界层变为湍流，分离点向后移动到 140°，圆柱阻力系数下降到 0.3（Farell，1981。图 6-9）。在过渡范围内，层流分离涡旋和三维效应破坏了规则的脱落序列，并且光滑表面圆柱的脱落频率谱范围变宽（Farell et al.，1983；Achenbach et al.，1981；Bearman，1969；Jones et al.，1969）。

雷诺数在超临界区（$Re > 3.5 \times 10^6$）时，伴随着湍流边界层，规律的涡旋脱落得到重建（Roshko，1961）。风驱动云的涡旋模式的卫星照片清楚地表明，在雷诺数高达 $Re = 10^{11}$ 时涡旋脱落持续存在（Griffin，1982；Nickerson et al.，1981）。

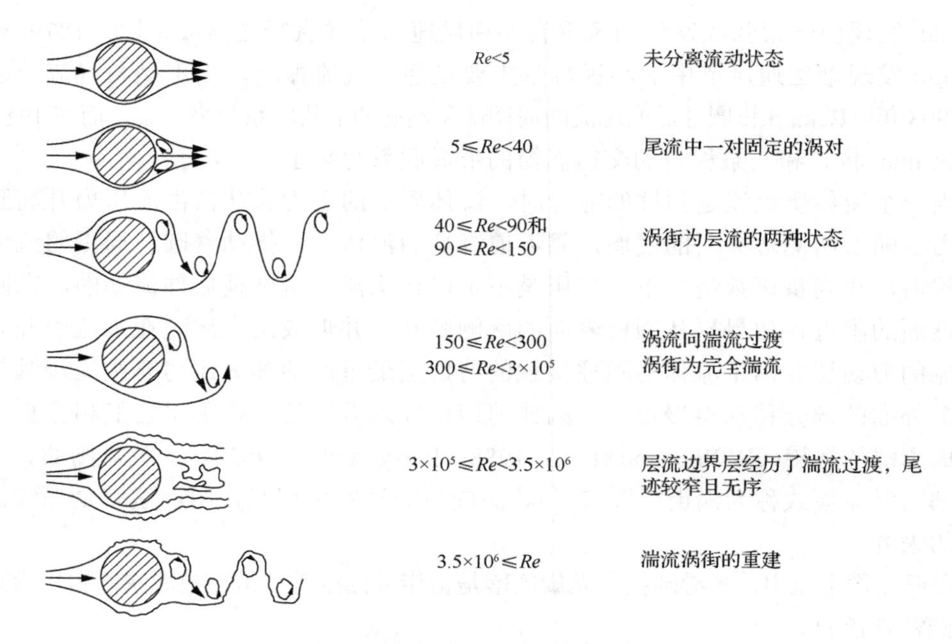

图 3-2　流体流过光滑圆柱的流态

von Karman（1912）发现理想交错涡街的纵向、横向间距之比是 $h/l=0.281$（图 2-8）。研究显示，横向间距在圆柱下游的几倍直径处先下降到最小，然后增加（Schaefer et al.，1959）。Griffin 等（1975）发现在 $Re=100\sim500$ 时间距比为 0.18。对于大多数涡街，纵向间距（l）与圆柱直径（D）的比几乎是一个常数（Sarpkaya，1979）。Griffin 等（1980）发现间距比为 $4.8<l/D<5.2$ 时，典型的涡旋彼此间隔为五个圆柱直径。Griffin 等还发现涡旋脱落的环量为 $1.75<\Gamma/(UD)<3.2$，式中，循环环量 Γ 见式（2-24）定义。这些值相对地应用在圆柱附近。在下游，涡量减小（Sarpkaya，1979），并根据湍流尾流的趋近律交错的涡旋模式向横向扩展（Cimbala et al.，1988；Rodi，1975）。

Lim 等（1988）、Saffman 等（1982）、Aref 等（1981）以及 Griffin（1981）给出了关于涡旋尾流动力学的其他研究（见 2.4 节）。Griffin（1985）、Bearman（1984）、Farell（1981）、Sarpkaya（1979）、King（1977a）、Barnett 等（1974）、Mair 等（1971）、Marris（1964）以及 Morkovin（1964）给出了大量关于圆柱涡旋脱落的文献综述。Lugt（1983）和 Swift 等（1980）回顾了涡旋运动。Escudier（1987）讨论了管道和入口处的涡量。2.4 节中讨论了离散涡模型。

3.2 施特鲁哈尔数

施特鲁哈尔数（S）是涡旋脱落主频率与圆柱直径之积除以自由流速度得到的无量纲比例常数：

$$S = \frac{f_s D}{U} \tag{3-2}$$

式中，f_s 是涡旋脱落主频率（Hz）；U 是接近圆柱的自由流速度；D 是圆柱直径。U 和 D 必须具有一致的单位，也就是说，若 D 以 m 为单位，则 U 必须以 m/s 为单位，若 D 以 in（1in=2.54cm）为单位，则 U 必须以 in/s 为单位，依此类推。

对于倾斜于流体中的圆柱，Ramberg（1983）和 King（1977a）发现涡旋脱落频率随着等式 $f_s(\theta) = f_s(\theta = 0)\cos\theta$ 变化。式中，θ 是倾斜的圆柱轴线与垂直于来流方向的夹角，角度可达约 30°。随着角度的增大，末端效应变得越来越重要。实验表明，在升力中（力垂直于来流方向）的振荡发生在涡旋脱落频率处，在阻力中的振荡（与来流方向平行的力）发生在涡旋脱落频率的 2 倍处，这是涡街几何结构的结果（图 3-1 和图 3-8）。

低速流中，静止圆柱的施特鲁哈尔数是雷诺数［式（3-1）］的函数，并且在较小程度上也是表面粗糙度和自由流湍流度的函数［图 3-3，$40 < Re < 200$ 时 $S \approx 0.21(1 - 21/Re)$（Roshko，1954）］。

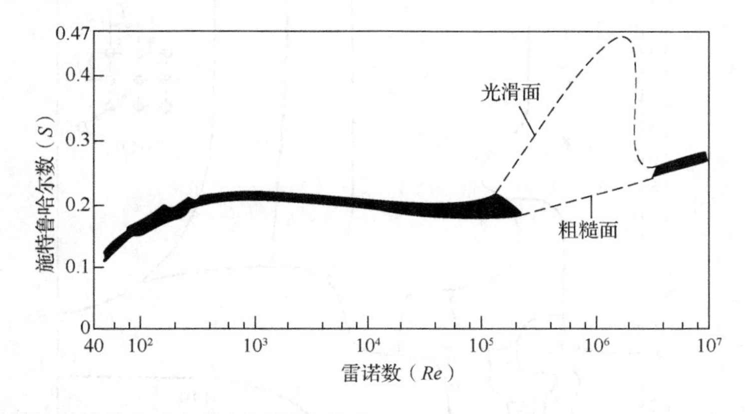

图 3-3 圆柱的施特鲁哈尔数与雷诺数关系（Lienhard，1966；Achenbach et al.，1981）

施特鲁哈尔数遵循图 3-2 的雷诺数的流动区域。在过渡区内（$2\times10^5 < Re < 2\times10^6$），Achenbach 等（1981）发现表面光滑的圆柱具有混乱无序的高频率尾流并且施特鲁哈尔数高达 0.5，而表面粗糙的圆柱（表面粗糙度为 $\epsilon / D = 3\times10^{-3}$ 或更大，其中 ϵ 是特征表面粗糙度）具有规则的周期性尾流，且施特鲁哈尔数 $S \approx 0.25$。雷诺数在过渡区时，圆柱的涡致振动通常发生在 $S \approx 0.2$ 的情况下而不是图 3-3 所示的较高施特鲁哈尔数的情况下（Coder，1982）。尽管可以向下推移流动状态，类似于雷诺数的增加，但高于平均流

量 10%的自由湍流对圆柱振动升力系数或涡致振动的影响相对较小，尽管它可以使流态向下推移，类似于雷诺数的增加（Torum et al.，1985；Gartshore，1984；Barnett et al.，1974；Fage et al.，1929）。

涡旋脱落发生在多个圆柱间和圆柱表面附近处。Torum 等（1985）、Jacobsen 等（1984）和 Tsahalis（1984）的研究表明，在平行于水流的平面上（如海床正上方的管道），圆柱与平面之间的间隙小于 0.5 倍直径时，圆柱的涡旋脱落仍然存在。Buresti 等（1979）以及 Bearman 等（1978）发现小于 0.3 倍直径的间隙抑制了涡旋脱落。同样，Kiya 等（1980）发现，当圆柱间隙大于 0.4 倍直径时（圆柱中心到圆柱中心的距离大于 1.4 倍直径），对一对圆柱而言，涡旋脱落在每个圆柱后面单独发生；但对于较小的间隙，圆柱对的涡旋脱落表现为一个整体。涡旋脱落会发生在几个圆柱群中（Zdravkovich，1985；Vickery et al.，1962）和圆柱阵列中（Weaver et al.，1985；图 9-14）。图 3-4 和图 3-5 给出了 Fitz-Hugh（1973）整理的圆柱阵列（如换热器管阵）中流动的施特鲁哈尔数。这些施特鲁哈尔数是基于管径和通过圆柱间最小面积的平均流速，它表征了圆柱阵列中湍流谱中的峰值。在非常密集的管阵中，管中心到管中心的间距小于约 1.5 倍直径时，与脱落相关的不同频率流动退化宽带湍流（Price et al.，1989；Fitzpatrick et al.，1988；Weaver et al.，1987；Murray et al.，1982；Fitzpatrick et al.，1980。见 7.3 节和 9.3 节）。

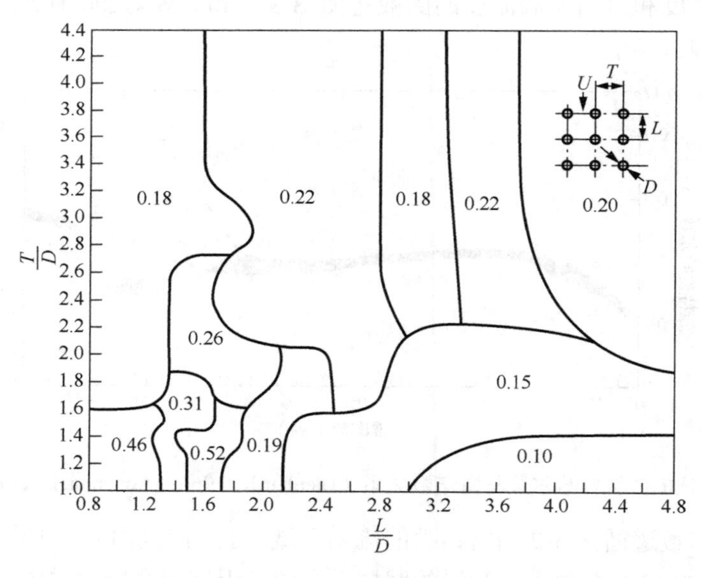

图 3-4　圆柱阵列的施特鲁哈尔数（Fitz-Hugh，1973）

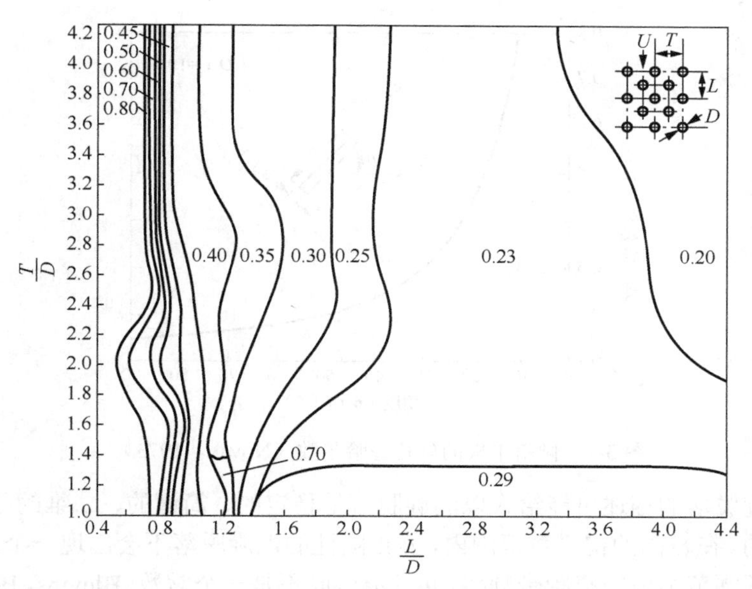

图 3-5　交错圆柱阵列的施特鲁哈尔数（Fitz-Hugh，1973）

非圆形截面也会发生涡旋脱落。图 3-6 和图 3-7 给出了非圆形截面和一些三维结构的施特鲁哈尔数。甚至一个叶片的涡旋尾流也会形成一个施特鲁哈尔数，其值约为 0.2（基于尾边的边界层的宽度 D）［图 2-8（c）。Stuber，1988；Parker et al.，1985］。比较图 2-8（b）、图 2-8（c）和图 9-13 可发现，涡街尾流是由结构后面的两个自由剪切层的相互作用形成的（Griffin，1981；Sarpkaya，1979；Roshko，1961，1954），对于任何一个钝体截面而言，定义一个基于剪切层间距的“通用”施特鲁哈尔数是可能的。

任何情况下，如果式（3-2）中的特征尺寸 D 定义为分离点之间的宽度，无论截面几何形状如何，雷诺数在大范围内时，施特鲁哈尔数约为 0.2。施特鲁哈尔数的这种一致性允许涡旋脱落作为流体流量计设计的依据（Miller，1989；Yeh et al.，1983）。

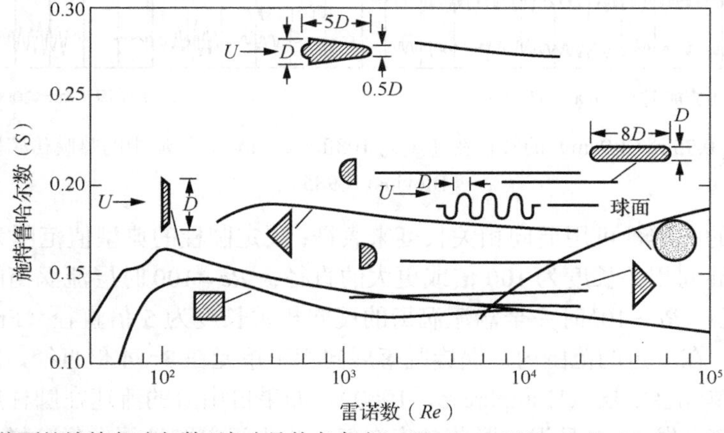

图 3-6　非圆形截面的施特鲁哈尔数（流动是从左向右）（Okajima，1982；Achenbach et al.，1981；Mujumdar et al.，1973；Gerlach，1971；Vickery，1966；Wardlaw，1966；Toebes et al.，1961；Roshko，1954）

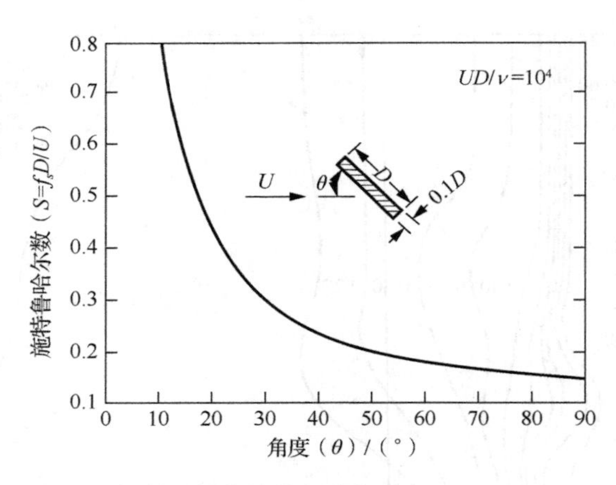

图 3-7　倾斜平板的施特鲁哈尔数（Novak，1973）

当前涡旋脱落的描述可能给人以涡旋脱落是稳定的、简谐的、二维的印象。但这不是完全正确的。在较高的雷诺数范围内，静止圆柱的涡旋脱落不会出现一个显著的频率，而是在一定振幅范围内的窄频带频率，并且沿展向不是一个常数（Blevins，1985；Schewe，1983；Jones et al.，1969）。例如，图 3-8（b）显示的安装于圆柱和相邻麦克风上的四个平面膜风速计的时间历程图。圆柱是在 $Re = 4.2\times10^4$ 的气流中，平面薄风速计是沿着圆柱以 2 倍直径间隔放置。注意到该雷诺数下圆柱展向没有表现相关性，同样涡旋脱落也表现不规则性。当强烈的声施加到涡旋的脱落频率上时，在声频上涡旋脱落是同相的、二维的。

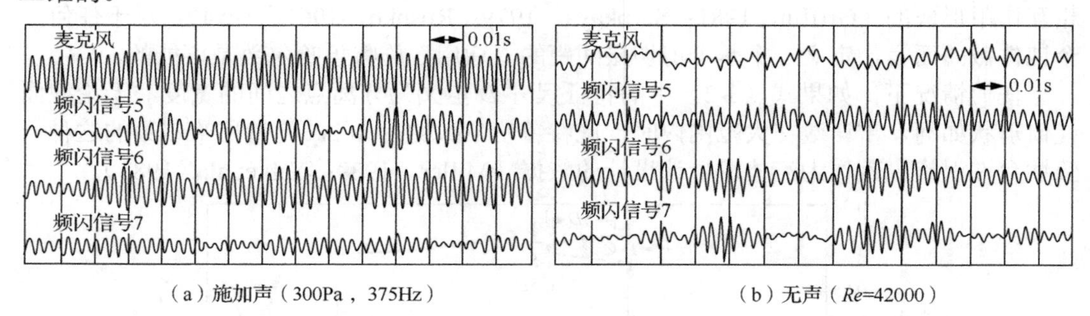

（a）施加声（300Pa，375Hz）　　（b）无声（Re=42000）

图 3-8　直径为 0.75in（1.9cm）的圆柱在速度为 108ft/s（33m/s）气流中的热膜传感器时间历程图（Blevins，1985）

涡旋脱落的三维性可用展向相关长度来表征；固定圆柱的典型值范围为：$Re = 60$ 时的层流涡街的展向相关长度为 100 倍或更大的直径；$Re = 100$ 时层流涡街的展向相关长度为 20 倍直径；$Re = 10^4$ 时完全湍流涡街的展向相关长度为 5 倍直径（Friehe，1980；King，1977a）。在一定的范围内，涡旋脱落展向相干单元在 3～4 倍直径，雷诺数在过渡区时展向相干单元会发展（Humphreys，1960）。如果自由流的流速在圆柱展向上变化，这些单元也会随之发展，并且涡旋脱落频率在每一步上沿着圆柱展向像阶梯状一样离散式地变化，展向跨度大约为 4 倍直径（Griffin，1985；Ramberg，1983；Rooney et al.，1981），另见图 3-32。

穿过波纹管内部的流动引起的振动和声的频率为 $f_s = SU/D$，式中，若 D 定义为卷积宽度，即单边宽度，则 S 介于 0.18 和 0.22 之间；U 是通过波纹管的平均流速（Johnson et al.，1979；Gerlach，1971）。消除这些涡致振动有两种方法：①从外部阻止弯曲振动；②提供一个固定在上游端的连续的衬垫来隔离高速流和弯曲（Weaver et al.，1988；Gerlach，1971）。有一种东西在其里面波纹管涡旋脱落会诱发出声。涡旋脱落会引起圆柱阵和烟囱列的振动（Vickery，1981；King et al.，1976。见第 5 章）；涡旋脱落可能与大型双曲线型冷却塔的椭圆振荡（Uematsu et al.，1985；Paidoussis et al.，1982）和桥板的振动有关（见 3.7 节和 4.4 节）。

本章的重点是预报圆柱的涡致振动。然而，正如涡旋脱落会在圆柱上施加力一样，圆柱也会对流体施加力。如第 9 章所述，圆柱对流体施加的力在涡旋脱落频率下会产生几乎纯音的气动声。自由液面将会对下面流体中的涡旋脱落做出响应。Rohde（1979）对桥墩的涡旋脱落所致明渠中的横向晃荡波进行了广泛的研究。Levi（1983）讨论了涡旋脱落理念在水利和海洋系统中的应用。圆柱的涡致振动也发生在振荡流中，例如海波绕过桩和管道所致振动，这些振动问题将在 6.4 节讨论。

练 习 题

1. 图 3-8（a）中涡旋脱落主频率是多少？选择此图中的一行，任意两个相邻峰之间的最高频率（1 /时间间隔）是多少？最低是多少？在两个不同的时刻估算其他传感器与所选传感器之间的相位差，在图 3-8（b）中重复回答这些问题。

2. 计算涡旋脱落频率：①风速为 20ft/s，直径为 10in 的电话杆；②在流速为 3m/s 的均匀流中，直径为 0.1m 的海洋管道；③风速为 5m/s，直径为 1cm 的电话线；④风速为 5m/s，直径为 1mm 的电缆；⑤游泳时张开手的中指；⑥在 30m/s 的风中，50m 高的方形建筑截面的一侧。请注意，必须首先计算雷诺数。

3. 通过在一个周期内，以规则的时间间隔绘制涡旋脱落的模式来继续图 3-1 的序列。涡旋脱落的频率是多少？净升力（垂直于平均流动的力）以什么频率变化？阻力以什么频率发生变化？升力的振荡分量是否比阻力的振荡分量大？

3.3 圆柱振动对尾流的影响

横向的圆柱振动（即垂直于自由流的振动），其振动频率等于或接近涡旋脱落频率时，对涡旋脱落有很大影响。圆柱振动能够：

（1）增加涡旋的强度（Davies，1976；Griffin et al.，1975）。

（2）增加尾流的展向相关性（Novak et al.，1977；Ramberg et al.，1976；Toebes，1969）。

（3）导致涡旋脱落频率转变为圆柱振动的频率（Bishop et al.，1964），这种效应称为锁定或同步效应。如果振动频率等于脱落频率的倍数或亚倍数，也可以在较小程度上产生这种效应。

（4）增加圆柱的平均阻力（Sarpkaya，1978；Tanida et al.，1973；Bishop et al.，1964）。

（5）改变尾流中涡旋的相位、序列和尾流中涡旋的模式（Ongoren et al.，1988；Williamson et al.，1988；Zdravkovich，1982）。

横向振动圆柱的振动频率落在脱落频率或接近脱落频率时会发生尾流重组。振动增加了沿圆柱轴线向涡旋脱落的相关性（图 3-9）。相关性是圆柱尾流中对流动三维特性的度量，相关性为 1.0 意味着二维流动。相关性增加了横向振幅 A_y，也增加了振动的锁定、同步脱落频率的能力。锁定带是圆柱振动控制脱落频率的频率范围，基本锁定带如图 3-10（a）所示。需要注意的是，大幅度圆柱振动可以使涡旋脱落频率比固定圆柱的脱落频率高出±40%。亚谐波锁定带如图 3-10（b）所示。在每个频带中，固有的涡旋脱落频率消失，取而代之的是激励频率（基带）或激励频率的有理数倍数（谐波带）。

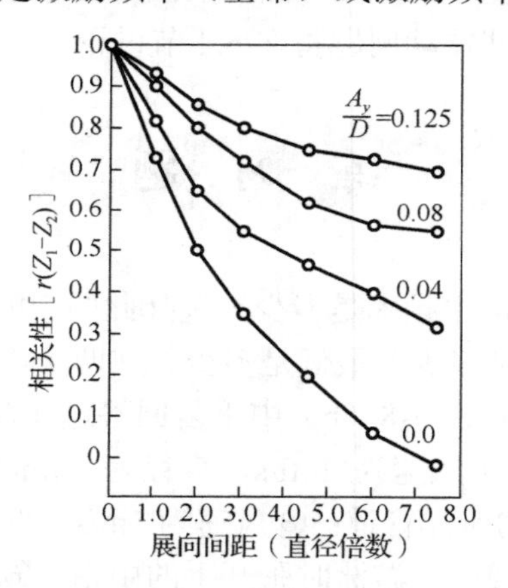

图 3-9　刚性圆柱与涡旋脱落共振的展向相关性（Toebes，1969）

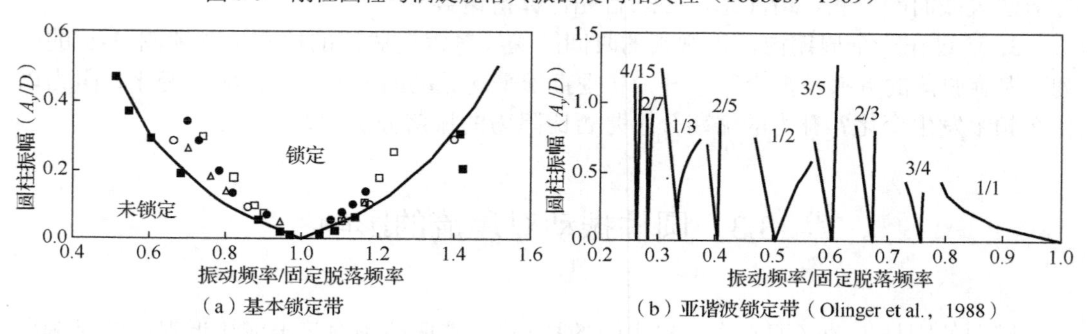

图 3-10　伴随横向圆柱振动的涡旋脱落同步的锁定带

A_y 是横向振动的振幅，D 是圆柱直径

□代表 $Re=100$，●代表 $Re=200$，△代表 $Re=300$（Koopman，1967）；■代表 $Re=3600$，○代表 $Re=9200$（Stansby，1976）

圆柱振动频率接近涡旋脱落频率时会影响振动的模式和相位。当圆柱接近最大位移时，在振动周期的这一段，涡旋趋于从圆柱上脱落。当圆柱的振动频率经过固有脱落频率时，在涡旋脱落和圆柱振动之间会突然发生180°的相位延迟［式（3-2）］（Ongoren et al.，1988；Stansby，1976）。Zdravkovich（1982）观察到，对于振动频率稍低于固有脱落频率时，涡旋从产生最大位移相反的一侧脱落。对于振动频率稍高于脱落频率时，涡旋从最大位移的同一侧脱落。相位延迟导致滞后效应，其中锁定范围在一定程度上取决于高于或低于涡旋脱落频率。

当圆柱振动的振幅增加超过约 1.5 倍直径时，交替涡旋的对称模式开始破裂（Williamson et al.，1988）。由图3-11可以看出，在1倍直径的振幅下，每个振动周期内会形成三个涡旋，而不是稳定的两个涡旋。这种破裂意味着通过涡旋脱落作用在圆柱上的流体力将是圆柱振幅的函数，且在大振幅时流体力可能是自限的。

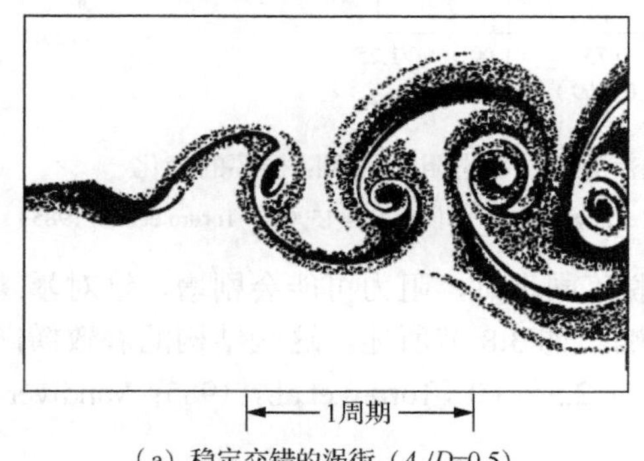

（a）稳定交错的涡街（A_y/D=0.5）

1周期

（b）每个振动周期形成的三个旋涡不稳定模式（A_y/D=1.0）

图3-11　共振时，圆柱横向振动后的涡街（$Re=190$。Griffin et al.，1974）

当圆柱的振动频率接近或等于涡旋脱落频率时，振动圆柱受到的平均阻力（即稳定状态）也是振幅的函数。阻力随着横向振幅的增大而增加。直径为D的圆柱单位长度上的阻力为

$$F_D=\frac{1}{2}\rho U^2 D C_D \tag{3-3}$$

在共振时，阻力系数C_D随A_y增加而增加（ρ是流体密度）。事实上，像亚谐波和超级谐波的锁定，滞后和共振这些现象首次是由Bishop等于1964年发现的。图3-12显示了当振动频率与脱落频率一致时，由于圆柱横向运动引起了阻力放大。

伴随振动的阻力系数增加的三个表达式：

$$\frac{C_D|_{A_y>0}}{C_D|_{A_y=0}}=\begin{cases}1+2.1(A_y/D) & \text{（图3-12）}\\ 1+1.043(2Y_{\text{rms}}/D)^{0.65} & \text{［Vandiver（1983）］}\\ 1+1.16\{[(1+2A_y/D)f_n/f_s]-1\}^{0.65} & \text{［Skop等（1977）］}\end{cases} \tag{3-4}$$

式中，A_y是横向圆柱运动的振幅，即垂直于流动测量的峰峰极值的一半。图6-9给出了$A_y=0$时的C_D值。第一个表达式是依据Torum等（1985）、Sarpkaya（1978）和Tanida

等（1973）测量的刚性振荡圆柱的数据所拟合的曲线。第二个表达式由 Vandiver（1983）提出，它准确地预报了因涡旋脱落而振动的海洋缆线上的阻力。这里 Y_{rms} 是振幅的均方差，对于正弦运动，$Y_{rms}=A_y/2^{1/2}$。Skop 等的表达式包括对非共振效应的估计，它对于 $(1+2A_y/D)(f/f_s)>1$ 时有效，其中，f 是振动频率，f_s 是静止圆柱涡旋脱落频率［式(3-2)］。在共振时，$f_n=f_s$，式（3-4）的三个表达式计算的 C_D 彼此相差不到 15%。

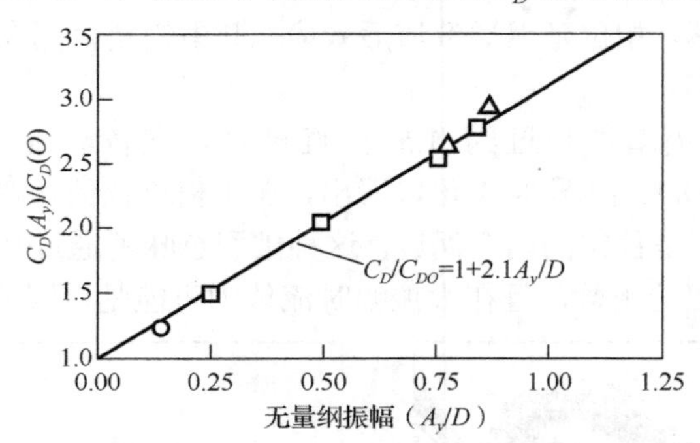

图 3-12　刚性圆柱横向振荡频率等于涡旋脱落频率时稳态阻力系数随振幅的变化

□代表 $Re=8000$（Sarpkaya，1978）；○代表 $Re=4000$（Tanida et al.，1973）；△代表 $Re=15000$（Torum et al.，1985）

由图 3-12 可以看出，当圆柱振动与涡旋脱落同步时，阻力可能会剧增。这对暴露于洋流中的海洋管道和线缆的设计有重要的影响。如 3.8 节所述，这些结构的涡致横向振动的共振振幅通常为 0.5～1 倍直径，阻力系数在 2.5～3.0（Torum et al.，1985；Vandiver，1983；Dale et al.，1967）。

□、△和 D 形截面及其他具有可以固定流体分离点的尖角截面锁定也会发生，但程度要小于○，（Ongoren et al.，1988；Bokaian et al.，1984；Bearman et al.，1982；Nakamura et al.，1982；Washizu et al.，1978；Feng，1968）。Bearman 等（1982）研究表明，在共振振幅的方形截面上，阻力会增加。可能所有涡旋的非圆形截面都将有锁定、展向相关性的增加，并随着共振横向振动的阻力增加（见 3.5.3 节、3.7 节和 4.4 节）。

3.4　涡致振动分析

随着流速的增加或减小，涡旋脱落频率 f_s 接近弹性结构的固有频率 f_n，因此

$$f_n\approx f_s=\frac{SU}{D}\text{或者}\frac{U}{f_nD}\approx\frac{U}{f_sD}=\frac{1}{S}\approx 5 \tag{3-5}$$

涡旋脱落频率会突然锁定在结构的固有频率上，由此产生的振动发生在结构固有频率或接近固有频率时，近尾流中的锁定共振给结构输入了大量的能量而使圆柱产生大幅度振动。图 3-13 给出了平板的涡致振动。Toebes 等（1961）发现这些振动对尾边的几何形状很敏感（见 3.5 节和表 10-2）。图 3-14 给出弹簧支撑的圆柱在两个阻尼级下的横向振

动。基本的横向振动通常发生在约化速度在 $4<U/(f_nD)<8$ 时，但振动也发生在脱落频率的亚谐频和超谐频处。

King（1977a）发现两种显著的亚谐频共振机制会产生线内运动。约化速度在 $1.5<U/(f_nD)<2.5$ 范围内，每个周期内有两个近乎对称的涡旋脱落；这种涡旋模式是不稳定的，并在下游涡旋合并成常见的交错模式。约化速度在 $2.7<U/(f_nD)<3.8$ 范围内，结构频率的共振发生在涡旋脱落频率两倍（$2f_s$）处，并且涡旋从圆柱的两侧交替脱落。约化速度在 $4<U/(f_nD)<8$ 范围内，这两种状态的线内运动的振幅约为横向振动的 1/10（Naudascher，1987；Griffin et al.，1976）。Durgin 等（1980）发现，约化速度在 $12<U/(f_nD)<18$ 范围内，仍会诱发横向振动，对应于共振的是涡旋脱落的第三个亚谐频（$f_s/3$）。

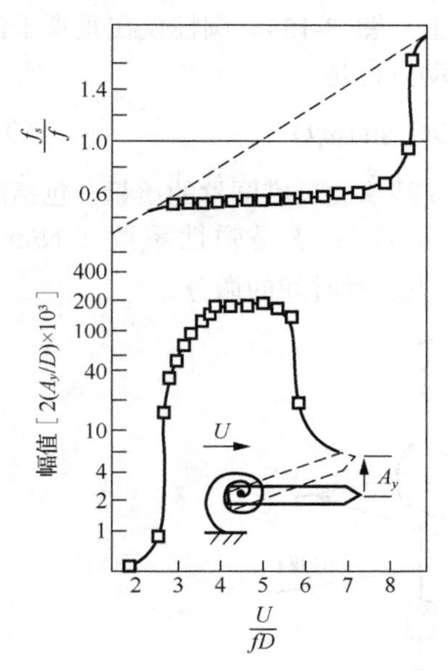

图 3-13 平板的涡致振动（Toebes et al.，1961）

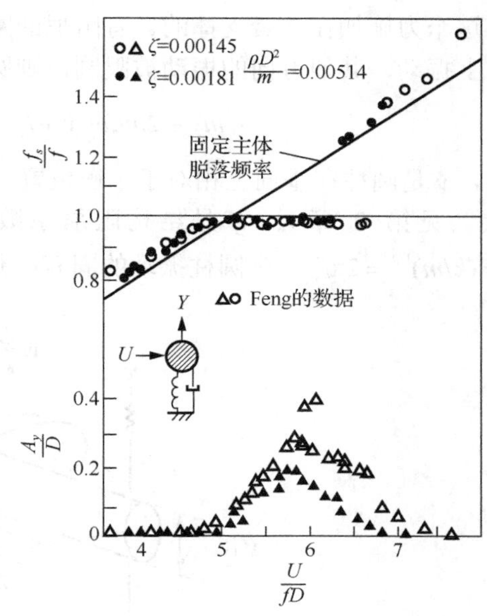

图 3-14 弹簧支撑的、有阻尼的圆柱涡致振动（f 是圆柱的固有频率）（Feng，1968）

3.5 涡致振动模型

圆柱形结构的涡致振动模型将在下面的段落中讨论。第一种是简单的线性谐频模型，它不包含反馈效应，但它确实适用于发展适当的无量纲参数并且为实验数据提供一个平台。第二个模型将涡旋脱落作为非线性振子。它的非线性解相应地更加复杂，但它们有潜力描述更大范围的现象。这些模型将与实验数据进行比较，这些数据在适当的无量纲化后将被作为最终的模型。

3.5.1 谐波模型

由于涡旋脱落是一个或多或少的正弦过程，因此在脱落频率下，在时间上用谐波来模拟施加在圆柱上的涡旋横向力是合理的：

$$F_L = \frac{1}{2}\rho U^2 D C_L \sin(\omega_s t) \tag{3-6}$$

式中，ρ 为流体密度（必须以质量单位表示）；U 为自由流速度；D 为圆柱直径；C_L 为无量纲升力系数；$\omega_s = 2\pi f_s$ 为涡旋脱落圆频率（rad/s），其中涡旋脱落频率 f_s 见式(3-2)；t 为时间（s）；F_L 是单位长度圆柱的升力（垂直于平均流向）。

这个力施加在弹簧支撑的、有阻尼的刚性圆柱上（图 3-15）。圆柱仅在垂直于流动方向上振动，其他方向的振动被限制，则圆柱的振动方程是

$$m\ddot{y} + 2m\zeta\omega_y\dot{y} + ky = \frac{1}{2}\rho U^2 D C_L \sin(\omega_s t) \tag{3-7}$$

式中，y 是圆柱在垂向上相对于平衡位置的位移；m 是单位长度圆柱的质量，包括附加质量（见第 2 章）；ζ 是结构阻尼系数（见第 8 章）；k 是弹性系数（N/m）；$\omega_y = (k/m)^{1/2} = 2\pi f_y$，是圆柱振动的固有圆频率；$(\dot{})$ 表示对时间的微分。

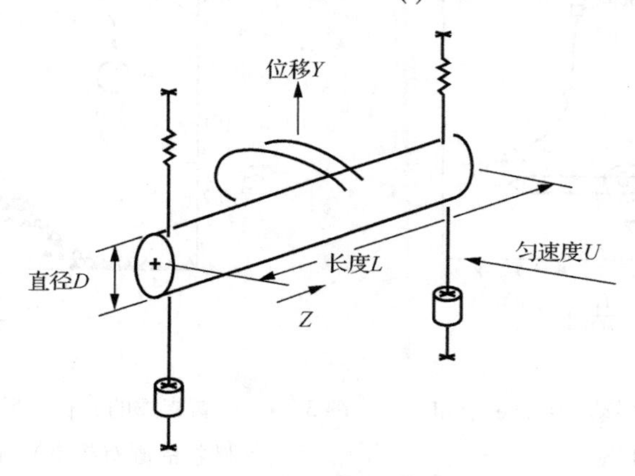

图 3-15　刚性圆柱模型及其坐标系

假设振幅为 A_y、频率为 ω_s、相位为 ϕ 的正弦稳态响应为

$$y = A_y \sin(\omega_s t + \phi) \tag{3-8}$$

并将式（3-8）代入式（3-7），则该线性方程的解（Thomson，1988）为

$$\frac{y}{D} = \frac{\frac{1}{2}\rho U^2 C_L \sin(\omega_s t + \phi)}{K\sqrt{[1-(\omega_s/\omega_y)^2]^2 + (2\zeta\omega_s/\omega_y)^2}} \tag{3-9}$$

式中，相位角被定义为

$$\tan\phi = (2\zeta\omega_s\omega_y)/(\omega_s^2 - \omega_y^2) \tag{3-10}$$

当圆柱振动经过 $f_s = f_y$ 时，相位角改变 180°。

当脱落频率近似等于圆柱固有频率时响应最大，$f_s = f_y$ 被称为共振的条件。利用式（3-8）和式（3-9），共振振幅为

$$\left.\frac{A_y}{D}\right|_{f_y=f_s} = \frac{\rho U^2 C_L}{4k\zeta} = \frac{C_L}{4\pi S^2 \delta_r} \tag{3-11}$$

方程右侧的形式是结合了施特鲁哈尔关系［式（3-2）］和固有频率 f_y=$(1/2\pi)(k/m)^{1/2}$ 得到的。共振振幅随阻尼 δ_r 的增大而减小，它被定义为质量比乘以结构阻尼系数（1.1.6 节）：

$$\delta_r = \frac{2m(2\pi\zeta)}{\rho D^2} \tag{3-12}$$

式中，m 是包括附加质量的单位长度质量（表 2-2）；ζ 是通常在静止流体中测量的阻尼系数（见第 8 章）；ρ 是周围流体的密度；D 是圆柱的外径［式（3-11）的右侧意味着共振时的振幅与流速无关。这是因为固定的施特鲁哈尔数可以固定圆柱和流体频率之间的关系］。

图 3-16 给出了涡旋诱导升力系数的测量。C_L=1.0 给出了几乎所有圆柱形结构对横向涡致振动的锁定响应的保守估计。然而，C_L=1.0 可能过于保守。式（3-11）（C_L=1.0）估计水中大多数圆柱的几倍直径的振幅，而实际上从未观察到超过 1.5 倍直径的振幅。这表明，共振的圆柱运动反馈给涡旋脱落过程而影响升力系数，并限制了圆柱响应。

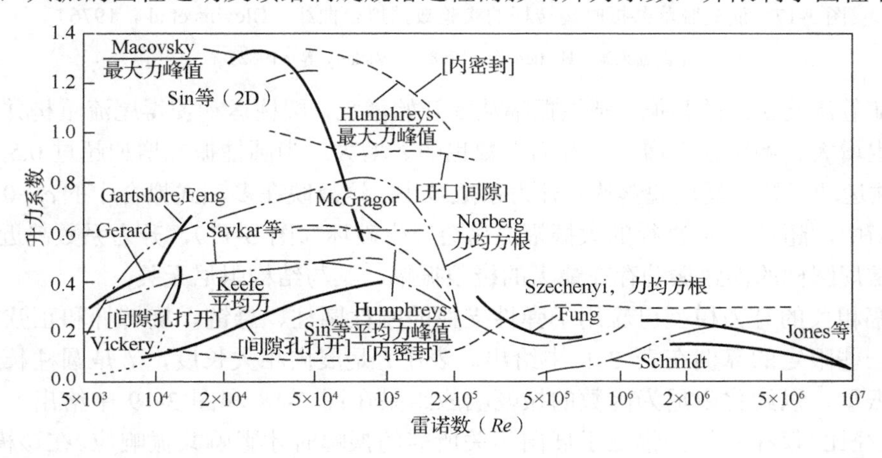

图 3-16 固定圆柱上涡致升力系数的测量（Sin et al.，1987；Gartshore，1984；Savkar et al.，1982；Szechenyi，1975；Yamaguchi et al.，1971；Jones et al.，1969）

在亚临界区，圆柱涡致振动模型得到了发展，该模型考虑了振幅对升力的依赖性（Basu et al.，1983；Blevins et al.，1976）。在 Blevins 和 Burton 模型中，利用式（3-11）使得处于亚临界区的圆柱的涡致振动模型得到了发展，该模型考虑了振幅对升力的依赖

性，实验响应数据（Hartlen et al.，1968；Vickery et al.，1962）被拟合成三项多项式，进而获得了以 A_y/D 为函数的 C_L：

$$C_{Le}=a+b\left(\frac{A_y}{D}\right)+c\left(\frac{A_y}{D}\right)^2 \tag{3-13}$$

拟合曲线中的系数为

$$a=0.35,\ b=0.60,\ c=-0.93$$

拟合的标准偏差为 0.07。图 3-17 给出了实验数据及其拟合曲线。这些数据清楚地表明升力系数具有强烈的振幅依赖性（King，1977a；Blevins，1972；Bishop et al.，1964）。

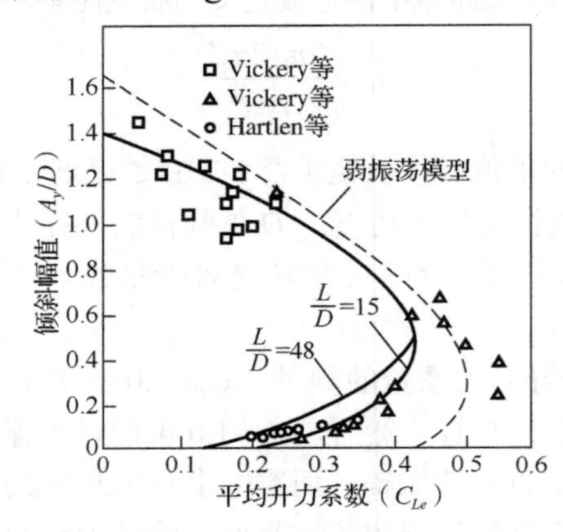

图 3-17　涡旋脱落共振时旋转杆的实验数据拟合曲线（Blevins et al.，1976）

数据来源：Hartlen 等（1968），Vickery 等（1962）

伴随着涡旋脱落的共振，圆柱振幅从零开始增大，圆柱运动使得尾流重构并且展向相关性也增大。涡旋强度增大，升力系数也随之增大。当圆柱振幅增加超过 0.5 倍直径时，圆柱运动开始比涡旋脱落快，升力系数减小。这反映在多项式拟合中的 $c<0$。在规则的涡街中，超过 1 倍直径的大振幅振荡会产生破坏（图 3-11），升力系数趋近于 0。因此，常规圆柱的涡致振动存在最大的极限振幅，其与结构阻尼无关。

振幅相关的升力模型已应用于弹性支撑的刚性圆柱、悬链、旋转杆和正弦模式的振型。一些限定的算例在表 3-1 中给出。表中 l_c 是展向相关长度，L 是圆柱长度。对于二阶振型，以约化阻尼为函数的振幅响应结果在图 3-18 和图 3-19 中给出。宽高比（圆柱长径比）仅在圆柱振幅低于展向相关所需的振幅时才影响共振响应。在该模型中，完全相关流所需的振幅取直径的一半。如果使用不同的值，它将改变图 3-18 和图 3-19 中扇形的原点。

表 3-1 三种模态振型响应的相关模型结果

模态	$\tilde{y}(z)$	C_{Le}[①] $\frac{A_y}{D} \ll 1$ $l_c \ll L$	C_{Le} $l_c \gg L$	$\frac{A_y}{D}$ $\delta_r \to 0$
刚性圆柱	1	$a\left(\frac{l_c}{L}\right)^{1/2}$	$a+b\frac{A_y}{D}+c\left(\frac{A_y}{D}\right)^2$	1.0
旋转杆	$\frac{z}{L}$	$a\left(\frac{4l_c}{3L}\right)^{1/2}$	$a+\frac{2}{3}b\frac{A_y}{D}+\frac{c}{2}\left(\frac{A_y}{D}\right)^2$	1.4
正弦模态	$\sin\left(\frac{\pi z}{L}\right)$	$a\left(\frac{\pi^2 l_c}{8L}\right)^{1/2}$	$a+\frac{\pi}{4}b\frac{A_y}{D}+\frac{2}{3}c\left(\frac{A_y}{D}\right)^2$	1.2

资料来源：Blevins 等（1976）。

注：① C_{Le} 是 a,b,c 的函数［式（3-13）］，a,b,c 取值分别为 a=0.35,b=0.60, c = −0.93 。

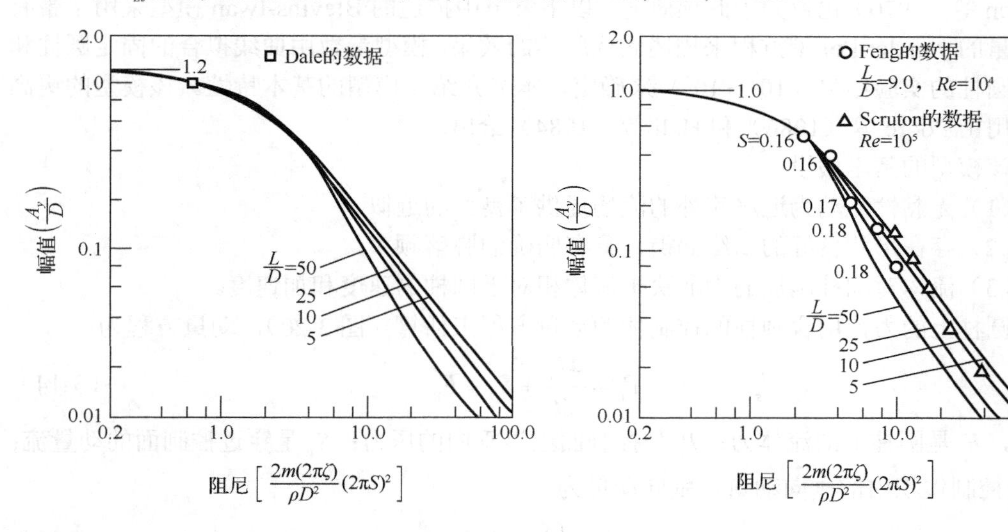

图 3-18 阻尼与正弦模型 $\tilde{y}=\sin(\pi z/L)$ 共振振幅的关系与实验数据的对比（Dale et al.，1966。$\zeta=0.005$）

图 3-19 弹簧支撑刚性圆柱（$\tilde{y}=1$）的显著共振振幅与实验数据的对比（Feng，1968；Scruton，1963）

练 习 题

1. 从式（3-6）～式（3-8）开始，推导式（3-9）～式（3-12）。提示：设

$y = A\sin\omega t + B\cos\omega t$，将其代入式（3-7），将正弦项和余弦项的系数设为 0，解出 A 和 B 的合成方程，注意 $|y| = (A^2 + B^2)^{1/2}$。

2. 当 $\omega_s = \omega_y(1-2\zeta^2)^{1/2}$ 时，给出式（3-9）的峰值响应。区分式（3-9）相对于 ω_s 的振幅，并将结果设置为 0，以确定出现最大振幅响应的频率。这个振幅与式（3-11）计算的振幅有多大不同？提示：峰值振幅出现在与振幅倒数平方的最小值相同的频率，并且后者更容易区分。

3. 考虑图 3-14 中两个不同阻尼系数的峰值响应。将式（3-11）的右侧给出的预测值与 $C_L = 1.0$ 和 $S = 0.2$ 时这些共振振幅进行比较，需要多大的升力系数才能与数据完全匹配？

3.5.2 尾流振子模型和数值模型

自激的涡旋脱落性质表明，流体性能可以用一个简单的、非线性的自激振子来模拟。Bishop 等（1964）首先提出了这一观点，随后 Iwan 等（1974）、Skop 等（1973）以及 Hartlen 等（1970）也致力于此项研究。以下章节中描述的 Blevins-Iwan 模型采用了带有流变量的 van der Pol 型方程来描述涡旋脱落的效果。模型参数由曲线拟合的固定圆柱和受迫圆柱的实验结果（10^3～10^5）来确定，本节介绍该模型的基本特性。该模型的更高级应用由 Poore 等（1986）和 Hall 等（1984）给出。

该模型的基本假设：

（1）无黏性流动为近尾流外的流场提供了良好的近似。

（2）存在形状良好的二维涡街，具有明确的脱落频率。

（3）流体对圆柱施加的力取决于流体相对于圆柱的速度和加速度。

圆柱上的力使用含圆柱的控制体的动量方程来估算（图 3-20），动量方程为

$$P_y = \frac{\mathrm{d}J_y}{\mathrm{d}t} + S_y + F_y \tag{3-14}$$

式中，F_y 是圆柱上的流体力；P_y 是控制面上沿垂向的压力；S_y 是穿过控制面的动量流；J_y 是控制体积内的垂向动量。垂向动量为

$$J_y = \iint_A \rho v \mathrm{d}x\mathrm{d}y \tag{3-15}$$

式中，v 是流体速度的垂向分量；ρ 是流体密度。在 J_y 项中“隐藏了”一个流体变量 w，其定义为

$$J_y = a_0 \rho \dot{w} D^2 \tag{3-16}$$

式中，$\dot{w}$ 是控制容积内流速垂向分量加权平均值的度量，$(\dot{\ })$ 是对时间的微分；D 是圆柱直径；a_0 是由实验确定的无量纲比例常数。

由涡街诱导的远场流速会随着 $(1/r)$ 而减小，其中 r 是距涡街的距离。应用伯努利方程，且当 L_1 接近无穷大而 L_2 保持有限值时，流体压力沿边界 AB 和 CD 积分可得

$$P_y = 0 \tag{3-17}$$

即控制体积上的总压力为0。

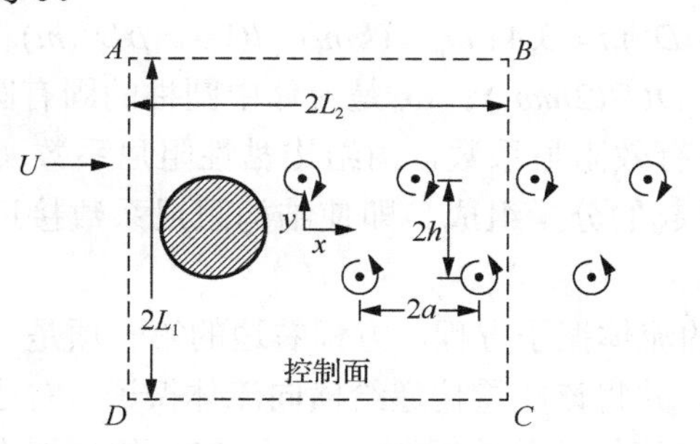

图 3-20 包含圆柱涡旋脱落的控制体积

通过控制体的动量流可以表示沿着控制体 BC 边和 DA 边的线积分。考察控制容积中动量流的相位，以及穿过边界 BC 的相位，可以认为 S_y 一定滞后 $\mathrm{d}w/\mathrm{d}t$ 大约 1/4 个周期，因此

$$S_y = K\rho u_t w\left(\frac{t-T}{4}\right)D + \text{校正项} \tag{3-18}$$

式中，T 为涡旋脱落周期；校正项可以用 w 及其时间导数的幂级数表示。为了简化，S_y 中只保留 w 中的线性项和立方项。假设 w 在涡旋脱落频率下做谐波振荡，则

$$S_y = K\rho u_t \omega w D - a_1\rho UD\dot{w} - a_2\rho\dot{w}^3\frac{D}{U} \tag{3-19}$$

式中，a_1 和 a_2 为常数，假定其与 K 相比较小；ω 为涡旋脱落的圆频率。

假设圆柱与流体之间的力取决于流体相对于圆柱的加权平均速度和加速度。因此，对于涡旋脱落所致的受迫运动和弹性圆柱运动之间没有本质的流体力学区别。由相对流体速度引起的圆柱受力以升力系数的形式写出，升力系数的大小与相对角度成正比，相对来流角度指与自由流和对于圆柱的来流分量的夹角。对于小角度，该角度为 $(w-y)/U$。圆柱上的合力为

$$F_y = a_3\rho D^2(\ddot{w} - \ddot{y}) + a_4\rho D(\dot{w} - \dot{y}) \tag{3-20}$$

式中，a_3 和 a_4 是常数。

流体振子是通过将分量表达式［式（3-16）、式（3-17）、式（3-19）和式（3-20）］代入动量方程［式（3-14）］组合而成。下面给出了一个非线性的自激流体振子方程：

$$\ddot{w} + K'\frac{u_\tau}{U}\frac{U}{D}\omega w = (a_1' - a_4')\frac{U}{D}\dot{w} - a_2'\frac{\dot{w}^3}{UD} + a_3'\ddot{y} + a_4'\frac{U}{D}\dot{y} \tag{3-21}$$

式中，$K' = K/(a_0 + a_3)$；$a_i' = a_i/(a_0 + a_3), i = 1,2,3,4$。如果圆柱弹性支撑（图 3-15），圆柱将对流体力产生动态响应。将式（3-20）的流体力施加到式（3-7）的弹性支撑的圆柱上，产生以下圆柱振动方程：

$$\ddot{y}+2\zeta_T\omega_y\dot{y}+\omega_y^2 y=a_3''\ddot{w}\frac{U}{D}+a_4''w\frac{U}{D} \tag{3-22}$$

式中，$a_i''=\rho D^2 a_i/(m+a_3\rho D^2), i=3,4$；$\omega_y=(k/m)^{1/2}/(1+a_3\rho D^2/m)$；$\zeta_T=[\zeta(k/m)^{1/2}/\omega_y+\zeta_f]/(1+a_3\rho D^2/m)$，$\zeta_f=a_4\rho DU/(2m\omega_y)$；$\omega_y$是流体中圆柱的固有圆频率；$k$是单位长度圆柱的弹簧刚度；$\zeta_T$是总有效阻尼系数，由结构黏性阻尼系数（$\zeta$）引起的分量和黏性流体阻尼系数（$\zeta_f$）引起的分量组成。即使结构阻尼系数接近0，流体阻尼系数也会限制振动的振幅。

式（3-21）是自激的流体振子方程。方程右边的第一项是一个负阻尼项，它表示从自由流中提取流体能量，并将该能量传递给横向流体振子。右边的第二项表示一个非线性流体调节器，它限制了流体振荡的振幅。式（3-21）的左侧表示近尾流和圆柱边界层之间的流体反馈。横向流体振荡通过式（3-22）右侧的项向圆柱施加振荡流体力。就像液体对圆柱施加力一样，圆柱对液体施加相等但相反的力。圆柱施加在流体上的力由式（3-21）右侧最后两项表示。

当流体振荡的频率接近于圆柱的固有频率时，会诱发大振幅的圆柱运动；这种圆柱运动会反馈到流体振子中。流体力和所产生的圆柱振幅由流体振子和圆柱运动的相互作用所决定。因为流体振子中存在一个非线性项，在流体振荡频率的亚谐频和超谐频处也诱导相当大的运动。该模型表现出挟持作用，弹性支撑圆柱的涡旋脱落频率被结构运动的固有频率所挟持（Poore et al.，1986）。

在式（3-21）和式（3-22）中只有一个非线性项。如果需要更精确的模型，则可以使用更多的非线性项。但增加非线性项的数目会大大增加分析模型和确定模型参数的难度。Poore 等（1986）、Hall 等（1984）及 Blevins（1974）采用缓慢变化参数法分析了式（3-21）和式（3-22）的模型。这些模型参数通过与来自固定和强迫圆柱运动的涡旋脱落实验测量值进行匹配，确定了模型参数（Iwan et al.，1974）。典型的结果是$a_1=0.44$，$a_2=0.2$，$a_4=0.38$，$a_3=0$。

比较式（3-21）和式（3-7），很容易看出式（3-21）给出的固有频率（涡旋脱落频率）是

$$\omega_s=\left(K'\frac{u_\tau}{U}\right)\frac{U}{D} \tag{3-23}$$

因u_τ/U在较大雷诺数范围内近似为常数，所以尾流振子模型表达的流体振子的固有频率与自由流速度和圆柱直径之比成正比。这仿制了施特鲁哈尔的结果［式（3-2）］。

模型的共振峰值振幅可以用一个叫约化阻尼的单一变量来表示［式（3-12）］。Iwan（1975）扩展了该模型，来预报具有圆柱形截面的弹性结构的共振振幅。图3-21表明，在实验数据有效的情况下，结果与数据吻合得很好（$2\times10^2<Re<2\times10^5$）。

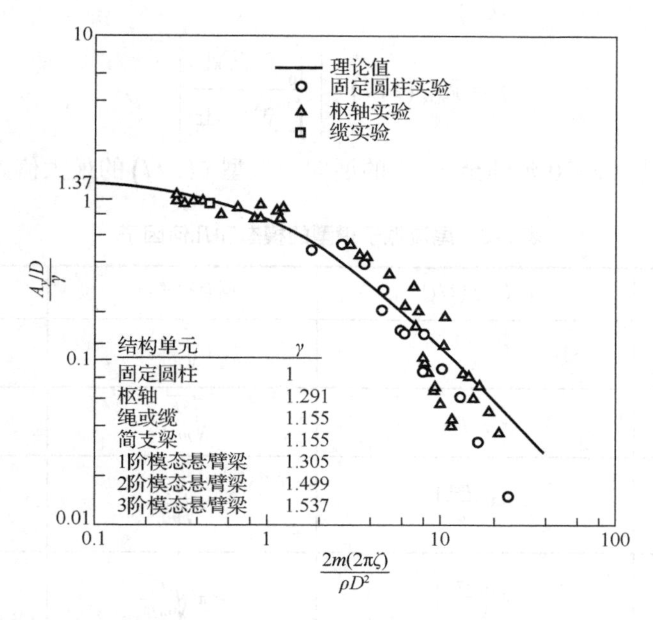

图 3-21 共振涡致响应的归一化最大振幅随约化阻尼的变化（Iwan et al.，1974）

图 3-21 中模型所预报的最大响应方程在表 3-2 中给出。为了对比，Griffin 等（1982）的表达式被给出；Griffin 等的表达式是对数据的拟合曲线，而 Sarpkaya 的表达式具有分析基础。这些表达式也出现在《ASME 锅炉与压力容器规范》（1992 年）的附录 N 中。这三个表达式彼此间的误差在 15%内。

表 3-2 最大共振振幅表达式

来源	预报的振幅
尾流振子，Blevins 等（1976）	$\frac{A_y}{D}=\frac{0.07\gamma}{(1.9+\delta_r)S^2}\left[0.3+\frac{0.72}{(1.9+\delta_r)S}\right]^{1/2}$
Griffin 等（1982）	$\frac{A_y}{D}=\frac{1.29\gamma}{\left[1+0.43\left(2\pi S^2\delta_r\right)\right]^{3.35}}$
Sarpkaya（1979）	$\frac{A_y}{D}=\frac{0.32\gamma}{\left[0.06+\left(2\pi S^2\delta_r\right)^2\right]^{1/2}}$
谐响应模型［式（3-11）］	$\frac{A_y}{D}=\frac{C_L}{4\pi S^2\delta_r}$

注：C_L 值或与之等同的 C_{Le} 值，由表 3-1 或图 3-17 给出；δ_r 值由式（3-12）确定；γ 值由表 3-3 给出。

图 3-21 和表 3-2 中 A_y 是指沿展向的最大振幅。如 3.8 节所示，γ 是一个无量纲振型系数，由尾流振子模型的解得到

$$\gamma = \tilde{y}_{\max}\left(z/l\right) = \left[\frac{\int_0^L \tilde{y}^2(z)\mathrm{d}z}{\int_0^L \tilde{y}^4(z)\mathrm{d}z}\right]^{1/2} \tag{3-24}$$

式中，$\tilde{y}_{\max}\left(z/l\right)$ 是从 $z=0$ 延伸至 $z=L$ 的展向上振型 $\tilde{y}\left(z/l\right)$ 的最大值。γ 的值见表 3-3。

表 3-3　尾流振子模型的模态和几何因子

结构的单元	模态① $\tilde{y}(z/l)$	固有频率 ω_y	γ
刚性圆柱	1	$\sqrt{\dfrac{k}{m}}$	1.000
均匀旋转杆	z/l	$\sqrt{\dfrac{3k_\theta}{mL^3}}$	1.291
紧绷绳或电缆	$\sin\left(\dfrac{n\pi z}{L}\right)$	$n\pi\sqrt{\dfrac{T}{mL^2}}$	1.155 （n=1,2,3,…）
均匀简支梁	$\sin\left(\dfrac{n\pi z}{L}\right)$	$n^2\pi^2\sqrt{\dfrac{EI}{mL^4}}$	1.155 （n=1,2,3,…）
悬臂等截面梁	$(\sin\beta_n L - \sinh\beta_n L)$ $\times(\sin\beta_n z - \sinh\beta_n z)$ $+(\cos\beta_n l + \cosh\beta_n l)$ $\times(\cos\beta_n z - \cosh\beta_n z)$ $\beta_n^4 = \omega_n^2 m/(EI)$	$\omega_1 = 3.52\sqrt{\dfrac{EI}{mL^4}}$ $\omega_2 = 22.03\sqrt{\dfrac{EI}{mL^4}}$ $\omega_3 = 61.70\sqrt{\dfrac{EI}{mL^4}}$	$\gamma_1 = 1.305$ $\gamma_2 = 1.499$ $\gamma_3 = 1.537$

资料来源：Iwan（1975）。

注：① m 是单位长度的质量，包括适当的附加流体质量；E 是弹性模量；I 是截面惯性矩；L 是结构的展向长度。

若圆柱的质量分布不均匀，则单位长度的等效质量为

$$m = \frac{\int_0^L m(z)\tilde{y}^2(z)\mathrm{d}z}{\int_0^L \tilde{y}^2(z)\mathrm{d}z} \tag{3-25}$$

式中，$m(z)$ 是每个展向位置处单位长度圆柱的质量。3.8 节讨论了展向变化流速的影响。

尤其有趣的是图 3-21 中的两个区域（表 3-3 给出了 γ 值，理论值见表 3-2）。首先，当结构阻尼接近 0 时，该模型预测的涡致振动在 1～2 倍直径（弹性支撑的刚性圆柱为 1.37 D）达到最大极限振幅。这种限制是由流体力的激励分量随着振幅的增加而减小产生的，这可能是由大振幅振动时涡街的破坏引起的（图 3-11）。其次，对于 1/10 的直径或更小的振幅，模型预报的振幅高于实验数据。展向相关效应降低了低振幅下的激励。与尾流振子模型相比，3.3 节的相关模型可能会更好地预报低振幅响应。

从流场精确分析中获得的圆柱表面压力预测值解析求解涡致振动的振幅将是更可取的。在理想情况下，我们可以求解与时间相关的纳维-斯托克斯方程。在振动圆柱出

现时，流动分离和涡旋的形成会从求解中自然产生。表面压力和剪切载荷为耦合的圆柱运动提供了力函数。随着计算机技术的进步，这种方法很可能实现。已经提出的两种数值解方法是：①将流场划分成网格，然后使用湍流模型（Dougherty et al.，1989；Ghia，1987；Chilukuri，1987）构造纳维-斯托克斯方程的有限元解；②使用基于点涡运动的离散涡模型（见 2.4 节）求解。当前，数值解是二维的。大多数纳维-斯托克斯方程求解限制在几百的雷诺数，更高雷诺数的求解还在尝试中（Tsuboi et al.，1989）。

作者使用离散涡法（Blevins，1989）进行了许多流致振动计算（图 2-9。见 2.4 节）。他发现，计算结果与实验数据基本一致，包括涡致振动的自限特性，涡尾流也得到了很好的描述。然而，施加于圆柱上力的定量结果在细节上与实验室数据并不完全一致，流致振动的预报不优于当前有效的技术，这些数值模型的缺点随着计算性能的提高将被解决（van der Vegt，1988）。

练 习 题

1. 求解固定圆柱的式（3-21），$y=\dot{y}=\ddot{y}=0$。假设流体振子具有谐波响应，将该解的形式代入方程，用谐波展开三次项，$\sin^3\theta=\frac{3}{4}\sin\theta-\frac{1}{4}\sin 3\theta$，忽略三次谐波项 $w=A_w\sin(\omega_s t)$，并求解 A_w 的相似项系数。

2. 回顾 Poore 等（1986）、Hall 等（1984）以及 Iwan 等（1974）的论文，他们求解非线性方程的方法有什么区别？

3.5.3 数据和模型的合成

3.5.1 节和 3.5.2 节中讨论的模型表明，合适的无量纲参数（对于连续结构的涡致响应是有用的）是：①结构阻尼系数，ζ；②约化速度，$U/(f_nD)$；③质量比，$m/(\rho D^2)$；④定常圆柱的涡旋脱落频率与固有频率之比，f_n/f_s；⑤长宽比，L/D；⑥雷诺数，UD/ν。对于非均匀结构，可以在每个模态的基础上评估这些参数，等效成均匀质量[式（3-25）]。

有了足够的实验数据，依据上述参数的无量纲值，可以直接从数据中进行预测。图 3-22 阐明了这一流程。这种逻辑也用于计算机程序中。Griffin 等（1982）发现，这种方法为海洋工程系统提供了很好的预报方法。

图 3-22 所示的流程对于在亚临界雷诺数范围内，长、细长（$L/D>10$）单圆柱在稳定均匀流动中的响应最为精确。对于其他雷诺数范围和其他几何形式，它是趋于保守的。雷诺数在过渡区时（图 3-2、图 3-3），涡旋脱落更加无序，尤其是对光滑表面的圆柱（$\epsilon/D<0.003$，其中 ϵ 是特征表面粗糙度。Achenbach et al.，1981）。Wootton（1968）发现，在过渡区，光滑、中等阻尼圆柱（$6<\delta_r<25$）的涡致振动振幅比亚临界或超临界区

（即 $0.2\times10^6 < Re < 1.3\times10^6$）的振幅降低了 75%。这是本书作者在稳定流中获得的经验，也是 Sumer 等（1988）在振荡流动中获得的经验，表明表面粗糙圆柱的过渡区范围没有降低。

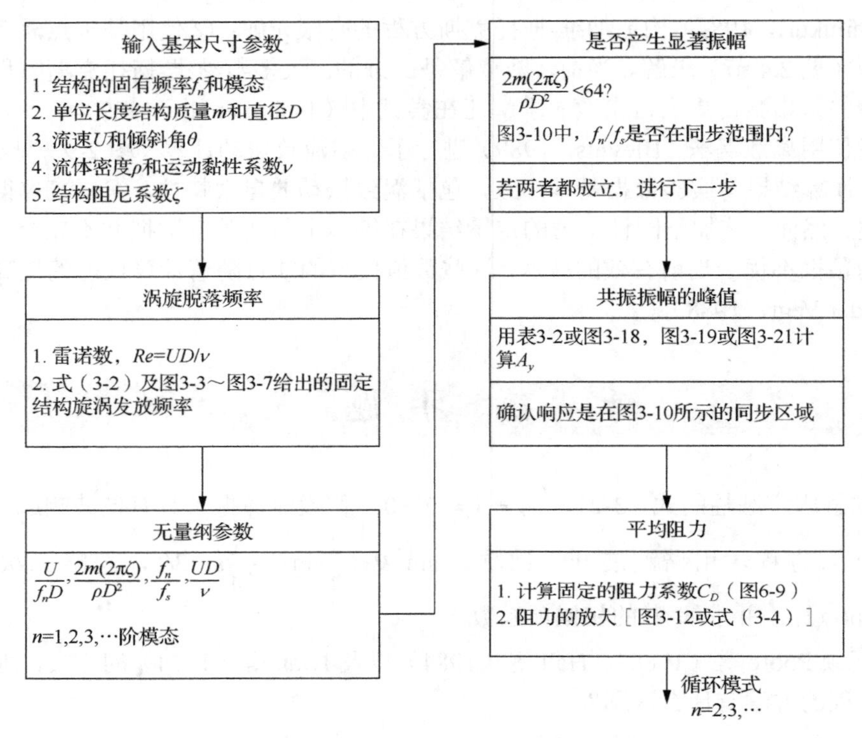

图 3-22　确定涡致振动振幅和阻力的流程图

许多重要的、实际的圆柱相对于平均流动是倾斜的(即偏航)。King(1977a)和 Ramberg(1983)发现，对于倾斜角度至少达到 30°时，倾斜度不会明显降低线内或横向涡致振动。倾斜不会减少垂直于圆柱轴线的流速分量和涡旋脱落频率（见 3.2 节）。因此共振被推迟到比垂直于流动的圆柱更高的速度。

图 3-22 是本书作者根据经验基于圆柱结构绘制的。它为非圆形截面（如矩形、正方形、桥板等）的涡致振动响应提供了有用的评估。对于非圆形截面，尺寸 D 被选择为截面的垂向高度，它表征了形成涡街的分离自由剪切层之间的距离。相似地，式（3-6）和图 3-16 粗略地估计了非圆形截面上的涡激力。

练 习 题

1. 考虑一个直径为 4.5ft（1.4m）的烟囱，该烟囱由 0.25in（0.64cm）厚的钢板焊接而成。烟囱的高度为125ft（38m），其底部固定在基岩上。由于没有耗散能量的接合处，估计的阻尼系数仅为$\zeta = 0.001$（图8-15）。结果表明，在基本的悬臂振型下，叠加的固有频率为0.9Hz。在20℃时，空气密度为0.075lb/ft^3（1.2kg/m^3），运动黏性系数为$0.00016\text{ft}^2/\text{s}$（$0.000015\text{m}^2/\text{s}$）。钢的密度为$0.3\text{lb/in}^3$（$8.3\text{g/cm}^3$），模量为$30\times10^6\text{psi}$[①]（$207\times10^9\text{Pa}$）。约化阻尼［式（3-12）］是多少？一阶振型与涡旋脱落共振时的风速是多少？这些振幅有破坏性吗？请设计减少振动的三种方案（见3.6节）。

2. 图1-3给出矩形截面圆柱的涡致响应预报值，其中假设圆柱深度D与圆柱直径相同。使用图3-22的流程，对比你的结果与图1-3数据的区别。

3.6 涡致振动的降低

涡致振动的振幅和关联的稳态阻力放大，可以通过改变结构或流动使之降低，如下：

（1）增加约化阻尼。若约化阻尼［式（3-12）］能被增加，则振动的振幅将被降低［根据表3-2或图3-18、图3-19或式（3-21）的预报］。尤其是约化阻尼超过64时，即

$$\frac{2m(2\pi\zeta)}{\rho D^2} > 64 \tag{3-26}$$

共振时的峰值振幅通常小于直径的1%，并通常忽略了阻力引起的偏差。约化阻尼可以通过增加结构阻尼或增加结构质量来增加。增加阻尼可以通过允许结构元件间刮擦、使用具有高内部阻尼的材料（如黏弹性材料、橡胶和木材）或使用外部阻尼器的方式来实现。Stockbridge减振器［图4-18（a）］已用于降低电缆的涡致振动（Hagedorn，1982）。Scanlan等（1973）以及Walshe等（1970）也提出了各种阻尼装置（见第8章）。

（2）避免共振。如果约化速度保持在1以下，即

$$\frac{U}{f_n D} < 1 \tag{3-27}$$

式中，f_n是关注的模态下结构的固有频率。线内和横向共振是可避免的。这通常是通过增加结构刚度来实现的，且加固通常适用于较小的结构。

（3）横截面流线化。如果来自结构的分离可以最小化，那么涡旋脱落也可以最小化，这样阻力将被减小。为使之有效，对一结构物的下游也作流线化处理时，通常要求每个单元两侧用6个纵桁组成圆锥体，或者说是其锥角不大于8°～10°的圆锥体。NACA 0018翼形已用于流线型导流罩。Hanko（1967）讨论了通过逐渐变细桥墩来减小涡致振动。Gardner（1982）讨论了流线型油管。Toebes等（1961）发现，板的尾边流线化后涡致振动得到了抑制。各种尾边的影响见表10-2。当流动方向相对于结构固定并且结构具有足够的刚度来避免颤振，流线化最有效（第4章）。

① $1\text{psi}=1\text{lbf/in}^2=6.89476\times10^3\text{Pa}$

（4）增加涡旋抑制装置。Rogers（1983）、Every 等（1982）、Wong 等（1982）、Zdravkovich（1981）、Hafen 等（1977）回顾了风和海洋应用中抑制圆柱结构涡致振动的附加装置。图 3-23 显示了八种已证实有效的装置。这些装置是通过特殊实验研发出来的，它们的作用是破坏或阻止有序的二维涡街的形成。

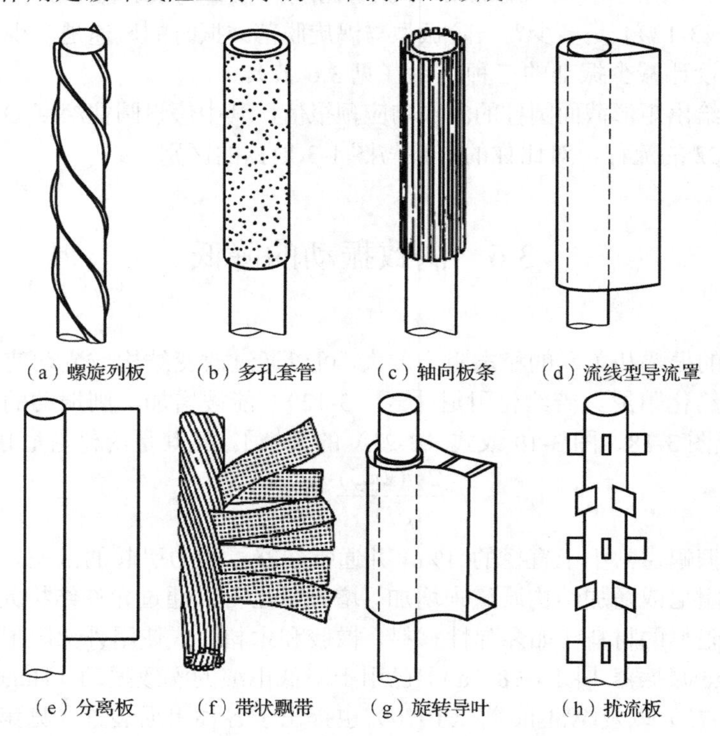

图 3-23　抑制圆柱结构涡致振动的附加装置

涡旋抑制最佳装置的设计指南如下。设计尺寸和阻力系数是基于简单圆柱的外径 D［式（3-3）］。

螺旋列板［图 3-23（a）］

- 列板高度：$(0.05\sim0.12)\,D$；$0.1\,D$ 被广泛使用。
- 列板数量：3 个成平行螺旋状的列板。
- 列板间距：$(3.6\sim5)\,D$。

注释：Wilson 等（1989）建议列板高 $0.1\,D$，间隔 120°，与圆柱轴线呈 60°的螺旋角。尖边的螺旋列板是由 Scruton 等（专利号 3076533，1963 年 2 月 5 日）发明的，它们被广泛使用。$Re=10^5$ 时典型的阻力系数 $C_D=1.35$。Halkyard 等（1987）报告称，两圈直径为 $0.1\,D$、间距为 $18\,D$ 的绳索对海底管道具有良好的抑制作用，但 Airey 等（1988）发现包裹一层厚 $0.15\,D$、间距为 $4.6\,D$ 的橡胶是无效的。

多孔套管［图 3-23（b）］

- 套管外径：$1.25\,D$。

• 开放区域百分比：30%～40%。

• 孔的几何形状：方形，边长为 0.07 D，或圆形，直径为 0.125 D。

• 圆环上的孔数：32。

注释：多孔套管由一个相对较薄的金属圆柱组成，该金属圆柱由支柱固定在圆柱上。护环的外径约为 1.25 倍的圆柱直径（D）。$Re=10^5$ 时典型阻力系数 $C_D=0.91$。

轴向板条［图 3-23（c）］

• 板条套管外径：1.29 D。

• 板宽：0.09 D。

• 开放区域百分比：40%。

• 周围板条数量：25～30。

注释：Wong 等（1982）报告称，如果拆除两个最前面和两个最后面的板条，性能会提高且阻力降低 9%。板条跟护罩一样，通过支柱或环形框架固定在圆柱上。$C_D=0.91$ 时的典型阻力系数 $C_D=1.05$。

流线型导流罩［图 3-23（d）］

• 总长度（从前端突出的部分到尾）：(3～6) D。

• 外形：翼形或斜楔形。

注释：流线型导流罩能防止分离。如果流量方向是可变的，则它们必须在圆柱上转动。如果不转动，会导致较大的侧向力和不稳定性。Gardner（1982）曾利用旋转导流罩保护亚马孙河三角洲的石油管道。$Re=10^5$ 时基于直径的典型阻力系数 $C_D=0.1$～0.3。

分离板［图 3-23（e）］

• 长度：(4～5) D 有效。

注释：见 Sallet（1980，1970）、Apelt 等（1975）、Unal 等（1987）的文章。$Re=10^5$ 时的典型阻力系数 $C_D=1.0$。

带状飘带［图 3-23（f）］

• 带宽度：(1～2) D。

• 带长度：(6～10) D（圆柱后部至带顶端）。

• 带厚度：0.05 D。

• 带间距：在(1～3) D 中心。

• 带的材料：聚氨酯薄膜。

注释：通过分离海底线缆的外缘，聚氨酯或其他兼容的塑料丝带可以通过钢丝来加倍其抑制效果。带状飘带通过屏蔽罩，可以缠绕在普通线缆卷筒上，这对拥有流线型导流罩的线缆来说是不可能的。Hafen 等（1977）也给出了 Blevins（1971）的结果。其中一个装置是由加利福尼亚州洛杉矶市的 Zippertubing 公司在商业上制造的。$Re=10^5$ 时的典型阻力系数 $C_D=1.5$。

旋转导叶［图 3-23（g）］

•圆柱后部以外的板长度：1D。

•后缘间的横向间隔：0.09D。

•连接方法：可转动的滑动轴承。Rogers（1983）的报告称，导叶能对海洋环境中的涡致振动起到完全的抑制作用。它们是旋转流线型导流罩的简称。$Re = 10^5$ 时典型阻力系数 $C_D = 0.33$ 。

扰流板［图 3-23（h）］

•扰流板尺寸：方形，边长为 $D/3$ 。

•扰流板数量：一周上有 4 个。

•板间轴向距离：$2/3D$ 。

注释：Stansby 等（1986）发现扰流板能将共振涡致响应降低 70%，但阻力系数未知。

阶梯式圆柱

Brooks（1987）对海洋立管［图 3-26（b）］进行了修改，他在 100ft（30m）的间隔中安装了 50ft（15m）长的浮力模块［图 3-27（a）］，预留 50ft（15m）长的裸管中间间隔。这就产生了一个拥有单直径和双直径的阶梯状圆柱。他的报告称，在北海一个强流区 2135ft（651m）的深水钻井中没有产生涡致振动。Walker 等（1988）发现，阶梯式圆柱直径的充分变化降低了共振响应，并抑制了涡旋脱落的展向相关性。

安装涡旋抑制装置后，共振振幅取决于约化阻尼，也就是说，它取决于安装装置前简单圆柱的振幅。最佳的螺旋列板、多孔套管、带状飘带、扰流板和轴向板条可以将涡激共振引起的响应减少到普通圆柱响应的 70%～90%。增加这些装置的有效直径和表面积，将会使固定圆柱上的阻力增加 15%～50%，但也通常比共振时圆柱的阻力小［式（3-4）］。流线型导流罩或导叶可将涡致响应降低 80%或更多，并使阻力降低 50%甚至更多，但代价是变得更加复杂。

3.7 桥板问题

风是引起桥疲劳的常见原因。全比尺和模型实验表明，风中桥振动的振型和频率与桥梁的固有振型和频率差别不大。激发桥板振动的风速与桥板的固有频率近似成正比，因此，固有频率较低的桥梁，如细长悬索桥或斜拉桥，是最脆弱的（Scruton，1981）。几乎没有例外，涉及的振型要么是垂直下降（即垂直弯曲），要么是扭转。在垂直弯曲时，桥板上下移动；在悬索桥上，两条钢索的位移相等且步调一致；在扭转振动中，甲板扭曲，缆绳错位。

任何部分，包括桥板，都会发生涡旋脱落，会对其诱导的力做出响应（Bearman，1984；Nakamura et al.，1982；Komatsu et al.，1980）。此外，对于非圆形截面结构，空气的不稳定会产生气动力不稳定作用（见 4.4 节）。在低约化速度［$U/(fD) < 10$］下，式中，D 是截面的垂向深度，非定常涡激力和准定常不稳定力以相同或相似的频率作用，通常不可能在实验上区分涡诱导和准定常气动力的不稳定性（Ericsson et al.，1988；Bearman et al.，1988。图 4-13）。涡旋脱落和气动的不稳定都会诱发桥的振动（Wardlaw，

1988），然而在许多情况下，无法确定哪一个是振动的主导原因（Wardlaw et al.，1980）。

1940 年，塔科马海峡大桥在风速为 42mile[①]/h（68km/h）的大风中坍塌。首先，它以频率为 0.62Hz 的垂向模式振动，相应的约化速度为$U/(fD)\approx 12$；然后，它切换到 0.23Hz 的扭转模式，最终大桥毁掉（Steinman et al.，1957）。其中U是风速，D是甲板的深度，f是固有频率（Hz）。故障的原因有多种：失速颤振（Parkinson，1971）、Theodore von Karman（Farquharson et al.，1949）提出的涡致振动以及 Steinman 等（1957）提出的气动不稳定性。图 4-15 给出了该桥板的模型实验结果。注意：响应的垂直和扭转模式及伴随固有频率的脱落频率的锁定。其他桥梁也有类似的失效模式（Scruton，1981；Steinman et al.，1957；Farquharson et al.，1949）。

图 3-24 给出了作为约化速度的函数桥板的典型振幅响应。图中范围 A 是在小风速范围内发生的有限振幅响应，这是涡致振动的特征。垂向弯曲振动通常在约化速度范围为$1.5<U/(fD)<8$内发生，其中f是振型频率，D是桥板的垂直深度（见 4.4 节。Scruton，1981；Komatsu et al.，1980。图 4-15）。随后可能是第二种模式（A1），增加阻尼会减小这些振荡。因为振动随速度不断增加，范围 B 表示跳跃振动或失速颤振不稳定性。失稳通常发生在 A 和 A1 范围之后，但并非总是如此。增加阻尼通常会将失稳时范围 B 的开始速度转移到更高的速度，但同样，情况并非总是如此。例如，图 1-3 表明，可能是由于涡旋脱落的三次谐频的调节作用，阻尼对矩形截面失稳的出现影响很小（Durgin et al.，1980；Novak，1971）。

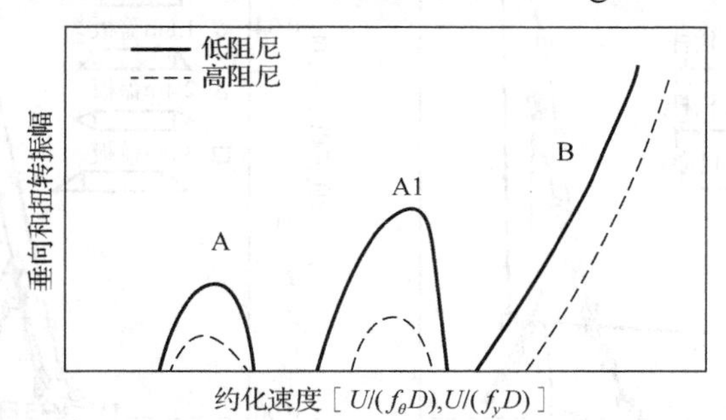

图 3-24　风中扭转和垂向桥板的典型响应（Scruton，1981）

Scruton（1981）总结了减小桥板振动的方法。最可靠的一种方法是增加垂直支撑和扭转模式的刚度和频率，使约化速度保持在 1 以下。这可以通过使用扭转刚性的斜撑桁架，或者相当深的封闭箱形截面来实现。最初的塔科马海峡大桥桥板是由实心板制成的、薄的、无支撑 H 形截面，垂直高度仅为 8ft（2.4m），展向为 2800ft（853m）。后来的桥板由一个巨大的开放式桁架支撑，33ft（10m）深，比最初的桥板重 50%（Steinman et al.，1957）。在低风速下，旧金山金门大桥以振动频率为 0.13Hz、垂直于中跨对称的垂直模式做出响应，但是随风速的增加，它在 0.1Hz 的频率下（Tanaka et al.，1983；Vincent，1962）转变为不对称的垂直扭转耦合模式。1951 年，在一场风速为 70mile/h（113km/h）的风暴中，金门大桥经历了 12ft（3.7m）的峰间振幅和 22°的扭转峰间振幅（Vincent，

① 1mile=1.609344km

1958)，随后的扭转刚度抑制了耦合的扭转振动。

第二种减小桥板振动的方法是采用开放式腹板结构，以减小风压差引起的力。格栅路面板、开放式扶手和开放式桁架就是这样的例子（Advisory Board on the Investigation of Suspension Bridges，1955）。第三种将振动最小化的方法是使带有导流罩的截面流线化，以使分离流的不稳定力最小化（见3.6节）。

图 3-25 给出了对加拿大龙溪斜拉桥进行流线化和开放式施工改进的优势。制造后不久，在风速超过25～30mile/h（40～48km/h）时，观察到桥梁以0.6Hz的固有频率做垂向振动，振幅高达8in（20cm）（Wardlaw et al.，1970）。在风速超过35mile/h（56km/h）时，没有观察到桥梁运动和明显的扭转运动。安装了10ft（3m）导流罩、弹性支撑的代表性截面上，图3-25（b）中给出1∶30的模型比尺的试验结果。这些消除了桥梁运动。桥板（图 3-25）已在动态缩尺的、二维弹簧支撑截面上进行了风洞试验（图 4-12 和图 4-15。见第 1 章和 4.4 节）。而另外更昂贵的替代方案是在模拟边界层时测试整个桥梁的、完整的三维动态模型，见7.4.3节。

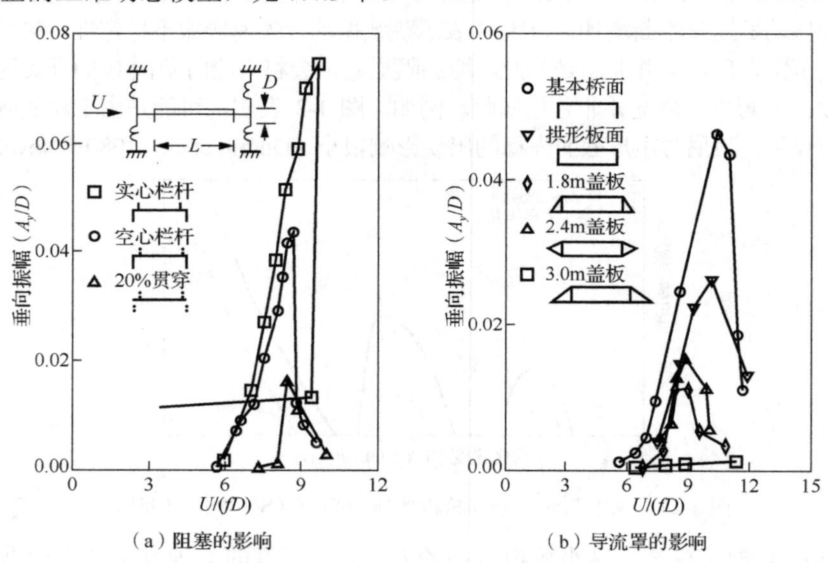

图 3-25　轨道阻塞和导流罩对桥板垂向振幅的影响（Scanlan et al.，1973；Wardlaw et al.，1970）

练　习　题

1. 回顾本节和图3-25中描述的龙溪斜拉桥的数据。参看4.2节和4.4节，涡旋脱落或不稳定性是桥梁运动的主要原因吗？通过估计脱落频率，将图3-25与图3-14进行比较，提供具体的论证。

2. 用图1-3的弹性支撑的矩形截面重复练习第1题。参考式(4-16)和$\partial C_y / \partial \alpha \approx 2$，预测该路段的跳跃振动失稳是何时开始。

3.8 实例：海洋线缆和管线

拖缆［图 3-26（a）］和海洋立管［储存管道，图 3-26（b）］都是相对灵活、张紧的圆柱，它们都会暴露在水流中。典型的横截面如图 3-27 所示。这些截面的质量比计算如下：

$$\frac{m}{\rho D^2}=\frac{(\pi/4)(\rho_s \alpha D^2+\rho D^2)}{\rho D^2}=\frac{\pi}{4}\left(\frac{\alpha\rho_s}{\rho+1}\right)=1\sim 10 \text{ 的量级}$$

式中，α 是钢材在截面中的比例，通常为 5%～80%；$\rho_s=8000\text{kg/m}^3$，是钢的密度；$\rho=1025\text{kg/m}^3$，是海水的密度；m 是单位长度的质量，包括与圆柱位移质量相等的附加质量（见第 2 章）。因此，这些结构的质量比通常在 1～10。如果结构阻尼系数估计为 1%（更好的估计见第 8 章），则约化阻尼相对较小：

$$\delta_r=\frac{2m(2\pi\zeta)}{\rho D^2}=1 \text{ 的量级或者更小}$$

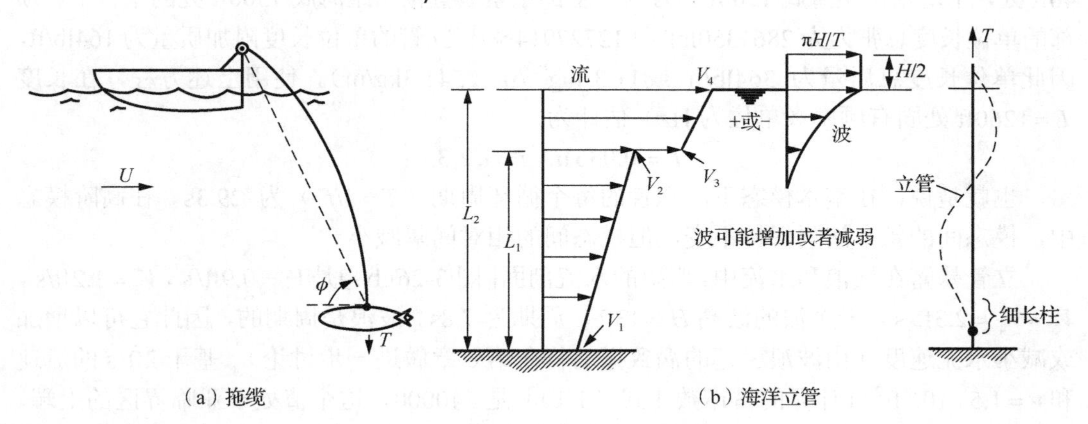

图 3-26 遭遇涡致振动的海洋系统

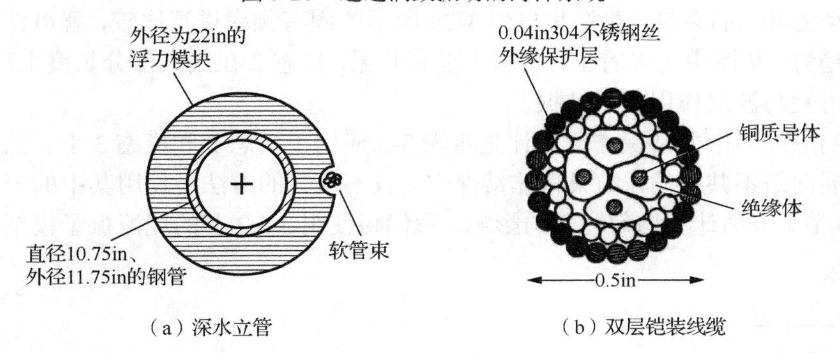

图 3-27 图 3-26 中系统的横截面

图 3-18、图 3-19 和图 3-21 说明了伴随涡旋脱落共振时横向振动的振幅可到高达 1～1.5 倍直径。在约化阻尼较低时，这些振幅在很大程度上独立于约化阻尼。大振幅振动在约化速度为 $4.5 < U/\left(f_n D\right) < 7.5$ 的范围内持续存在，其中，f_n 是第 n 阶振型的固有频率（Griffin et al.，1982）。

平均张力主导着线缆和立管的弯曲刚度，固有频率通常用直的、张紧的弹簧固有频率来很好地近似，这些频率（单位为 Hz）是

$$f_i = \frac{i}{2L}\left(\frac{T}{m}\right)^{1/2}, \quad i = 1,2,3,\cdots \tag{3-28}$$

相应的振型也是正弦的：

$$\tilde{y}_i\left(z\right) = \sin\left(\frac{i\pi z}{L}\right)$$

式中，T 是平均张力；L 是系紧结构的展向长度；m 是单位长度的质量，包含附加质量。

例如，典型的北海深水立管[图 3-26（b）和图 3-27（a）]，浮力模块的外径为 $D = 22\text{in}$，中心管直径为 10.75in，外径为 11.75in，单位长度立管重量为 200lb/ft。底座位于距海底 40ft 处，平均水位距海底 1200ft，万向节上部系紧装置位于距海底 1300ft 处的平台上。顶部的单位长度总张力为 2861350lbf①（12727914N）。立管的单位长度附加质量为 164lb/ft，因此单位长度总质量为 364lb/ft 或 11.3slug② /ft （541.3kg/m）。使用上述方程，在长度 $L = 1260\text{ft}$ 处固有频率（单位为 Hz）估计为

$$f_i = 0.0351i, \quad i = 1,2,3,\cdots$$

也就是说，在基本模态下，立管的每个循环周期（$T = 1/f$）为 29.3s。在高阶模态中，模态间的频率间隔保持不变，但模态间的相对间隔减小。

立管暴露在波浪和水流中。典型的水流剖面[图 3-26（b）]是 $V_1 = 0.9\text{ft/s}$，$V_2 = 1.2\text{ft/s}$，$V_3 = V_4 = 2.3\text{ft/s}$，一个波的波高 $H = 13\text{ft}$，周期为 7.8s。波浪是周期的，因此它可以增加或减小水流速度（由波浪引起的涡致振动将在第 6 章做进一步讨论）。基于 2ft/s 的流速和 $\nu = 1.5\times10^{-5}\text{ft}^2/\text{s}$ 计算的雷诺数［式（3-1）］是 240000，这个值处于亚临界区的上端。

因为约化阻尼很低，所以可以预期有一个宽的锁定带。计算涡旋脱落频率[式(3-2)]和绘制一个±40%的夹带，并将其与图 3-28 所示的固有频率进行比较，就可评估出各模态共振的趋势。从图中可以看出，模态 1 没有共振，模态 2 在其大部分长度上可能共振，而模态 3 可能与波浪作用产生共振。

涡致响应的一个非常保守的估计是将表 3-2 应用于模态 2 和模态 3 上。然而，由于部分立管展向是不共振的，结果将非常保守。较不保守的方法是使用其中的一个涡流模型（见 3.5 节）来估计不均匀脱落的影响。我们将使用 3.5.2 节的尾流振子模型来实现这种方法。

---

① 1lbf=4.44822N

② 1slug=32.174lb=14.594kg

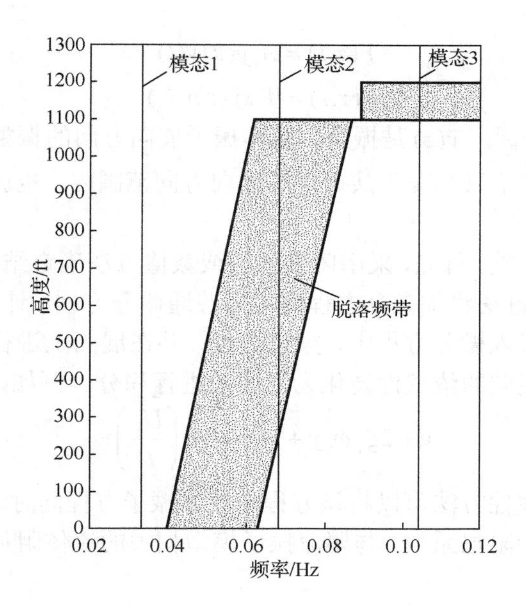

图 3-28 深水立管的模态夹带

为了将该模型应用于非均匀流动，将立管的展向划分为共振带内的段和共振带外的段。并定义一个参数$s(z)$，该参数定义了共振带的展向范围：

$$s(z)=\begin{cases}1, & 若\alpha f_s < f_i < \beta f_s（锁定）\\ 0, & 无锁定\end{cases}$$

式中，α和β明确了锁定带（图 3-10）；f_s是固定圆柱的涡旋脱落频率［式（3-2)］；对于小阻尼、大振幅圆柱，通常有α=0.6，β=1.4；参数$s(z)$是阶跃函数，依赖于流速剖面和模态沿结构展向在 0 和 1 之间移动。

在锁定带内，结构沿展向部分对涡旋脱落做出共振响应。在这部分之外，结构的振动会被流体所抑制。立管的运动方程为

$$\frac{\partial^2}{\partial x^2}\left(EI\frac{\partial^2 Y}{\partial x^2}\right)-T\frac{\partial^2 Y}{\partial x^2}+c\frac{\partial Y}{\partial t}+m\frac{\partial^2 Y}{\partial t^2}=F_y$$

$$=a_4\rho DU\left(\frac{\partial W}{\partial t}-\frac{\partial Y}{\partial t}\right)s-\frac{1}{2}\rho UDC_D\frac{\partial Y}{\partial t}(1-s) \quad (3\text{-}29)$$

这一偏微分方程包括左侧的刚度（EI）、张力（T）、结构阻尼（c）效应和右侧的流体振子激励和流体阻尼效应。它是式（3-22）的推广。流体激励仅作用于共振部分，而流体阻尼作用于展向的非共振部分（线性化流体阻尼项将在第 4 章和第 8 章被扩展）。

由式（3-21）流体振子方程推广得出

$$\frac{\partial^2 W}{\partial t^2}+\omega_s^2 W=(a_1'-a_4')\frac{U}{D}\frac{\partial W}{\partial t}-\frac{a_2'}{UD}\left(\frac{\partial W}{\partial t}\right)^3+a_4'\frac{U}{D}\frac{\partial Y}{\partial t} \quad (3\text{-}30)$$

横向位移$Y(z,t)$和流体振子参数$W(z,t)$沿展向变化。对于单一共振模式下的响应，有

$$Y(z,t) = A_y \tilde{y}(z) y(t)$$
$$W(z,t) = W_0 s \tilde{y}(z) w(t)$$

式中，z 是沿展向的坐标；$\tilde{y}(z)$ 是振型。流体振子展向方向的振型假定与结构展向方向的振型一致，但流体振子只存在于共振带的展向方向范围内。也就是说，共振激励只施加在共振带内。

解决方案分三步实施。首先，采用闭合解法或数值方法确定结构的固有频率和振型。其次，采用 Glerkin 能量法将偏微分方程简化为普通微分方程，计算出振型和固有频率，将前面的两种解形式代入微分方程中，乘以振型，并在展向上进行积分来确定合力和响应，见附录 A。这将展向的依赖性转化为沿展向进行积分。例如，结构振子模型变为

$$\ddot{y} + 2\zeta_T \omega_n \dot{y} + \omega_n^2 y = a_4'' \left(\frac{U_s}{D} \right) \dot{w}$$

最后，利用传统的非线性方法可以将该方程与流体振子方程同时求解。

总阻尼系数是结构阻尼系数、与尾流振子模型相关的流体阻尼系数和非共振部分的流体阻尼系数之和：

$$\zeta_T = \zeta_s + \frac{a_4 \rho D U_s}{2\omega_n m} + \frac{\rho D C_D U_{1-s}}{4 m \omega_n}$$

式中，ζ_s 是结构阻尼系数；m 是单位长度的等效质量［非均匀分布的式（3-25）］，速度 U_s 和 U_{1-s} 是根据振型和圆柱展向上的积分来定义的：

$$U_s = \int_0^L U(z) \tilde{y}^2(z) s \mathrm{d}z \Big/ \int_0^L \tilde{y}^2(z) \mathrm{d}z \tag{3-31}$$

$$U_{1-s} = \int_0^L U(z) \tilde{y}^2(z)(1-s) \mathrm{d}z \Big/ \int_0^L \tilde{y}^2(z) \mathrm{d}z \tag{3-32}$$

一般来说，这些积分是对已知振型和水流分布进行的数值计算。

通过积分求解依赖于展向性质的圆柱位移，沿展向的最大的圆柱位移解为

$$\frac{Y_{\max}}{D} = \frac{0.07\gamma'}{\delta_{rT}} \left(\frac{U_s}{f_n D} \right)^2 \left[0.3 + 0.72 \left(\frac{U_s}{f_n D} \right) \frac{1}{\delta_{rT}} \right]^{1/2} \tag{3-33}$$

式中，总约化阻尼是结构阻尼和两个流体阻尼分量之和：

$$\delta_{rT} = \frac{2m(2\pi\zeta_s)}{\rho D^2} + 0.38 \frac{U_s}{f_n D} + \frac{C_D U_{1-s}}{2 f_n D} \tag{3-34}$$

模态形状参数 γ' 为

$$\gamma' = \tilde{y}_{\max} \left[\int_0^L \tilde{y}^2(z) \mathrm{d}z \right] \left[\int_0^L \frac{s}{U(z)} \tilde{y}^4(z) \mathrm{d}z \int_0^L U(z) \tilde{y}^2 s \mathrm{d}z \right]^{-1/2} \tag{3-35}$$

其中，$\tilde{y}_{\max}$ 是指沿展向的最大模态位移，因此 $Y_{\max}$ 给出了该点的位移。

对于共振时的均匀流动，$s(z) = 1/L$，$U_s = U$，$U_{1-s} = 0$，$U_s/(f_n D) = 1/S \approx 5$；然后 $\gamma' = \gamma$［式（3-24）］，$\delta_{rT} = \delta_r + 1.9$，上述方程化简到表 3-2 中均匀流动的相应经验公式。对于 $s = 0$ 的非均匀流动，至少在展向上的一部分有 $\delta_{rT} > \delta_r + 1.9$，$U_s/(f_n D) < 5$，来自均

匀流动的响应降低了。式（3-33）～式（3-35）的优势在于它允许考虑这些非均匀流动，通过一些额外的努力，附加质量被包括在内，可以扩展到不均匀的直径（Humphries，1988；Walker et al.，1988；Iwan，1981）。

船用线缆，如拖缆，也具有较低的固有频率和较低的约化阻尼，并且它们暴露在可观察到的流速下［图 3-26（a）］。结果表明，共振导致具有锁定带宽的大振幅振动。当流速增加时，线缆会产生一个共振再到另一个共振（图 3-29）。

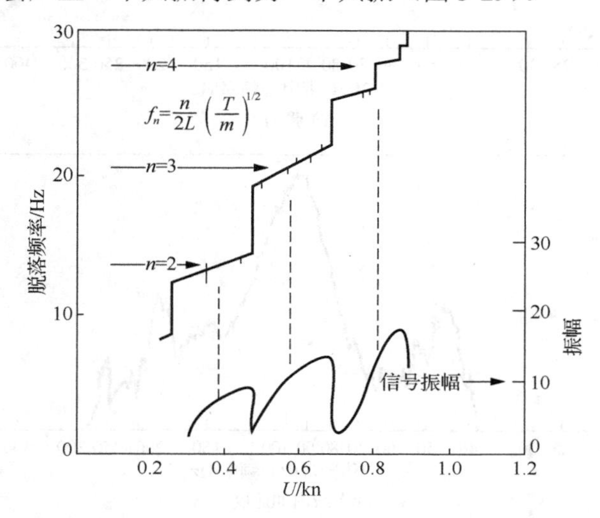

图 3-29 长 3ft、直径 0.1in 的柔性线缆的频率特性（Dale et al.，1966）

由于线缆振幅较大，线缆的阻力会增加（见 3.3 节）。已经测量的阻力系数高达 3.0（Vandiver，1983；Dale et al.，1967）。由于平均阻力，平均的线缆位置会扭曲成悬链线；见 Casarella 等（1970）的回顾。高载荷诱导的高张力和高脉动张力三者的组合导致拖缆在数小时后失效。带状和流线型导流罩［图 3-23（d）和（f）］成功地连接到圆柱上，可以降低平均阻力和振动。Ramberg（1983）和 King（1977a）的实验表明，涡致振动的振幅在与垂向大于或接近 30°时并没有显著降低，而 Blevins（1971）发现在 45°时振幅会降低。

在升力和阻力方向上，线缆都会发生振动，并且振动会引起脉动张力。图 3-30 给出了横向和平行于平均流动的加速度谱，以及与流动速度［6kn（3.087m/s）］成 45°的线缆［直径 0.35in、长 17ft、张力 38580lbf（171612N）］的脉动张力谱。线缆横向振动主频为 48Hz，这与预报的倾斜圆柱涡旋脱落频率（单位为 Hz）和线缆的第四阶（$i=4$）振动模态吻合得很好。

$$f_s = SU\frac{\cos\theta}{D} = 49, \quad S = 0.2$$

线内的主动响应是在该频率的两倍处发生，而脉动张力是在一倍、二倍和三倍的脱落频率下产生的。在两个方向组合响应的影响下线缆在共振时的轨迹为8字形模式(图3-31)，同时伴随着横向和线内运动间很强的耦合（Vandiver et al.， 1987）。

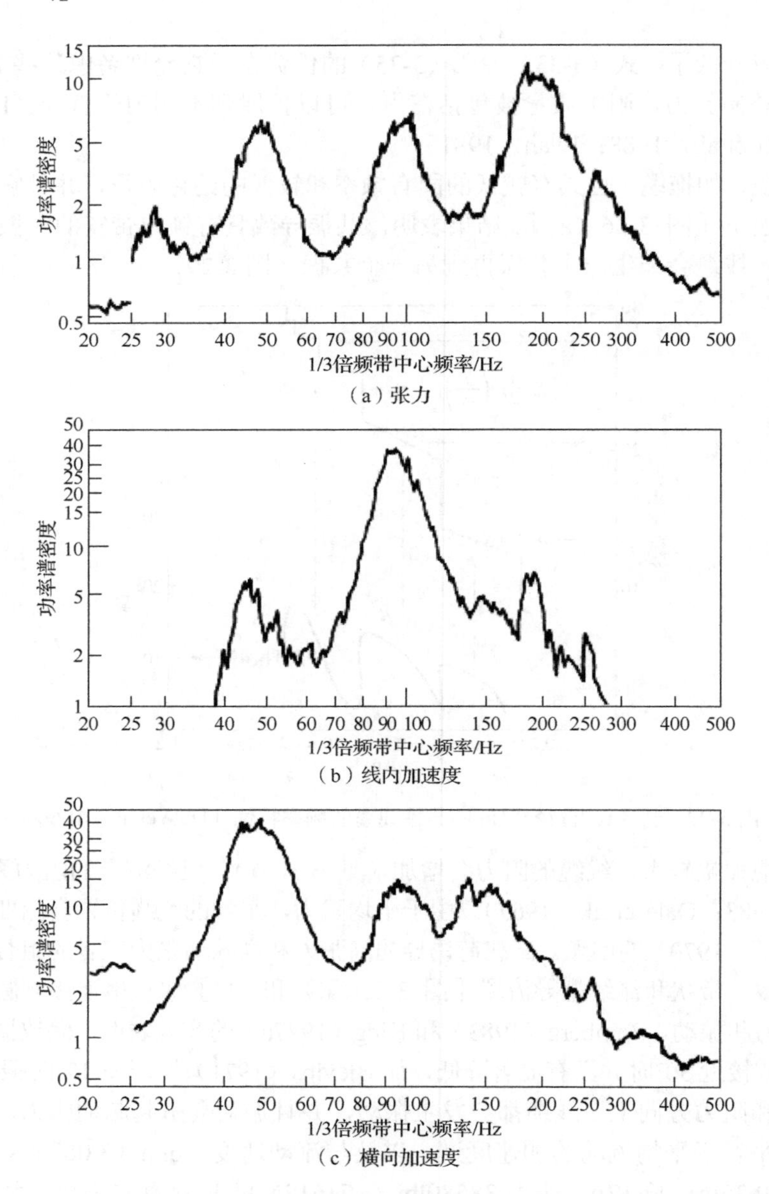

图 3-30　流速为 6kn、直径 0.35in 线缆加速度谱和张力谱（$Re = 30000$。Blevins，1971）

最后，值得注意的是，即使线缆的振动被锁定，涡旋脱落的三维性仍然存在。图 3-32 是使用烟雾可视化获得的涡旋脱落共振线缆尾流的照片。从左到右水平布线，水流是垂直向下的，单个涡旋之间的间距等于某些条纹线中可见的虚线之间的距离。斑点线起源于振动线的节点。三维斑点构成了流线的交错排列，排列中心位于振动线缆的节点的正后方（van Atta et al.，1988）。这些斑点大约比单个涡旋之间的间距大 25 倍，它们可能是穿过振动线缆的节点发生 180°相移而产生的。

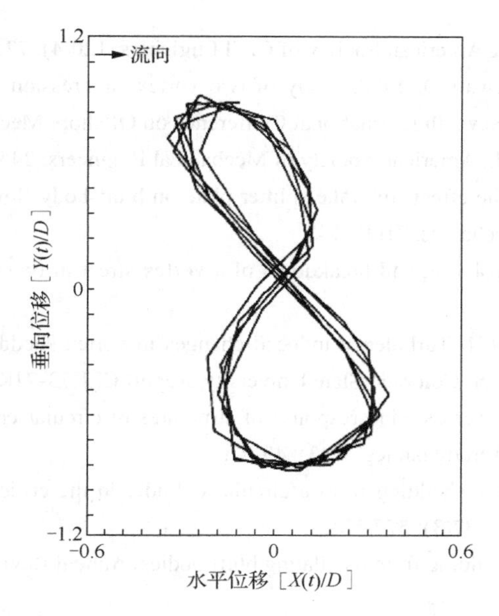

图 3-31 2ft/s 的水流下直径 1.631in、长 75ft 管道产生涡致共振时位移模式

（Re =18000。Vandiver，1983）

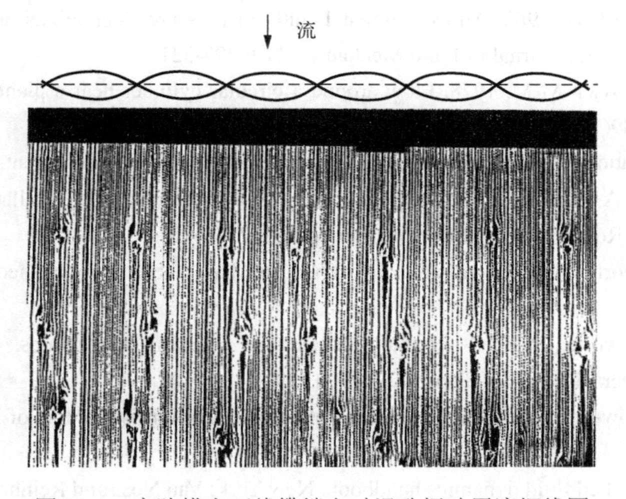

图 3-32 高阶模态下线缆锁定时涡致振动尾流烟线图

参考文献

Achenbach E, Heinecke E. 1981. On vortex shedding from smooth and rough cylinders in the range of Reynolds numbers 6×10^3 to 5×10^6. Journal of Fluid Mechanics, 109(5): 239-251.

Advisory Board on the Investigation of Suspension Bridges. 1955. Aerodynamic stability of suspension bridges. Transactions of the American Society of Civil Engineers, 120(4): 721-781.

Airey R G, Hartnup G C, Stewart D. 1988. Study of two vortex suppression devices for fitting to marine risers//Proceedings of the Seventh International Conference on Offshore Mechanics and Artic Engineering, II. Chung J S ed. New York: American Society of Mechanical Engineers: 245-251.

Apelt C J, West G S. 1975. The effects of wake splitter plate on bluff-body flow in the range $10^4<R<5\times10^4$, part 2. Journal of Fluid Mechanics, 71(1): 145.

Aref H, Siggia E D. 1981. Evolution and breakdown of a vortex street in two dimensions. Journal of Fluid Mechanics, 109: 435-463.

Barnett K M, Cermak J E. 1974. Turbulence induced changes in vortex shedding from a circular cylinder. Engineering Research Center, Colorado State University, Report CER73-74KMB-JEC27.

Basu R I, Vickery B J. 1983. Across wind response of structures of circular cross section. Journal of Wind Engineering & Industrial Aerodynamics, 12(3): 49-97.

Bearman P W. 1969. On vortex shedding from a circular cylinder in the critical Reynolds number regime. Journal of Fluid Mechanics, 37(3): 577-585.

Bearman P W. 1984. Vortex shedding from oscillating bluff bodies. Annual Review of Fluid Mechanics, 16(1): 195-222.

Bearman P W, Luo S C. 1988. Investigation of the aerodynamic instability of a square-section cylinder by forced oscillation. Journal of Fluids and Structures, 2(2): 161-176.

Bearman P W, Obasaju E D. 1982. An experimental study of pressure fluctuations on fixed and oscillating square-section cylinders. Journal of Fluid Mechanics, 119: 297-321.

Bearman P W, Zdravkovich M M. 1978. Flow around a circular cylinder near a plane boundary. Journal of Fluid Mechanics, 89(1): 33-47.

Benard H. 1908. Formation de centres de giration a l'arriere d'un obstacle en mouvement. Compt Rend, 146.

Bishop R E D, Hassan A Y. 1964. The lift and drag forces on a circular cylinder oscillating in a flowing fluid. Proceedings of the Royal Society of London, Series A, 277: 51-75.

Blevins R D. 1971. Vortex-induced vibration of ribbon and bare cable. Unpublished David Taylor Model Basin Report.

Blevins R D. 1972. Vortex-induced vibration of circular cylindrical structures. American Society of Mechanical Engineers, New York, Paper 72-WA/FE-39.

Blevins R D. 1974. Flow-induced vibration. Thesis presented to California Institute of Technology, Pasadena, Calif.

Blevins R D. 1984. Applied fluid dynamics handbook. New York: Van Nostrand Reinhold.

Blevins R D. 1985. The effect of sound on vortex shedding from cylinders. Journal of Fluid Mechanics, 161: 217-237.

Blevins R D. 1989. Application of the discrete vortex technique to the fluid-structure interaction// Flow-Induced Vibration. Au-Yang M K ed. New York: American Society of Mechanical Engineers: 131-140.

Blevins R D, Burton T E. 1976. Fluid forces induced by vortex shedding. Journal of Fluids Engineering, 98(1): 19-26.

Bokaian A R, Geoola F. 1984. Hydroelastic instabilities of square cylinders. Journal of Sound and Vibration, 92(1): 117-141.

Brooks I H. 1987. A pragmatic approach to vortex-induced vibrations of a drilling riser. 19th Annual Offshore Technology Conference, Houston, Texas, Paper OTC 5522.

Buresti G, Lanciotti A. 1979. Vortex shedding from smooth and roughened cylinders in cross-flow near a plane surface. Aeronautical Quarterly, 30(1): 305-321.

Casarella M J, Parsons M. 1970. A survey of investigations on the configuration and motion of cable systems under hydrodynamic loading. Marine Technology Society Journal, 4(4): 27-44.

Chen Y N. 1972. Fluctuating lift forces of the Karman vortex streets on single circular cylinders and in tube bundles, parts 1 and 2. Journal of Engineering for Industry, 94(2): 603-618.

Chilukuri R. 1987. Incompressible laminar flow past a transversely vibrating cylinder. Journal of Fluids Engineering, 109(2): 166-171.

Cimbala J M, Nagib H M, Roshko A. 1988. Large structure in the far wakes of two-dimensional bluff bodies. Journal of Fluid Mechanics, 190: 265-298.

Coder D W. 1982. The Strouhal number of vortex shedding from marine risers in currents at supercritical Reynolds numbers. 14th Annual Offshore Technology Conference, Houston, Texas, Paper 4318.

Dale J R, McCandles J M. 1967. Water drag effects of flow induced cable vibrations. U.S. Naval Air Development Center, Johnsville, Pa., Report NADC-AE-6731.

Dale J, Menzel H, McCandless J. 1966. Dynamic characteristics of underwater cables-flow induced transverse vibration. U.S. Naval Air Development Center, Johnsville, Pa., Report NADC-AV-6620.

Davies M E. 1976. A comparison of the wake structure of a stationary and oscillating bluff body, using a conditional averaging technique. Journal of Fluid Mechanics, 75(2): 209-231.

Dougherty N, Holt J, Liu B, et al. 1989. Time-accurate Navier-Stokes computations of unsteady flows-the Karman vortex street. AIAA, Washington, D.C., Paper 89-0144.

Drescher H. 1956. Messung der auf querangestromte Zylinder ausgeubten zeitlich vernderten Drucke. Zeitschrift fur Flugwissenschaften, 4(3): 17-21.

Durgin W W, March P A, Lefebvre P J. 1980. Lower mode response of circular cylinders in cross-flow. Journal of Fluids Engineering, 102(2): 183-189.

Ericsson L E, Reding J P. 1988. Flow mechanics of dynamic stall, part I, unsteady flow concepts. Journal of Fluids and Structures, 2(1): 1-33.

Escudier M. 1987. Confined vortices in flow machinery. Annual Review of Fluid Mechanics, 19(1): 27-52.

Every M J, King R, Weaver D S. 1982. Vortex-excited vibrations of cylinders and cables and their suppression. Ocean Engineering, 9(2): 135-157.

Fage A, Warsap J H. 1929. The effects of turbulence and surface roughness on the drag of a circular cylinder. British Aerodynamics Research Council, Rep. Memo. 1283.

Farell C. 1981. Flow around fixed circular cylinders: fluctuating loads. Journal of the Engineering Mechanics Division, 107(3): 565-588.

Farell C, Blessmann J. 1983. On critical flow around smooth circular cylinders. Journal of Fluid Mechanics, 136: 375-391.

Farquharson F B, et al. 1949. Aerodynamic stability of suspension bridges with special reference to the Tacoma Narrows Bridge. Seattle: The University of Washington Press.

Feng C C. 1968. The measurement of vortex-induced effects in flow past stationary and oscillating circular and D-section cylinders. Vancouver: University of British Columbia.

Fitz-Hugh J S. 1973. Flow-induced vibration in heat exchangers. Chemical Engineering Research & Design, 80(3): 226-232.

Fitzpatrick J A, Donaldson I S, McKnight W. 1988. Strouhal numbers for flows in deep tube arrays models. Journal of Fluids and Structures, 2(2): 145-160.

Fitzpatrick J A, Donaldson I S. 1980. Row depth effects on turbulence spectra and acoustic vibrations in tube banks. Journal of Sound and Vibration, 73(2): 225- 237.

Friehe C A. 1980. Vortex shedding from cylinders at low Reynolds numbers. Journal of Fluid Mechanics, 100(2): 237-241.

Gardner T N. 1982. Deepwater drilling in high current environment. 14th Annual Offshore Technology Conference, Houston, Texas, Paper 4316.

Gartshore I S. 1984. Some effects of upstream turbulence on the unsteady lift forces imposed on prismatic two dimensional bodies. Journal of Fluids Engineering, 106(4): 418-424.

Gerlach C R. 1971. Vortex excitation of metal bellows. Journal of Engineering for Industry, 94(1): 87-94.

Ghia K N. 1987. Forum on unsteady flow separation. 1987 ASME Applied Mechanics, Bioengineering, and Fluids Engineering Conference, Cincinnati, Ohio.

Griffin O M. 1981. Universal similarity in the wakes of stationary and vibrating bluff structures. Journal of Fluids Engineering, 103(1): 52-58.

Griffin O M. 1982. Vortex streets and patterns. Mechanical Engineering, 104(3): 56-61.

Griffin O M. 1985. Vortex shedding from bluff bodies in a shear flow: a review. Journal of Fluids Engineering, 107(3): 298-306.

Griffin O M, Ramberg S E. 1974. The vortex street wakes of vibrating cylinders. Journal of Fluid Mechanics, 66(3): 553-576.

Griffin O M, Ramberg S E. 1975. On vortex strength and drag in bluff-body wakes. Journal of Fluid Mechanics, 69(4): 721-728.

Griffin O M, Ramberg S E. 1976. Vortex shedding from a cylinder vibrating inline with an incidence uniform flow. Journal of Fluid Mechanics, 75(2): 257-271.

Griffin O M, Ramberg S E. 1982. Some recent studies of vortex shedding with application to marine tubulars and risers. Journal of Energy Resources Technology, 104(1): 2-13.

Griffin O M, Ramberg S E, Davies M E. 1980. Calculation of the fluid dynamic properties of coherent vortex wake patterns// Vortex Flow. Swift W L ed. New York: ASME.

Hafen B E, Meggit D J. 1977. Cable strumming suppression. Naval Civil Engineering Laboratory, Naval Construction Battalion Center, Port Hueneme, Calif., Report TN-1499 DN787011.

Halkyard J E, Grote P B. 1987. Vortex-induced response of a pipe at supercritical Reynolds numbers. 19th Annual Offshore Technology Conference, Houston, Texas, Paper 5520.

Hagedorn P. 1982. On the computation of damped wind-excited vibrations of overhead transmission lines. Journal of Sound and Vibration, 83(2): 253-271.

Hall S A, Iwan W D. 1984. Oscillations of a self-excited nonlinear system. Journal of Applied Mechanics, 51(4): 892-898.

Hanko Z G. 1967. Vortex induced vibration at low-head weirs. Journal of the Hydraulics Division, 93: 255-270.

Hartlen R T, Baines W D, Currie I G. 1968. Vortex excited oscillations of a circular cylinder. University of Toronto, Report UTME-TP 6809. (Hartlen R T, Currie I G. 1970. Lift-oscillation model for vortex-induced vibration. Journal of the Engineering Mechanics Division, 96(5): 577-591.)

Huerre P, Monkewitz P A. 1990. Local and global instabilities in spatially developing flow. Annual Review of Fluid Mechanics, 22(1): 473-537.

Humphreys J S. 1960. On a circular cylinder in a steady wind at transition Reynolds number. Journal of Fluid Mechanics, 9(4): 603-612.

Humphries J A. 1988. Comparison between theoretical predictions for vortex shedding in shear flow and experiments//Proceedings of the Seventh International Conference on Offshore Mechanics and Artic Engineering, II. Chung J S ed. New York: American Society of Mechanical Engineers: 203-209.

Iwan W D. 1975. The vortex induced oscillation of elastic structural elements. Journal of Engineering for Industry, 97(4): 1378-1382.

Iwan W D. 1981. The vortex-induced oscillation of non-uniform structural systems. Journal of Sound and Vibration, 79(2): 291-301.

Iwan W D, Blevins R D. 1974. A model for vortex-induced oscillation of structures. Journal of Applied Mechanics, 41(3): 581-586.

Jacobsen V, Bryndum M B, Fines S, et al. 1984. Cross-flow vibration of a pipe close to a rigid boundary. Journal of Energy Resources Technology, 106(4): 451-457.

Johnson J E, Deffenbaugh D M, Astleford W J, et al. 1979. Bellows flow-induced vibration. Southwest Research Institute, Houston, Report NASA-CR-161308.

Jones G W, Cincotta J J, Walker R W. 1969. Aerodynamic forces on a stationary and oscillating circular cylinder at high Reynolds numbers. National Aeronautics and Space Administration, Washington, Report NASA-TR-R-300.

King R. 1977a. A review of vortex shedding research and its application. Ocean Engineering, 4(3): 141-171.

King R. 1977b. Vortex excited oscillations of yawed circular cylinders. Journal of Fluids Engineering, 99(3): 495-502.

King R, Johns D J. 1976. Wake interaction experiments with two flexible circular cylinders in flowing water. Journal of Sound and Vibration, 45(2): 259- 283.

Kiya M, Arie M, Tamura H, et al. 1980. Vortex shedding from two circular cylinders in staggered arrangement. Journal of Fluids Engineering, 102(2): 199-204.

Komatsu S, Kobayashi H. 1980. Vortex-induced oscillation of bluff cylinders. Journal of Wind Engineering & Industrial Aerodynamics, 6(3-4): 335-362.

Koopman G H. 1967. The vortex wakes of vibrating cylinders at low Reynolds numbers. Journal of Fluid Mechanics, 28(3): 501-512.

Levi E. 1983. A universal Strouhal law. Journal of Engineering Mechanics, 109(3): 718-727.

Lienhard J H. 1966. Synopsis of lift, drag and vortex frequency data for rigid circular cylinders. Washington State University, College of Engineering, Research Division Bulletin 300.

Lim C C, Sirovich L. 1988. Nonlinear vortex trail dynamics. Physics of Fluids, 31(5): 991-998.

Lugt H J. 1983. Vortex flow in nature and technology. New York: Wiley.
Mair W A, Maull D J. 1971. Bluff bodies and vortex shedding—a report on Euromech 17. Journal of Fluid Mechanics, 45(2): 209-224.
Marris A W. 1964. A Review on vortex streets, periodic wakes, and induced vibration phenomena. Journal of Basic Engineering, 86(2): 185-194.
Miller R W. 1989. Flow measurement engineering handbook. 2nd ed. New York: McGraw-Hill.
Morkovin M V. 1964. Flow around a circular cylinder. Symposium on Fully Separated Flows. Proceedings of the American Society of Mechanical Engineers, Engineering Division Conference, New York: ASME: 102-118.
Mujumdar A S, Douglas W J. 1973. Vortex shedding from slender cylinders of various cross sections. Journal of Fluids Engineering, 95(3): 474-476.
Murray B G, Bryce W B, Rae G. 1982. Strouhal numbers in tube arrays. Third Keswick Conference on Vibration in Nuclear Plant, Keswick, United Kingdom.
Nakamura Y, Yoshimura T. 1982. Flutter and vortex induced excitation of rectangular prisms in pure torsion in smooth and turbulent flows. Journal of Sound and Vibration, 84(3): 305-317.
Naudascher E. 1987. Flow-induced streamwise vibrations of structures. Journal of Fluids and Structures, 1(3): 265-298.
Nickerson E C, Dias M A. 1981. On the existence of atmospheric vortices downwind of Hawaii during the HAMEC project. Journal of Applied Meteorology, 20(8): 868-873.
Nishioka M, Sato H. 1978. Mechanism of determination of the shedding frequency of vortices behind a cylinder at low Reynolds number. Journal of Fluid Mechanics, 89(1): 49-60.
Novak J. 1973. Strouhal number and flat plate oscillation in an air stream. Acta Technica CSAV, 18(4): 372-386.
Novak M. 1971. Galloping and vortex induced oscillations of structures. Proceedings of the Third International Conference on Wind Effects on Buildings and Structures, Tokyo, Japan.
Novak M, Tanaka H. 1977. Pressure correlations on a vibration cylinder//Proceeding of the 4th International Conference on Wind Effects on Buildings and Structures, Heathrow, 1975. Eaton K J ed. Cambridge: Cambridge University Press: 227-232.
Okajima A. 1982. Strouhal numbers of rectangular cylinders. Journal of Fluid Mechanics, 123: 379-398.
Olinger D J, Sreenivasan K R. 1988. Nonlinear dynamics of the wake of an oscillating cylinder. Physical Review Letters, 60(9): 797- 800.
Ongoren A, Rockwell D. 1988. Flow structure from an oscillating cylinder. Journal of Fluid Mechanics, 191: 197-245.
Paidoussis M P, Price S J, Suen H C. 1982. Ovalling oscillations of cantilevered and clamped-clamped cylindrical shells in cross flow: an experimental study. Journal of Sound and Vibration, 83(4): 533-553.
Parker R, Stoneman S A T. 1985. An experimental investigation of the generation and consequences of acoustic waves in an axial flow compressor: large axial spacings between blade rows. Journal of Sound and Vibration, 99(2): 169-182.
Parkinson G V. 1971. Wind-induced instability of structures. Philosophical Transaction of the Royal Society A, 269(1199): 395-413.

Peltzer R D, Rooney D M. 1985. Vortex shedding in a linear shear flow from a vibrating marine cable with attached bluff bodies. Journal of Fluids Engineering, 107(1): 61-66.

Perry A E, Chong M S, Lim T T. 1982. The vortex-shedding process behind two-dimensional bluff bodies. Journal of Fluid Mechanics, 116: 77-90.

Poore A B, Doedel E J, Cermak J E. 1986. Dynamics of the Iwan-Blevins wake oscillator model. International Journal of Non-Linear Mechanics, 21(4): 291-302.

Price S J, Paidoussis M P. 1989. The flow-induced response of a single flexible cylinder in an in-line array of rigid cylinders. Journal of Fluids and Structures, 3(1): 61-82.

Ramberg S E. 1983. The effects of yaw and finite length upon the vortex wakes of stationary and vibrating circular cylinders. Journal of Fluid Mechanics, 128: 81-107.

Ramberg S E, Griffin O M. 1976. Velocity correlation and vortex spacing in the wake of a vibrating cable. Journal of Fluids Engineering, 98(1): 10-18.

Rayleigh F R S. 1879. Acoustical observations II. Philosophical Magazine, 7(42): 149-162.

Rohde F G. 1979. Self-excited oscillatory surface waves around cylinders. Mitteilungen/Institut fur Wasserbau und Wasserwirtschaft, Rheinisch-Westfalische Technische Hochschule Aachen, ISSN 0343-1045, Aachen.

Rodi W. 1975. A review of experimental data of uniform density free turbulent boundary layers//Studies in convection, 1. Launder B E ed. London: Academic Press.

Rogers A C. 1983. An assessment of vortex suppression devices for production risers and towed deep ocean pipe strings. 15th Annual Offshore Technology Conference, Houston, Texas, Paper 4594.

Rooney D M, Peltzer R D. 1981. Pressure and vortex shedding patterns around a low aspect ratio cylinder in a sheared flow at transitional Reynolds numbers. Journal of Fluids Engineering, 103(1): 88-95.

Roshko A. 1954. On the drag and shedding frequency of two-dimensional bluff bodies. National Advisory Committee for Aeronautics, Technical Note 3169.

Roshko A. 1961. Experiments on the flow past a circular cylinder at very high Reynolds number. Journal of Fluid Mechanics, 10(3): 345-356.

Saffman P G, Schatzman J C. 1982. An inviscid model for the vortex-street wake. Journal of Fluid Mechanics, 122: 467-486.

Sallet D W. 1970. A method of stabilizing cylinders in fluid flow. Journal of Hydronautics, 4(1): 40-45.

Sallet D W. 1980. Suppression of flow-induced motions of a submerged moored cylinder//Practical Experiences with Flow-Induced Vibrations. Naudascher E and Rockwell D, eds. New York: Springer-Verlag.

Sarpkaya T. 1978. Fluid forces on oscillating cylinders. Journal of the Waterway, Port, Coastal and Ocean Division, 104(3): 275-290.

Sarpkaya T. 1979. Vortex-induced oscillations: a selective review. Journal of Applied Mechanics, 46(2): 241-258.

Savkar S D, Litzinger T A. 1982. Buffeting forces induced by cross flow through staggered arrays of cylinders. General Electric, Corporate Research and Development, Report 82CRD238.

Scanlan R H, Wardlaw R L. 1973. Reduction of flow induced structural vibrations//Isolation of Mechanical Vibration, Impact, and Noise, AMD 1. Snowden J C and Ungar E E, eds. New York: ASME.

Schaefer J W, Eskinazi S. 1959. An analysis of the vortex street generated in a viscous fluid. Journal of Fluid Mechanics, 6(2): 241-260.

Schewe G. 1983. On the force fluctuations acting on a circular cylinder in crossflow from subcritical up to transcritical Reynolds numbers. Journal of Fluid Mechanics, 133: 265-285.

Scruton C. 1963. On the wind excited oscillations of stacks, towers and masts. Proceedings of the Conference on Wind Effects on Buildings and Structures, Teddington, England: 798-832.

Scruton C. 1981. An introduction to wind effects on structures. Engineering Design Guide 40. Oxford: Oxford University Press.

Sin V K, So R M C. 1987. Local force measurements on finite-span cylinders in a cross flow. Journal of Fluids Engineering, 109(2): 136-143.

Skop R A, Griffin O M. 1973. An heuristic model for determining flow-induced vibrations of offshore structures. 5th Offshore Technology Conference, Houston, Texas, Paper OTC 1843.

Skop R A, Griffin O M, Ramberg S E. 1977. Strumming predictions for the SEACON II experimental mooring. 9th Offshore Technology Conference, Houston, Texas, Paper OTC 2491.

Stansby P K. 1976. The locking-on of vortex shedding due to the cross-stream vibration of circular cylinders in uniform and shear flows. Journal of Fluid Mechanics, 74(4): 641-665.

Stansby P K, Pinchbeck J N, Henderson T. 1986. Spoilers for the suppression of vortex-induced oscillations (Technical Note). Applied Ocean Research, 8(3): 169-173.

Steinman D B, Watson S R. 1957. Bridges and their builders. New York: Dover Publications.

Strouhal V. 1878. Ueber eine besondere art der tonerregung. Annalen der Physik und Chemie (Leipzig), 214(10): 216-251.

Stuber K. 1988. An experimental investigation of the effect of external forcing on the wake of a thin airfoil. San Diego: University of California.

Sumer B M, Fredsoe J. 1988. Vibrations of cylinders at high Reynolds numbers//Proceedings of the Seventh International Conference on Offshore Mechanics and Artic Engineering. Chung J S ed. New York: American Society of Mechanical Engineers: 211-222.

Swift W L, Barna P S, Dalton C. 1980. Vortex flows. Symposium presented at Winter Annual Meeting, American Society of Mechanical Engineers, Chicago: 16-21.

Szechenyi E. 1975. Supercritical Reynolds number simulation for two-dimensional flow over circular cylinders. Journal of Fluid Mechanics, 70(3): 529-542.

Tanaka H, Davenport A G. 1983. Wind-induced response of golden gate bridge. Journal of Engineering Mechanics, 109(1): 296-312.

Tanida Y, Okajima A, Watanabe Y. 1973. Stability of a circular cylinder oscillating in uniform flow or in a wake. Journal of Fluid Mechanics, 61(4): 769-784.

Thomson W T. 1988. Theory of vibration with applications. 3rd ed. Englewood Cliffs, N. J.: Prentice-Hall.

Toebes G H. 1969. The unsteady flow and wake near an oscillating cylinder. Journal of Fluids Engineering, 91(3): 493-502.

Toebes G H, Eagleson P S. 1961. Hydroelastic vibrations of flat plates related to trailing edge geometry. Journal of Fluids Engineering, 83(4): 671-678.

Torum A, Anand N M. 1985. Free span vibrations of submarine pipelines in steady flows—effect of free-stream turbulence on mean drag coefficients. Journal of Energy Resources Technology, 107(4): 415-420.

Tsahalis D T. 1984. Vortex-induced vibrations of a flexible cylinder near a plane boundary exposed to steady and wave-induced currents. Journal of Energy Resources Technology, 106(2): 206-213.

Tsuboi K, Tamura T, Kuwahara K. 1989. Numerical study for vortex induced vibration of a circular cylinder in high-Reynolds-number flow. AIAA, Washington, D.C., Paper 89-0294.

Uematsu Y, Uchiyama K. 1985. An experimental investigation of wind-induced ovalling oscillations of thin, circular cylindrical shells. Journal of Wind Engineering & Industrial Aerodynamics, 18(3): 229-243.

Unal M F, Rockwell D. 1987. On vortex formation from a cylinder, control by splitter plate interference. Journal of Fluid Mechanics, 190: 513-529.

Vandiver J K. 1983. Drag coefficients of long flexible cylinders.15th Annual Offshore Technology Conference, Houston, Texas, Paper OTC 4490.

Vandiver J K, Jong J Y. 1987. The relationship between in-line and cross-flow vortex-induced vibration of cylinders. Journal of Fluids and Structures, 1(4): 381-399.

van Atta C W, Gharib M, Hammache M. 1988. Three-dimensional structure of ordered and chaotic vortex streets behind circular cylinders at low Reynolds numbers. Fluid Dynamics Research, 3(1-4): 127-132.

van der Vegt J J W. 1988. A variationally optimized vortex tracing algorithm for three-dimensional flows around solid bodies. Amsterdam: Technische Universiteit Delft.

Vickery B J. 1966. Fluctuating lift and drag on a long cylinder of square cross-section in turbulent stream. Journal of Fluid Mechanics, 25(3): 481-494.

Vickery B J. 1981. Across-wind buffeting in a group of four in-line model chimneys. Journal of Wind Engineering & Industrial Aerodynamics, 8(1-2): 177-193.

Vickery B J, Watkins R D. 1962. Flow-induced vibrations of cylindrical structures. Proceedings of the First Australian Conference, The University of Western Australia.

Vincent G S. 1958. Golden gate vibration studies. Journal of the Structural Division, 84: 1817.

Vincent G S. 1962. Golden gate bridge vibration studies. Transactions of the American Society of Civil Engineers, 127: 667-707.

von Karman T. 1912. Uber den mechanismus des Widerstandes, den ein bewegter Korper in einer Flussigkeit erfart. 2. Nachrichten der K. Gesellschaft der Wissenschaften zu Gottingen: 547-556. (von Karman T. 1956. Collected Works of Theodore von Karman. London: Butterworths: 331-338.)

Walker D, King R. 1988. Vortex excited vibrations of tapered and stepped cylinders//Proceedings of the Seventh International Conference on Offshore Mechanics and Artic Engineering, II. Chung J S ed. New York: American Society of Mechanical Engineers: 229-234.

Walshe D E. 1962. Some measurements of the excitation due to vortex shedding of a smooth cylinder of circular cross section. National Physical Laboratory Aero, Report 1062.

Walshe D E, Wootton L R. 1970. Preventing wind-induced oscillations of structures of circular section. Proceedings of the Institution of Civil Engineers, 47(1): 1-24.

Wardlaw R L. 1966. On relating two-dimensional bluff body potential flow to the periodic vortex wake. DME/NAE Quarterly Bulletin, 2.

Wardlaw R L. 1988. The wind resistant design of cable staged bridges//Cable staged bridges. Vlstrupl C C ed. New York: American Society of Civil Engineers: 46-61.

Wardlaw R L, Blevins R D. 1980. Discussion on approaches to the suppression of wind-induced vibration of structures//Practical Experiences with Flow-Induced Vibration. Naudascher E and Rockwell D, eds. New York: Springer-Verlag: 671-672.

Wardlaw R L, Ponder C A. 1970. Wind tunnel investigation of the aerodynamic stability of bridges. National Aeronautical Establishment, Ottawa, Canada, Report LTR-LA-47.

Washizu K, Ohya A, Otsuki Y, et al. 1978. Aeroelastic instability of rectangular cylinders in a heaving mode. Journal of Sound and Vibration, 59(2): 195-210.

Weaver D S, Abd-Rabbo A. 1985. A flow visualization study of a square array of tubes in water crossflow. Journal of Fluids Engineering, 107(3): 354-362.

Weaver D S, Ainsworth P. 1988. Flow-induced vibrations in bellows//International Symposium on Flow-Induced Vibration and Noise, 4. Paidoussis M P ed. New York: American Society of Mechanical Engineers: 205-214.

Weaver D S, Fitzpatrick J A, ElKashlan M. 1987. Strouhal numbers for heat exchanger tube arrays in cross flow. Journal of Pressure Vessel Technology, 109(2): 219-223.

Williamson C H K, Roshko A. 1988. Vortex formation in the wake of an oscillating cylinder. Journal of Fluids and Structures, 2(4): 355-381.

Wilson J E, Tinsley J C. 1989. Vortex load reduction: experiments in optimal helical strake geometry for rigid cylinders. Journal of Energy Resources Technology, 111(2): 72-76.

Wong H Y, Kokkalis A. 1982. A comparative study of three aerodynamic devices for suppressing vortex-induced oscillation. Journal of Wind Engineering & Industrial Aerodynamics, 10(1): 21-29.

Wootton L R. 1968. The oscillations of model circular stacks due to vortex shedding at Reynolds numbers from 10^5 to 3×10^6. National Physical Laboratory, Teddington UK, NPL Aero Report 1267.

Yamaguchi T, et al. 1971. On the vibration of the cylinder by Karman vortex. Mitsubishi Heavy Industries Technical Journal, 8(1):1-9.

Yeh T T, Robertson B, Mattar W M. 1983. LDV measurements near a vortex shedding strut mounted in a pipe. Journal of Fluids Engineering, 105(2): 185-196.

Zdravkovich M M. 1981. Review and classification of various aerodynamic and hydrodynamic means for suppressing vortex shedding. Journal of Wind Engineering & Industrial Aerodynamics, 7(2): 145-189.

Zdravkovich M M. 1982. Modification of vortex shedding in the synchronization range. Journal of Fluids Engineering, 104(4): 513-517.

Zdravkovich M M. 1985. Flow induced oscillations of two interfering circular cylinders. Journal of Sound and Vibration, 101(4): 511-521.

第 4 章　跳跃振动与颤振

具有非圆形截面的结构会产生一种随流动方向变化的流体力，随着结构的振动，其方向会发生变化，流体力也会随之波动。如果这种振荡流体力趋向于增加振动，则该结构在空气动力学上是不稳定的，并可能产生大振幅的振动。本章对土木工程结构的跳跃振动和机翼颤振进行稳定性分析。

4.1　跳 跃 振 动

所有非圆形截面的结构都易发生跳跃振动和颤振。例如，冰雪覆盖的电缆在冬天的风中跳跃振动（Hunt et al.，1969；Richardson et al.，1965；Edwards et al.，1956；Cheers，1950），而桥板也是如此（Simiu et al.，1986；Parkinson，1971）。同样，海流中海洋结构物也能发生跳跃振动（Bokaian et al.，1985）。机翼颤振（Bisplinghoff et al.，1955）：涡轮叶片的失速颤振会产生较大幅度的振动（Yashima et al.，1978；Pigott et al.，1974；Sisto，1953）。

跳跃振动和机翼颤振是在流动的流体中结构振动诱导的流体力产生的。跳跃振动和颤振的区别主要在于这些术语的历史用法。颤振是机翼在描述结构扭转与垂向耦合不稳定时的航空术语；跳跃振动是土木工程师在描述风和海流中钝体结构的单自由度不稳定常用的术语。

Lanchester（1907）描述了一个旋转 D 形截面柱体的跳跃振动，柱体的平面垂直于风。1930 年，Den Hartog（1956）将不稳定性与横截面的气动系数联系起来，并描述了一个弹簧支撑的 D 形截面朝向风扇的模型。Sisto（1953）描述了失速涡轮叶片的不稳定性，Parkinson 等（1961）推广了 Scruton（1960）的图解法来确定跳跃振动的极限振幅，Novak 等（1974）和 Novak（1969）探讨了湍流，Parkinson 和 Brook 预报了无量纲参数的影响。Blevins 等（1974）探讨了双自由度振动效应。Nakamura 等（1987）、Obasaju（1983）和 Parkinson 等（1981）探讨了涡旋脱落与跳跃振动的耦合和准静态理论的局限性。

大多数跳跃振动与颤振分析采用准静态流体动力学的理论，即假定结构上的流体力仅由瞬时相对速度决定，因此可以在不同角度固定模型的风洞试验中测量流体力。仅当流体力（其与涡旋脱落或时滞效应相关）的周期分量的频率远高于结构振动频率（$f_s \gg f_n$）时，准静态理论假设才有效。这一点通常在高约化速度下才能满足，从而

$$\frac{U}{f_n D} > 20 \tag{4-1}$$

式中，U 是自由流速度；f_n 是振动的固有频率；D 是垂直于自由流的剖面宽度（Bearman et al.，1987；图 4-13）。但许多重要的实际结构的约化速度在 $1 < U/(f_n D) < 20$ 范围内具有类似跳跃振动的不稳定性。其中的准静态理论的假设是可行的，如 3.7 节和 4.4 节所述涡致振动可能发生。

4.2 跳跃振动失稳

4.2.1 单自由度垂向振动的稳定性

图 4-1 给出了一个弹簧支撑的模型，该模型处于稳定流场中，流体速度为 U，流体密度为 ρ，单位长度的弹簧刚度为 k_y。在截面上，稳定的流体力是单位长度上的升力和阻力：

$$F_L = \frac{1}{2}\rho U^2 D C_L \tag{4-2}$$

$$F_D = \frac{1}{2}\rho U^2 D C_D \tag{4-3}$$

升力作用在平均流垂向上，阻力是平行于平均流的力的分量。升力系数 C_L 和阻力系数 C_D 是用宽度 D 无量纲化的参数。通常，在风洞中不同迎角 α 下测量流体力，并且用式（4-2）和式（4-3）将其分解为升力和阻力。

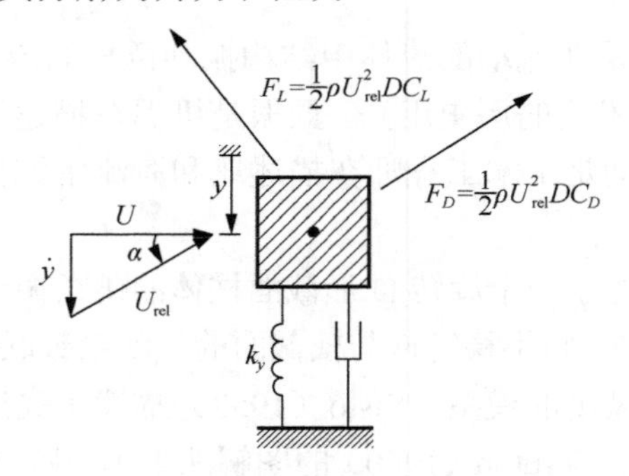

图 4-1 单自由度跳跃振动模型

模型的稳定性（图 4-1）是通过建立气动力的准静态模型进行研究的，然后在平衡位置、小扰动下检测其响应。当模型向下平移时，相对于模型的流动角度为

$$\alpha = \arctan(\dot{y}/U) \tag{4-4}$$

式中，α 称为迎角，这里 $\alpha = 0$ 参考了平衡位置（$y = 0$）。航空领域的常规符号为 α 和 y。

在从左到右的气流中，顺时针旋转模型会增大迎角。在机翼颤振的传统分析中，垂向位移 y 向下为正。应当提醒读者的是并非所有著作都使用这一惯例。

相对于振动模型的流体速度是自由速度和诱导速度之和，即

$$U_{\text{rel}}^2 = \dot{y}^2 + U^2 \tag{4-5}$$

式中，$\dot{y} = \mathrm{d}y/\mathrm{d}t$ 是垂向速度。F_y 是垂面上升力和阻力的矢量合成，向下为正，

$$F_y = -F_L\cos\alpha - F_D\sin\alpha = \frac{1}{2}\rho U^2 D C_y \tag{4-6}$$

垂向力系数为

$$C_y = -\frac{U_{\text{rel}}^2}{U^2}(C_L\cos\alpha + C_D\sin\alpha) \tag{4-7}$$

C_y 像 C_L 和 C_D 一样，是形状参数、迎角和雷诺数的函数。

对于小迎角，α，U_{rel} 和 C_y 可用幂级数展开：

$$\alpha = \frac{\dot{y}}{U} + O(\alpha^2),\quad U_{\text{rel}} = U + O(\alpha^2) \tag{4-8}$$

$$\begin{aligned} C_y(\alpha) &= C_y\Big|_{\alpha=0} + \frac{\partial C_L}{\partial\alpha}\Big|_{\alpha=0}\alpha + O(\alpha^2) \\ &= -C_L\Big|_{\alpha=0} - \left(\frac{\partial C_L}{\partial\alpha} + C_D\right)_{\alpha=0}\alpha + O(\alpha^2) \end{aligned} \tag{4-9}$$

式中，$O(\alpha^2)$ 表示与 α^2 成比例的项，而 α 的更高次幂被忽略。式（4-7）表明在零迎角时，垂向力曲线的斜率为

$$\frac{\partial C_y}{\partial\alpha}\Big|_{\alpha=0} = -\left(\frac{\partial C_L}{\partial\alpha} + C_D\right)_{\alpha=0} \tag{4-10}$$

在迎角 $\alpha = 0$ 时，垂向力系数是升力系数的负值（$C_y = -C_L$），因为垂向力定义向下为正，升力定义向上为正。

对于空气动力作用下弹簧支撑的有阻尼结构的振动方程［式（4-6）～式（4-10）］为

$$\begin{aligned} m\ddot{y} + 2m\zeta_y\omega_y\dot{y} + k_y y &= F_y = \frac{1}{2}\rho U^2 D C_y \\ &= -\frac{1}{2}\rho U^2 D C_L\Big|_{\alpha=0} + \frac{1}{2}\rho U^2 D\frac{\partial C_y}{\partial\alpha}\Big|_{\alpha=0}\left(\frac{\dot{y}}{U}\right) + O(\alpha^2) \end{aligned} \tag{4-11}$$

式中，m 为单位长度结构的质量，包括附加质量（见 2.2 节）；结构内耗散引起的阻尼系数为 ζ_y（见 8.4 节）。如果只保留阶数 α 和更小的项，则式（4-11）是一个线性式，该式控制了 $y = 0$ 附近小的垂向位移的稳定性：

$$m\ddot{y} + 2m\omega_y\left(\zeta_y - \frac{\rho UD}{4m\omega_y}\frac{\partial C_y}{\partial\alpha}\Big|_{\alpha=0}\right)\dot{y} + k_y y = -\frac{1}{2}\rho U^2 D C_L\Big|_{\alpha=0} \tag{4-12}$$

式中，$\omega_y = 2\pi f_y = (k_y/m)^{1/2}$ 是以 rad/s 为单位的固有频率；f_y 是以周期/s（Hz）为单位的单自由度垂向振动固有频率。括号中的项是垂向振动的净阻尼系数，

$$\zeta_T = \zeta_y - \frac{U}{4\omega_y D}\frac{\rho D^2}{m}\frac{\partial C_y}{\partial\alpha}\Big|_{\alpha=0} \tag{4-13}$$

它是结构阻尼和空气动力分量阻尼的和。

式（4-12）的解是稳定位移和振动位移之和，

$$y=\frac{\frac{1}{2}\rho U^2 DC_L\big|_{\alpha=0}}{k_y}+A_y \mathrm{e}^{-\zeta_T\omega_y t}\sin[\omega_y(1-\zeta_T{}^2)^{1/2}t+\phi] \tag{4-14}$$

振动分量随时间增加（非稳定振动）或随时间减少（稳定振动，图 1-2）依赖于净阻尼系数ζ_T的正负。如果垂向力系数的斜率为负，对于$\zeta_T>0$时的所有迎角振动将随时间衰减。因此，模型将是稳定的：

$$\frac{\partial C_y}{\partial\alpha}<0 \text{ 或等价公式} \frac{\partial C_L}{\partial\alpha}+C_D>0\text{，稳定状态时} \tag{4-15}$$

否则可能发生不稳定的跳跃振动（Den Hartog，1956）。只有当迎角增大，升力系数以超过一个阻力系数的比减小时，截面结构才在单自由度垂向振动中变得不稳定（图 4-2）。

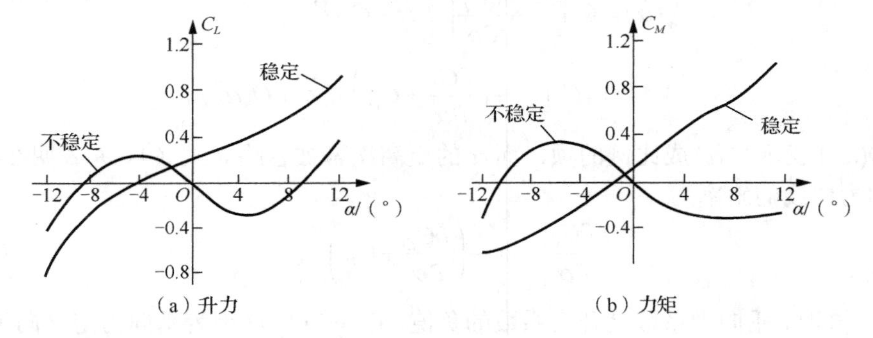

图 4-2　稳定和可能不稳定截面结构的跳跃振动（American Society of Civil Engineers，1972）

对于任何非圆形截面，α满足$\partial C_y/\partial\alpha>0$，则截面可能是不稳定的。如果$\zeta_T$［式(4-13)］通过零变为负，不稳定现象将发生。通过将ζ_T设置为零，单自由度垂向振动将发生跳跃振动，不稳定时的临界速度为

$$\frac{U_{\text{临界}}}{f_y D}=\frac{4m(2\pi\zeta_y)}{\rho D^2}\Bigg/\frac{\partial C_y}{\partial\alpha} \tag{4-16}$$

式中，f_y是单自由度垂向振动的固有频率（Hz）；ζ_y是阻尼系数（见第 8 章）。

表 4-1 给出了不同截面的垂向力系数的斜率。各种截面包括方形（Parkinson et al.，1964）、矩形（Novak et al.，1974）、L 形（Slater，1969）、D 形截面（Novak et al.，1974）、通道（Mahrenholtz et al.，1980）、八角形（Mahrenholtz et al.，1980）、多边形（Mahrenholtz et al.，1980）、失速翼形（Sisto，1953）、H 形截面（Tai et al.，1976 年）和不规则截面（Novak et al.，1978；Cheers，1950），它们容易失稳，并与跳跃振动的实际问题有关。

然而，在大多数情况下，在不稳定范围内$\partial C_y/\partial\alpha$的值不大，同时建筑物和桁架等最常见结构的相对刚度较高（与$f_y m$成比例），导致了跳跃振动发生时速度变大［式(4-16)］。

这就解释了为什么只有轻质、轻阻尼、灵活的结构（如标志牌、烟囱、塔架、悬索桥甲板和覆冰的电缆）在大风中会发生跳跃振动。

表 4-1　不同截面的垂向力系数的斜率

截面	$\partial C_y / \partial\alpha$①		雷诺数
	平滑流	湍流②	
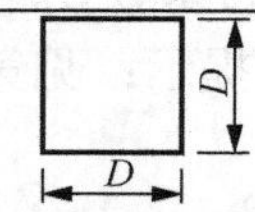 D; D	3.0	3.5	10^5
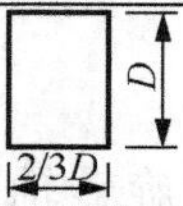 D; 2/3D	0	−0.7	10^5
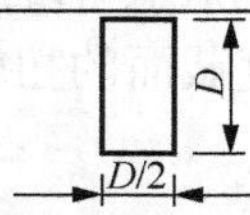 D; D/2	−0.5	0.2	10^5
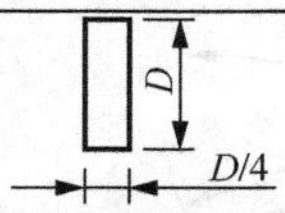 D; D/4	−0.15	0	10^5
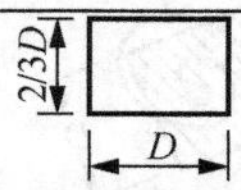 2/3D; D	1.3	1.2	6.6×10^4
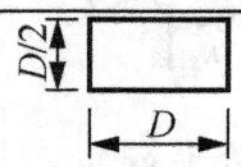 D/2; D	2.8	−2.0	3.3×10^4
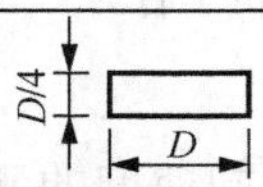 D/4; D	−10		$2\times10^3\sim2\times10^4$
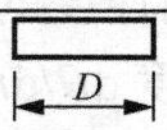 D	−6.3	−6.3	$>10^3$
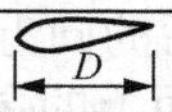 D	−6.3	−6.3	$>10^3$
 D	−0.1	0	6.6×10^4
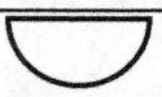	−0.5	2.9	5.1×10^4
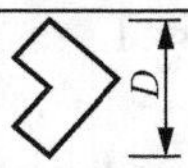 D	0.66		7.5×10^4

资料来源：Nakamura 等（1975），Nakamura 等（1977），Slater（1969），Richardson 等（1965），Parkinson 等（1961）。其他数据见图 4-4、图 4-9、图 4-11 和图 4-22。

注：① α 以 rad 为单位，流向从左到右。$\partial C_y/\partial\alpha = -\partial C_L/\partial\alpha - C_D$。$C_y$ 基于尺寸 D，稳定时 $\partial C_y/\partial\alpha < 0$。

②约 10%的湍流。

练 习 题

1. 证明式（4-14）是式（4-12）的解。

2. 翼形升力系数的斜率为$\partial C_L/\partial\alpha = 2\pi$，迎角低于 8°，阻力系数$C_D \approx 0.01$时，翼形会从稳定变到跳跃振动吗？在什么情况下它会发生跳跃振动？提示：见第 4.4 节。

3. 解释涡致振动和跳跃振动的区别。

4.2.2 扭转的稳定性

图 4-3 显示了一个弹簧支撑、有阻尼的截面，该截面受到旋转轴的约束。J_θ是绕支点的极惯性矩，包括流体的附加质量惯性矩；k_θ是单位长度截面的扭转弹簧常数。

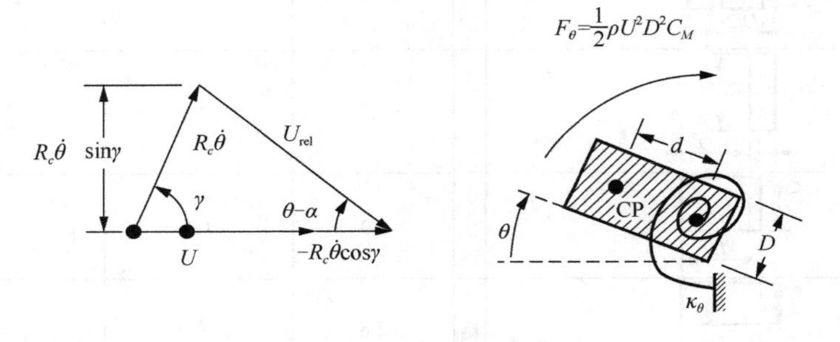

图 4-3 扭转跳跃振动模型（未显示的阻尼器与弹簧平行）

CP 为监测的控制点

在单自由度垂向跳跃振动中，由振动引起的迎角变化是垂向速度的函数[式(4-3)]。在扭转振动中，迎角随角θ和角速度$\mathrm{d}\theta/\mathrm{d}t$的变化而变化。角速度$\mathrm{d}\theta/\mathrm{d}t$引起迎角在截面上变化：正的$\mathrm{d}\theta/\mathrm{d}t$引起支点前的向下气流（负迎角）和支点后的向上气流（正迎角）。因此，用角速度近似地模拟其对流场域的影响：半径为R_c的截面上的参考点和相对于支点的角度γ（图 4-3）用来评估由$\mathrm{d}\theta/\mathrm{d}t$所诱导的迎角变化。在参考点处迎角和相对速度（图 4-3）是

$$\alpha = \theta - \arctan\left(\frac{R_c\dot{\theta}\sin\gamma}{U - R_c\dot{\theta}\cos\gamma}\right) \simeq \theta - \frac{R\dot{\theta}}{U},\quad \alpha \ll 1 \tag{4-17}$$

$$U_{\mathrm{rel}}^2 = (R_c\theta\sin\gamma)^2 + (U - R_c\dot{\theta}\cos\gamma)^2 \simeq U^2,\quad \alpha \ll 1 \tag{4-18}$$

式中，$R = R_c\sin\gamma$是特征半径。如果$R > 0$，由角速度所诱导的速度的参考点在支点的前方；如果$R < 0$，则在支点的后方。对于矩形质心的扭转，Nakamura 等（1975）选择R为对应于前缘顺着迎角方向矩形长度的一半。对于直角截面绕角顶点的迎风扭转，Slater（1969）选取R的一半作为截面的首部和尾部长度。对于机翼的颤振（见 4.5 节），

选择 R 来求解从前缘返回到 3/4 点处的迎角。

结构绕支点旋转，其横截面上单位长度的扭矩为

$$F_\theta = \frac{1}{2}\rho U^2 D^2 C_m \tag{4-19}$$

式中，扭矩系数 C_m 与风洞试验中测得的稳定的扭矩系数 C_M 有关，即

$$C_m = C_M \frac{U_{\text{rel}}^2}{U^2} \tag{4-20}$$

U_{rel} 是横截面上参考点处相对流体速度的瞬时值。

图 4-3 显示了弹性支撑截面对流体施加扭矩时的动态响应，截面扭转响应的振动方程为

$$J_\theta\ddot{\theta} + 2J_\theta\zeta_\theta\omega_\theta\dot{\theta} + k_\theta\theta = \frac{1}{2}\rho U^2 D^2 C_m = \frac{1}{2}\rho U^2 D^2\left(C_M\big|_{\alpha=0} + \frac{\partial C_M}{\partial\alpha}\bigg|_{\alpha=0}\alpha + \cdots\right) \tag{4-21}$$

对于 $\alpha \ll 1$ 的小迎角，可以对该方程进行线性化，如式（4-17）和式（4-18）的第二个等式。通过使用上式前两项进行重新排列，结果为

$$J_\theta\ddot{\theta} + \left(2J_\theta\zeta_\theta\omega_\theta + \frac{1}{2}\rho URD^2\frac{\partial C_M}{\partial\alpha}\right)\dot{\theta} + \left(k_\theta - \frac{1}{2}\rho U^2 D^2\frac{\partial C_M}{\partial\alpha}\right)\theta = 0 \tag{4-22}$$

此式有两种不稳定模式。首先，当结构扭转刚度和气动扭转刚度之和降为零（见 4.5.2 节）时，稳定失稳称为偏离；其次，当 $\mathrm{d}\theta/\mathrm{d}t$ 项的系数通过零点时，它将发生扭转跳跃振动。这种不稳定性只有当 $R\partial C_M/\partial\alpha < 0$ 时才会发生。各不同截面处 $\partial C_M/\partial\alpha$ 的值见表 4-2。扭转跳跃振动开始失稳的速度为

$$\frac{U}{f_\theta D} = -\frac{4J_\theta(2\pi\zeta_\theta)}{\rho D^3 R}\bigg/\frac{\partial C_M}{\partial\alpha}\bigg|_{\alpha=0} \tag{4-23}$$

式中，$f_\theta = (k_\theta/J_\theta)^{1/2}/(2\pi)$ 是扭转振动的固有频率（Hz）；ζ_θ 是扭转结构的阻尼系数。此处忽略了空气动力对固有频率的影响，即假设产生的不稳定速度是偏离速度的一小部分（见 4.5.2 节）。

表 4-2　绕几何中心旋转的各截面的力矩系数斜率

截面	$\partial C_M/\partial\alpha$[①]	雷诺数
正方形截面（边长 $D \times D$）	−0.18	$10^4 \sim 10^5$
矩形截面（$2D \times 1D$）	−0.64	$5\times10^3 \sim 5\times10^5$
矩形截面（$4D \times 1D$）	−18	$2\times10^3 \sim 2\times10^4$

续表

截面	$\partial C_M / \partial \alpha$①	雷诺数
1D；5D	−26	$2\times10^3 \sim 2\times10^4$
D；D/4；a	$\frac{2\pi a}{D}$②	$>10^3$

资料来源：Nakamura 等（1975）。另请参见图 4-9。

注：① α 以 rad 为单位，流向从左到右。

②角度约 8°。

扭转失速颤振或扭转跳跃振动理论的用处在于说明了失稳的可能性，而不是提供失稳开始的准确估计。Studnickova（1984）、Nakamura 等（1982）、Washizu 等（1978）和 Nakamura 等（1975）对矩形和桥板截面进行了试验，他们阐述了图 4-2 和式（4-23）中扭转跳跃振动的稳定性准则适用于小型结构和较高的约化速度，否则此准则通常不可靠。这一理论有两个缺点：第一，对于钝体或复杂截面[如小迎角的机翼截面（见 4.5.2 节。Dowell et al.，1978；Fung，1969）]，用一个特征点来近似扭转速度对迎角的影响是不可行的；第二，钝体截面的扭转所致的振动对旋转截面甩出的涡旋特别敏感，准静态理论不能预报相关的非稳定涡激力（Nakamura et al.，1987），此部分内容见第 4.4 节。

4.3 跳跃振动的响应

4.3.1 单自由度响应

如果流速超过跳跃振动开始的临界速度，则水流向结构输入的能量会超过结构阻尼耗散的能量。其结果是发生不稳定的跳跃振动。不稳定跳跃振动的振幅受到流体力非线性或结构非线性的限制。Iwan（1973）讨论了非线性结构对跳跃振动的影响。本节利用 Parkinson 等（1961）和 Novak（1969）的方法计算了气动力的非线性对线性结构的影响，以确定稳定的跳跃振动的响应。

由于迎角 α 是 $\dot{y}/U$ 的函数，因此可以直接用 $\dot{y}/U$ 的多项式来表示垂向力系数：

$$C_y(\alpha) = a_0 + a_1\left(\frac{\dot{y}}{U}\right) + a_2\left(\frac{\dot{y}}{U}\right)^2 + a_3\left(\frac{\dot{y}}{U}\right)^3 + \cdots \tag{4-24}$$

式中，前两个系数由垂向升力和其在零迎角处的梯度来确定，即

$$a_0 = -C_L,\quad a_1 = \frac{\partial C_y}{\partial \alpha} = -\frac{\partial C_L}{\partial \alpha} - C_D,\quad \alpha = 0 \tag{4-25}$$

其余的系数是对 $C_y(\alpha)$ 和适当范围的 α 是由曲线拟合实验数据来决定。

如果截面关于穿过截面中心的风向线对称，只有序列中的奇数项系数 a_1, a_3 等是非零的。如果偶数项系数变为奇数，则保留偶数项系数。例如，$\dot{y}|\dot{y}|/U^2$ 是一个包含速度二次幂的奇数项。表 4-3 给出了对称截面的曲线拟合系数，式中使用该方法保留了一些偶数项系数。各截面的垂向力系数是迎角的函数，如图 4-4 所示。

表 4-3　多项式曲线拟合的垂向力系数 C_y ①

系数	$\frac{3}{2}$ 矩形（2/3D，D）		$\frac{2}{3}$ 矩形（D，3/2D）		D 形截面（D）		正方形（D）
	光滑流	湍流	光滑流	湍流	光滑流	湍流	光滑流
a_1	0	0.74285	1.9142	1.833	−0.097431	0	2.69
a_2	−3.2736	−0.24874	3.4789	5.2396	4.2554	−0.74824	0
a_3	7.4467×10^2	1.7482	-1.7097×10^2	-1.4518×10^2	−2.8835	5.4705	−1.684
a_4	-5.5834×10^3	-3.6060×10^2	−2.2074	3.1206×10^2	6.1072	−6.3595	0
a_5	1.4559×10^4	2.7099×10^3	0	0	−4.8006	2.6844	6.27×10^3
a_6	8.1990×10^3	-6.4052×10^3	0	0	1.2462	−0.3903	0
a_7	-5.7367×10^4	-1.1454×10^4	0	0	0	0	-5.99×10^3
a_8	-1.2038×10^5	6.5022×10^4	0	0	0	0	0
a_9	3.37363×10^5	-6.6937×10^4	0	0	0	0	0
a_{10}	2.0118×10^5	0	0	0	0	0	0
a_{11}	-6.7549×10^5	0	0	0	0	0	0

资料来源：Novak 等（1974），Novak（1969）。

注：$Re = 5\times10^4$。从左向右流动。

① C_y 是基于 D 的无量纲参数。

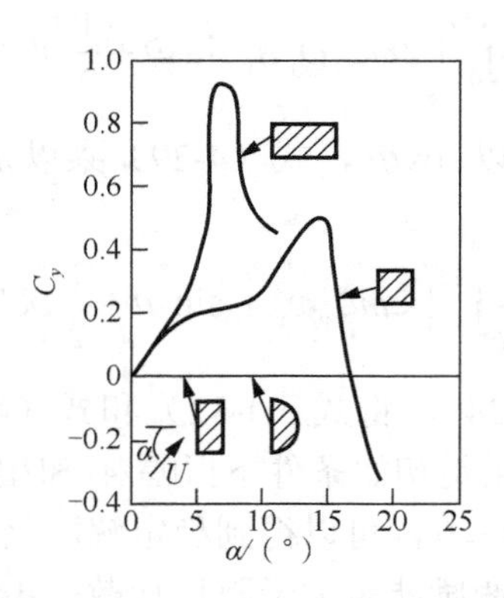

图 4-4　垂向力系数（$Re = 33000\sim66000$。Parkinson et al.，1961）

对非线性垂向力模型的响应方程为

$$m\ddot{y}+2m\zeta_y\omega_y\dot{y}+k_y y=\frac{1}{2}\rho U^2DC_y=\frac{1}{2}\rho U^2D\left[a_0+a_1\left(\frac{\dot{y}}{U}\right)+a_2\left(\frac{\dot{y}}{U}\right)^2+\cdots\right] \tag{4-26}$$

这个非线性、自激振动振子是可以用数值积分方法、渐近方法或能量参数近似求解(Richardson，1988)。这里将使用缓慢变化参数的渐近方法(Nayfeh et al.，1980；Minorsky 1962；Struble，1962）来构造近似瞬态和稳定的解，解的稳定性可以被检验。

当气动力和阻尼力比惯性力和弹簧力小时，该渐近过程的精度是最高的，因此该模型是一个微扰动的振子。

假定具有时变的振幅和相位，方程（4-26）的解为

$$y=A_y(t)\cos\Phi \tag{4-27}$$

式中，$\Phi=\omega_y t+\phi(t)$。

假设振幅 $A_y(t)$ 和相位 $\phi(t)$ 在一个振动周期内变化很小时，速度近似为

$$\dot{y}=-\omega_y A_y\sin\Phi \tag{4-28}$$

这意味着振幅和相位导数的组合为零：

$$\dot{A}_y\cos\Phi-A_y\dot{\phi}\sin\Phi=0 \tag{4-29}$$

若将式（4-27）和式（4-28）代入方程（4-26），则结果为

$$-m\omega_y\dot{A}_y\sin\Phi-mA_y\omega_y\dot{\phi}\cos\Phi+(k_y-m\omega_y^2)A_y\cos\Phi=-2m\zeta_y\omega_y\dot{y}+\frac{1}{2}\rho U^2DC_y \tag{4-30}$$

因固有频率为 $\omega_y=(k_y/m)^{1/2}$，所以方程（4-30）左侧的最后一项消失。如果简化后的方程乘以 $\sin\Phi$，式（4-29）乘以 $-m\omega_y\cos\Phi$，并将两式相加，结果是

$$m\omega_y\dot{A}_y=\left(2m\zeta_y\omega_y\dot{y}-\frac{1}{2}\rho U^2DC_y\right)\sin\Phi \tag{4-31}$$

由于 A_y 和 Φ 在一个周期内变化缓慢，因此可以看作是常数，当式（4-31）在一个周期内通过从 $\Phi=0$ 到 2π 的积分求均值：

$$\frac{\mathrm{d}A_y}{\mathrm{d}t}=-\frac{1}{2\pi m\omega_y}\int_0^{2\pi}\left(2m\zeta_y\omega_y^2A_y\sin\Phi+\frac{1}{2}\rho U^2DC_y\right)\sin\Phi\,\mathrm{d}\Phi \tag{4-32}$$

同样，如果式（4-30）乘以 $\cos\Phi$，式（4-29）乘以 $m\omega_y\sin\Phi$，在一个周期内将两个式相加并取平均值，则

$$\frac{\mathrm{d}\phi}{\mathrm{d}t}=-\frac{1}{2\pi\omega_yA_ym}\int_0^{2\pi}\left(2m\zeta_y\omega_y^2A_y\sin\Phi+\frac{1}{2}\rho U^2DC_y\right)\cos\Phi\,\mathrm{d}\Phi \tag{4-33}$$

利用式（4-28）和式（4-24），将式（4-32）和式（4-33）与时间同时积分，得到式（4-26）的近似瞬态解。结果是初始条件下振幅 A_y 和相位 ϕ 的时间历程（简称时历）。

通过继续积分直到 $\mathrm{d}A_y/\mathrm{d}t=0$，可以得到稳定解。此外，有一种更直接的方法：如图 4-5 所示（$\mathrm{d}A/\mathrm{d}t>0$，气动激励能量大于阻尼耗散；$\mathrm{d}A/\mathrm{d}t<0$，阻尼耗散超过气动激励能量）。将 $\mathrm{d}A_y/\mathrm{d}t$ 与 A_y 作图。过零点对应于 $\mathrm{d}\dot{A}_y/\mathrm{d}A_y$，如果在过零点时大于零，小扰动会导致振幅增大，所以解是不稳定的。但如果在零点交叉处 $\mathrm{d}\dot{A}_y/\mathrm{d}A_y<0$，$A_y$ 中的扰

动将随着时间的推移而减小，则解是稳定的。

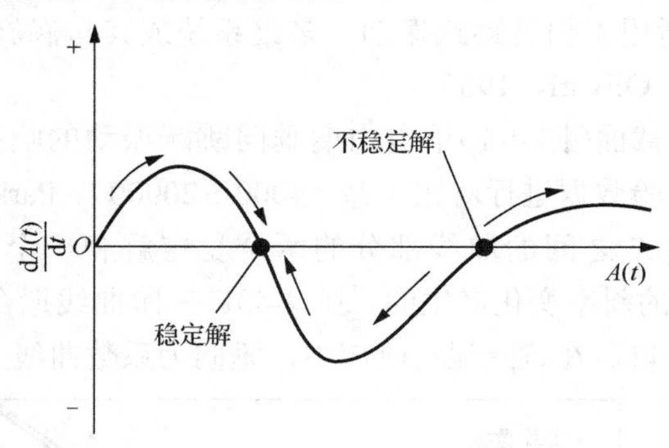

图 4-5　稳定跳跃振动的稳定性

例如，若使用三次多项式来近似方形截面的垂向力系数（图 4-1），则

$$C_y(\alpha)=\frac{a_1\dot{y}}{U}+a_3\left(\frac{\dot{y}}{U}\right)^3 \tag{4-34}$$

式中，系数约为 $a_1=2.7$；$a_3=-31$（由于截面是对称的，只包括奇数次幂，垂向力系数约为 $\alpha=0$）。通过用 $\mathrm{d}A_y/\mathrm{d}t=0$ 将式（4-34）和式（4-28）代入式（4-32），得到稳定解：

$$0=\int_0^{2\pi}\left\{\left[2m\zeta_y\omega_y^2A_y-\frac{1}{2}\rho U^2D\left(\frac{a_1A_y\omega_y}{U}+\frac{\frac{3}{4}a_3A_y^3\omega_y^3}{U^3}\right)\right]\sin\Phi+\frac{1}{8}a_3\rho U^2DA_y^3\omega_y^3\frac{\sin3\Phi}{U^3}\right\}\sin\Phi\mathrm{d}\Phi \tag{4-35}$$

生成的三次多项式为

$$A_y\left[2m\zeta_y\omega_y-\frac{1}{2}\rho D\left(\frac{a_1U^2+\frac{3}{4}a_3A_y^2\omega_y^2}{U}+\frac{\frac{1}{8}a_3c\rho DA_y^2\omega_y^2}{U}\right)\right]=0 \tag{4-36}$$

此式有三个解。仅当自由流速度 U 小于临界速度［式（4-16）］时，平衡解 $A_y=0$ 才是稳定的。若 U 超过临界速度，那么 $A_y=0$ 是不稳定的，但是括号[ ]中零点对应的解是稳定的。通过使用 Novak（1969）发现的一种巧妙的无量纲化方法，该解以简单的形式给出：

$$\underline{A}=\left[4(1-\underline{U}a_1)\frac{\underline{U}}{3a_3}\right]^{1/2} \tag{4-37}$$

式中，无量纲振幅 $\underline{A}$ 和速度 $\underline{U}$ 为

$$\underline{A}=\frac{A_y}{D}\frac{\rho D^2}{4m\zeta_y},\quad \underline{U}=\frac{U}{f_yD}\frac{\rho D^2}{4m(2\pi\zeta_y)} \tag{4-38}$$

考虑到任何一维系统仅用两个参数就可以完整地表示单自由度垂向跳跃振动的响应，但这种无量纲化方法不适用于扭转跳跃振动、多维系统或其与涡旋脱落相互作用的振动（Bearman et al.，1987；Olivari，1983）。

图4-6显示了方形截面（图4-1）单自由度垂向跳跃振动的响应与三阶[式(4-34)]、七阶曲线拟合，并与实验数据进行对比（Re=4000～20000）。Parkinson 等（1964）已经给出了 $\underline{U}=0.4$ 和 $\underline{U}=0.7$ 之间的曲线部分的两个稳定解和一个非稳定解。时滞是由 $C_y(\alpha)$ 曲线在 $\alpha=7°$ 时的斜率变化产生的（图4-4）。三阶曲线拟合不能产生这种斜率变化，但七阶曲线拟合可以。在跳跃振动响应中，垂向力系数曲线上的拐点产生多个解。

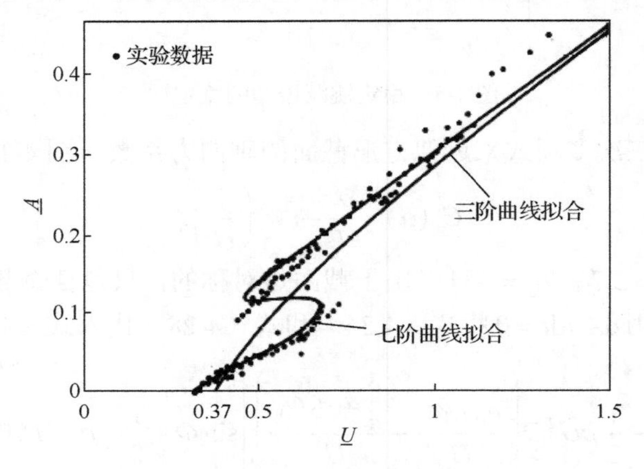

图4-6　实验数据和方形截面的响应对比

方形和矩形截面的垂向力曲线形式和相关的跳跃振动的响应在图4-7中给出。此图中 a_1 由式（4-25）给出（Novak，1971）。对于高的矩形（小长高比），没有垂向力形成，$\partial C_y/\partial\alpha \leqslant 0$，并且它们是稳定的（表 4-1）。然而，高的矩形会像一个强振子一样发生跳跃振动，也就是说，需要适当的脉冲来引起跳跃振动。

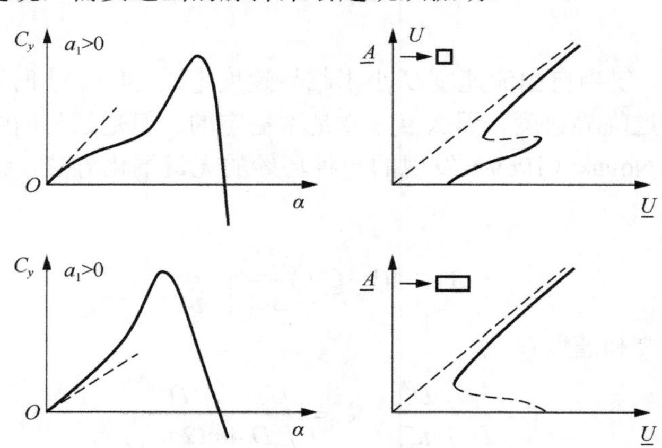

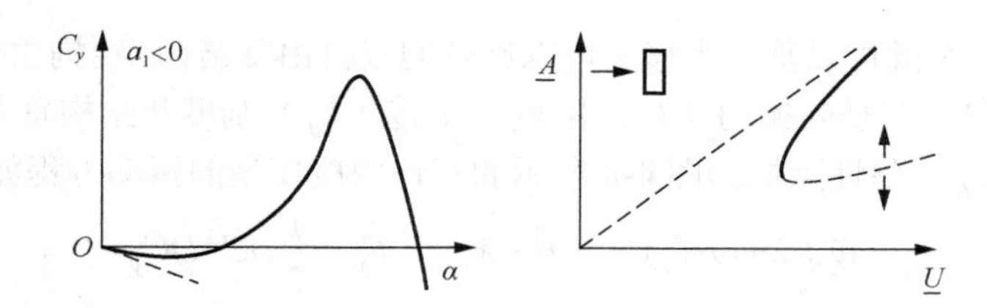

图 4-7　矩形截面的典型垂向力系数和相应的跳跃振动的响应类型

方形截面在静止和自激跳跃振动时是不稳定的。

窄而长的矩形（与水流高度平行的大长度比）也是以强振子方式进行跳跃振动，长高比约为 3；除此之外，矩形是稳定的（Washizu et al.，1978；Parkinson，1971）。它们的稳定性与前缘附近分离的剪切层的再附着有关。

跳跃振动分析能用于连续结构的模态分析上。通过展开描述结构的偏微分方程、选择对不稳定性敏感的模态（通常是基本模态），以及使用 Glerkin 技术将每个模态的偏微分方程简化为一个普通微分方程。如果限制位移，成为单自由度垂向振动，则振动方程（4-11）与方程（4-26）有相同的形式，此步骤由 Novak 等（1974）以及 Skarachy（1975）进行了说明（见附录 A）。通常连续结构的响应与单自由度模型的响应很相近，以便结构的固有频率能很好地被分离，并且没有内在的耦合。如果结构的两个或多个模态近似相等或如果扭转和垂向振动模态是不耦合的，因为重心与剪切中心不一致，那么耦合的跳跃振动会发生，如 4.2.2 节和 4.5.2 节讨论的。

练　习　题

1. 考虑一条被冰覆盖的传输电缆，在平面迎风时形成一个 D 形横截面。平面宽度（直径 D）为 2.5in（6.4cm）。基频为 0.5Hz，单位长度的质量为 1.1lb/ft（1.64kg/m）。传输电缆结构阻尼是小的，$\zeta_y = 0.005$。空气密度为 0.075lb/ft^3（1.2kg/m^3）。质量参数 $m/(\rho D^2)$ 是多少？$\alpha = 0$ 时，稳定性如何？通过图 4-12，以风速［0～100ft/s（30m/s）］为函数来描述跳跃振动的振幅。需要多大的振幅才能激发振动？湍流对结果有怎样的影响（表 4-3）？答案已由 Novak 等（1974）给出。

2. 验证式（4-37）。通过积分式（4-35），确定式（4-36）中系数 c 的数值。

4.3.2　双自由度响应

多数结构都可以自由的平移和旋转。旋转和平移通过迎角进行空气动力的耦合。如果横截面的弹性轴与质心不重合，扭转和平移也可以被惯性地耦合到一起。弹性轴，也被称为扭转中心或剪切中心，是细长弹性结构横截面上的点，在这里施加的力不会产生扭转，施加扭转不会产生位移。

图 4-8 给出一个既可以垂直平移又可以旋转的双自由度结构。结构由任意形状的横截面组成，具有单自由度垂向振动（k_y）刚度、扭转（k_θ）刚度和结构垂向振动（ζ_y）黏性阻尼、扭转（ζ_θ）黏性阻尼。图 4-8 所示的双自由度模型的振动方程如附录 B 所示：

$$m\ddot{y}+2m\omega_y\zeta_y\dot{y}+S_x\ddot{\theta}+k_y y=F_y=\frac{1}{2}\rho U^2 DC_y \tag{4-39}$$

$$J_\theta\ddot{\theta}+2J_\theta\zeta_\theta\dot{\theta}+S_x\ddot{y}+k_\theta\theta=F_M=\frac{1}{2}\rho U^2 D^2 C_M \tag{4-40}$$

式中，单位长度结构的质量、惯性矩和重心的横向位置为

$$m=\int_A \mu \mathrm{d}\zeta \mathrm{d}\eta,\ \ J_\theta=\int_A(\zeta^2+\eta^2)\mu \mathrm{d}\zeta \mathrm{d}\eta,\ \ S_x=\int_A \zeta\mu \mathrm{d}\zeta \mathrm{d}\eta \tag{4-41}$$

其中，μ 是结构的密度，ζ 和 η 是固定在横截面上的坐标，m 是单位长度结构的质量，S_y/m 是从弹性轴测得的重心横向位置，J_θ 是截面的极惯性矩，A 是横截面积。附加流体质量应包括在 m 和 J_θ 中（见 2.2 节）。ζ_y 和 ζ_θ 是因结构内部能量耗散产生的阻尼（见 8 章）。

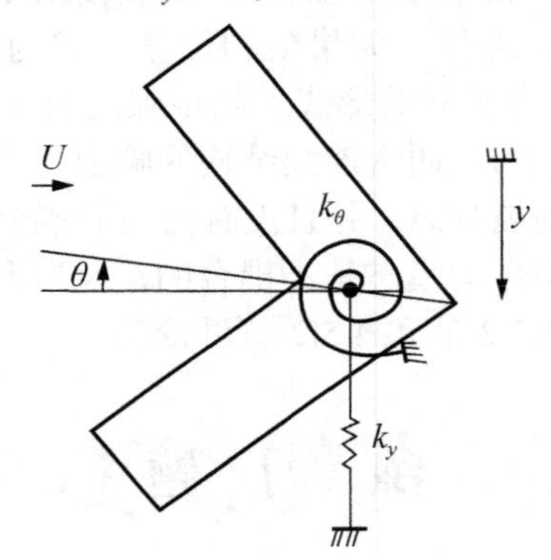

图 4-8　弹性支撑的双自由度非耦合的角截面

迎角受截面的扭转和垂向振动的影响。对于小角度，迎角为

$$\alpha=\theta-\frac{R\dot{\theta}}{U}+\frac{\dot{y}}{U} \tag{4-42}$$

式中，α 是扭转和单自由度垂向振动的函数。双自由度的振动是通过迎角在空气动力上耦合的，并将 S_x 项进行惯性耦合，因此单自由度的垂向振动会引起扭转。反之亦然。如果系统的两个固有频率分离得好，可以使用附录 B 中讨论的主坐标来实现系统的惯性解耦。系统固有频率由式（B-17）给出。对于这种情况，初始不稳定的计算为

$$U=\min\begin{cases}\dfrac{-4m\zeta_y\omega_y-4c_2^2J_\theta\zeta_\theta\omega_\theta}{\rho D(Rc_2+1)(c_2D\,\partial C_M/\partial\alpha-\partial C_y/\partial\alpha)}\\[2ex]\dfrac{-4c_1^2m\zeta_y\omega_y-4J_\theta\zeta_\theta\omega_\theta}{\rho D(R+c_1)(-c_1\,\partial C_y/\partial\alpha+D\partial C_M/\partial\alpha)}\end{cases} \tag{4-43}$$

随着惯性耦合（S_x）的减小，耦合项 c_1 和 c_2 ［式（B-19）］接近零，耦合的不稳定性［式（4-43）］变为单自由度垂向振动和扭转振动的形式［式（4-16）和式（4-23）］。

Blevins 等（1975）研究了惯性耦合为零（$S_x = 0$），但扭转和单自由度垂向振动固有频率接近的问题。他们使用三次幂拟合非线性系数，$C_y = a_1\alpha + a_3\alpha^3$ 和 $C_M = b_1\alpha + b_3\alpha^3$（图 4-9）。结果表明，根据扭转和单自由度垂向振动的固有频率比，获得的解可分为两类。

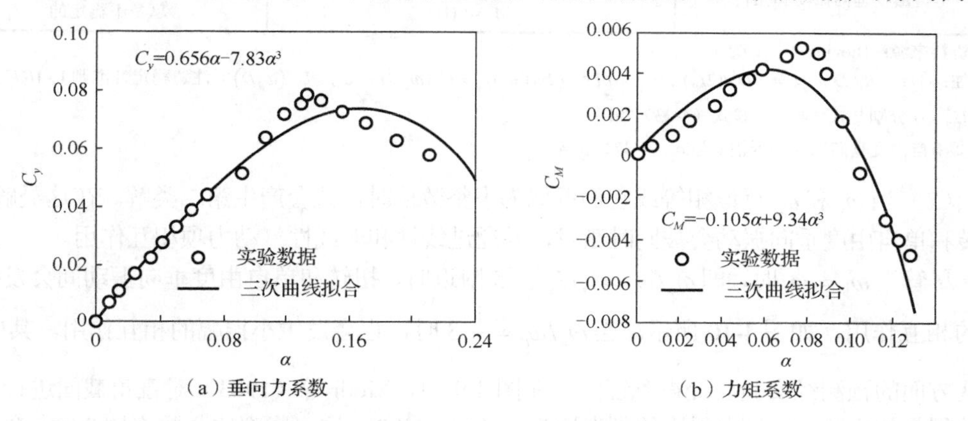

图 4-9　直角截面的垂向力系数和力矩系数（Slater，1969）

（1）当 ω_y 和 ω_θ 近似不相等或成小整数比时，即当 $i\omega_y$ 不等于 $j\omega_\theta$ 时（i 和 j 是小整数，$1,2,3,\cdots$）第一类解是有效的。这些非耦合解的稳定性可用两个具有相同形式的无量纲参数［Novak（1969）使用的］得到明确的表达［式（4-38）]:

$$U_y^* = \frac{\rho D^2}{4m}\frac{U}{\omega_y D}\frac{a_1}{\zeta_y},\quad U_\theta^* = \frac{\rho D^4}{4J_\theta}\frac{U}{\omega_\theta D}\frac{R}{D}\frac{b_1}{\zeta_\theta} \tag{4-44}$$

式中，U_y^* 是纯单自由度垂向振动的截面时空气动力与阻尼力线性成分的比；U_θ^* 是纯扭转截面时空气动力与阻尼力线性成分的比。它们的解见表 4-4，这些解可以分别用无扭转、单自由度垂向振动的稳定振幅 A_y，有扭转、无单自由度垂向振动的稳定振幅 A_θ 和零解 $y = \theta = 0$ 来描述。

表 4-4　$\omega_y / \omega_\theta = \frac{1}{3}, 1$ 或 $3 + O(\zeta)$① 情况下跳跃振动的响应

解的性质	稳定响应的振幅	稳定性准则
平衡	$A_y = 0$	$1 - \frac{1}{U_y^*} < 0$
	$A_\theta = 0$	$1 - \frac{1}{U_\theta^*} < 0$
单自由度垂向振动②	$\frac{A_y}{D} = \left[-\frac{4U_y}{3a_3}\left(a_1 U_y - \frac{2\xi_y}{n_y}\right)\right]^{1/2}$	$1 - \frac{1}{U_y^*} > 0$
	$A_\theta = 0$	$2\frac{b_3 a_1}{a_3 b_1}\left(1 - \frac{1}{U_\theta^*}\right) > 1 - \frac{1}{U_\theta^*}$
扭转	$A_y = 0$	$1 - \frac{1}{U_\theta^*} > 0$
	$A_\theta = \left[-\frac{4U_\theta}{3b_3}\left(\frac{b_1 r U_\theta - 2\xi_\theta / n_\theta}{r^3 + rU_\theta^2}\right)\right]^{1/2}$	$2\frac{b_1 a_3}{b_3 a_1}\left(1 - \frac{1}{U_\theta^*}\right) > 1 - \frac{1}{U_y^*}$

续表

解的性质	稳定响应振幅	稳定性准则
单自由度垂向振动和扭转	$A_y = 0(1)$ $A_\theta = 0(1)$	对于 $a_3 < 0, rb_3 < 0$ 来说总是不稳定的

资料来源：Blevins 等（1975）。

注：① $r = R/D$；$n_\theta = \rho D^4/(2I_\theta)$；$n_y = pD^2/(2m)$；$U_y = U/(\omega_y D)$；$U_\theta = U/(\omega_\theta D)$。注意稳定性准则 $1-1/U_y^* < 0$ 和 $1-1/U_\theta^* < 0$ 分别与式（4-16）和式（4-23）相同。

②单自由度垂向振动的振幅 y 与式（4-37）相同。

（2）当 ω_y 和 ω_θ 近似相等或它们近似为小整数倍时，就会产生第二类解。在这类解中，扭转和单自由度垂向振动会被同时激发，并通过线性和非线性气动力项相互作用。

尽管当 $\omega_y \simeq \omega_\theta$ 时，即 $\omega_y/\omega_\theta \simeq 1, U_y$ 在 5 附近时，扭转和单自由度垂向振动间会发生最强的相互作用，如图 4-10 所示。当 $\omega_y/\omega_\theta \simeq \frac{1}{3}, 3$ 时，也会发生小振幅的相互作用。其中的某些方面的预测经实验已经得到证实。在图 4-9 中，Modi 等（1983）对直角截面进行了无惯性耦合的实验。实验中采用的频率比为 $\omega_y/\omega_\theta = 2.92$。这一频率比与频率比 3.0 完全不同[即 2.92 与 3.0 的差别在于超过了轻阻尼振子的带宽。见式（8-39）]，因此一定不会发生扭转-垂向振动的相互作用（Blevins et al.，1975）。Modi 等（1983）发现直角截面的响应要么是非耦合扭转引起的，要么是非耦合的单自由度垂向振动引起的，这也证实了上述观点。他们还发现扭转与涡旋脱落会产生强耦合，这将在下一节中讨论。这种扭转-单自由度垂向振动耦合的不稳定与飞机结构中出现的颤振失稳基本相同，见 4.5 节。

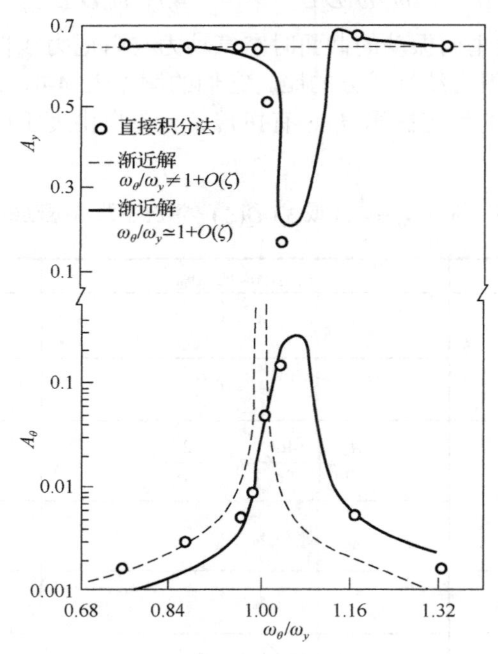

图 4-10　直角截面的标准化响应（Blevins et al.，1975）

练　习　题

1. 当$S_x = 0$时，给出式（4-43）降为非耦合的稳定准则。

4.4　涡旋脱落、湍流和跳跃振动

前面所概述的跳跃振动理论的主要局限性是假定气动系数仅随迎角变化，但经验表明，气动系数也受湍流和涡旋脱落的影响。

Nakamura 等（1982）、Novak 等（1974）、Laneville 等（1971）发现，平均流中的湍流既可以减少也可以增加钝体截面跳跃振动的不稳定性。作为湍流影响的一个例子，考虑 D 形截面，平面进入气流所致的跳跃振动问题。D 形与覆冰电缆的外形相似，在自然风条件下模拟装有 D 形整流罩的电缆的跳跃振动（Novak et al.，1974 年）。在光滑湍流中$Re = 10^5$时垂向力系数 C_y 随角度变化的斜率如图 4-11 所示，其中 C_y 是矩形截面长高比的函数。在光滑流动中，D 形截面在$0° < \alpha < 30°$范围内是稳定的。在湍流中，该截面具有初始中性的稳定性，但在$\alpha = 11°$时变得不稳定，并且振动可由速度较低的初始扰动激发，如图 4-12 所示。

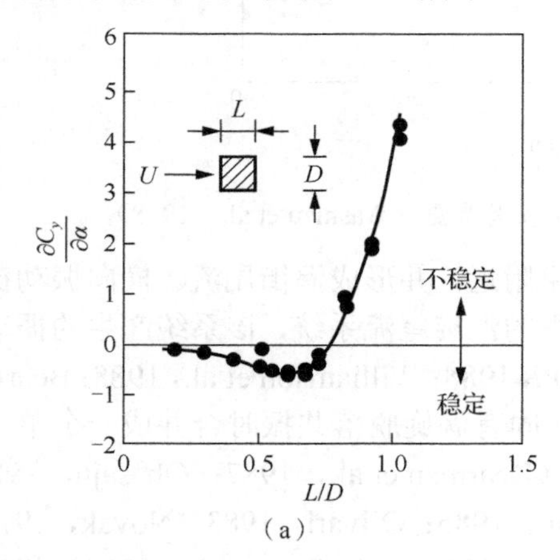

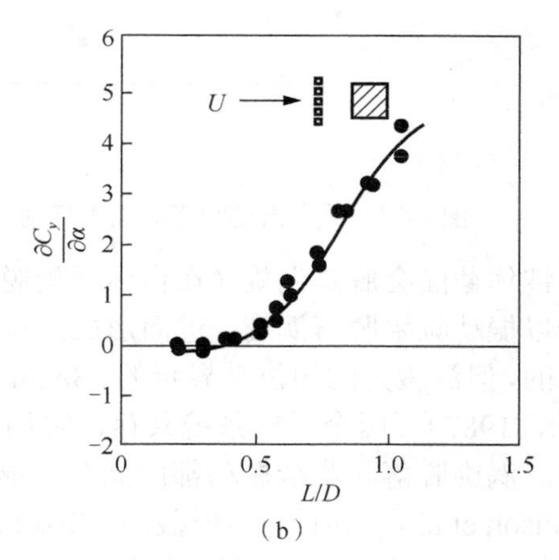

图 4-11　光滑湍流中垂向力系数斜率的实验结果（Nakamura et al.，1977）

跳跃振动理论［式（4-1）］中使用的准稳定性假设要求涡旋脱落频率［式（3-2）］远高于固有频率，因此流体对任何结构振动都会做出快速响应。（Novak et al.，1974；Parkinson，1971）。从方形和矩形截面强迫振动的测量中，Washizu 等（1978）、Bearman 等（1987）和 Otauki 等（1974）得出的结论是：应用准静态理论时，约化速度［$U/(f_n D)$，

D是截面高度，f_n是单自由度垂向振动的固有频率］必须超过20且振幅不能超过(0.1～0.2) D（图4-13）。

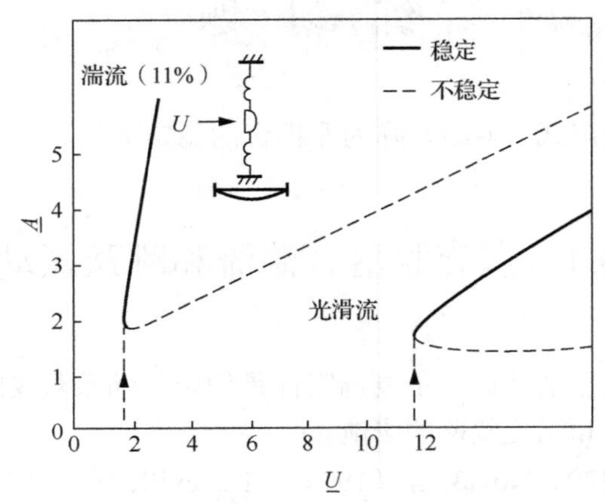

图4-12　光滑湍流中D形截面的跳跃振动的响应曲线（Novak et al.，1974）

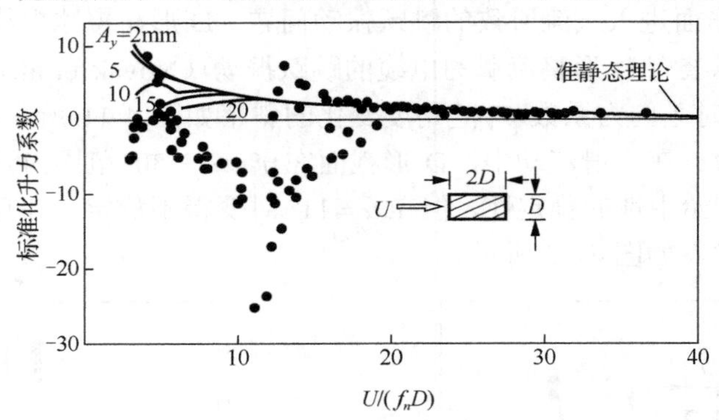

图4-13　垂向振荡矩形截面上气动力系数的实验数据（Washizu et al.，1978）

钝体截面会脱落涡旋（在自然涡旋脱落频率附近）并形成涡街尾流。横向振动截面也会以振动频率脱落涡旋，进而形成二次有组织的涡旋尾流系统，该系统产生的振动是同步的，但涡激力的相位是异步的（Bearman et al.，1988；Williamson et al.，1988；Bearman et al.，1987）。两个涡旋系统共存，它们可以在固有涡旋脱落共振时合并成一个单一的系统。涡旋脱落和跳跃振动都能激发方形截面（Bearman et al.，1987；Obasaju，1983；Parkinson et al.，1981）、矩形截面（Bokaian et al.，1985；Olivari，1983；Novak，1971）、角截面（Modi et al.，1983）、桥面（Konishi et al.，1980；Wardlaw et al.，1970）和失速机翼（Zaman et al.，1989）等结构的振动。在涡旋共振附近这些结构对涡旋脱落做出响应，即$U/(f_nD)\approx 5$；在较高的约化速度下，经典的跳跃振动发生在$U/(f_nD)>20$。初始跳跃振动通过降低阻尼使其进入或低于涡旋脱落的共振区。然而，跳跃振动理论的预报能力在较低约化速度时变得相对较差，因为迎角变化引起的准静力被不稳定的、相等或近似频率的涡激励所掩盖。

跳跃振动和涡旋脱落也会诱导扭转振动。例如，图 4-14 中的角截面清楚地显示了涡致扭转振动和有限失稳的振幅（可能被认为是跳跃振动）。悬索桥板尤其容易遭受风致扭转振动（Steinman et al.，1957；American Society of Civil Engineers，1972，1955。见 3.7 节）。关于塔科马海峡大桥的模型实验结果清楚地表明，大振幅振动开始时，涡旋脱落频率等于固有频率。振幅的逐渐增大暗示了失稳（图 4-15）。

涡旋脱落可能提供了强振子跳跃振动所需的初始振幅，然后突变截面的扭转与涡旋脱落同步，并且随涡旋脱落振幅的增加而增加（Nakamura et al.，1986；Shiraishi et al.，1983；Scanlan，1971）。

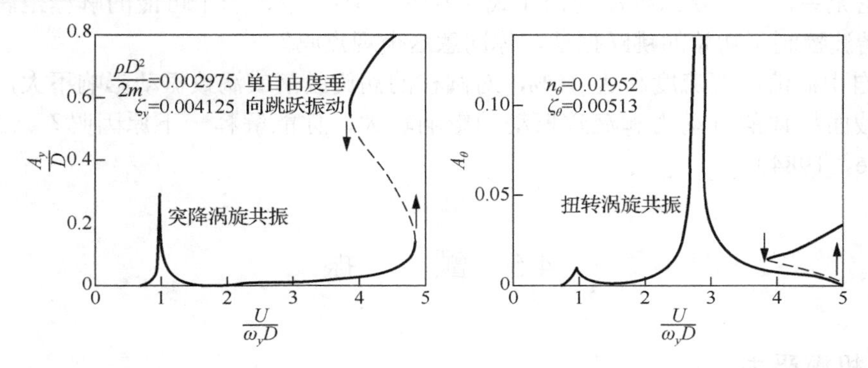

图 4-14　角截面的位移、扭转跳跃振动和涡致振动的组合（Modi et al.，1983；Slater，1969）

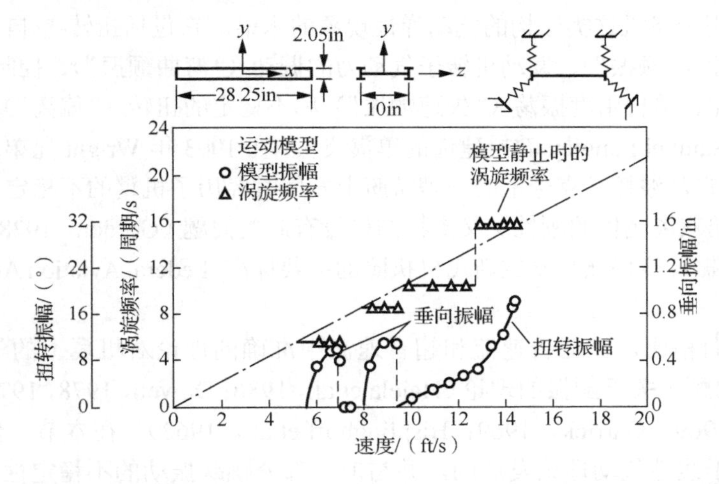

图 4-15　塔科马海峡大桥弹簧支撑的模型实验结果（American Society of Civil Engineers，1972）

为了考虑非稳定的、耦合的涡旋效应对非圆形截面的影响，最可靠的方法是根据模型或类似结构的试验进行换算。美国土木工程师协会悬索结构工作队建议（American Society of Civil Engineers，1977），当没有足够的信息确保稳定性时，要做缩尺比的风洞试验以确保结构足够的安全。比尺模型实验在第 1 章和 7.4.3 节进行了讨论。大量的气弹性的风洞模型测试由 Reinhold（1980）和 Naudascher 等（1980）给出，另见 3.7 节。

练 习 题

1. 弹簧支撑的建筑模型的响应见图 1-3，描述了影响响应的三种现象。利用第 3 章所建立的涡旋脱落响应模型，预测 $U/(f_nD)=5$ 附近的涡旋脱落响应。利用跳跃振动原理，用 $\partial C_y/\partial\alpha=2.3$ 预测低阻尼下的跳跃振动的响应。在 $U/(f_nD)=12$ 附近跳跃振动的开始似乎与阻尼无关，这与跳跃振动理论［式（4-16）］不一致，一个可能的解释是涡旋脱落的三次谐波控制了初始的跳跃振动，你同意这个观点吗？

2. 自由湍流的湍流度高达 10%，对圆柱的涡旋脱落或涡致振动影响不大，但湍流对矩形截面柱体的气动力和流致振动的影响较大，你能解释一下原因吗？（3.2 节。Gartshore，1984）

4.5 颤　振

4.5.1 机翼受力

颤振是应用于飞机这类结构的气动弹性现象的术语。它包括扭转-单自由度垂向振动耦合的不稳定性（“颤振”）、发动机转子气动力的振动（“弯曲颤振”）、控制反转、抖振、动态载荷再分配、单自由度振荡（“失速颤振”）和不稳定的扭转（“偏离”）。第一架发生颤振的飞机是 Samuel Langley 教授建造的单翼飞机，在 1903 年 Wright 兄弟的第一次动力飞行前 10 天，它从波托马克号上的一艘游艇上发射时经历了机翼的不稳定扭转偏离。

Wright 兄弟双翼飞机的刚性交叉支撑结构没有此类问题（Gordon，1978；Bisplinghoff et al.，1955）。颤振程度仍然是发放新飞机执照的主要标准（Federal Aviation Administration，1985）。

与钝体截面相比，在亚音速流和超音速流中准确的理论对机翼上的气动力是有效的。很多书中回顾了关于颤振的理论（Hajela et al.，1986；Dowell，1978，1974；Forsching，1974；Fung，1969；Garrick，1969；Bisplinghoff et al.，1962）。在本节，偏离和颤振的基本原理是基于线性气动理论发展的，并与前一部分跳跃振动的不稳定性进行了对比。

考虑弹簧支撑的翼形截面（图 4-16），这个双自由度弹簧支撑的模型代表了一个具有一个单弯曲和一个单扭转模态的机翼。本部分的振动方程在附录 B 中给出：

$$m\ddot{y}+2m\omega_y\zeta_y\dot{y}+S_x\ddot{\theta}+k_y y=F_y' \tag{4-45}$$

$$J_\theta\ddot{\theta}+2J_\theta\zeta_\theta\dot{\theta}+S_x\ddot{y}+k_\theta\theta=F_\theta' \tag{4-46}$$

式中，y 是弹性轴上的垂向位移，向下为正；F_y' 是弹性轴上展向单位长度的垂向力，向下为正；θ 是扭转角，顺时针为正；F_θ' 是单位长度翼形的气动力矩，顺时针为正；k_y 和 k_θ 为展向单位长度的弹簧常数；ζ_y 和 ζ_θ 为阻尼系数。

弹性轴，有时也称为剪切中心、弯曲中心或扭转中心，是垂向静力产生位移但不产生扭转的点（Timoshenko et al.，1951）。由于质心一般不与弹性轴重合，这两个算式是通过 S_x［式（4-41），附录 B］进行惯性耦合的，S_x 是通过 m 乘以弹性轴后质心的横向位移得到的。

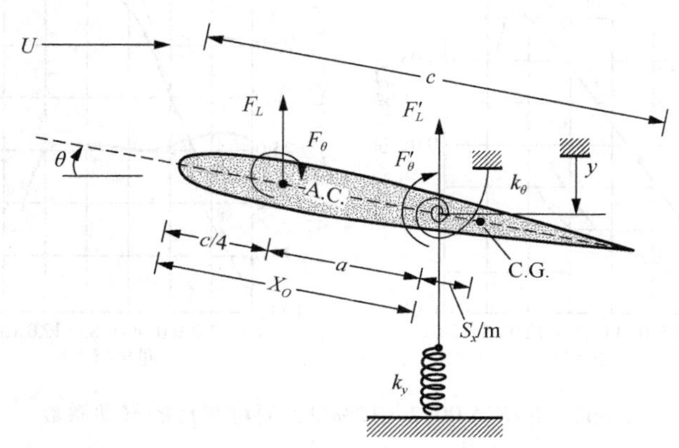

图 4-16　垂向和扭转弹簧支撑的二维翼形截面（A.C.是气动中心，C.G.是质心）

展向单位长度质量 m 和关于展向单位长度的弹性轴的惯性矩 J_θ 都包含附加质量（见 2.2 节）。对于相同翼形和翼弦（表 2-2）来说，这两个参数大致相同，$m_a=\rho\pi c^2/4$，$J_a=\rho\pi c^4/128$，式中，ρ 是空气密度；c 是翼形的弦长，即前缘和后缘之间的距离；J_a 是通过在前缘和后缘中间的一个附近点计算得来的。典型的空气附加质量是飞机机翼质量的 20%（见 4.7 节）。

机翼上的升力 F_L、阻力 F_D 和单位翼展力矩 F_θ 用升力系数 C_L、阻力系数 C_D 和力矩系数 C_M 表示：

$$F_L=\frac{1}{2}\rho U^2 cC_L,\quad F_D=\frac{1}{2}\rho U^2 cC_D,\quad F_\theta=\frac{1}{2}\rho U^2 c^2 C_M \tag{4-47}$$

式中，U 是自由流速度；c 是翼形的弦长。翼形的升力系数、阻力系数和力矩系数是翼形轴与气流之间迎角 α 以及风的雷诺比的函数（Abbott et al.，1959）。

图 4-17 显示了翼形的典型升力系数、阻力系数和力矩系数。力矩系数参考 1/4 弦点（Miley，1982）。这里，在最大升力范围内升力系数是迎角的线性函数，且阻力系数和力矩系数在此区间非常小。对于迎角约 ±8°时，大多数翼形的系数如下：

$$\begin{aligned}C_L&=2\pi\sin\alpha\\C_D&=0.01\text{量级}\\C_M&=0.01\text{量级}\end{aligned}\tag{4-48}$$

阻力系数和力矩系数取决于翼形，但升力系数和斜率几乎不依赖于迎角小于 8°的翼形。在大迎角下，气流从翼形后部分离，随后升力下降阻力急剧增加。这种情况在航空中称为失速。在钝体的空气动力学中，它也称为分离。

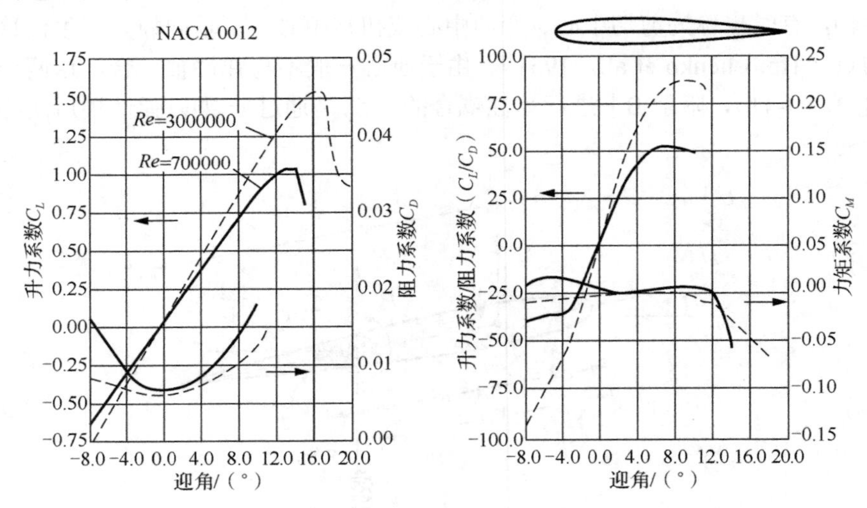

图 4-17 NACA 0012（12%厚）对称翼形的气动系数

机翼上的净垂向力是垂直面上升力和阻力的矢量和［图 4-1，式（4-5）和式（4-6）］。然而，在小迎角时，升力远大于阻力［式（4-48）］，因此垂向力几乎是由升力引起的（这对钝体截面是不正确的）。

$$F_y'=F_y\approx -F_L \tag{4-49}$$

负号的出现是因为升力是向上为正，垂向振动是向下为正。按习惯，翼形上的气动力矩的作用点通常是参考气动中心，即气动力矩最小处的点；它通常是在前缘到后缘距离的 1/4 处。弹性轴上的力矩是气动中心的力矩及气动中心与弹性轴之间的偏移（a）引起的力矩之和：

$$F_\theta'=F_\theta+aF_L\approx aF_L \tag{4-50}$$

因为气动中心的力矩系数很小［式（4-48）］，所以合力力矩主要由升力决定。如果气动中心（在 1/4 弦点，见图 4-16）在弹性轴的前方，a为正，否则为负。

练　习　题

1. 参看并对比颤振［式（4-47）、式（4-59）和式（4-60）］和跳跃振动，分析（式（4-2）、式（4-3）和式（4-6）中有关气动力的假设。跳跃振动分析可应用于翼形上吗？翼形分析可用于钝体截面上吗？

4.5.2 颤振的稳定性

1. 静稳定性偏离

考虑弹簧支撑的翼形对稳定空气动力的响应的问题（图 4-16）。忽略所有的时间导数项$(\dot{})$，结合式（4-47）～式（4-50），式（4-45）和式（4-46）稳定振动方程变为

$$k_y y = -\frac{1}{2}\rho U^2 c(2\pi \sin\alpha), \quad k_\theta \theta = \frac{1}{2}\rho U^2 ca(2\pi \sin\alpha) \tag{4-51}$$

对于稳定分析，迎角等于扭转角时，如果我们将两个角都参考为零升力角，则$\alpha=\theta$。利用这一准则，并结合小迎角近似，$\sin\alpha=\alpha$给出了扭转和单自由度垂向振动时小扰动的稳定解：

$$y = -\frac{\pi\rho U^2 c\theta}{k_y}, \quad (k_\theta - \rho U^2 ca\pi)\theta = 0 \tag{4-52}$$

如果小括号中的数值$(k_\theta - \rho U^2 ca\pi)$为正数，则平衡解$y=\theta=0$是稳定的，因此扭转气动力力矩可用扭转弹簧来控制。如果流速增加到某点，此点是式（4-52）中括号内的量降至零的点，则任何轻微扰动将导致较大的扭转变形。这种情况称为偏离。发生偏离的速度为

$$U_{临界} = \left(\frac{k_\theta}{\pi\rho ca}\right)^{1/2} \tag{4-53}$$

式中，k_θ是展向单位长度的扭转弹簧常数，即机翼的扭转弹簧常数除以机翼展距。

在设计中增加足够的刚度可防止偏离［式（4-53）］。早期两翼飞机的交叉支撑防止了机翼的偏离（Gordon，1978）。阻止偏离的另一种方法是将弹性轴移到气动中心，使距离a（图 4-16）为负，气动力矩有助于增加弹簧扭转力矩。这就是在风筝和飞机尾部放有尾翼的原因。

如果机翼或飞机是自由的，即$k_\theta=0$，那么偏离稳定的适当力臂（a）应是气动中心到重心之间的距离。稳定性可以通过将重心移到气动中心的前方来实现，方法是增加机头质量，或者通过增加尾翼使得重力中心移到气动中心的后方。例如：原始人在长矛上放石头，在箭尾加上羽毛，实现了偏离稳定的目的。这也被称为方向稳定性。

2. 单自由度动态稳定——失速颤振

这里，我们将研究翼形在垂向振动和扭转振动中的单自由度动态稳定。结合垂向力系数［式（4-6）～式（4-9）］和准静态空气动力学理论，在小迎角、无扭转时，描述垂向动态稳定性的振动方程［式（4-45）］（$\theta=0$）为

$$m\ddot{y} + 2m\zeta_y\omega_y\dot{y} + k_y y = -\frac{1}{2}\rho Uc\left(\frac{\partial C_L}{\partial\alpha} + C_D\right)_{\alpha=0}\dot{y} \tag{4-54}$$

如果方程右侧括号中的数值为正数，则由单自由度垂向振动引起的气动力分量将担任稳定气动阻尼：

$$\frac{\partial C_L}{\partial \alpha}+C_D>0, \quad 稳定时 \tag{4-55}$$

小迎角时，$\partial C_L/\partial\alpha=2\pi$ 且 $C_D>0$［式（4-48）］，翼形在垂向振动时是稳定的。然而，如果迎角超过约±8°，机翼失速（图 4-17）；升力随着迎角的增大而减小，$\partial C_L/\partial\alpha<0$，不满足式（4-55），并且可能发生称为失速颤振的不稳定。失速颤振需要初始振幅来激发不稳定或打破平衡位置，从而机翼发生初始失速（Fung，1969；Sisto，1953）。失速颤振与强振子形式的跳跃振动相同（见图 4-7 中间两图）。

考虑在小迎角下、无单自由度垂向振动的扭转，如 4.2.2 节所述，非稳定的气动力在扭转稳定性中起着重要作用。Fung（1969）对小迎角翼形上扭转力提出了一个合适的准静态模型。随着 Fung 的准静态力的提出，扭转振动方程［式（4-46），$y=0$］变为

$$J_\theta\ddot{\theta}+2J_\theta\zeta_\theta\dot{\theta}+k_\theta\theta=\frac{1}{2}\rho U^2c^2\left(\frac{x_o}{c}-\frac{1}{4}\right)\frac{\partial C_L}{\partial\alpha}\theta-\frac{1}{2}\rho Uc^3\left[\frac{\pi}{8}+\left(\frac{x_o}{c}-\frac{1}{4}\right)\left(\frac{x_o}{c}-\frac{3}{4}\right)\right]\dot{\theta} \tag{4-56}$$

式中，x_o 是前缘到弹性轴的距离（图 4-16）。$x_o-c/4$ 是弹性轴与气动中心之间的距离，$3c/4-x_o$ 是弹性轴与 3/4 弦点之间的距离。由于方括号中的数值总是正的，与角速度成比例的气动力矩提供了气动阻尼。因此，翼形在扭转时是动态稳定的，但如果速度超过偏离速度，扭转时机翼是静态不稳定的［式（4-53）］。

3. 扭转-单自由度垂向振动耦合失稳——颤振

如果大位移诱发了机翼失速，翼形在垂向的振动会变成动态失稳；如果速度超过偏离的开始速度，翼形会发生扭转的静态失稳。翼形也可能在扭转-单自由度垂向振动的模式（称经典颤振）下变得失稳。

利用单自由度垂向和扭转振动的耦合式［式（4-45）和式（4-46）］对气动垂向力和力矩的线性模型进行颤振分析。使用稳定的气动力理论分析，扭转角等于迎角（$\alpha=\theta$）时，由升力产生垂向的气动力［式（4-49）］为

$$F_y=-F_L=-\frac{1}{2}\rho U^2c\left[C_L\big|_{\alpha=0}+\frac{\partial C_L}{\partial\alpha}\bigg|_{\alpha=0}\theta+O(\alpha^2)\right] \tag{4-57}$$

使用式（4-50），忽略阻尼系数（$\zeta_y=\zeta_\theta=0$）和平均变形，将这个力应用到式（4-45）和式（4-46）中，得到了耦合扭转和单自由度垂向振动的线性方程：

$$m\ddot{y}+S_x\ddot{\theta}+k_yy=-\frac{1}{2}\rho U^2c\left(\frac{\partial C_L}{\partial\alpha}\right)\theta \tag{4-58}$$

$$J_\theta\ddot{\theta}+S_x\ddot{y}+k_\theta\theta=\frac{1}{2}\rho U^2ca\left(\frac{\partial C_L}{\partial\alpha}\right)\theta \tag{4-59}$$

通过假设 y 和 θ 是小扰动，在平衡位置 $y=\theta=0$ 时，出现了不稳定的开端：

$$y=A_y\mathrm{e}^{\lambda t} \tag{4-60}$$

$$\theta=A_\theta\mathrm{e}^{\lambda t} \tag{4-61}$$

式中，λ、A_y 和 A_θ 是常数；t 是时间。将该解的形式代入式（4-58）和式（4-59），给

出如下矩阵形式：

$$\begin{bmatrix} m\lambda^2 + k_y & S_x\lambda^2 + \frac{1}{2}\rho U^2 c(\partial C_L/\partial\alpha) \\ S_x\lambda^2 & J_\theta\lambda^2 + k_\theta - \frac{1}{2}\rho U^2 ca(\partial C_L/\partial\alpha) \end{bmatrix} \begin{Bmatrix} A_y \\ A_\theta \end{Bmatrix} = 0 \tag{4-62}$$

只有当左侧系数矩阵的行列式为零时，才有非零解（Bellman，1970）。设行列式为零，给出一个λ的稳定多项式：

$$C_0\lambda^4 + C_2\lambda^2 + C_4 = 0 \tag{4-63}$$

式中，多项式的系数是

$$\begin{aligned} C_0 &= mJ_\theta - S_x^2 \\ C_2 &= m\left[k_\theta - \frac{1}{2}\rho U^2 ca\left(\frac{\partial C_L}{\partial\alpha}\right)\right] + k_y J_\theta - \frac{1}{2}\rho U^2 c\left(\frac{\partial C_L}{\partial\alpha}\right)S_x \\ C_4 &= k_y\left[k_\theta - \frac{1}{2}\rho U^2 ca\left(\frac{\partial C_L}{\partial\alpha}\right)\right] \end{aligned} \tag{4-64}$$

并有一个关于λ的精确解：

$$\lambda = \pm\left[\frac{-C_2 \pm (C_2^2 - 4C_0C_4)^{1/2}}{2C_0}\right]^{1/2} \tag{4-65}$$

式（4-63）有四个根，一些根会很复杂。它们的符号取决于系数$C_0,\cdots,C_4$的符号和大小。因$J_\theta \geqslant S_x^2/m$（附录 B），$C_0$总是正的。对于速度低于偏离的开始速度时，$C_4$始终为正。在颤振分析中，只有$C_2$［式（4-53）］为正时才有结果。如果$\lambda$的实部为负，则小扰动将随着时间的推移而减弱，平衡解$y=\theta=0$将保持稳定。如果λ的实部为正，扰动会随着时间增大。我们可以采用速度或其他参数作为函数用数值方法进行预报，依据稳定准则［$\mathrm{Re}(\lambda)=0$］确定颤振失稳的初始条件。

Pines（1958）、Dowell 等（1978）求解了式（4-65）中$\lambda=0$时产生颤振的速度：

$$\frac{1}{2}\rho U^2\Big|_{颤振} = \frac{-E \pm (E^2 - 4DF)^{1/2}}{2D} \tag{4-66}$$

式中，

$$\begin{aligned} &D = \left[(ma + S_x)c\frac{\partial C_L}{\partial\alpha}\right]^2, \quad F = (mk_\theta + k_y J_\theta)^2 - 4(mJ_\theta - S_x^2)k_y k_\theta \\ &E = [-2(ma + S_x)(mk_\theta + k_y J_\theta) + 4(mJ_\theta - S_x^2)ak_y]c\frac{\partial C_L}{\partial\alpha} \end{aligned} \tag{4-67}$$

式（4-66）有两个值。发生颤振时，方程中的值至少有一个必须是正实数。如果两者都是正实数，颤振则发生在正实数较小处。如果两者都不是正实数，则不会发生颤振。如图 4-18 所示，升力给垂向振动（弯曲）和扭转滞后 90°的扭转振动输入能量（Dat，1971），因此颤振是扭转模态和垂向模态在振幅相位上的叠加，其相位和振幅是从流体中提取能量。可以看出，任意一个单独作用的模态都是稳定的。在颤振开始时，扭转和单自由度垂向振动振型的固有频率联合起来形成了一个单一频率的耦合模态，这个模态没有流体流动时是不会存在的。

图 4-18　扭转-单自由度垂向振动的颤振模态

颤振的速度取决于气动中心、弹性中心和质心之间的几何关系。防止颤振的一种方法是将重心移到弹性轴上，以使垂向模态和扭转模态不是惯性耦合的，这就是质量平衡。当质心在弹性轴的正前方时，也不发生颤振，$S_x \leqslant 0$（Pines，1958）。偏离和颤振的这一关系和其他因素的关系在表 4-5 中给出。

表 4-5　小迎角翼形机翼颤振和偏离对几何结构和质量的敏感性

	重心在弹性轴后方	重心在弹性轴前方
弹性轴前方的气动中心	颤振	不颤振
	偏离[①]	偏离
弹性轴后方的气动中心	颤振	不颤振
	不偏离	不偏离

注：①这个几何结构在图 4-16 中给出。

式（4-57）～式（4-67）中使用的颤振分析是基于稳定空气动力学理论，即扭转角等于迎角 $(\alpha=\theta)$。机翼速度对瞬时迎角的影响可通过准静态分析法来近似：$\alpha=\theta+\dot{y}/U+R\dot{\theta}/U$［式（4-42）和式（4-56）；Fung，1969］。更先进的理论包括翼形运动和施力之间的时间延迟效应（Fung，1969；Garrick，1969；Theodorsen，1935）。时间延迟与小迎角环流的增长和大迎角涡旋的形成有关（Naumowicz et al.，1989；Zaman et al.，1989；Ericsson et al.，1988），见 4.4 节。

Venkatesan 等（1986）和 Dowell 等（1978）讨论了颤振理论的研究进展。颤振实验方面的内容在《颤振测试技术》（NASA-SP-415，1976）和 Ghiringhelli 等（1987）文献中给出。Ostroff 等（1982）和 Murthy（1979）讨论了通过主动控制来抑制颤振。Dowell 等（1988）考虑了颤振中的非线性效应。Reed（1966）回顾了弯曲颤振。

练　习　题

1. 根据式（4-45）和式（4-46），推导式（4-62）～式（4-65）。

2. 清晰地解释颤振、跳跃振动和涡致振动之间的区别。

3. 弦长为 6ft（2m）的翼形的弹性轴位于前缘和后缘的中间。单位长度的扭转弹簧常数为 $k_\theta = 1100\text{ft}\cdot\text{lb/(rad}\cdot\text{ft)}$［$4892\text{N}\cdot\text{m/(rad}\cdot\text{m)}$］。空气密度为 0.075lb/ft^3（1.2kg/m^3）。

偏离的开始速度是多少？

4. 使用附录 B 中提到的程序，以表 4-6 中的参数作为依据验证表 4-5。

4.6　跳跃振动和颤振的抑制

我们要采用 Den Hartog 的稳定性准则［由式（4-16）、式（4-34）、式（4-43）、式（4-53）和式（4-66）所给出］确保结构不落在动力不稳定区，来防止发生严重的跳跃振动和颤振。抑制方法可以通过以下方式实现。

1. 稳定的空气动力云图

如果气动力系数的斜率是稳定的（图 4-2），则钝体结构是稳定的，至少在小振幅下是稳定的。覆冰电缆的不稳定性可以通过电阻加热融冰而变为稳定的圆形截面。表 4-1 和图 4-11 显示迎风面窄的矩形比迎风面宽的矩形更稳定，尽管两者都可能遇到扭转的不稳定性（图 3-23 和图 4-15）。表 4-5 表明，移动气动中心到弹性中心后部可以增强小迎角下机翼的稳定性，这可以通过增加尾部结构来实现。由于耦合振动模式和多个风向的原因，使建筑物和桥梁的气动稳定性达到最佳状态是困难的。Scanlan（1971）指出，显然不可能建造一个经济实用、完全没有跳跃振动或涡致振动的桥面。许多悬索桥，包括旧金山金门大桥，都是以相对狭窄的桥面宽度使桥更稳定，参见 3.7 节和 Tanaka 等（1983）的文献。

2. 刚度或质量

跳跃振动［式（4-16）、式（4-23）或式（4-43）］和颤振的开始速度随刚度和质量的平方根以及初始颤振速度的增加而增加，其他影响是等价的，

$$U_{临界} \sim m^{1/2}k^{1/2} \tag{4-68}$$

因此，增加刚度或质量都会增加稳定性。增加结构构件的厚度会增加这两个量，这是增加稳定性非常有效的方法。塔科马海峡大桥（取代了 1940 年在风作用下破坏的桥）比原桥重 50%，采用了比原桥高四倍的桁架，并且没有显示出失稳的趋势（Steinman et al., 1957）。增加刚度可以将结构振动频率移动到涡致共振频率之上（见 3.6 节）。仅仅增加质量是有效的。Rowbottom（1981，1979）表明，在架空的电缆路上增加质量可以抑制跳跃振动。在机翼前端增加质量可以抑制颤振（表 4-5）。当非耦合时，如 $S_x = 0$，扭转振动和单自由度垂向振动的固有频率是相等的，对于颤振开始时临界速度是最小的。通过增加扭转频率和垂向振动频率的错开度，颤振速度可以被提高。

3. 阻尼

跳跃振动失稳的开始速度与结构阻尼成正比。电缆、桥梁和塔架的结构趋于低阻尼，可通过材料引进或结构阻尼器来提高阻尼（见 8.4 节和 8.5 节）。图 4-19（另见图 8-26）显示了两种阻尼器。图 4-19（a）中的斯托克桥阻尼器是由一根两端带有重物的钢索组

成，钢索夹在电缆上，并将其频率调到电缆的振动频率附近。它在松散的钢绞线中耗散能量，并趋向于使系统失谐（Dhotarad et al.，1978；Doocy et al.，1979）。图 4-19（b）中链条阻尼器通过与周围结构的非弹性碰撞来耗散能量。如果这些简单装置的质量约为阻尼结构质量的 5%，则这些装置是有效的。颤振相对不受阻尼影响，因为颤振的不稳定性产生于耦合模态间的相位变化，而不是单阶模态内的能量耗散。

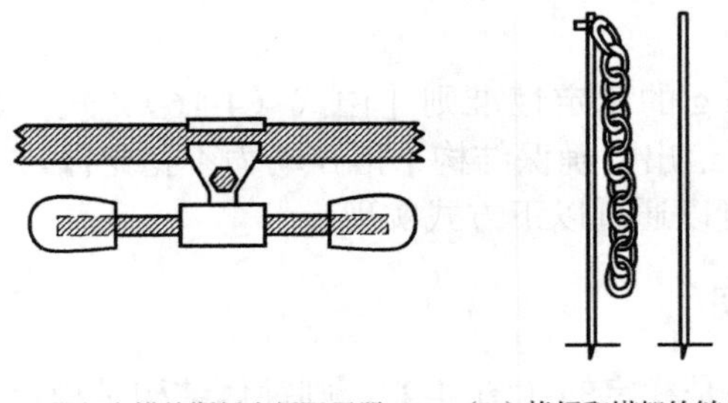

（a）电缆的斯托克桥阻尼器　　（b）桅杆和塔架的链条阻尼器

图 4-19　两种阻尼器

4.7　实例：Ryan NYP 的颤振分析

图 4-20 给出了查尔斯・林德伯格的 Ryan NYP 型圣路易斯精神号飞机（1927 年）的翼肋剖面。翼肋是沿 46ft （14m）翼展以间隔 12in （0.3m）分布的。每个机翼从机身向外延伸 21ft （6.4m）。弦长是常数，为 7ft （2.1m）。肋骨由云杉木做成，两个全长翼梁提供机翼的扭转和弯曲刚度。机翼上覆盖着涂漆蒙布。通过发展机翼的结构质量和刚度特性并应用前一节的分析，完成该机翼的颤振分析。

云杉木的密度为 0.014lb/in^3 （0.4g/cm^3），每个肋剖面（图 4-20）的质量为 0.75lb（0.34kg）。前翼梁单位长度质量为 3.36lb/ft （5kg/m），后翼梁单位长度质量为 2.18lb/ft（3.24kg/m）。蒙布单位长度质量估计为 0.5lb/ft （0.74kg/m），因此总的单位长度结构质量为 6.79lb/ft （10.1kg/m）。使用 0.075lb/ft^3 （1.2kg/m^3）的空气密度，机翼的单位长度附加质量估计为 $m_a = \rho\pi c^2/4 = 2.89$lb/ft （4.31kg/m），即单位长度总质量为 9.68lb/ft（14.4kg/m）（附加质量占总质量的 30%），如表 4-6 所示。质心在前缘之后 33.7in（0.856m）处，此质心位于导边的后部。

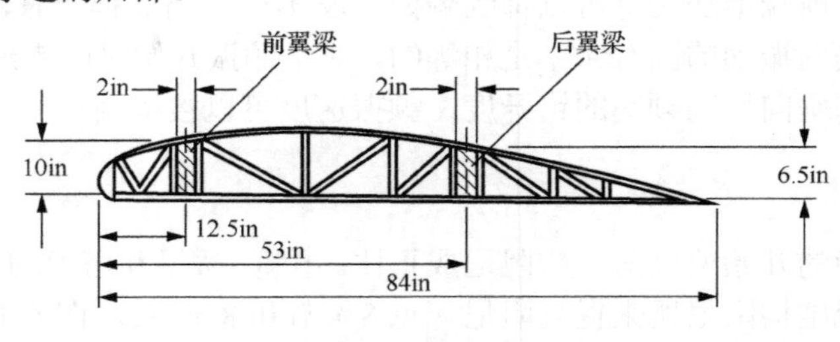

图 4-20　Ryan NYP 的翼肋剖面

表 4-6 Ryan NYP（克拉克 Y 翼）的颤振参数

参数名称	符号	美制单位	国际单位制
弦	c	84in	2.13m
翼宽	L	21ft	6.4m
纵横比	AR	6.67	6.67
升力系数斜率	$\partial C_L / \partial \alpha$	4.81	4.81
特征跨度[①]	L_c	12.6ft	3.84m
最大速度	$U_{\max}$	129mile/h	56.3m/s
空气密度	ρ	0.075lb/ft^3	1.2kg/m^3
单位跨度的结构质量	m_s	0.57lb/in	10.2kg/m
单位跨度的附加质量	m_a	0.24lb/in	4.3kg/m
单位跨度的总质量	m	0.807lb/in	14.4kg/m
导边后部气动中心距	$c/4$	21in	0.533m
导边后部弹性中心距	x_0	22.0in	0.558m
ELAS 中心前方的气动中心距	a	1.0in	0.0254m
弹性中心到后部质心 C.G.的距离	S_x / m	11.7in	0.297m
单位跨度质量极惯性矩	J_θ	$392\text{lb}\cdot\text{in}^2/\text{in}$	$4.52\text{kg}\cdot\text{m}^2/\text{m}$
L_c 处的弯曲刚度	K_y	258lb/in	$4.52\times10^4\text{N/m}$
L_c 处的扭转刚度	K_θ	$128000\text{lb}\cdot\text{in/rad}$	$1.45\times10^4\text{N}\cdot\text{m/rad}$
单位跨度的弯曲刚度	k_y	$1.02\text{lb/(in}\cdot\text{in)}$	$7033\text{N/(m}\cdot\text{m)}$
单位跨度的扭转刚度	k_θ	$507.94\text{lb}\cdot\text{in/(rad}\cdot\text{in)}$	$2259\text{N}\cdot\text{m/(rad}\cdot\text{m)}$
非耦合弯曲固有频率 f_y	$(1/2\pi)(k_y/m)^{1/2}$	3.52Hz	3.52Hz
非耦合扭转固有频率 f_θ	$(1/2\pi)(k_\theta/J_\theta)^{1/2}$	3.56Hz	3.56Hz
偏离速度［式（4-53）］	$U_{偏离}$	394ft/s	120m/s
颤振速度［式（4-66）］	$U_{颤振}$	62.5ft/s	19m/s

注：①用于计算弯曲刚度和扭转刚度的跨度。

翼梁由肋骨控制，当机翼弯曲和扭转时，翼梁发生变形。AIAA（1987）给出了由腹板连接在一起的两个矩形截面弯曲引起的弹性轴位置的表达式：

$$e = \frac{bI_2}{I_1 + I_2} = 8.82\text{in}\ \ (0.224\text{m}) \tag{4-69}$$

式中，$I_1 = 166.7\text{in}^4 (6.94\times10^{-5}\text{m}^4)$ 是前翼梁的面积惯性矩；$I_2 = 45.7\text{in}^4 (1.9\times10^{-5}\text{m}^4)$ 是后翼梁的面积惯性矩；$b = 41\text{in}$（104cm）是各梁中心之间的距离；e 是前翼梁质心的弯曲中心距。蒙布对扭转刚度的贡献很小，预计将净弯曲中心向后移动 1in 至前缘后的 22in（55.8cm）。气动中心位于 1/4 弦长处，刚好在弹性轴的前面。

机翼截面的极惯性矩是对弹性轴取矩计算的，主要考虑结构和气动构件。结构部件主要由两个翼梁和蒙布组成，以产生 $242\text{lb}\cdot\text{in}^2/\text{in}$（$2.79\text{kg}\cdot\text{m}^2/\text{m}$）的矩。附加质量的惯性矩是关于导边和尾边等距点矩 $J_a = \rho\pi c^4/128 = 53\text{lb}\cdot\text{in}^2/\text{in}$（$0.611\text{kg}\cdot\text{m}^2/\text{m}$）和关于弹性轴的 $150\text{lb}\cdot\text{in}^2/\text{in}$（$1.73\text{kg}\cdot\text{m}^2/\text{m}$）的附加质量惯性矩，由此给出了展向单位长度的总极惯性矩 $J_\theta = 392\text{lb}\cdot\text{in}^2/\text{in}$（$4.52\text{kg}\cdot\text{m}^2/\text{m}$）。

利用梁理论计算风中的扭转和弯曲刚度。由于机翼是一个连续悬臂，根据附录 A 中所示的连续系统的模态分析获得适当的刚度，以便将连续系统简化为图 4-16 中的二维模态、二维模型。这里，我们将通过计算特征翼展 $L_c = 0.6L = 12.6\text{ft}$（3.84m）下的机翼刚度来近似。悬臂翼展在特征翼展处的弯曲刚度和扭转刚度为

$$K_y = \frac{3E(I_1 + I_2)}{L_c^3} = 258\ \text{lb/in}\ (4.52\times10^4\text{N/m})$$

$$K_\theta = \frac{CG}{L_c} = 128000\text{lb}\cdot\text{in/rad}\ (1.45\times10^4\ \text{N}\cdot\text{m/rad})$$

式中，$E = 1.4\times10^6\text{psi}$（$9.6\times10^9\text{Pa}$）是云杉木的弹性模量；$G = 538000\text{psi}$（$3.7\times10^9\text{Pa}$）是剪切模量；$C = 36.1\,\text{in}^4(1.5\times10^{-5}\text{m}^4)$ 是扭转常数；I_1 和 I_2 是桅杆的惯性矩。K_y 和 K_θ 除以机翼 21ft（252in, 6.4m）翼展，得出分布刚度：

$$\begin{aligned} k_y &= \frac{K_y}{L} = 1.02\ \text{lb/(in}\cdot\text{in)}\left[7033\text{N/(m}\cdot\text{m)}\right] \\ k_\theta &= \frac{K_\theta}{L} = 507.94\text{lb}\cdot\text{in/(rad}\cdot\text{in)}\left[2259\text{N}\cdot\text{m/(rad}\cdot\text{m)}\right] \end{aligned} \tag{4-70}$$

分布刚度是翼梁为每个翼展截面提供的等效刚度。

升力系数的斜率是机翼展弦比的函数。von Mises（1959）给出了斜率的近似表达式：

$$\frac{\partial C_L}{\partial \alpha} = \frac{2\pi}{1+\dfrac{2}{\text{AR}}} = 4.81 \tag{4-71}$$

式中，$\text{AR} = 6.57$ 是机翼的侧面。

通过对比表 4-5 和表 4-6，我们发现，气动中心在弹性轴的前方，机翼容易偏离；重心在弹性中心的后方，机翼容易颤振。偏离速度由式（4-53）计算得出。颤振速度根据式（4-56）计算。表 4-6 中的结果表明，失稳开始的最小速度为 42.5mile/h（19m/s, 62.3ft/s），在最大设计速度范围内。圣路易斯精神号的设计师认识到了这一可能性，他们利用机身底部的两个对角支柱来加固机翼，在距离机身 15ft（5m），这两个支柱截断了翼梁。这些翼梁的弯曲和扭转刚度增加了四倍，使颤振速度高于飞机设计速度。

4.8 实例：电缆的跳跃振动

通常在美国、欧洲国家、苏联和加拿大等地，电缆在冬季会被冰覆盖。冰层可以形

成一个不稳定的横截面，在冬季风中发生跳跃振动（Novak et al.，1978；Hunt et al.，1969；Richardson et al.，1965；Edwards et al.，1956；Cheers，1950）。以下分析主要改编自 Richardson 等（1965）。Doocy 等（1979）、Dubey（1978）和 Dhotarad 等（1978）对电缆的跳跃振动进行了综述。

电缆在两个塔架中间下垂成悬链线。垂度和悬链线会很大地影响振动的固有频率和振型（Blevins，1984；Irvine et al.，1974）。图 4-21 显示了电缆悬链线的横截面，k_R 表示电缆的弹性。注意，对于电缆悬链线，相对于悬链线平面形成的结构轴线与风的方向是不一致。电缆上的风把悬链线推向一个角度 β_0。如果升力分量相对于阻力可以忽略不计，则可以很容易地显示出反吹角 β_0：

$$\beta_0 = \arctan\left(\frac{\rho D U^2 C_D}{2mg}\right) \tag{4-72}$$

式中，g 为重力加速度；C_D 为角度 β_0 处电缆的阻力系数；m 为电缆覆冰以后单位长度的质量；D 为电缆直径，作为形成气动力系数的特征尺寸［式（4-1）］。

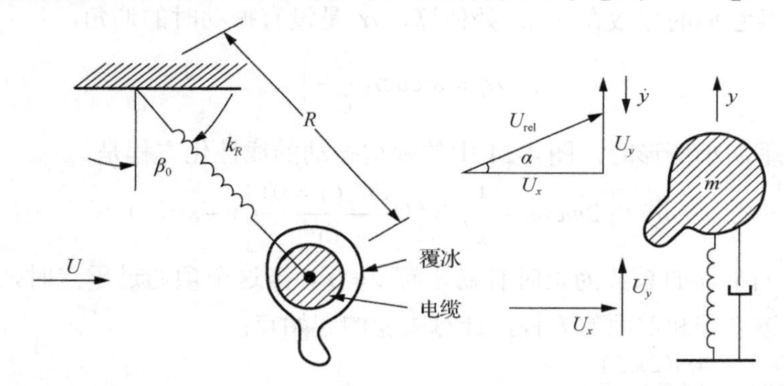

图 4-21　弹簧支撑、二维电缆模型及其他代表的具有垂直和水平流动分量的单自由度系统

电缆悬链线能在多种模态下振动：①在常数半径 R 下，作为一个简单的钟摆在 $\beta=\beta_0$ 时摆动；②在常数 β_0 的半径上随 R 振动；③在扭转状态下振动；④在组合模式下振动。4.3.2 节讨论了扭转模式。通过归纳 4.2 节的方法，本节将进一步探讨摆振和径向振型的跳跃振动的不稳定性。

分析图 4-21 右侧所示的弹簧支撑模型会把电缆问题处理得更简单、更具有普遍性。x 轴和 y 轴是相对于模型结构的轴。当平均风速与结构轴线不一致时，图 4-21 中模型流动的角度（相对于结构）是

$$\alpha = \arctan\left(\frac{U_y - \dot{y}}{U_x}\right)$$

式中，U_x 是 x 方向流速的分量；U_y 是 y 方向流速的分量。

相对于模型的流速大小为 $U_{rel}^2 = (U_y - \dot{y})^2 + U_x^2$。

模型上的垂向力为 $F_y = \frac{1}{2}\rho U^2 D C_y$，式中，$U^2 = U_x^2 + U_y^2$。垂向力系数由式（4-6）

给出。随着模型的振动，垂向力的变化会产生不稳定性。为了估算小振动对垂向力的影响，将C_y做近似展开：

$$C_y = C_y(y=0) + \frac{\partial C_y}{\partial \dot{y}}\dot{y} + O(\dot{y}^2)$$

式中的第一项产生静态变形，其不直接计入稳定性分析中。第二项易使用导数的链式法进行估算：

$$\frac{\partial C_y(U_{\text{rel}},\alpha)}{\partial \dot{y}} = \frac{\partial C_y}{\partial U_{\text{rel}}}\frac{\partial U_{\text{rel}}}{\partial \dot{y}} + \frac{\partial C_y}{\partial \alpha}\frac{\partial \alpha}{\partial \dot{y}}$$

结果是

$$\frac{\partial C_y}{\partial \dot{y}}(\dot{y}=0) = \frac{2\sin\alpha_0}{U}(C_L\cos\alpha_0 + C_D\sin\alpha_0) + \frac{\cos\alpha_0}{U}\left(\frac{\partial C_L}{\partial \alpha}\cos\alpha_0 - C_L\sin\alpha_0 + C_D\cos\alpha_0 + \frac{\partial C_D}{\partial \alpha}\sin\alpha_0\right)$$

式中，C_D, C_L及它们的导数在$\alpha=\alpha_0$处估算，α_0是没有振动时的迎角，

$$\alpha_0 = \arctan\left(\frac{U_y}{U_x}\right)$$

在平衡位置的垂向小变形时，图 4-21 中的模型振动的线性化方程是

$$m\ddot{y} + \left[2m\zeta\omega_y - \frac{1}{2}\rho U^2 D\frac{\partial C_y(\dot{y}=0)}{\partial \dot{y}}\right]\dot{y} + ky = 0$$

这个方程只有当$\dot{y}$项的系数为正时有稳定解$y=0$。当这个项通过零点时，不稳定性开始出现。使用该方程和前面的方程，计算失稳的起始点：

$$\frac{U}{f_y D} = -\frac{4m(2\pi\zeta)}{\rho D^2} \times \frac{1}{\sin^2\alpha_0[2C_D + (C_L + \partial C_D/\partial\alpha)\cot\alpha_0 + (C_D + \partial C_L/\partial\alpha)\cot^2\alpha_0]} \tag{4-73}$$

式中，f_y是系统的固有频率。该式完全适用于速度沿展向变化为常数的、均匀连续系统单模态的跳跃振动。如果质量或流速沿电缆展向有变化，附录 A 的式（A-24）和式（A-16）给出了等效速度和等效质量。

前面方程的三个有限的情况可以分析如下：

（1）$U_y = 0$。如果水流垂直作用于结构轴上，则$\alpha_0 = 0$，式（4-73）就化简成式（4-16）。只有当$\frac{\partial C_L}{\partial \alpha} + C_D < 0$时截面变得不稳定。这是 Den Hartog 稳定性标准。

（2）电缆径向模态。沿着β_0为常数的电缆在径向振动模态中发生振动，对于这一模态，

$$U_y = -U\sin\beta_0 \text{ 且 } U_x = U\cos\beta_0$$

这个方程隐含着

$$\sin\alpha_0 = -\sin\beta_0, \quad \cot\alpha_0 = -\cot\beta_0$$

通过将该式代入式（4-73），右侧可以是正的，只有在以下情况时，系统才可能变得不稳定：

$$2C_D - \left(C_L + \frac{\partial C_D}{\partial\alpha}\right)\cot\beta_0 + \left(C_D + \frac{\partial C_L}{\partial\alpha}\right)\cot^2\beta_0 < 0$$

（3）钟摆电缆模态。像悬链线一样的钟摆以一个常数半径在平衡位置 $\beta = \beta_0$ 摆动。对于这种情况，

$$U_y = U\cos\beta_0 \text{ 且 } U_x = U\sin\beta_0$$

这个方程隐含着

$$\sin\alpha_0 = \cos\beta_0, \quad \cot\alpha_0 = \tan\beta_0$$

如果将上两式代入式（4-73），那么一种可能的摆振模态的不稳定情况：

$$2C_D + \left(C_L + \frac{\partial C_D}{\partial\alpha}\right)\tan\beta_0 + \left(C_D + \frac{\partial C_L}{\partial\alpha}\right)\tan^2\beta_0 < 0$$

当然，如果三种可能的振动模态的任意一个固有频率是接近的（即，如果固有频率彼此在 $2\zeta f$ 带宽内），那么组合模式中的不稳定性是可能的。组合模态分析与 4.3.2 节中的双自由度分析很类似。组合模态失稳的准则是模态之间固有频率差以及气动力导数的函数。

这些稳定性标准对于覆冰电缆来说，理论上比实际上更有意义，因为很难预先确定覆冰层的气动导数；而且当风变化时，悬链线 β_0 和迎角 α_0 也会发生变化。4.6 节和 Doocy 等（1979）讨论了降低振动的实用方法。

练　习　题

1. D 形截面柱体（图 4-22）在多大的平衡角时可能是不稳定的？

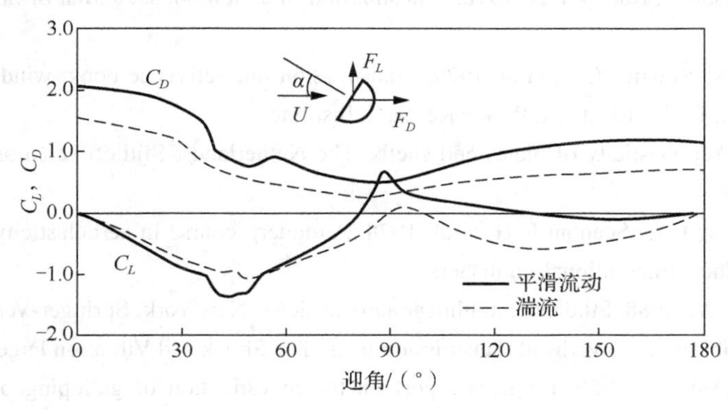

图 4-22　11%湍流中的光滑 D 形截面柱体的升力和阻力系数（$Re = 9\times10^4$。Novak et al.，1974）

参 考 文 献

Abbott I H, von Doenhoff A E. 1959. Theory of wing sections. New York: Dover Publications.

AIAA, 1987. Aerospace engineer design guide. AIAA, New York.

American Society of Civil Engineers. 1955. 1952 report of the advisory board on the investigation of suspension bridges. Transactions of the American Society of Civil Engineers, Paper 2761, 120: 721-781.

American Society of Civil Engineers. 1972. Wind forces on structures, final report. Transactions of the American Society of Civil Engineers, 126: 1124-1198.

American Society of Civil Engineers. 1977. Tentative recommendations for cable-stayed bridge structures. Journal of the Structural Division, 103(5): 929-939.

Bearman P W, Luo S C. 1988. Investigation of the aerodynamic instability of a square-section cylinder by forced oscillation. Journal of Fluids and Structures, 2(2): 161-176.

Bearman P W, Gartshore I S, Maull D J, et al. 1987. Experiments on flow-induced vibrations of a square-section cylinder. Journal of Fluids and Structures, 1: 19-34.

Bellman R. 1970. An introduction to matrix analysis. New York: McGraw-Hill.

Bisplinghoff R L, Ashley H, Goland M. 1962. Principles of aeroelasticity. New York: Wiley.

Bisplinghoff R L, Ashley H, Halfman R L. 1955. Aeroelasticity. Cambridge: Addison-Wesley.

Blevins R D. 1984. Formulas for natural frequency and mode shape. Malabar, Fla.: Krieger.

Blevins R D, Iwan W D. 1974. The galloping response of a two-degree-of-freedom system. Journal of Applied Mechanics, 41(4): 1113-1118.

Bokaian A R, Geoola F. 1985. Effects of vortex-resonance on nearby galloping instability. Journal of Engineering Mechanics, 111(5): 591-609.

Cheers F. 1950. A Note on galloping conductors. National Research Council of Canada, Report MT-14.

Dat R. 1971. Expose d'ensemble sur les vibrations aeroelastique. La Houille Blanche, (5): 391-399.

Den Hartog J P. 1956. Mechanical vibrations. 4th ed. New York: McGraw-Hill.

Dhotarad M S, Ganesan N, Rao B V A. 1978. Transmission line vibrations. Journal of Sound and Vibration, 60(2): 217-237.

Doocy E S, Hard A R, Rawlins C B, et al. 1979. Transmission line reference book: wind-induced conductor motion. Palo Alto, Calif.: Electrical Power Research Institute.

Dowell E H. 1974. Aeroelasticity of plates and shells. The Netherlands: Sijthoff & Noordhoff International Publishers.

Dowell E H, Curtiss Jr H C, Scanlan R H, et al. 1978. A modern course in aeroelasticity. The Netherlands: Sijthoff & Noordhoff International Publishers.

Dowell E H, Ilgamov M. 1988. Studies in nonlinear aeroelasticity. New York: Springer-Verlag.

Dubey R N. 1978. Vibration of overhead transmission lines. The Shock and Vibration Digest, 10(4): 3-6.

Edwards A T, Madeyski A. 1956. Progress report on the investigation of galloping of transmission line conductors. Transactions of the American Institute of Electrical Engineers, 75(3): 666-686.

Ericsson L E, Reding J P. 1988. Fluid mechanics of dynamic stall part I. unsteady flow concepts. Journal of Fluids and Structures, 2(1): 1-33.

Federal Aviation Administration. 1985. Means of compliance with section 23.629, Flutter. Advisory Circular No. 23.629-1A.

Forsching H W. 1974. Fundamentals of aeroelasticity (in German). Berlin: Springer-Verlag.

Fung Y C. 1969. An introduction to the theory of aeroelasticity. New York: Dover Publications.

Garrick I E. 1969. Aerodynamic flutter. AIAA Selected Reprint Series, New York.

Gartshore I S. 1984. Some effects of upstream turbulence on the unsteady lift forces imposed on prismatic two dimensional bodies. Journal of Fluids Engineering, 106(4): 418-424.

Ghiringhelli G L, Lanz M, Mantegazza P. 1987. A comparison of methods used for the identification of flutter from experimental data. Journal of Sound and Vibration, 119(1): 39-51.

Gordon J E. 1978. Structures or why things don't fall down. New York: Plenum: 268.

Hajela P, Bisplinghoff R L. 1986. Recent trends in aeroelasticity, structures, and structural dynamics. The R. L. Bisplinghoff Memorial Symposium, Gainesville, Florida.

Hunt J C R, Richards D J W. 1969. Overhead line oscillations and the effect of aerodynamic dampers. Proceedings of the Institute of Electrical Engineers, 116(11): 1869-1874.

Irvine H M, Caughey T K. 1974. The linear theory of free vibrations of a suspended cable. Proceedings of the Royal Society A, 341(1626): 299-315.

Iwan W D. 1973. Galloping oscillations of hysteretic structures. Journal of the Engineering Mechanics Division, 99(6): 1129-1146.

Konishi I, Shiraishi N, Matsumoto M, et al. 1980. Vortex shedding oscillations of bridge deck sections//Practical Experiences with Flow-Induced Vibrations. Naudascher E and Rockwell D, eds. New York: Springer-Verlag: 619-632.

Lanchester F W. 1907. Aerodynamics. London: A. Constable & Co.

Laneville A, Parkinson G V. 1971. Effects of turbulence on galloping bluff cylinders. The Third International Conference on Winds Effects on Buildings and Structures, Tokyo, Japan.

Mahrenholtz O, Bardowicks H. 1980. Wind-induced oscillations of some steel structures//Practical Experiences with Flow-Induced Vibrations. Naudascher E and Rockwell D, eds. New York: Springer-Verlag: 643-670. (Aeroelastic Problems at Masts and Chimneys. Journal of Industrial Aerodynamics, 1979, 4: 261-272.)

Meirovitch L. 1967. Analytical methods in vibrations. Electronics & Power, 13(12): 480.

Miley S J. 1982. Catalog of low Reynolds number airfoil data for wind turbine applications. Department of Aerospace Engineering, Texas A&M University, College Section, Report RFP-3387.

Minorsky N. 1962. Nonlinear oscillations. New York: Van Nostrand Reinhold.

Modi V J, Slater J E. 1983. Unsteady aerodynamics and vortex induced aeroelastic instability of a structural angle section. Journal of Wind Engineering & Industrial Aerodynamics, 11(1-3): 321-334.

Murthy P N. 1979. Some recent trends in aircraft flutter research. Shock and Vibration Digest, 11(5): 7-11.

Nakamura Y, Matsukawa T. 1987. Vortex excitation of rectangular cylinders with a long side normal to the flow. Journal of Fluid Mechanics, 180: 171-191.

Nakamura Y, Mizota T. 1975. Torsional flutter of rectangular prisms. Journal of the Engineering Mechanics Division, 101(2): 125-142.

Nakamura Y, Tomonari Y. 1977. Galloping of rectangular prisms in a smooth and in a turbulent flow. Journal of Sound and Vibration, 52(2): 233-241.

Nakamura Y, Yoshimura T. 1982. Flutter and vortex induced excitation of rectangular prisms in pure torsion in smooth and turbulent flows. Journal of Sound and Vibration, 84(3): 305-317.

Nakamura Y, Nakashima M. 1986. Vortex excitation of prisms with elongated rectangular, H and ⊢ cross sections. Journal of Fluid Mechanics,163: 149-169.

Naudascher E, Rockwell D. 1980. Practical experiences with flow-induced vibrations. New York: Springer-Verlag.

Naumowicz T, et al. 1989. Aerodynamic investigation of delta wings with pitch amplitude. AIAA, Washington, D.C., Paper 88-4332.

Nayfeh A H, Moot D T, Holmes P. 1980. Nonlinear oscillations. New York: Wiley.

Novak M. 1969. Aeroelastic galloping of prismatic bodies. Journal of the Engineering Mechanics Division, 95(1): 115-142.

Novak M. 1971. Galloping and vortex induced oscillations of structures. Proceedings of the Third International Conference on Wind Effects on Buildings and Structures, Tokyo, Japan, Paper IV-16.

Novak M, Tanaka H. 1974. Effect of turbulence on galloping instability. Journal of the Engineering Mechanics Division, 100(1): 27-47.

Novak M, Tanaka H, Davenport A G. 1978. Vibration of towers due to galloping of iced cables. Journal of the Engineering Mechanics Division, 104(2): 457-473.

Obasaju E D. 1983. Forced vibration study of the aeroelastic instability of a square section cylinder near vortex resonance. Journal of Wind Engineering & Industrial Aerodynamics, 12(3): 313-327.

Olivari D. 1983. An investigation of vortex shedding and galloping induced oscillation on prismatic bodies. Journal of Wind Engineering & Industrial Aerodynamics, 11(1-3): 307-319.

Ostroff A J, Pines S. 1982. Application of modal control to wing-flutter suppression. Langley Research Center, NASA-Tp-1983.

Otauki Y, Washizu K, Tomizawa H, et al. 1974. A note on the aeroelastic instability of a prismatic bar with square section. Journal of Sound and Vibration, 34(2): 233-248.

Parkinson G V. 1971. Wind-induced instability of structures. Philosophical Transactions of the Royal Society A, 269(1199): 395-413.

Parkinson G V, Brooks N P H. 1961. On the aeroelastic instability of bluff cylinders. Journal of Applied Mechanics, 28(2): 252-258.

Parkinson G V, Smith J D. 1964. The square prism as an aeroelastic non-linear oscillator. Quarterly Journal of Mechanics and Applied Mathematics, 17(2): 225-239.

Parkinson G V, Wawzonek M A. 1981. Some considerations of combined effects of galloping and vortex resonance. Journal of Wind Engineering & Industrial Aerodynamics, 8(1-2): 135-143.

Pigott R, Abel J M. 1974. Vibrations and stability of turbine blades at stall. Journal of Engineering for Power, 96(3): 201-208.

Pines S. 1958. An elementary explanation of the flutter mechanism. Proceedings National Specialists Meeting on Dynamics and Aeroelasticity. Institute on the Aeronautical Sciences, Ft. Worth, Tex.

Reed W H. 1966. Propeller-rotor whirl flutter: a state-of-the-art review. Journal of Sound and Vibration, 4(3): 526-544.

Reinhold T A. 1982. Wind tunnel modeling for civil engineering applications. Cambridge: Cambridge University Press.

Richardson A S. 1988. Predicting galloping amplitudes. Journal of Engineering Mechanics, 114(4): 716-723.

Richardson A S, Martucelli J R, Price W S. 1965. Research study on galloping of electric power transmission lines. Proceedings of the First International Conference on Wind Effects on Buildings and Structures, II, Held in Teddington, England: 612-686.

Rowbottom M D. 1979. The effect of an added mass on the galloping of an overhead line. Journal of Sound and Vibration, 63(2): 310-313.

Rowbottom M D. 1981. The optimization of mechanical dampers to control self-excited galloping oscillations. Journal of Sound and Vibration, 75(4): 559-576.

Scanlan R H. 1971. The suspension bridge: its aeroelastic problems. ASME, New York, Paper 71-Vibr-38.

Scanlan R H. 1979. On the state of stability considerations for suspension-span bridges under wind//Practical Experiences with Flow-Induced Vibrations. Naudascher E and Rockwell D, eds. New York: Springer-Verlag: 595-618.

Scruton C. 1960. Use of wind tunnels in industrial aerodynamic research. AGARD, Report 309.

Shiraishi N, Matsumoto M. 1983. On classification of vortex-induced oscillation and its application for bridge structures. Journal of Wind Engineering & Industrial Aerodynamics, 14(1-3): 419-430.

Simiu E, Scanlan R H. 1986. Wind effects on structures. 2nd ed. NewYork: Wiley.

Sisto F. 1953. Stall-flutter in cascades. Journal of Aeronautical Sciences, 20(9): 598-604.

Skarachy R. 1975. Yaw effects on galloping instability. Journal of the Engineering Mechanics Division, 101(6): 739-754.

Slater J E. 1969. Aeroelastic instability of a structural angle section. University of British Columbia.

Steinman D B, Watson S R. 1957. Bridges and their builders. New York: Dover Publications.

Struble R A. 1962. Nonlinear differential equations. New York: McGraw-Hill.

Studnickova M. 1984. Vibrations and aerodynamic stability of a prestressed pipeline cable bridge. Journal of Wind Engineering & Industrial Aerodynamics, 17(1): 51-70.

Tai J, Grove C T, Robertson J A. 1976. Aeroelastic response of square H-sections in turbulent flows. ASME, New York, Paper 76-WA/FE-19.

Tanaka H, Davenport A G. 1983. Wind-induced response of golden gate bridge. Journal of Engineering Mechanics, 109(1):296-312.

Theodorsen T. 1935. General theory of aerodynamic instability and the mechanism of flutter. NACA, Report 496.

Timoshenko S P, Goodier J N. 1951. Theory of elasticity. New York: McGraw-Hill: 334.

Venkatesan C, Friedmann P P. 1986. New approach to finite-state modeling of unsteady aerodynamics. AIAA Journal, 24(12): 1889-1897.

von Mises R. 1959. Theory of flight. New York: Dover Publications: 243.

Wardlaw R L, Blevins R D. 1980. Discussion on approaches to the suppression of wind-induced vibration of structures//Practical Experiences with Flow-Induced Vibration. Naudascher E and Rockwell D, eds. New York: Springer-Verlag: 671-672.

Wardlaw R L, Ponder C A. 1970. Wind tunnel investigation of the aerodynamic stability of bridges. National Aeronautical Establishment, Ottawa, Canada, Report LTR-LA-47.

Washizu K, Ohya A, Otsuki Y, et al. 1978. Aeroelastic instability of rectangular cylinders in a heaving mode. Journal of Sound and Vibration, 59(2): 195-210.

Williamson C H K, Roshko A. 1988. Vortex formation in the wake of an oscillating cylinder. Journal of Fluids and Structures, 2(4): 355-381.

Yashima S, Tanaka H. 1978. Torsional flutter in stalled cascade. Journal of Engineering for Power, 100(2): 317-325.

Zaman K B, McKinzie D J, Rumsey C L. 1989. A natural low-frequency oscillation of the flow over an airfoil near stalling conditions. Journal of Fluid Mechanics, 202: 403-442.

第5章　管阵和柱阵的失稳

柱群中一个圆柱被移走时，流场域发生改变，圆柱上的流体力也随之改变。当流体力注入的能量超出了阻尼所耗散的能量时，这些流体力会引起失稳。柱群、管群通常在椭圆轨道上振动。在管壳式换热器里，此振动称为流体弹性失稳；输电线的振动称为尾流的跳跃振动。

流体弹性失稳是引起换热器中管疲劳的主要原因（Halle et al.，1980；Stevens-Guille，1974）。类似地，输电线尾流跳跃的失稳是输电线路设计中主要考虑的问题（Doocy et al.，1979）。人们可以预料到，随着对石油的探索进入深水、高流速领域，从海上油井上升的阵列管线将经历失稳（Overvik et al.，1983）。

5.1　流体弹性失稳的描述

1966年，Roberts发现在剪切流中一列圆柱后面会形成流体喷射并成对合并（图5-1）。

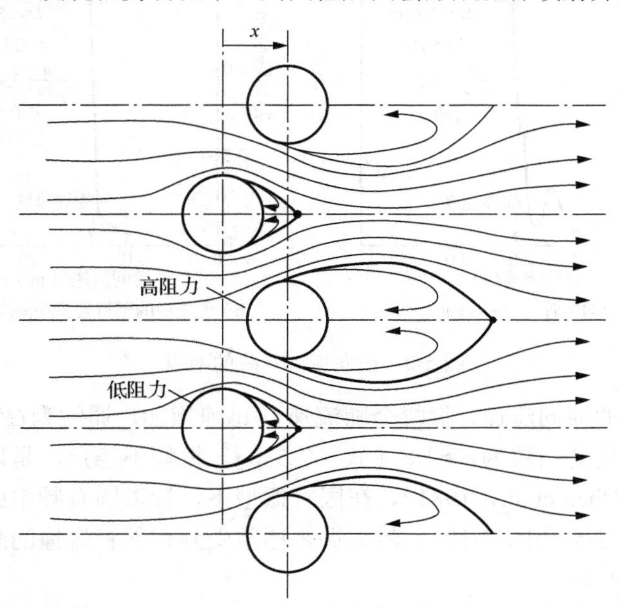

图5-1　在一列圆柱尾流中喷射流的耦合

当一个圆柱前后移动时涡旋成对的现象发生转换，进而引起交替圆柱上阻力的突然变化。Roberts 发现当流体速度超过临界速度时，一排弹性支撑的圆柱对这些力产生很大的振幅响应。Roberts 把这种失稳现象归因于管位移与不稳定的流体力施加的时滞效应。Connors（1970）曾在风洞中观察到悬挂在琴弦上管列的失稳现象。他认为，失稳是由相邻管在同步椭圆轨道上振动时相互作用产生的位移所诱导的流体力的结果。

Connors 位移机理的一个推论是：一个刚性环绕的柔性管被预测是稳定的（Blevins，1974）。Price 等（1987）发现这种案例出现在旋转的方形管阵中，其节距与直径比为 2.12。但是 Weaver 等（1983a）发现一个柔性管在方形阵列（管间距与直径比为 1.5）中也可能失稳。这表明 Connors 的位移和 Roberts 的时间延迟机制可能都是有效的，简单的模型不足以解释管阵不稳定性的所有问题。见 Paidoussis 等（1988）、Chen（1987）、Paidoussis（1987）以及 Weaver 等（1988）的报告。

图 5-2（a）显示的是一组铜管在水流中的响应。最初的隆起是由涡旋脱落所致（见第 3 章）。图 5-2（b）显示的是一组塑料管对气流的响应。在这两个例子中，一旦水流速度超过临界速度，失稳将导致非常大的振幅。在水中，失稳的开始往往发生在管的固有频率与涡致共振频率一致时。在空气中，失稳的开始通常发生在管的固有频率大于涡致共振频率时。

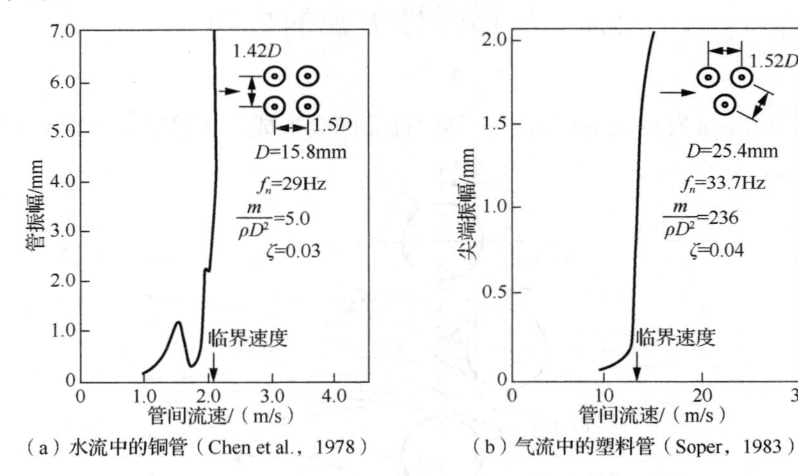

（a）水流中的铜管（Chen et al.，1978）　（b）气流中的塑料管（Soper，1983）

图 5-2　横向流中管阵的响应

一旦超过临界的横向流速，振幅会随流速 U 迅速增加，通常为 U^n，式中 $n=4$ 或更大，而低于临界速度的指数为 $n\approx1.5$ ［式（7-55）］。振幅不稳定，是以伪随机的方式在时间上发生跳动（Chen et al.，1981）。在固有振型下，管以固有频率或特别接近固有频率的频率振动（图 2-5 和图 7-10）。最大振幅通常受到相邻管碰撞的限制。实际上，失稳管的振动会引发故障。

图 5-3 显示这些管通常在椭圆轨道上振动，在一定程度上管的振动与相邻管的振动是同步的。轨道的形状从近似直线到圆形变化（Chen et al.，1981；Connors，1970）。当

这些管在它们的轨道上运动时，它们从水流中获取能量，进而导致部分失稳。限制管的振动或管（多个管间）的固有频率的差异有时会增加失稳时的临界速度（Weaver et al.，1983b；Chen et al.，1981）。相邻管间的失谐会导致临界速度增加高达 60%，但在其他情况下临界速度不会增加；而一个由刚性管群包围的柔性管是否会发生失稳，显然取决于管阵的具体情况（Price et al.，1987，1986；Weaver et al.，1983a；Tanaka et al.，1981；Blevins et al.，1981）。如图 5-4 所示，通常在管与管之间存在频率差异的管阵中，失稳的发生比在相同管的管阵中更加缓慢［$m/(\rho D^2)=370$ 。Blevins et al.，1981］。

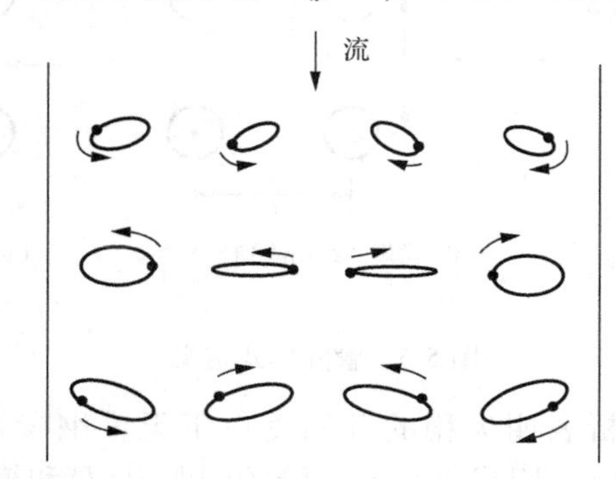

图 5-3　超过临界速度时管振动的轨迹（Tanaka et al.，1981）

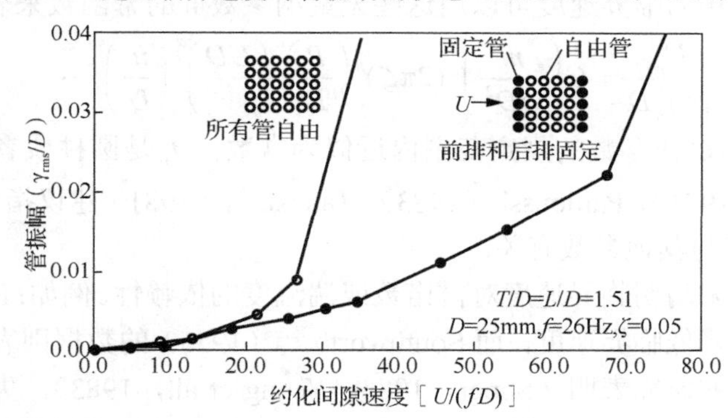

图 5-4　管振幅随约化间隙流速的变化（前排和后排管都刚性固定）

如图 5-5 所示，商业换热器管阵常采用简单几何的模式。对于正方形或等边三角形的管阵而言，管与管中心的间距称为节距 P 。而对于更一般的布置，定义横向中心距为 T 和纵向中心距为 L 。对于水流流过的管群或柱群，间隙流速 U 是通过管间最小间隙的平均速度。对于 30°三角形和正方形的阵列（图 5-5），间隙速度比接近管阵的自由流速度大 $P/(P-D)$ 倍， D 是管外径。对于所有节距 P 为常数的管阵，许多研究人员使用这个参考间隙速度。对于普遍交错排列的管阵，最小间隙可以是横向间隙，也可以是对角线间隙。如果 $L/D<[(2T/D)+1]^{1/2}$ ，则采用的对角线间隙偏小。

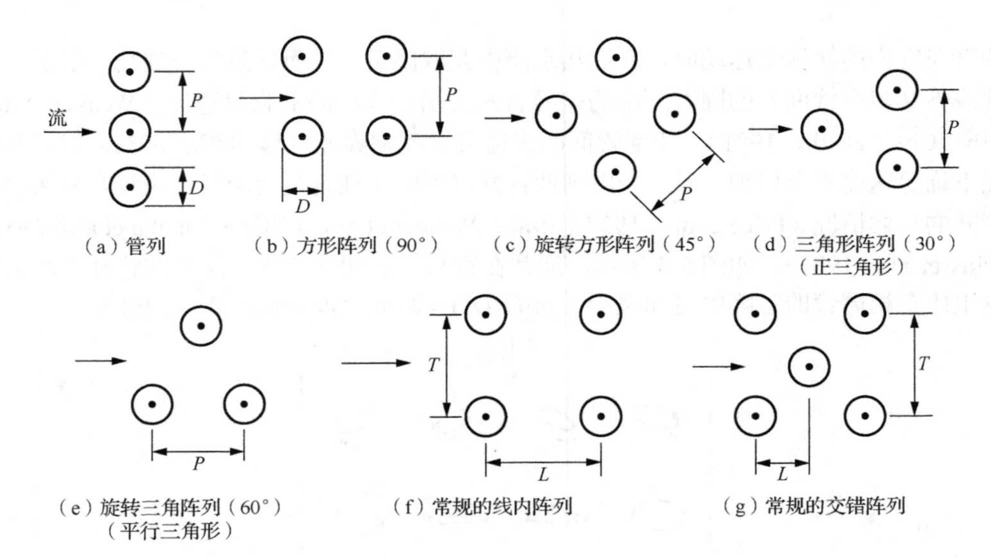

图 5-5　管阵模式定义

第 1 章中无量纲分析表明失稳的开始受以下无量纲参数群的控制：约化速度 $U/(fD)$、质量比 $m/(\rho D^2)$、阻尼系数 ζ、管的间距 P/D 和模式、雷诺数 UD/ν 和上游的湍流。发生失稳的临界速度可以用这些无量纲参数群的幂函数来表示：

$$\frac{U_{临界}}{f_n D}=C\left(\frac{m}{\rho D^2}\right)^a(2\pi\zeta)^b\left(\frac{P}{D}\right)^c\left(\frac{UD}{\nu}\right)^d\left(\frac{u'}{U}\right)^e\cdots \tag{5-1}$$

式中，a,b,c,d,e 和 C 在参数的规定范围内近似为常数；f_n 是圆柱或者管的固有频率。Weaver 等（1988，1981）、Paidoussis（1983）、Tanaka 等（1981）建议指数 a 和 b 介于 0～0.5，并且它们可能与其他参数有关。

可用的数据并未阐明临界速度对雷诺数或湍流度的依赖性。例如：Franklin 等（1977）的数据显示湍流会降低临界速度，而 Southworth 等（1975）的数据则表明湍流使临界速度提高。许多个人的研究表明（Soper，1983；Yeung et al.，1983），失稳取决于阵列的几何形状，在较小程度上取决于管间距。然而，当汇集大量数据后发现，至少失稳对阵列几何形状或间距有很弱的依赖性。因此，使用一个更简化的表达式比用等式（5-1）来拟合现有的数据更合理，并且拟合曲线采用散点的形式来揭示预测精度的不确定性看起来也是合理的。

根据理论分析的建议（见 5.2 节），将临界速度的数据进行拟合可得：

$$\frac{U_{临界}}{f_n D}=C\left[\frac{m(2\pi\zeta)}{\rho D^2}\right]^a \tag{5-2}$$

式中，D 为外径；f_n 为管或圆柱的固有频率（Hz）（Blevins，1979a；1979b；1979c）；通常最低频的模态最易受影响；m 为单位长度管的质量，包括内部流体质量和外部附加质量（表 2-2）；$U_{临界}$ 为失稳开始时穿过管最小间隙的平均速度（图 5-2）；ζ 为管阻尼系数，如果管有一些中间支撑，则 ζ 通常介于 0.01 和 0.03 之间（图 8-19）；当振幅较大时，支撑的相互作用大幅度增加，阻尼增大到 0.05 甚至更大；如果没有中间支撑，则 ζ 可像 0.001 一样低（见 8.3.2 节）；ρ 为流体密度，在两相流中为等效的各向同性的密度［式（5-4）］。

系数 C 和指数 a 是通过对实验数据的拟合得到的。图 5-6（a）给出了在单相空气和水中对各种模式和节距直径比（1.1～2.0）阵列临界速度（经 170 次测试）的测量结果。在 $m(2\pi\zeta)/(\rho D^2)\approx 0.7$ 处的数据表明，可能有两种不同的机制是在运行，因此每个范围内数据是分别拟合的。表 5-1 给出了基于最小二乘法的 C 和 a 数据的拟合曲线（Blevins，1984a）。

表 5-1　系数 C 和指数 a 的参考数据

质量阻尼	$C_{平均}$	$C_{90\%}$	a
$m(2\pi\zeta)/(\rho D^2)<0.7$	3.9	2.7	0.21
$m(2\pi\zeta)/(\rho D^2)>0.7$	4.0	2.4	0.5

表中，$C_{平均}$ 是拟合系数的平均值，$C_{90\%}$ 是一个统计下限值。对于 $m(2\pi\zeta)/(\rho D^2)>0.7$ 来说，根据管阵模式要有足够的数据进行拟合（图 5-5）。位移机理理论（见 5.2.1 节）和先前拟合的建议，指数 a 使用 0.5，系数 C 参考表 5-2 选取。

表 5-2　系数 C 的参考数据

C	三角形	旋转三角形	旋转方形	方形	所有阵列	管列
$C_{平均}$	4.5	4.0	5.8	3.4	4.0	9.5
$C_{90\%}$	2.8	2.3	3.5	2.4	2.4	6.4

图 5-6 中虚线为所有管阵的平均质量阻尼的拟合线。拟合线周围有散点，且分散性足够大，以至于统计参数表明不同阵列之间的结果可能没有显著差异。

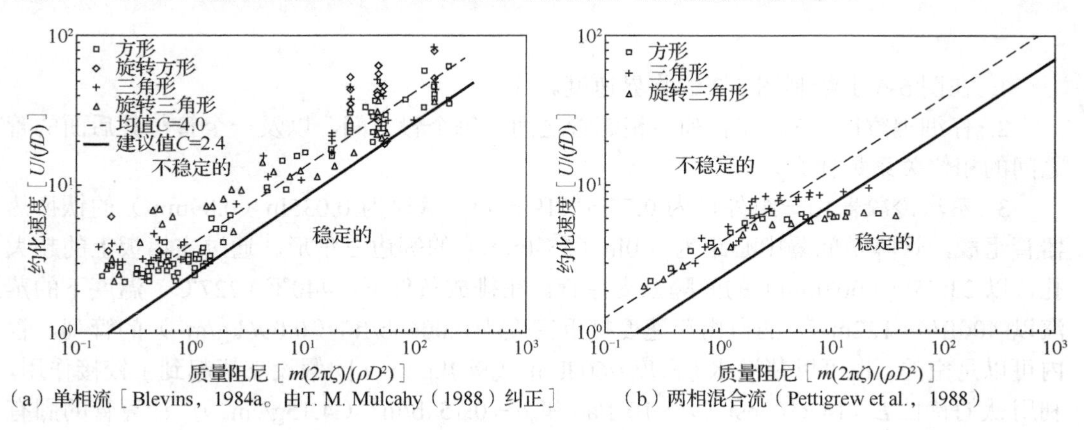

（a）单相流［Blevins，1984a。由T. M. Mulcahy（1988）纠正］　（b）两相混合流（Pettigrew et al.，1988）

图 5-6　以质量阻尼为函数的失稳初始流速

高斯统计意味着 90%的数据点将落在低于平均值 1.28 倍标准差的线上，该线用 $C_{90\%}$

表示。比如，对于所有的管阵，拟合的标准差为$C_{平均}$的32%，则$C_{90\%}=(1-1.28\times0.32)\times C_{平均}=2.4$。$C=2.4$是《ASME锅炉与压力容器规范》（1992年）附录N中用于设计的建议值，它在图5-6中由实线给出。虽然管列数据（垂直于来流的一列管，见图5-5）中未包含在所有管阵数据的拟合中，但数据表明$C_{90\%}=6.4$适用于$m(2\pi\zeta)/(\rho D^2)>5$的管列设计。

水中的圆柱或管阵通常有$m(2\pi\zeta)/(\rho D^2)<2$和临界约化速度$1<U_{临界}/\left(fD\right)<5$的情况（图5-6。Weaver et al.，1988）。在此约化速度范围内，获得了大量的涡致振动预测结果。因此，尽管相邻管和管束内湍流的存在往往会减小涡致响应，但涡旋脱落及其相关的时滞效应与水流的不稳定性会交织在一起（图3-21、图7-12和图9-14）。

流体弹性失稳发生在两相流中（Pettigrew et al.，1985；Heilker et al.，1981）。图5-6（b）给出了Pettigrew等（1989）对空气-水混合物和节距直径比在1.32～1.47时的三角形、旋转三角形和方形排列所测量的55个临界速度数据点。含气率是空气的5%～99%。含气率计算公式为

$$\epsilon_g=\frac{\dot{V}_g}{\dot{V}_g+\dot{V}_l} \tag{5-3}$$

式中，$\dot{V}_g$是气体的体积流量；$\dot{V}_l$是液体的体积流量。用于计算质量阻尼系数的均匀密度是以体积为基础的两相混合的平均密度，

$$\rho=\rho_l(1-\epsilon_g)+\rho_g\epsilon_g \tag{5-4}$$

式中，ρ_l是液相密度；ρ_g是气相密度。相应的各向同性的速度为$U=\left(\dot{V}_l+\dot{V}_g\right)/A$，$A$为水流流过的参考横截面积。

练 习 题

1. 在图5-6上绘制图5-2的临界速度。

2. 仔细观察图5-3。在管列中相邻管之间、每个管之间，以及一个管与其后面的管之间的相位关系是什么？

3. 蒸汽冷凝器由一组外径为0.75in（19mm）、壁厚为0.035in（0.89mm）的钛换热器管组成，管阵是间隔中心距为1.0in（25.4mm）的等边三角形。通过支撑板上的超大孔，以23.75in（603mm）的间隔来支撑管。在排放条件下，440℉（227℃）温度下的蒸汽以400ft/s（122m/s）的自由流速度接近密度为0.006 lb/ft^3（0.096kg/m^3）的管列。管内可以是空的，也可以装满水[密度=60 lb/ft^3（961kg/m^3）]。假设支架起到了铰接作用，利用钛的特性$E=14\times10^6$psi（97×10^9Pa）和$\rho=0.15$ lb/in^3（4.15g/cm^3），计算管的固有频率，表明空管的基频为135Hz。确定管之间的蒸汽速度，并计算空管和充水管的$U/(f_1D)$。假设阻尼系数$\zeta=0.01$，计算失稳何时开始。会不会有失稳？管会怎么样？

5.2　流体弹性失稳理论

流体弹性失稳分析需要对施加在振动管排/阵上的非定常流体力进行精确的理论描述（图 5-3）。这个非常困难的问题目前还没有完全解决。事实上，没有任何一个现有模型能够比图 5-6 中的数据更准确地预报未经测试的换热器管排/阵的失稳（Mulcahy et al.，1986）。然而在没有数据的情况下，该理论确实提供了失稳本质的解释并对失稳进行了预估。

流体弹性失稳的位移机理模型假设流体力与圆柱位移呈线性关系，而且必须通过实验确定两个力系数。Chen（1983）在他的模型中包含了线性位移项、速度项及加速度项［式（5-31）］。这些系数将随管阵的模式和需广泛测量的系数而变化。此外，曲线拟合中的差异和图 5-6 中的数据表明，可能有多个流体力学机制会对失稳的开始有影响（Paidoussis et al.，1988）。如下节所述，在近似项中，$m(2\pi\zeta)/(\rho D^2) > 0.7$ 时的失稳会与位移机理相关，且质量阻尼较小时，失稳也与时滞、负阻尼，或者涡旋脱落机制相关。

5.2.1　位移机理

管列（或排）的二维模型如图 5-7 所示。图中，x_i 和 y_i 表示管排中第 i 个管相对于平衡位置上的流向和横向位移，k_x 和 k_y 是平行和垂直于自由流的弹簧刚度，ζ_x 和 ζ_y 是每个管平行和垂直于自由流的黏性阻尼系数。

如果一列（或排）管中一个管发生轻微位移，那么流动模式就会改变，管上的定常流体力也会改变。流经管列（或排）的流动模式是管之间相对位置的函数，所以假设一个发生位移的管上的流体力的变化是其相对于其他管位移的函数是合理的，假设在规则的管阵中的管将主要与最近的相邻管发生相互作用也是合理的。因此，在 x 和 y 方向上第 j 个管单位长度上的定常流体力（$F_{x,y}^j$）的变化可以写成 j 管相对于相邻 $j+1$ 和 $j-1$ 管的位移 (x_i, y_i) 的函数：

$$
\begin{aligned}
F_x^j &= \rho U^2 g_x(x_{j+1}-x_j, x_j-x_{j-1}, y_{j+1}-y_j, y_j-y_{j-1})/4 \\
F_y^j &= \rho U^2 g_y(x_{j+1}-x_j, x_j-x_{j-1}, y_{j+1}-y_j, y_j-y_{j-1})/4
\end{aligned}
\tag{5-5}
$$

式中，ρ 为流体密度；U 为参考管间最小间隙的流速；g_x 和 g_y 的单位为单位长度管的单位，它们表示由相对于相邻管的振动而引起的第 j 个管上流体力的变化。基于势流理论的这些函数的理论表达式由 Hara（1989）、Price 等（1989）、Paidoussis 等（1984）、Lever 等（1982）和 Balsa（1977）提出。Tanaka 等（1981）及 Connors（1970）就特定管排对这些函数进行了实验测量。

管列（或排）的对称性要求流体力在平衡位置 $x = y = 0$ 处小位移管具有一定的对称

性。因此，

$$\frac{\partial g_{x,y}}{\partial(x_j - x_{j-1})_{x=y=0}} = \mp\frac{\partial g_{x,y}}{\partial(x_{j+1} - x_j)_{x=y=0}} = K_{x,y} \tag{5-6}$$

$$\frac{\partial g_{x,y}}{\partial(y_j - y_{j-1})_{x=y=0}} = \pm\frac{\partial g_{x,y}}{\partial(y_{j+1} - y_j)_{x=y=0}} = C_{x,y} \tag{5-7}$$

符号 $g_{x,y}$ 等意味着每个表达式代表两个方程，第一个方程包含 x 分量，第二个方程包含 y 分量。在式（5-6）中对 y 和 x 分量分别使用加号和减号，在式（5-7）中，对 x 和 y 分量分别使用加号和减号。

为了获得式（5-6）和式（5-7）的物理解，考虑图 5-8 中所示的四个管排。图 5-8（a）是尾端管稍微垂直于自由流移动。如果中间管上的流体力对应于图 5-8 中的矢量（a），则绕平行于自由流的轴线旋转 180°，产生图 5-8（b）和相应的力矢量（b）。因此，对于从（a）到（b）的位移矢量，中间管上流体力的 y 分量改变了符号，而 x 分量不变。从（c）到（d）的位移矢量发生了类似的变化。这些对称意味着式（5-6）和式（5-7）具有对称性。

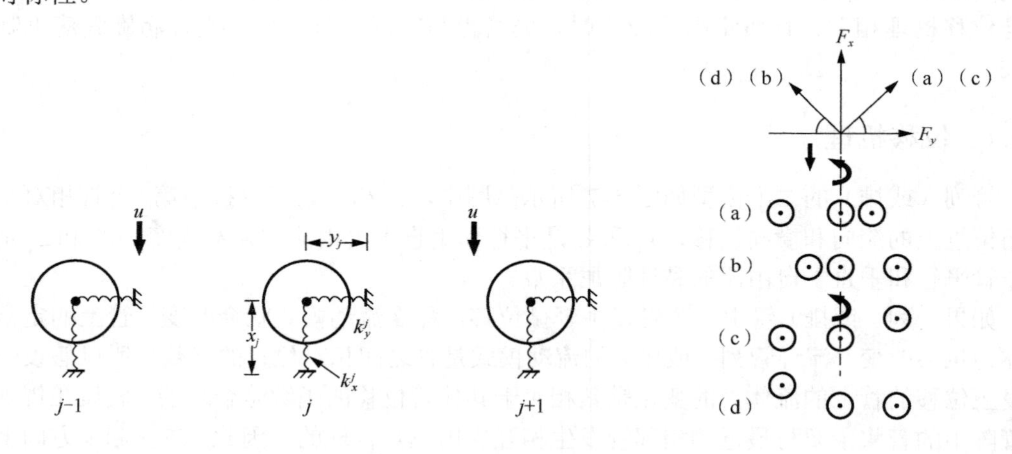

图 5-7 管排模型（阻尼平行于弹簧不再显示） 图 5-8 管排上流体力的对称性

如果流体力随管位移的变化足够光滑，则在稳定性分析中只需保留流体力方程中的线性项［式（5-5）］。使用式（5-6）和式（5-7）求幂级数中第 j 个管［式（5-5）］上流体力的线性化分量：

$$F_x^j = \frac{1}{4}\rho U^2[K_x(x_j - x_{j-1}) - K_x(x_{j+1} - x_j) + C_x(y_j - y_{j-1}) + C_x(y_{j+1} - y_j)] \tag{5-8}$$

$$F_y^j = \frac{1}{4}\rho U^2[K_y(x_j - x_{j-1}) + K_y(x_{j+1} - x_j) + C_y(y_j - y_{j-1}) - C_y(y_{j+1} - y_j)] \tag{5-9}$$

描述第 j 个管在这些力的作用下平行和垂直于自由流向的弹性振动的线性方程是

$$m\ddot{x}_j + 2m\zeta_x^j\omega_x^j\dot{x}_j + k_x^j x_j = \frac{1}{4}\rho U^2[K_x(-x_{j+1} - x_{j-1} + 2x_j) + C_x(y_{j+1} - y_{j-1})] \tag{5-10}$$

$$m\ddot{y}_j + 2m\zeta_y^j\omega_y^j\dot{y}_j + k_y^j y_j = \frac{1}{4}\rho U^2[C_y(-y_{j+1} - y_{j-1} + 2y_j) + K_y(x_{j+1} - x_{j-1})] \quad (5\text{-}11)$$

式中，ω_x^j 和 ω_y^j 是管的固有圆频率；m 是单位长度管的质量，包括附加质量（见第 2 章）；ζ_x 和 ζ_y 是阻尼系数，通常包括结构和流体的动力部分（见第 8 章）。

附录 A 从理论上证明，如果在两个坐标方向上一个单一的展向模态被激发，则这一微分方程组与在支撑之间产生弹性弯曲的一列（或排）管的微分方程组相同。如果流速沿展向变化，则等效流速为

$$U^2 = \frac{\int_0^L U^2(z)\tilde{y}^2(z)\mathrm{d}z}{\int_0^L \tilde{y}^2(z)\mathrm{d}z} \quad (5\text{-}12)$$

式中，$U(z)$ 是每个展向点 z 处的流速；$\tilde{y}(z)$ 是从 $z=0$ 延伸到 $z=L$（L 为结构的展向长度）的展向模态形状。如果管有多个支撑，则展向 $z=0$ 到 $z=L$ 指整个管的长度，而不仅仅是支撑之间的距离。Weaver 等（1990）、Connors（1978）和 Franklin 等（1977）说明了数据与此表达式的一致性。

如果质量沿展向变化，则有效质量由附录 A 中的方程（A-16）给出。如果水流倾斜于管轴线方向，应该使用流速的法向分量。

Pettigrew 等（1978）报道的案例：在管的基本模态之前，多跨换热器管束的第八阶振动模态是不稳定。高阶模态的失稳是非均匀流动的结果，也导致了高阶模态的有效速度［式（5-12)］高于基本模态的有效速度。

管排振动方程的稳态分析［(式（5-10）和式（5-11)］可以使用假定管的运动模态来进行简化，如图 5-3 所示，管倾向于以半同步的椭圆轨道做振动。图 5-3 中的管间振动模态为

$$x_{j+1} = -x_{j-1}, \quad y_{j+1} = -y_{j-1} \quad (5\text{-}13)$$

也就是说，一列（或排）管中每隔一根管都有 180°的相位差。这种模态经常被观察到（Tanaka et al.，1981；Zdravkovich et al.，1979；Connors，1970)。另一种简化假设是系数 $K_x = C_y = 0$。从式（5-10）和式（5-11）可以看出，在式（5-13）的模态下，系数 K_x 和 C_y 的项不会向管群内输入能量。它们只起到改变固有频率的作用，而且实验表明固有频率的变化很小。

在这两个假设下，描述第 j 个管平行于流动和第 $j+1$ 个管垂直于流动运动的方程如下：

$$m\ddot{x}_j + 2m\zeta_x^j\omega_x^j\dot{x}_j + k_x^j x_j = \frac{1}{2}\rho U^2 C_x y_{j+1} \quad (5\text{-}14)$$

$$m\ddot{y}_{j+1} + 2m\zeta_y^{j+1}\omega_y^{j+1}\dot{y}_{j+1} + k_y^{j+1} y_{j+1} = -\frac{1}{2}\rho U^2 K_y x_j \quad (5\text{-}15)$$

这是两个未知的方程。寻求的解决方案应使位移随时间呈指数增长或者衰减：

$$x_j = \tilde{x}_j \mathrm{e}^{\lambda t}, \quad y_{j+1} = \tilde{y}_{j+1}\mathrm{e}^{\lambda t} \quad (5\text{-}16)$$

式中，$\tilde{x}_j, \tilde{y}_{j+1}$ 和 λ 是常数。将式（5-16）代入式（5-14）和式（5-15），得出的方程可转

化为矩阵形式：

$$\begin{bmatrix} m\lambda^2+2\zeta_x^j m\omega_x^j\lambda+k_x^j & -\rho U^2 C_x/2 \\ \rho U^2 K_y/2 & m\lambda^2+2\zeta_y^{j+1}m\omega_y^{j+1}\lambda+k_y^{j+1} \end{bmatrix}\begin{Bmatrix} \tilde{x}_j \\ \tilde{y}_{j+1} \end{Bmatrix}=0 \tag{5-17}$$

上式要有 $\tilde{x}=\tilde{y}=0$ 以外的非零解，矩阵的行列式必须为零（Bellman，1970）。将行列式设置为零会得出

$$(m\lambda^2+2\zeta_x^j m\omega_x^j\lambda+k_x^j)(m\lambda^2+2\zeta_y^{j+1}m\omega_y^{j+1}\lambda+k_y^{j+1})+\frac{1}{4}\rho^2U^4C_xK_y=0 \tag{5-18}$$

扩展这个表达式可得到了 λ 的一个四阶多项式：

$$\lambda^4+a_1\lambda^3+a_2\lambda^2+a_3\lambda+a_4=0 \tag{5-19}$$

式中，系数 $a_1,\cdots,a_4$ 是 ρ,U,ζ,ω,C_x 和 K_y 的函数。Whiston 等（1982）已经表明，这种分析用于管列和管排时，会得到类似的多项式结果。

对于零解的稳定性，λ 必须只有负实部，以便小振幅扰动及时消失。Hurwitz 标准（Bellman，1970）对此给出了条件：

$$a_1>0,\ a_4>0,\ a_1a_2>a_3,\ a_3(a_1a_2-a_3)>a_1^2a_4 \tag{5-20}$$

对于正阻尼和 $C_xK_y>0$，这些标准可以表达成失稳开始的最小临界速度（Blevins，1974）：

$$\frac{U_{临界}}{2\pi(f_x^jf_y^{j+1})^{1/2}D}=\frac{(2m/\rho D^2)^{1/2}}{(C_xK_y)^{1/4}}\left[\frac{\zeta_x^j\zeta_y^{j+1}f_x^jf_y^{j+1}}{(\zeta_x^jf_x^j+\zeta_y^{j+1}f_y^{j+1})^2}\right]^{1/4}$$
$$\times\left[\left(\frac{f_y^{j+1}}{f_x^j}-\frac{f_x^j}{f_y^{j+1}}\right)^2+4\left(\frac{\zeta_y^{j+1}}{f_y^{j+1}}+\frac{\zeta_x^j}{f_x^j}\right)(\zeta_x^jf_x^j+\zeta_y^{j+1}f_y^{j+1})\right]^{1/4} \tag{5-21}$$

这种复杂的表达式是通过简化获得的。

如果 x 和 y 方向的阻尼系数相等，$\zeta_x=\zeta_y=\zeta$，且相对较小，固有频率接近但不相等［$f_x/f_y=1+O(\zeta)$，其中 $O(\zeta)$ 表示 ζ 的高阶项］，则临界约化速度降为

$$\frac{U_{临界}}{(f_xf_y)^{1/2}D}=\frac{2^{3/2}\pi}{(C_xK_y)^{1/4}}\left(\frac{m}{\rho D^2}\right)^{1/2}\left[\left(1-\frac{f_x}{f_y}\right)^2+4\zeta^2\right]^{1/4} \tag{5-22}$$

该方程预报了失稳开始的临界速度随阻尼和管间的失谐而增大。从 5.1 节讨论的实验数据中可以看出这两个参数的影响。

如果所有管的频率和阻尼都相同，则 $f_x=f_y=f$ 和 $\zeta_x=\zeta_y=\zeta$，那么式（5-21）简化为 Connors（1970）首先导出的一个简单表达式：

$$\frac{U_{临界}}{fD}=C\left[\frac{m(2\pi\zeta)}{\rho D^2}\right]^{1/2} \tag{5-23}$$

式中，$C=2(2\pi)^{1/2}/(C_xK_y)^{1/4}$。对于中心距为 1.41 D 的管列（或排），Connors 测得 $(C_xK_y)^{1/4}=0.508$。该方程与质量阻尼 $m(2\pi\zeta)/(\rho D^2)>1.0$ 的管阵数据吻合得很好，该

数据通常对应于暴露在气流中的管阵（见 5.1 节）。

根据方程（5-21）和方程（5-22）预报可知管之间固有频率的差异使临界速度增大。根据位移预报可知，如果单个柔性管被刚性管群包围（即，如果 f_x 或 f_y 无穷大），那么软管始终是稳定的。然而，实验（见 5.1 节）表明，管之间的频率差异并不总是使临界速度增大，且被刚性管群包围的单根管也可能失稳。此外，在稠密流体，尤其是水，$m(2\pi\zeta)/(\rho D^2)$ 的指数比预测的 0.5 要小；0.2 的值更适合 5.1 节的数据。位移理论的这些缺陷表明，附加流体的现象必然会影响管阵的失稳。

练　习　题

1. 管排中其他的管都是刚性的，请使用式（5-6）和式（5-7）推导出管列中两个相邻的、相同柔性管的振动方程。每根管有四个方程还是两个方程？

2. 求第 1 题中关于临界速度方程的解。假设两个管在两个方向的阻尼和固有频率都相同，且 $K_y = C_x = 0$。注意不必假设一个振型。Blevins（1974）给出了答案。

3. 如果管群具有相同的固有频率，结合方程（5-21）～方程（5-23）证明临界速度与质量阻尼系数的平方根近似成正比。如图 5-6 所示，如果质量阻尼约小于 1，则这种关系不成立。一种可能的解释是，在低质量阻尼下，耦合的附加质量变得显著，并出现流体-耦合振动模态（见 2.3 节）。这些耦合模态是否可能引起频率差异，从而解释低质量阻尼斜率的变化？

5.2.2　速度机理

位移机理［式（5-6）和式（5-7）］假设流体对管的位置的变化做出瞬时反应，事实上，会有一个很小的、有限的时滞。一些对于管的振动与流体力之间的时滞估算为

$$\tau = \begin{cases} 10D/U & \text{(Roberts, 1966)} \\ P/U & \text{(Lever et al., 1982)} \\ D/U & \text{(Price et al., 1986b)} \end{cases} \tag{5-24}$$

Roberts 给出了一列中心间距为 1.5 倍直径的管（图 5-1）后喷射变化的实验观察结果；U 是管列上游的自由流速度。在 Lever 等以及 Price 等给出的表达式中，U 是管排间的速度，时滞不是指喷射转变的时滞，而是指管阵中位移诱导力的时滞，这些时滞与涡旋脱落周期有相同的阶数［式（3-2）。$T=1/f$］，这表明振动圆柱所甩出的相干的涡流结构严重影响了流体力，见 4.4 节和 3.7 节。

不包括在位移机理中的另外一个流体现象是流体阻尼。当管在流场中振动时，流体相对于管的速度增加，在一定程度上其结果成为流体阻尼的一部分。8.2.2 节使用准静态理论对单个振动管的流体阻尼进行了说明，得出了流体阻尼的以下组成部分：

$$2\pi\zeta_x = \frac{C_D}{2}\frac{\rho D^2}{m}\frac{U}{fD},\ 2\pi\zeta_y = \frac{C_D}{4}\frac{\rho D^2}{m}\frac{U}{fD} \tag{5-25}$$

式中，C_D是基于速度U和直径D的管的阻力系数。管的阻力是$F_D = \frac{1}{2}\rho U^2 DC_D$。对于一排管，阻力可以通过$F_D = T\Delta p$与压降相关，其中，$T$是垂直于流向的横向管间距，$\Delta p$是穿过一排管后的压降。Blevins（1979a；1979b；1979c）和Roberts（1966）已经表明，如图5-6所示，在位移失稳公式中包含这些流体阻尼项会导致式（5-2）中的指数a在质量阻尼较低的情况下趋向小于0.5。

图5-9给出了横向流中阻尼实验测量结果与理论值的对比。通过管阵的压降预测，取$C_D = 0.8$。当流速高达2m/s时，理论［式（5-25）］可以很好地预测阻尼。在这一点上，随着管阵接近失稳，阻尼急剧下降，接近负值。Goyder等（1984）发现了类似的结果。这表明存在负阻尼效应，可能是时滞导致的结果［式（5-24）］。

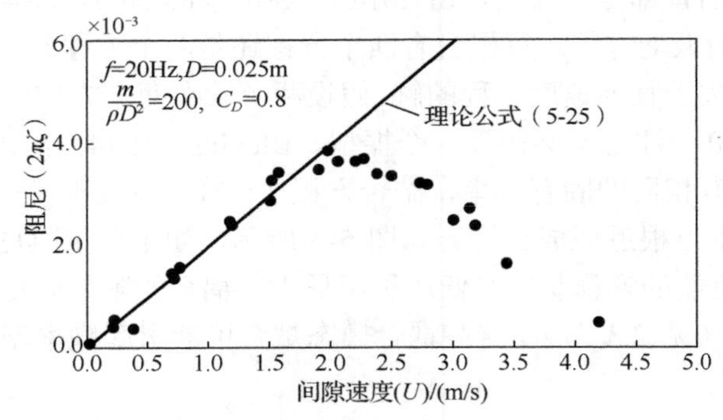

图5-9　横向流中旋转三角形阵列的单管阻尼的实验数据（Weaver et al.，1981）与理论对比

考虑一个由刚性管群包围的柔性管。$y_{j+1} = y_{j-1} = x_{j+1} = x_{j+1} = 0$时，式（5-11）是所有其他管静止时第$j$个管在横向上的振动方程：

$$m\ddot{y} + 2m\zeta_y\omega_y\dot{y} + k_y y = \frac{1}{2}\rho U^2 C_y y \tag{5-26}$$

对于相对较小的流体力（右手侧）的方程是稳定的，因为流体力与位移同步，且与结构刚度$k_y y$相比，该流体力较小。然而，如果流体力不是瞬间作用的，而是滞后于位移一个小的时间延迟τ，那么流体力也会有一个与速度同步的分量（即与阻尼同步），并且这个分量可能会失稳。

如果振动是谐响应的，那么位移与速度的相位相差为90°：

$$y = A_y \sin\omega t,\ \dot{y} = A_y\omega\cos\omega t \tag{5-27}$$

式（5-26）中的流体力为

$$F_y = \frac{1}{2}\rho U^2 C_y y = \frac{1}{2}\rho U^2 C_y A_y \sin\omega t \tag{5-28}$$

但如果流体力滞后于位移，那么流体力的一个分量与速度是同相位的，

$$
\begin{aligned}
F_y &= \frac{1}{2}\rho U^2 C_y A_y \sin[\omega(t-\tau)] \\
&= \frac{1}{2}\rho U^2 D C_y A_y (\sin\omega t\cos\omega\tau - \cos\omega t\sin\omega\tau) \\
&= \frac{1}{2}\rho U^2 C_y [y\cos\omega\tau - (1/\omega)\dot{y}\sin\omega\tau]
\end{aligned} \tag{5-29}
$$

时滞约为$\tau = D/U$［式（5-24）］，将此式代入上式，上面的方程变成

$$
F_y = \frac{1}{2}\rho U^2 C_y [y\cos\omega\tau - \dot{y}(1/\omega)\sin(\omega D/U)] \tag{5-30}
$$

把这个方程代入式（5-26），忽略同相分量，并设$\omega=\omega_j$，则

$$
m\ddot{y}_j + \left[2m\zeta_y^j\omega_y^j + \frac{1}{2}\rho U^2 C_y (1/\omega_j)\sin(\omega_j D/U)\right]\dot{y}_j + k_j^j y_j = 0 \tag{5-31}
$$

只要方括号中的项通过零点，则净阻尼也通过零点，净阻尼的值变为负数，那么该方程具有不稳定性。当方括号中的项设为零时，失稳时预估的约化速度为

$$
\frac{U^2}{\omega_j^2 D^2}\sin\left(\frac{\omega_j D}{U}\right) = -\frac{4m\zeta_y}{C_y\rho D^2} \tag{5-32}
$$

因为正弦函数的周期性，如果C_y为负值，则该方程可预报多个失稳范围。Price 等（1986b）发现，在许多情况下C_y是负的。图 5-10 给出了单个柔性管的质量阻尼理论值与柔性管阵数据的对比。

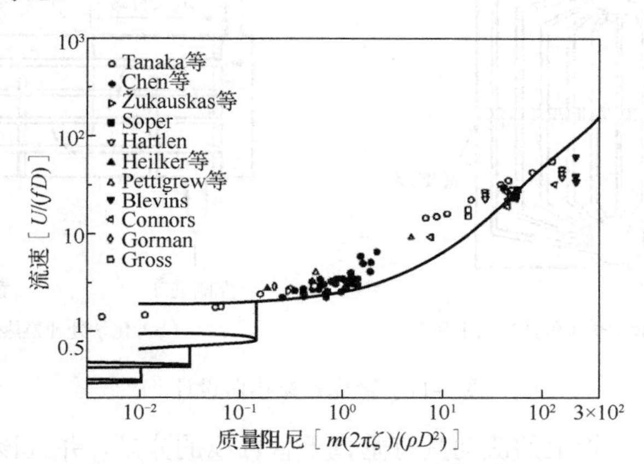

图 5-10 管阵失稳理论值与柔性管阵数据对比

［Price 等（1986b）理论是基于固定管所包围的单个柔性管］

弹性管阵中振动管上流体力的一般线性理论取决于以下几项：①管的加速度项（附加质量间的耦合，见第 2 章）；②管的速度项（流体阻尼和时滞效应）；③管的位移项（位移机理）。继 Chen（1987，1983）之后，与周围第 j 个管相互作用的第 i 个管上的流体力的一般线性表达式是

$$F_i = -\rho D^2 \sum_j (\alpha_{ij}\ddot{x}_j + \beta_{ij}\ddot{y}_j) - \rho D U \sum_j (\alpha'_{ij}\dot{x}_j + \beta'_{ij}\dot{y}_j) + \rho U^2 \sum_j (\alpha''_{ij} x_j + \beta''_{ij} y_j) \quad (5\text{-}33)$$

如果第 i 个管主要与最近的两个管相互作用，则此表达式中有 18 个系数：$\alpha_{ij}, \beta_{ij}, \alpha'_{ij}, \beta'_{ij}, \alpha''_{ij}, \beta''_{ij}$。其中一些可以用势流和 5.2 节中讨论的流体模型分析确定，但其中的大多数系数必须通过实验测量。一般来说，系数很大程度上取决于管间距和管阵模式（Price et al.，1986b）。当所有这些系数都是经过了一系列精心设计的实验测量，Tanaka 等（1981）的研究工作表明失稳的开始与实验结果十分相符。一个可能的缺陷是该理论无法模拟涡旋脱落和离散涡对管振动的影响（见 2.4 节、3.7 节、4.4 节和 9.3 节）。

5.3 换热器的实际考虑

图 5-11 展示了两种常见的管壳式换热器。图 5-11（a）为热回收锅炉。下部容器（炉底锅筒）中的水通过暴露在高温气流中的管道垂直对流。水沸腾，蒸汽被收集在上层容器（汽包）中。图 5-11（b）为化工换热器。这里，管壳是圆柱形的，带有管束，直管在管板之间运行。壳侧流动由一系列折流板引导穿过管道，折流板也用于支撑管道。

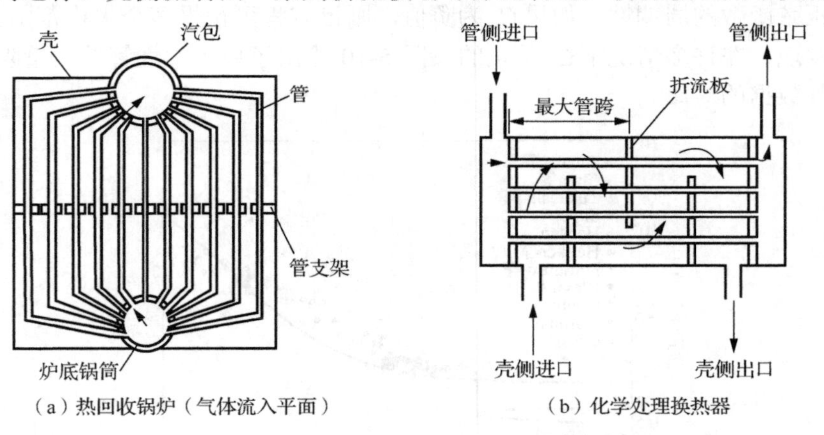

（a）热回收锅炉（气体流入平面）　（b）化学处理换热器

图 5-11　管壳式换热器设计

在这两种设计中，管上的流动具有垂直于管轴线的分量，并且该流动分量可引起流体弹性失稳。本书作者的经验是，尽管湍流抖振也会对长期磨损起作用（见 7.3.2 节），但流体弹性失稳是导致管道故障的主要原因。管道的失效模式有三种（图 5-12）：①如果管根部的应力水平高于疲劳极限，则管道周围会出现周向裂纹；②大幅振动会导致跨中处相邻管道发生碰撞，这会在相邻管面上发生磨损；③如果管与其支架之间有间隙，大幅的管道振动会在管道支撑处磨损出一个凹槽。

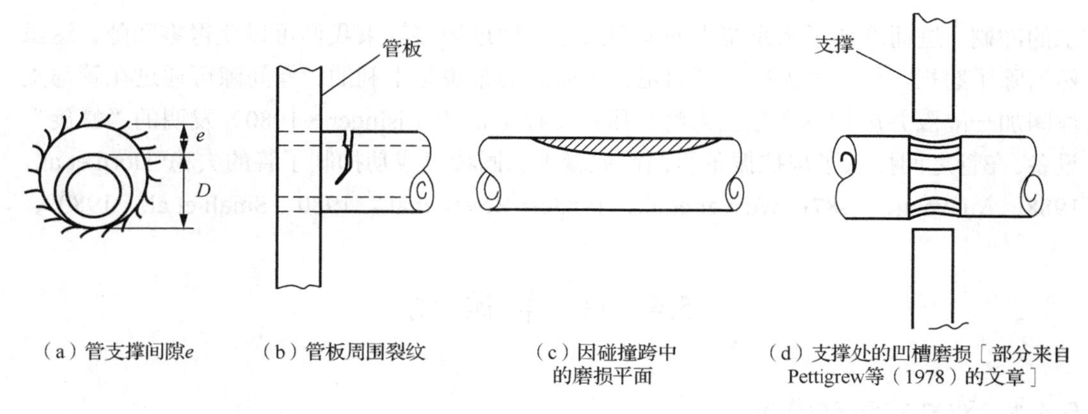

图 5-12　管座和失效模式

实际上，换热器的设计是为了最大限度地提高传热效率并降低成本。流致振动是一个次要的考虑因素，振动分析仅用于管道支撑的设计，以防止失稳。管道的固有频率与无支撑管跨成反比（Blevins，1979a；1979b；1979c）。减小无支撑管跨可提高管道的固有频率，失稳的临界速度可提高到壳侧流速以上。端部无中间支撑的轧制或焊接管具有非常低的阻尼系数，通常 $\zeta = 0.001$，而有中间支撑的管道阻尼系数至少高出无支撑管道 10 倍，$\zeta \approx 0.01$（见 8.3.2 节和 8.4.4 节）。因此，就频率和阻尼系数两项而言，增加至少一个中间支撑的好处非常大。

通常管道穿过中间支架上的超大孔（图 5-12），管道和支架之间可能发生磨损。Ko（1987）、Ko 等（1984）、Cha 等（1987）和 Blevins（1985）的试验表明，磨损率随①管支撑间隙 e［图 5-12（a）］的增大而增大，②管振幅和激振力幅值的增大而增大，③磨损时间的延长而增大，④支撑折流板宽度的减小而增大。换热器管磨损是管道沿孔周滑动时产生的微动或管撞击并从支架上反弹时的冲击磨损的结果（Ko，1987）。一般来说，如果发生冲击，相关的磨损率远远大于滑动磨损率。

至少有些管道会“浮”在支撑孔的中心。这些管道会像没有支撑一样振动，也就是说，在较低的模态下，直到振幅增大到管道撞击支撑点为止（Fricker，1988；Goyder，1985；Halle et al.，1981）。冲击速度可以通过管道的正弦运动来预测。撞击会产生表面接触应力。如果该应力超过材料的疲劳性能，则会产生冲击磨损（Blevins，1984b；Ko et al.，1984；Engel，1978）。相反，滑动磨损却取决于局部相对振动（Ko，1987；Hofmann et al.，1986）。冲击磨损和滑动磨损可以通过最小化管道相对于支架的振动而降到最小。这可以通过将管道安装在支架上或将管道支撑间隙 e 最小化来实现。理想的是让管道支架的厚度与管直径相当或更大，以此增大管道与支撑的接触。经验和理论（Godon et al.，1988；Blevins，1984b，1979b；1979c）表明，对于直径在 0.4in（10mm）和 3in（76mm）之间的管，管道支撑间隙约为 0.020in（0.5mm）或更小。然而宽支撑处的小间隙会阻碍水的冲刷，进而增加了水系统中的缝隙腐蚀。通过焊接管束我们可以获得零间隙。这虽然消除了磨损，但也大大减小了阻尼，所以总的来说是不利的。零间隙可通过在管与支撑间加一隔圈并施加一个预应力将管压在支撑上，如 Eisinger（1980）发明的"螺旋"设备。在管之间插入了扁抗振条和钢筋混凝土加固棒已成功抑制了管的失稳(Horn et al.，1988；Au-Yang，1987；Weaver et al.，1983c；Boyer et al.，1980；Small et al.，1980)。

5.4 柱群振动

5.4.1 双柱的流动描述

在垂直于圆柱轴线的流动中，考虑两个间隔紧密的弹性圆柱的振动。这种情况的实际应用常见于双翼飞机、双烟囱、防波堤、桩、输电线路束和独立冷却塔组中的串列支柱。两个圆柱可串列排列、并列排列或相对于自由流交错排列。Chen（1986）、Zdravkovich（1985、1984）、Doocy 等（1979）和 King 等（1976）的实验和回顾表明，横向流动中双圆柱的流致振动有三种机制：①当圆柱中心距超过约 1.4 倍直径时，发生涡致振动；②圆柱间距在 1.1 倍和 8 倍直径之间时，在管阵（见 5.1 节和 5.2 节）中观察到了一般类型的流体弹性失稳；③当圆柱间距大于 8 倍直径且下游圆柱落在上游圆柱的尾流中时，尾流发生跳跃振动。

图 5-13 给出了不同圆柱布置的涡旋尾流。涡旋脱落的频率（单位为 Hz）是

$$f_s = \frac{SU}{D} \tag{5-34}$$

式中，S 是图 5-14 中给出的施特鲁哈尔数。

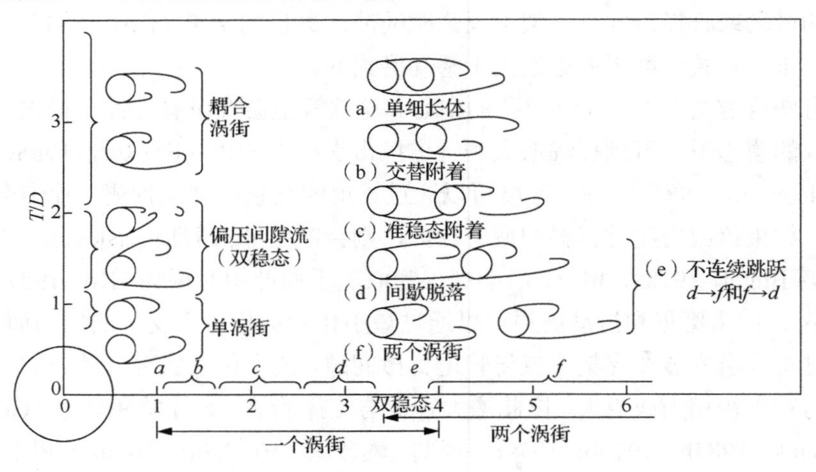

图 5-13 横向流中圆柱对的尾流

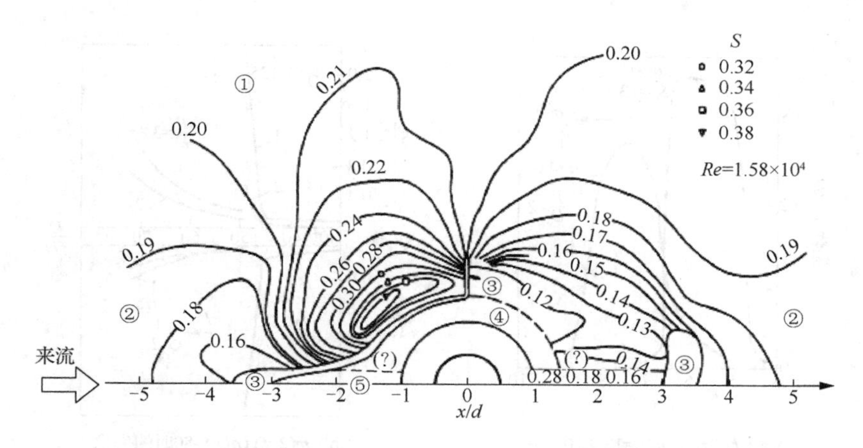

图 5-14 距一个固定圆柱一定距离的圆柱的施特鲁哈尔数

图 5-14 中把施特鲁哈尔数的变化分成五个区。区域①：施特鲁哈尔数高于单圆柱的施特鲁哈尔数。区域②：施特鲁哈尔数小于单圆柱的施特鲁哈尔数。区域③：双稳态涡旋脱落。区域④：单个涡的尾流。区域⑤：无涡旋脱落（Kiya et al.，1980）。此图中标注的数字是从与固定圆柱相距一定距离的圆柱上脱落的施特鲁哈尔数。当圆柱之间的中心距小于约 1.4 倍直径时，在圆柱对后面形成一条单独的涡街（Zdravkovich，1985；Kiya et al.，1980）。当圆柱串列排列时（一个圆柱在另一个圆柱后面），因为圆柱之间滞留的液体，中心距高达 3.9 倍直径的上游圆柱后面很少或没有涡旋脱落。如图 5-1 所示（Kim et al.，1988），在间距小于 4 倍直径的并列排列中，双稳态、非对称的射流在圆柱后面形成。当间距大于 4 倍直径时，每一个圆柱后面都会或多或少地独立于另一个圆柱形成一个涡街（见第 3 章）。Lam 等（1988）已经证明，类似的现象也会发生在一组圆柱后面。

当脱落频率［式（5-32)］近似等于圆柱固有频率（$f_s \sim f_n$）时，涡致振动就会发生，这种情况发生在约化速度接近$U/(f_nD)=1/S$情况下。通常，由于每对圆柱中的每个圆柱都具有自身的脱落频率，因此每对圆柱的响应将有两个峰值，且每个圆柱都有自己的共振，如图 5-15 所示。通常情况下，圆柱对由刚性垫片连接，因此圆柱对只出现一个单峰值。King 等（1976）以及 Zdravkovich（1977）发现，紧密排列的串列圆柱的涡致响应可以超过具有相同特性的单圆柱的涡致响应的 2～3 倍（单圆柱涡致响应在第 3 章中进行了讨论）。下游圆柱通常遭受最大的振荡力（Arie et al.，1983）。当圆柱受到与流动方向一致的振动限制、约化速度的量级为$U/(f_nD)\sim 1/(2S)\sim 2$时，在阻力方向上发生亚谐响应，其频率是涡旋脱落频率的 2 倍。通常，横向响应是线内响应的 2 倍，最大振幅出现在约化速度 4～8 处（Zdravkovich，1985）。Vickery 等（1962）发现了四个串列圆柱的类似行为。

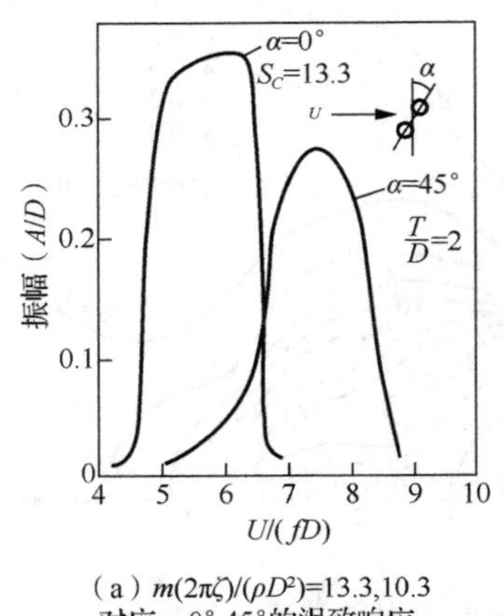

（a）$m(2\pi\zeta)/(\rho D^2)$=13.3,10.3 对应α=0°,45°的涡致响应

（b）$m(2\pi\zeta)/(\rho D^2)$=80时的失稳

图 5-15　耦合柱对的响应（Zdravkovich，1984）

失稳会导致大振幅振动。Zdravkovich（1984）和 Jendrzejczyk 等（1979）对紧密排列的管对的试验表明，在定性方面失稳与 5.1 节、5.2 节中讨论的圆柱排的流体弹性失稳是相似的。对于并列布置的圆柱（图 5-15），有一个突然向失稳的转变。串列排列的圆柱会发生更为渐近的过渡。他们的数据和 Connors（1970）以及 Halle 等（1977）关于管阵的数据表明，在式（5-2）中，指数$a=\dfrac{1}{2}$和介于 5～10 的系数 C 对于预测间距很近的圆柱和空气中心距约为 4 倍直径的圆柱排失稳的开始是适合的。

对于大于约 4 倍直径的间距，如 5.4.2 节所述，除非下游圆柱落在上游圆柱的尾流中两个圆柱会发生相互作用，否则两个圆柱之间几乎没有相互作用。

5.4.2　尾流中柱群的跳跃振动

只有当中心距小于约 5 倍直径时，并列圆柱才能与流体有相互作用。在串列布置中，仅当下游圆柱位于上游圆柱的尾流时，才会发生相互作用（Zdravkovich，1984，1977）。圆柱湍流尾流的一些时均属性如下（Blevins，1984c）。

到一半中心线损失速度的半宽为

$$b=0.23[C_D D(x+x_0)]^{1/2} \tag{5-35a}$$

中心线损失速度为

$$u_d(y=0)=1.2U\left(\frac{C_D D}{x+x_0}\right)^{1/2} \tag{5-35b}$$

损失速度剖面为

$$\frac{u_d}{U}=\mathrm{e}^{-0.69y^2/b^2} \tag{5-35c}$$

半宽 b 是从损失速度 u_d 的中心线（即从自由流速度 U 的降低）衰减到中心线值一半

的距离（图 5-16）；基于圆柱直径 D 和自由流速度 U 的阻力系数 C_D 近似为 1（图 6-9）；x 是圆柱中心的流向位置；y 是圆柱中心的横向位置；x_0 是尾流虚拟原点的流向距离，若下游圆柱中心为虚拟原点，$x_0 = L$，L 是圆柱中心的流向距离，$L \approx 6D$。尾流的边界在 $y \sim 5b$ 处。这些数据是来自时均的统计。事实上，正如前一章所讨论的，圆柱尾流中充满了演化的涡旋。

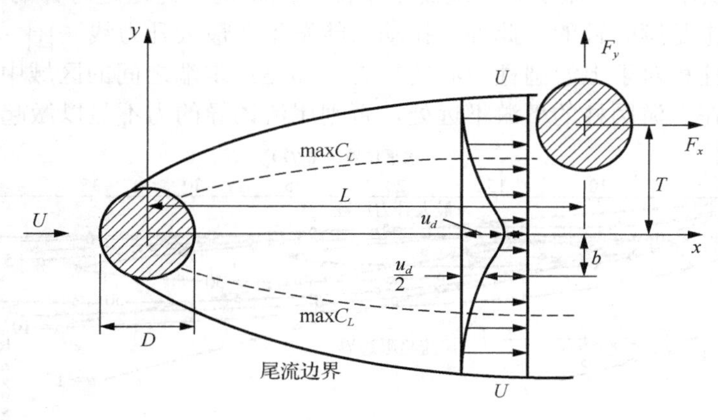

图 5-16　尾流中下游圆柱的湍流尾流的时均特性

在上游圆柱尾流中的圆柱的阻力减小，升力将圆柱往一起拉。如图 5-17 所示，随着尾流融入自由流中，这些力随着圆柱之间距离的增加而减小。当下游圆柱与上游圆柱对齐时，下游圆柱上的阻力最小。下游圆柱中心位置 T 约为 $1.3b$ 时，升力最大，刚好在尾流半宽之外。

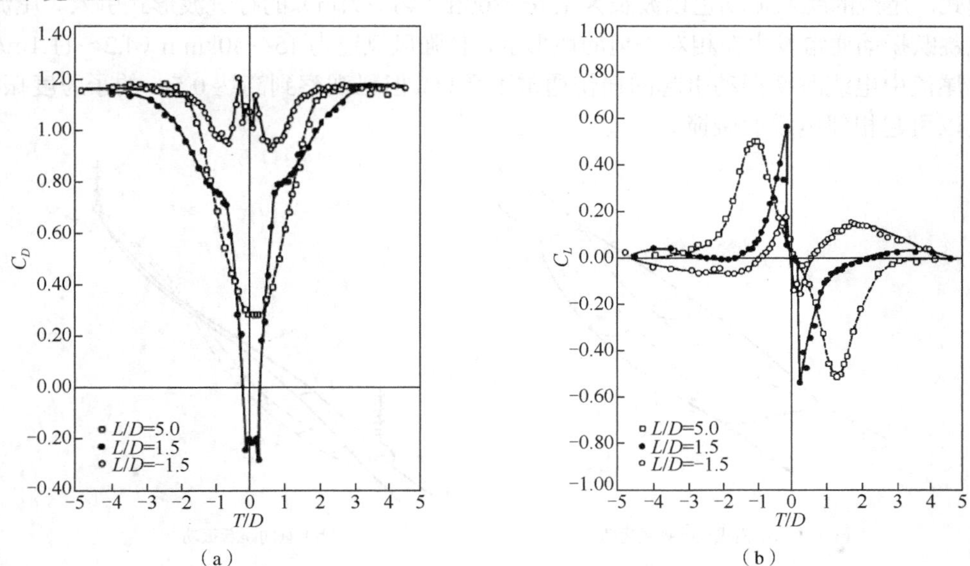

图 5-17　处于另一个圆柱尾流中圆柱的升阻力系数（Price et al.，1984）

如图 5-18 所示，尾流诱导的力可以增强下游圆柱在椭圆轨道上的振荡。在尾流外侧巨大阻力的影响下，圆柱从其轨道的最上游点向下游移动。然后，在尾流中升力的推动下，圆柱向内移动。接下来，尾流中阻力相对较低，圆柱逆流向上游移动，移动到尾流边缘，然后循环重复。振动的轨道将能量输入到圆柱中，从而激起振动。根据这一描述，我们可以推断，在从左到右的流动中，尾流下半部分的轨道一定是逆时针的，而尾流上半部分的轨道一定是顺时针的。此外，振动只能发生在最大升力线（$|y|\sim 1.3b$，其中，y 代表下游圆柱相对于上游圆柱中心的位置）和尾流末端之间的区域中（$|y|\sim 5b$），并且振荡发生在上游圆柱的下游不远处，否则尾流诱导的力不足以激起振动。

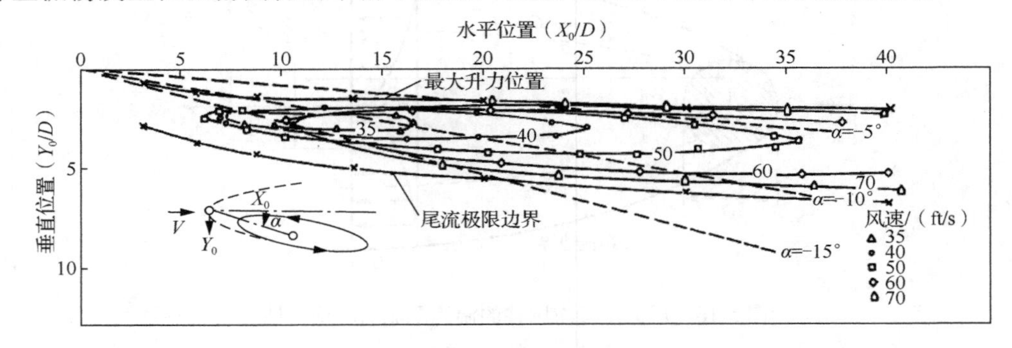

图 5-18　尾流中的跳跃振动的稳定边界和轨迹（Cooper，1973）

Doocy 等（1979）报告说，当下游电缆落在上游电缆的尾流中，且电缆的间距在 10～20 倍直径时，成束的电缆在尾流中跳跃振动是相对常见的。图 5-19 给出了电缆振动的几种模式。尾流的跳跃振动也以波长为 150～300ft（46～91m）的行进波形式引入。尾流中电缆跳跃振动通常发生在相对平坦的地形上，且强风风速为 15～40km/h（4.2～11.1m/s）。虽然尾流中电缆跳跃振动引起的损伤通常不严重，但已观察到高达 0.5m 的子跨度振幅，它足以引起相邻电缆的碰撞。

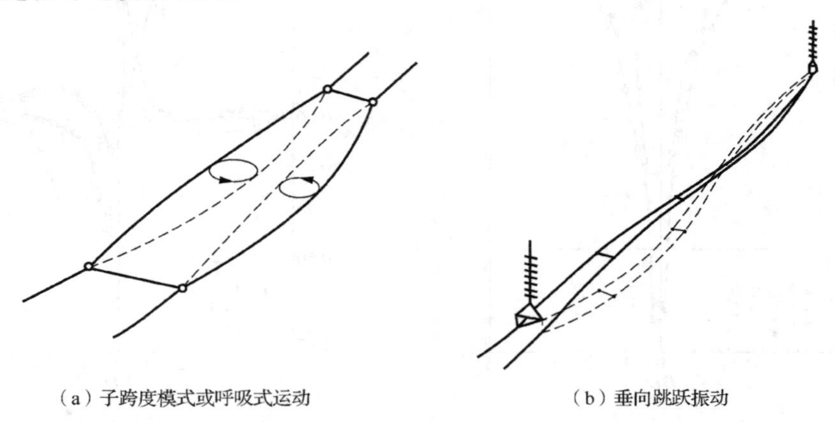

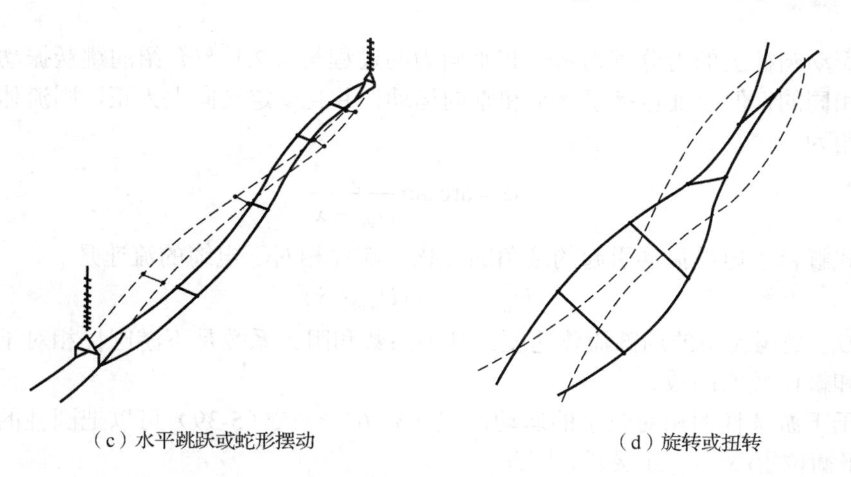

图 5-19　电缆的振动模式（Doocy et al.，1979）

上游固定圆柱（图 5-16 和图 5-17）的尾流中弹性支撑的圆柱上的升力和阻力来自尾流中的平均流量、速度以及压力梯度。垂向力 F_y 和水平力 F_x 分别用力系数 C_y 和 C_x 表示：

$$F_x = \frac{1}{2}\rho U^2 DC_x,\quad F_y = \frac{1}{2}\rho U^2 DC_y \tag{5-36}$$

这些系数可以用升力系数和阻力系数表示，它们表达了垂向和流向的平均力（图 5-20），

$$C_x = (C_D \cos\alpha - C_L \sin\alpha)\frac{U_{\text{rel}}^2}{U^2}$$

$$C_y = (C_L \cos\alpha + C_D \sin\alpha)\frac{U_{\text{rel}}^2}{U^2} \tag{5-37}$$

式中，升力系数和阻力系数由 F_L, F_D 定义，

$$F_L = \frac{1}{2}\rho U^2 DC_L,\quad F_D = \frac{1}{2}\rho U^2 DC_D \tag{5-38}$$

一个静止的圆柱，由于圆柱上的升力和垂向力重合、阻力和水平力重合，因此 $\alpha = 0, C_x = C_D, C_y = C_L$。但当圆柱振动时，相对于圆柱的流体会振荡，因此 $\alpha \neq 0$，并且升力和垂向力不再重合。

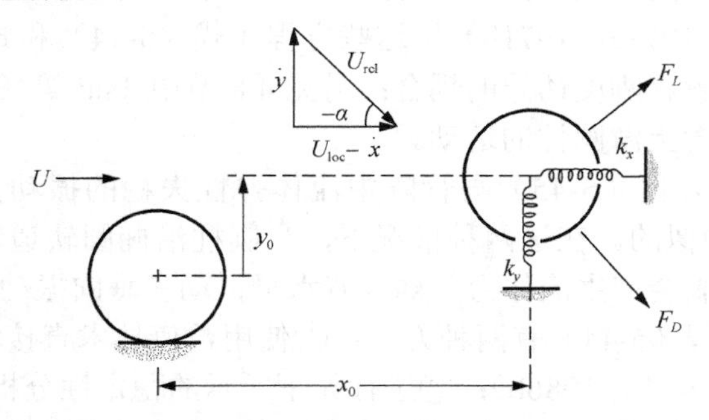

图 5-20　在另一个圆柱尾流中的弹性支撑的圆柱

将振动圆柱上的力分解为水平和垂向力的过程与 4.2.1 节介绍的跳跃振动分析中的过程是相同的，但此处包括了水平和垂向运动，并且 y 定义向上为正，则流体相对于圆柱的迎角为

$$\alpha = \arctan \frac{\dot{y}}{U_{\text{loc}} - \dot{x}} \tag{5-39}$$

这个公式解释了电缆振动引起的迎角的变化。流体相对于电缆的流速是

$$U_{\text{rel}}^2 = \dot{y}^2 + (U_{\text{loc}} - \dot{x})^2 \tag{5-40}$$

式中，U_{loc} 是尾流中的局部流体速度。升力系数和阻力系数是下游圆柱相对于上游圆柱的位置和雷诺数的函数。

对于下游圆柱的相对较小的运动，式（5-36）～式（5-39）可以把圆柱的较小位移 (x,y) 在平衡位置 (x_0, y_0) 处展开。因此，

$$C_y = C_L + \alpha C_D + O(\alpha^2), \quad C_x = C_D - \alpha C_L + O(\alpha^2) \tag{5-41}$$

$$\begin{cases} C_D(x,y) = C_D(x_0,y_0) + \dfrac{\partial C_D}{\partial x}x + \dfrac{\partial C_D}{\partial y}y + O(x^2,y^2) \\ C_L(x,y) = C_L(x_0,y_0) + \dfrac{\partial C_L}{\partial x}x + \dfrac{\partial C_L}{\partial y}y + O(x^2,y^2) \end{cases} \tag{5-42}$$

$$\alpha = \frac{-\dot{y}}{U_{\text{loc}}} + O\left(\frac{\dot{y}\dot{x}}{U}\right), \quad U_{\text{rel}}^2 = U_{\text{loc}}^2 - 2U_{\text{loc}}\dot{x} + O(\dot{y}^2) \tag{5-43}$$

C_L 和 C_D 及这些方程右侧的导数是在平衡位置处展开的。对于稳定性分析，只保留线性项。将式（5-41）～式（5-43）代入流体力方程［式（5-36）～式（5-38）］，再将这些力应用于一根弹簧支撑的圆柱上，可以得到振动方程：

$$m\ddot{x} + 2m\zeta_x\omega_x\dot{x} + k_x x = \frac{1}{2}\rho U^2 D\left(C_D + \frac{\partial C_D}{\partial x}x + \frac{\partial C_D}{\partial y}y + C_L\frac{\dot{y}}{U_{\text{loc}}} - 2C_D\frac{\dot{x}}{U_{\text{loc}}}\right) \tag{5-44}$$

$$m\ddot{y} + 2m\zeta_y\omega_y\dot{y} + k_y y = \frac{1}{2}\rho U^2 D\left(C_L + \frac{\partial C_L}{\partial x}x + \frac{\partial C_L}{\partial y}y - C_D\frac{\dot{y}}{U_{\text{loc}}} - 2C_L\frac{\dot{x}}{U_{\text{loc}}}\right) \tag{5-45}$$

风的平均阻力使电缆悬垂线从垂直方向吹出一个称为反吹角的角度。因此，Tsui（1977）和 Simpson（1971a，1971b）用这些方程［式（5-44）和式（5-45）］的右侧所包含的弹簧刚度项来解释刚度诱导的耦合；另见 4.8 节中 Tsui 等（1980）以及 Simpson 等（1977）文献中包含上游圆柱的运动。

方程（5-44）和方程（5-45）与管阵中流体弹性失稳的振动方程［式（5-10）和式（5-11）］是非常相似的。在这两种情况下，当圆柱沿椭圆轨道转动、流体速度超过临界速度时，位移机制会产生流体力并耦合着水平振动和垂向振动，从而导致失稳。求解方程（5-43）和方程（5-44）有两种方法：①使用数值技术直接积分方程组，直到得到稳定解为止（Price et al.，1986b）；②进行如下所示的稳定性分析。

对于稳定性分析，跟随 Tsui（1977），方程（5-44）和方程（5-45）是通过指数形式进行求解：

$$x = \tilde{x}\mathrm{e}^{\lambda t},\quad y = \tilde{y}\mathrm{e}^{\lambda t} \tag{5-46}$$

式中，$\tilde{x}, \tilde{y}$ 和 λ 与时间无关。将此解代入式（5-44）和式（5-45），得到一个矩阵形式的方程，正如式（5-14）～式（5-20）中对管阵流体弹性失稳所做的那样。只有当系数矩阵的行列式为零时，矩阵方程才有非零解。这就得到了一个关于 λ 的多项式：

$$\lambda^4 + a_1\lambda^3 + a_2\lambda^2 + a_3\lambda + a_4 = 0 \tag{5-47}$$

式中，$a_1,\cdots,a_4$ 是 U, m, ρ 和 C_L, C_D 及它们导数的函数（Tsui，1977；Price，1975；Simpson，1971a）。

对于确定的圆柱的位置和速度，失稳也是可能的，以致 λ 具有正实根。Simpson（1971b）认为只有满足下式才会失稳：

$$\frac{\partial C_L}{\partial x}\frac{\partial C_D}{\partial y} < 0 \tag{5-48}$$

当两个导数都是零时，沿着尾流的中心线不存在失稳；同理，在尾流外部也不存在失稳。在尾流中，$\partial C_D / \partial x$ 在上半部分为正，在下半部分为负（图 5-17），因此只有在 $\partial C_L / \partial x$ 具有相反符号的区域才可能出现失稳。失稳发生在尾流的最大升力系数线与尾流末端之间的任何边上，以 $1.3b < |y| < 5b$ 为区域边界，其中，b 由式（5-35a）给出。图 5-18 给出了潜在失稳边界和振动的数据。虽然潜在失稳的区域在下游变宽，但气动升力随着下游距离的增加而减小，实际观测到的失稳仅限于约 25 倍直径的圆柱发生分离时。电缆水平振动和垂向振动发生耦合，以及偏转引起的平均阻力，都将抑制尾流的振动。

失稳对两个坐标方向上的固有频率之比是敏感的。Price 等（1986b）、Tsui（1977）和 Simpson（1971a）已经显示了频率的微小变化可以触发或抑制失稳。Price 等（1986b）显示失稳对阻尼相对不敏感。Bokaian（1989）用准静态分析预报振动的振幅。

练　习　题

1. 在 32ft/s（10m/s）的风中，假设有一对直径为 0.8in（2.0cm）的电缆。空气的运动黏性系数为 $1.6\times10^{-4}\,\mathrm{ft^2/s}$（$1.5\times10^{-5}\,\mathrm{m^2/s}$）且 $C_D = 1$。求雷诺数是多少？绘制上游电缆尾流的边界。作为下游距离的函数，尾流中的中心线速度是多少？绘制潜在的失稳区域。

2. 如 5.2 节所述，多个弹性管阵的流体弹性失稳对管之间的频率差相对不敏感，对阻尼相对敏感，而管对尾流跳跃振动的敏感性恰恰相反。你能解释一下原因吗？

5.5　实例：换热器中管的失稳

考虑图 5-21 所示的管壳式换热器设计，水通过喷嘴进入壳侧，然后以蛇形图案流过七个折流板并在同一侧流出。本测试换热器的一些参数如下：

管的长度=140.75in（3.58m）

壳体内径=23.25in（591mm）

折流板厚度=0.375in（9.5mm）

折流板切口=5.81in（148mm）

折流板孔直径=0.768in（19.5mm）

折流板间距=17.59in（447mm）

管外径=0.75in（19.1mm）

管内径=0.652in（16.56mm）

管的材料密度 = 0.307 lb/in^3（$8.5g/cm^3$）

管的弹性模量 = $16\times10^6 lb/ft^2$（$110\times10^9 Pa$）

管型为30° 三角形（图 5-5）

节距直径比=1.25

壳侧流体为水

流体密度 = 62.4 lb/in^3（$1 g/cm^3$）

流体运动黏性系数 = $1.2\times10^{-5} ft^2/s$（$1.1\times10^{-6} m^2/s$）

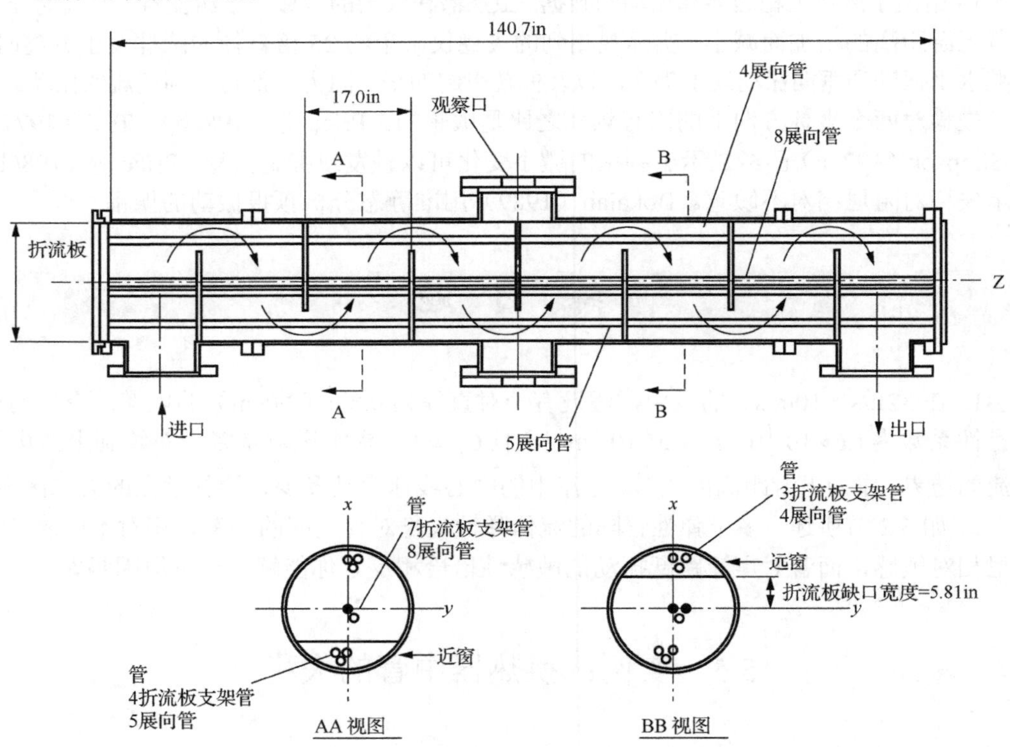

图 5-21　管壳式换热器（Mulcahy et al.，1986）

该换热器中有 499 根铜管，Mulcahy 等（1986）对其进行了测试。利用图 5-6 可以发现流动诱发失稳的潜在性，以下分析中使用了图中所示的相关性：①计算质量阻尼 $m(2\pi\zeta)/(\rho D^2)$；②由图 5-6 确定失稳开始时的约化速度值 $U/(fD)$；③计算管的固有频率参数 f；④将临界失稳速度 $U_{临界}$ 与通过换热器的壳侧流速联系起来。按此顺序完成分析。

单位长度管的质量 m 包括内部流体的质量和外部流体引起的附加质量。假设管是空的，单位长度裸管质量很容易计算为 0.033 lb/in（5.9g/cm）。水的附加质量等于管所置换的水质量乘以附加质量系数（见 2.2 节）。对于节距直径比为 1.25 的情况，表 2-2 建议的附加质量系数为 1.6，而 Mulcahy 等（1986）建议的值介于 1.5 和 1.7 之间。附加质量系数使用平均值 1.6 就得到 0.025 lb/in（4.46g/cm）的单位长度附加质量。因此，单位长度的总质量为 $m = 0.058$ lb/in（10.4g/cm）。

第 8 章讨论了管的阻尼。对这些管的测量表明，阻尼范围为临界阻尼的 1%～5%，且阻尼随频率的增加而减小。在本例中，阻尼系数采用典型值 $\zeta = 0.02$，根据此信息，质量阻尼计算为

$$\frac{m(2\pi\zeta)}{\rho D^2} = 0.358$$

图 5-6 中的这个值表明临界约化速度的下限为

$$\frac{U_{临界}}{fD} = 2$$

但数据表明，在该质量阻尼范围内观察到的数值高达 7，而式（5-2）使用了平均曲线拟合的参数 $a = 2.1$ 和 $C = 3.9$，得出的平均值为 3.2，数值见表 5-3。

表 5-3　换热器示例数据

稳定准则	$\frac{U_{临界}}{fD}$	$U_{临界}/(\mathrm{m/s})$ $f = 38\mathrm{Hz}$	$Q_{临界}/(\mathrm{m^3/s})$	
			$A = 0.057\mathrm{m}^2$	Mulcahy 等（1986）观察到的不稳定性
最小值	2	1.49	0.078	0.20
平均值	3.2	2.14	0.12	
最大值	7.0	5.21	0.27	

折流板之间弯曲管的固有频率（单位为 Hz）（Blevins，1979a；1979b；1979c）为

$$f = \frac{\lambda^2}{2\pi L^2}\left(\frac{EI}{m}\right)^{1/2}$$

式中，L 是管支架之间的距离；E 是管弹性模量；I 是管弯曲惯性矩，$I = 0.00666\mathrm{in}^4$（$0.277\mathrm{cm}^4$）；λ 是无量纲参数，它是振动模态和折流板间距的函数。在这个换热器中，管穿过七个折流板具有八个跨距［$L = 17.59$in（44.7cm）］，在“远窗口”的管穿过四个折流板具有四个跨距［$L = 35.18$in（89.4cm）］，在“近窗口”的管穿过五个折流板具有

五个不等跨距［$L_{max}=35.18\text{in}$（89.4cm）］。这些管易在折流板上的超大孔处转动，但它们的末端被夹在管板上。考虑到末端夹紧了，4 展向管的 $\lambda=3.393$，8 展向管的 $\lambda=3.210$，5 展向管的 $\lambda=3.5$。使用这些值并使用一致的单位（即遵循牛顿定律的一组单位），表 5-4 给出了管的基频（Mulcahy et al.，1986）。

表 5-4　管的基频

	4 展向管	5 展向管	8 展向管
理论值/Hz	38.7	41.1	138.7
实验值/Hz	38～40		

一般来说，由于沿管的展向都经历相似的横向流速，预计最低频率的管（4 展向管）最容易发生流体弹性失稳。

失稳的横向流速一定与通过换热器的壳侧总流量有关，这需要对流场和管的模态形态进行详细评估，进而估算式（5-12）的积分。利用质量守恒定律可以得到一个简单的估算公式：

$$Q=UA$$

式中，Q 是体积流量；U 是流体速度；A 是过流断面的面积。平均过流断面的面积是折流板之间的距离减去折流板厚度，乘以折流板直边的长度，再乘以管间自由流面积占总面积的比例（以 in^2 为单位），其计算为

$$A=(17.59-0.375)\times19.8\times(0.25/1.25)=68.18\text{in}^2=0.044\text{m}^2$$

因此，换热器的流量为 $35\text{ft}^3/\text{s}$（$1\text{m}^3/\text{s}$）时，该有效面积可产生 75ft/s（22.9m/s）的有效速度。一些额外区域及周围流动泄漏区域和穿过折流板的流动有关，它通常会使有效面积增加 30%，$A_{eff}=88.6\text{in}^2(0.057\text{m}^2)$［Mulcahy 等（1986）使用数值的流体建模方法对有效流动面积和横向流速进行了更详细的计算，但在他们的计算中有一部分明显的错误］。

如果用临界约化速度的平均值或最大值来计算有效流动面积，那么 Mulcahy 等测量到的失稳开始流量 $7.44\text{ft}^3/\text{s}$（$0.21\text{m}^3/\text{s}$）与当前的计算结果一致。失稳出现在 4 展向管上，它们是无支撑的展向最大的管束。通过提供额外的跨中支撑，这些管的临界速度可以增大 4 倍（见 5.3 节）。

参考文献

Arie M, Kiya M, Moriya H, et al. 1983. Pressure fluctuations on the surface of two circular cylinders in tandem arrangement. Journal of Fluids Engineering, 105: 161-166.

Au-Yang M K. 1987. Development of stabilizers for steam generator tube repair. Nuclear Engineering and Design, 103(2): 189-197.

Balsa T F. 1977. Potential flow interactions in an array of cylinders in cross-flow. Journal of Sound and Vibration, 50(2): 285-303.

Bearman P W, Wadcock A J. 1973. The interaction between a pair of circular cylinders normal to a stream. Journal of Fluid Mechanics, 61(3): 499-511.

Bellman R. 1970. Introduction to matrix analysis. New York: McGraw-Hill: 253.

Blevins R D. 1974. Fluid elastic whirling of a tube row. Journal of Pressure Vessel Technology, 96(4): 263-267.

Blevins R D. 1979a. Fluid damping and the whirling instability. Flow-Induced Vibrations, New York: ASME.

Blevins R D. 1979b. Formulas for natural frequency and mode shape. New York: Van Nostrand Reinhold.

Blevins R D. 1979c. Fretting wear of heat exchanger tubes. Journal of Engineering for Gas Turbines and Power, 101(4): 625-633.

Blevins R D. 1984a. Discussion of "guidelines for the instability flow velocity of tube arrays in crossflow". Journal of Sound and Vibration, 97(4): 641-644.

Blevins R D. 1984b. A rational algorithm for predicting vibration-induced damage to tube and shell heat exchangers. Symposium on Flow-Induced Vibrations, ASME, New York: 87-104.

Blevins R D. 1984c. Applied fluid dynamics handbook. New York: Van Nostrand Reinhold.

Blevins R D. 1985. Vibration-induced wear of heat exchanger tubes. Journal of Engineering Materials and Technology, 107(1): 61-67.

Blevins R D, Gibert R J, Villard B. 1981. Experiments on vibration of heat-exchanger tube arrays in cross flow. Transactions of the 6th International Conference on Structural Mechanics in Reactor Technology, Paris, France, Paper B6/9.

Bokaian A R. 1989. Galloping of a circular cylinder in the wake of another. Journal of Sound and Vibration, 128(1): 71-85.

Boyer R C, Pase G K. 1980. The energy-saving NESTS concept. Heat Transfer Engineering, 2(1): 19-27.

Cha J H, Wambsganss M W, Jendrzejczyk J A. 1987. Experimental study on impact/fretting wear in heat exchanger tubes. Journal of Pressure Vessel Technology, 109(3): 265-274.

Chen S S. 1983. Instability mechanisms and stability criteria of a group of cylinders subjected to cross-flow, parts I and II. Journal of Vibration, Acoustics, Stress, and Reliability in Design, 105(2): 51-58, 253-260.

Chen S S. 1984. Guidelines for the instability flow velocity of tube arrays in crossflow. Journal of Sound and Vibration, 93(3): 439-455.

Chen S S. 1986. A review of flow-induced vibration of two circular cylinders in crossflow. Journal of Pressure Vessel Technology, 108(4): 382-393.

Chen S S. 1987. A general theory for dynamic instability of tube arrays in crossflow. Journal of Fluids and Structures, 1(1): 35-53.

Chen S S, Jendrzejczyk J A. 1981. Experiments on fluid elastic instability in tube banks subjected to liquid cross flow. Journal of Sound and Vibration, 78(3): 355-381.

Connors H J. 1970. Fluid eastic vibration of tube arrays excited by cross-flow. Symposium on Flow-Induced Vibration in Heat Exchangers, ASME Winter Annual Meeting, New York: 42-47.

Connors H J. 1978. Fluidelastic vibration of heat exchanger tube arrays. Journal of Mechanical Design, 100(2): 347-353.

Cooper K R. 1973. Wind tunnel and theoretical investigations into the aerodynamic stability of smooth and stranded twin bundled power conductors. NRC (Canada) Laboratory Technical, Report LA-117.

Doocy E S, Hard A R, Rawlins C B, et al. 1979. Transmission line reference book: wind-induced conductor motion. Palo Alto, Calif.: Electrical Power Research Institute.

Eisinger F L. 1980. Prevention and cure of flow-induced vibration problems in tubular heat exchangers. Journal of Pressure Vessel Technology, 102(2): 138-145.

Engel P A. 1978. Impact wear of materials. New York: Elsevier.

Franklin R E, Soper B M H. 1977. An investigation of fluid elastic instabilities in tube banks subjected to fluid cross-flow. Proceedings of Conference on Structural Mechanics in Reactor Technology, San Francisco, Calif., Paper F6/7.

Fricker A J. 1988. Numerical analysis of the fluidelastic vibration of a steam generator tube with loose supports//International Symposium on Flow Induced Vibration and Noise, 5. Paidoussis M P ed. New York: ASME: 105-120.

Godon J L, Lebret J. 1988. Influence of the tube-support plate clearance on flow-induced vibration in large condensers//International Symposium Flow-Induced Vibration and Noise, 5. Paidoussis M P ed. New York: ASME: 177-186.

Goyder H G D. 1985. Vibration of loosely supported steam generator tubes//ASME Symposium on Thermal Hydraulics and Effects of Nuclear Steam Generators and Heat Exchangers. Cho S M, et al., eds. HTD 51. New York: ASME: 35-42.

Goyder H G D, Teh C E. 1984. Measurement of the destabilising forces on a vibration tube in fluid cross flow//Symposium on Flow-Induced Vibrations, 2. Paidoussis M P, et al., eds. New York: ASME: 151-164.

Halle H, Lawrence W P. 1977. Crossflow-induced vibration of a row of circular cylinders in water. ASME, Paper 77-JPGC-NE-4.

Halle H, Chenoweth J M, Wambsganss M W. 1980. DOE/ANL/HTRI heat exchanger tube vibration data bank. Argonne National Laboratory Technical Memorandum, ANL-CT-80-3.

Halle H, Chenoweth J M, Wambsganss M W. 1981. Flow-induced vibration tests of typical industrial heat exchanger configurations. ASME, Paper 81-DET-37.

Hara F. 1989. Unsteady fluid dynamic forces acting on a single row of cylinders vibrating in a cross flow. Journal of Fluids and Structures, 3(1): 97-113.

Hartlen R T. 1974. Wind tunnel determination of fluid-elastic vibration thresholds for typical heat-exchanger patterns. Ontario Hydro Research Division, Ontario, Report 74-309-K.

Heilker W J, Vincent R Q. 1981. Vibration in nuclear heat exchangers due to liquid and two-phase flow. Journal of Engineering for Power, 103(2): 358-366.

Hofmann P J, Schettler T, Steininger D A. 1986. Pressurized water reactor generator tube fretting and fatigue wear characteristics. ASME, Paper 86-PVP-2.

Horn M J, et al. 1988. Staking solutions to tube vibration problems//International Symposium on Flow-Induced Vibration and Noise, 5. Paidoussis M P ed. New York: ASME: 187-200.

Jendrzejczyk J A, Chen S S, Wambsganss M W. 1979. Dynamic responses of a pair of circular tubes subjected to liquid cross flow. Journal of Sound and Vibration, 67(2): 263-273.

Kim H J, Durbin P A. 1988. Investigation of the flow between a pair of circular cylinders in the flopping regime. Journal of Fluid Mechanics, 196: 431-448.

King R, Johns D J. 1976. Wake interaction experiments with two flexible circular cylinders in flowing water. Journal of Sound and Vibration, 45(2): 259-283.

Kiya M, Arie M, Tamura H, et al. 1980. Vortex shedding from two circular cylinders in staggered arrangement. Journal of Fluids Engineering, 102(2): 166-173.

Ko P L. 1987. Metallic wear—a review, with special references to vibration-induced wear in power plant components. Tribology International, 20(2): 66-78.

Ko P L, Basista H. 1984. Correlation of support impact force and fretting-wear for a heat exchanger tube. Journal of Pressure Vessel Technology, 106(1): 69-77.

Lam K, Cheung W C. 1988. Phenomena of vortex shedding and flow interference of three cylinders in different equilateral arrangements. Journal of Fluid Mechanics, 196: 1-26.

Lever J H, Weaver D S. 1982. A theoretical model for fluid-elastic instability in heat exchanger tube bundles. Journal of Pressure Vessel Technology, 104(3): 147-158.

Modi V J, Slater J E. 1983. Unsteady aerodynamics and vortex induced aeroelastic instability of a structural angle section. Journal of Wind Engineering & Industrial Aerodynamics, 11(1-3): 321-334.

Mulcahy T M, Halle H, Wambsganss M W. 1986. Prediction of tube bundle instabilities: case studies. Argonne National Laboratory, Report ANL-86-49.

Overvik T, Moe G, Hjort-Hansen E. 1983. Flow-induced motions of multiple risers. Journal of Energy Resources Technology, 105(1): 83-89.

Paidoussis M P. 1983. A review of flow-induced vibrations in reactors and reactor components. Nuclear Engineering and Design, 74(1): 31-60.

Paidoussis M P. 1987. Flow-induced instabilities of cylindrical structures. Applied Mechanics Reviews, 40(2): 163-175.

Paidoussis M P, Price S J. 1988. The mechanisms underlying flow-induced instabilities of cylinder arrays in crossflow. Journal of Fluid Mechanics, 187: 45-59.

Paidoussis M P, Mavriplis D, Price S J. 1984. A potential-flow theory for the dynamics of cylinder arrays in cross-flow. Journal of Fluid Mechanics, 146: 227-252.

Pettigrew M J, Sylvestre Y, Campana A O. 1978. Vibration analysis of heat exchanger and steam generator designs. Nuclear Engineering and Design, 48(1): 97-115.

Pettigrew M J, Tromp J H, Mastorakos J. 1985. Vibration of tube bundles subjected to two-phase cross-flow. Journal of Pressure Vessel Technology, 107(4): 335-343.

Pettigrew M J, Taylor C E, Kim B S. 1989. Vibration of tube bundles in two-phase cross-flow: part 1—hydrodynamic mass and damping. Journal of Pressure Vessel Technology, 111(4): 466-477.

Price S J. 1975. Wake induced flutter of power transmission conductors. Journal of Sound and Vibration, 38(1): 125-147.

Price S J, Paidoussis M P. 1984. The aerodynamic forces acting on groups of two and three circular cylinders when subject to a cross-flow. Journal of Wind Engineering & Industrial Aerodynamics, 17(3): 329-347.

Price S J, Paidoussis M P. 1986a. A single flexible cylinder analysis for the fluidelastic instability of an array of flexible cylinders in cross-flow. Journal of Fluids Engineering, 108(2): 193-199.

Price S J, Piperni P. 1986b. An investigation of the effects of mechanical damping to alleviate wake-induced flutter of overhead power conductors. Journal of Fluids & Structures, 2(1): 53-71.

Price S J, et al. 1987. The flow-induced vibration of a single flexible tube in a rotated square array. Journal of Fluids and Structures, 1(4): 359-378.

Price S J, Valerio N R. 1989. A nonlinear investigation of cylinder arrays in cross flow. Flow Induced Vibration, New York: ASME: 1-10.

Roberts B W. 1966. Low frequency, aero-elastic vibrations in a cascade of circular cylinder. Mechanical Engineering Science Monograph No. 4.

Simpson A. 1971a. Wake induced flutter of circular cylinders: mechanical aspects. Aeronautical Quarterly, 22(2): 101-118.

Simpson A. 1971b. On the flutter of a smooth circular cylinder in a wake. Aeronautical Quarterly, 22(1): 25-41.

Simpson A, Flower J W. 1977. An improved mathematical model for the aerodynamic forces on tandem cylinder in motion with aeroelastic application. Journal of Sound and Vibration, 51(2): 183-217.

Small W M, Young R K. 1980. Exchanger design cuts tube vibration failure. Oil and Gas Journal, 75(37): 77-80.

Soper B M H. 1983. The effect of tube layout on the fluid-elastic instability of tube bundles in crossflow. Journal of Heat Transfer, 105(4): 744-750.

Southworth P J, Zdravkovich M M. 1975. Effect of grid-turbulence on the fluid-elastic vibrations of in-line tube banks in cross flow. Journal of Sound and Vibration, 39(4): 461-469.

Stevens-Guille P D. 1974. Steam generator tube failures: a world survey of water-cooled nuclear reactors in operation during 1972. Chalk River Nuclear Laboratories, Ontario, Report AECL-4753.

Tanaka H, Takahara S. 1981. Fluid elastic vibration of tube array in cross flow. Journal of Sound and Vibration, 77(1): 19-37.

Tsui Y T. 1977. On wake-induced flutter of a circular cylinder in the wake of another. Journal of Applied Mechanics, 44(2): 194-200.

Tsui Y T, Tsui C C. 1980. Two dimensional stability analysis of two coupled conductors with one in the wake of the other. Journal of Sound and Vibration, 69(3): 361-394.

Vickery B J, Watkins R D. 1962. Flow-induced vibrations of cylindrical structures. Proceedings of the First Australian Conference, The University of Western Australia.

Wardlaw R L, Cooper K R, Scanlan R H. 1973. Observations on the problem of subspan oscillation of bundled power conductors. Proceedings of the International Symposium on Vibration Problems in Industry, Keswick, England, UK, Paper 323.

Weaver D S, ElKashlan M. 1981. The effects of damping and mass ratio on the stability of a tube bank. Journal of Sound and Vibration, 76(2): 283-294.

Weaver D S, Fitzpatrick J A. 1988. A review of cross-flow induced vibrations in heat exchanger tube arrays. Journal of Fluids and Structures, 2(1): 73-93.

Weaver D S, Goyder H G D. 1990. An experimental study of fluidelastic instability in a three-span tube array. Journal of fluids & structures, 4(4): 429-442.

Weaver D S, Korogannakis D. 1983b. Flow-induced vibrations of heat exchanger U-tubes: a simulation to study the effect of asymmetric stiffness. Journal of Vibration and Acoustics, 105(1): 67-75.

Weaver D S, Lever J. 1977. Tube frequency effects on cross flow induced vibrations in tube array. 5th Biennial Symposium on Turbulence, University Missouri-Rolla, Rolla: 323-331.

Weaver D S, Schneider W. 1983c. The effect of flat bar supports on the crossflow induced response of heat exchanger U-tubes. Journal of Engineering for Power, 105(4): 775-781.

Weaver D S, Yeung H C. 1983a. Approach flow direction effects on the cross-flow induced vibrations of a square array of tubes. Journal of Sound and Vibration, 87(3): 469-482.

Whiston G S, Thomas G D. 1982. Whirling instabilities in heat exchanger tube arrays. Journal of Sound and Vibration, 81(1): 1-31.

Yeung H C, Weaver D S. 1983. The effect of approach flow direction on the flow-induced vibration of a triangular tube array. Journal of Vibration, Acoustics, Stress, and Reliability in Design, 105(1): 76-81.

Zdravkovich M M. 1977. Review—review of flow interference between two circular cylinders in various arrangements. Journal of Fluids Engineering, 99(4): 618-633.

Zdravkovich M M. 1984. Classification of flow-induced oscillations of two parallel circular cylinders in various arrangements//Symposium on Flow-Induced Vibrations, 2. Paidoussis M P, et al., eds. New York: ASME: 1-18.

Zdravkovich M M. 1985. Flow induced oscillations of two interfering circular cylinders. Journal of Sound and Vibration, 101(4): 511-521.

Zdravkovich M M, Namork J E. 1979. Structure of interstitial flow between closely spaced tubes in staggered array//Flow-Induced Vibrations. New York: ASME.

第 6 章　振荡流致振动

1961 年 1 月 15 日，海浪摧毁了位于新泽西海岸的得克萨斯 4 号平台。1980 年 3 月，亚历山大·基兰号浮式平台在北海的一场风暴中倾覆。实际上，浮式平台、导向塔、石油管道和张力腿平台都会对海浪和海流做出响应。目前，海洋结构物的工作水深已达到了 300m（1000ft），预计工作水深还将增加 5 倍。在波浪和涡旋脱落的共振范围之外加固这些深水结构物是不可能的，所以本章将对在波浪（可简化为振荡流）的作用下结构物的动力响应进行分析。

6.1　线内力及其极值

几乎所有与振荡流相关流体力的研究都采用 Morison 方法（Sarpkaya et al.，1981a；Morison et al.，1950）：线内流体力被认为是惯性力和阻力总和。惯性力与流体加速度有关，阻力与相对速度有关。

惯性力是由两个激励构成的。首先，如果流体有加速度，就会在流场中产生压力梯度。压力梯度对流体中的结构施加浮力，就像浮力对浸没在静止流体中的结构施加浮力一样。浮力等于被结构置换的流体质量乘以流体的加速度。惯性力的第二个分量是附加质量力，它是结构加速运动所带动周围的流体产生的（见 2.2 节）。在加速流中，固定结构上每单位长度的总惯性力是浮力和附加质量力之和：

$$F_I=\rho A\dot{U}+C_a\rho A\dot{U} \tag{6-1}$$

式中，ρ 是流体密度；A 是横截面积；U 是流速；C_a 是附加质量系数；$(\dot{\ })$表示关于时间的导数；无黏性流动中圆柱附加质量系数的理论值为$C_a=1.0$。不同结构的附加质量系数见表 2-2 和 Blevins（1984a）的文章。

附加质量力与结构和流体之间的相对加速度成正比。因此，在加速流中，施加在加速单位长度结构的合惯性力可写为

$$F_I=\rho A\dot{U}+C_a\rho A(\dot{U}-\ddot{x}) \tag{6-2}$$

式中，x 是与水流线内流动一致的结构位移。其所在的坐标系如图 6-1 所示。

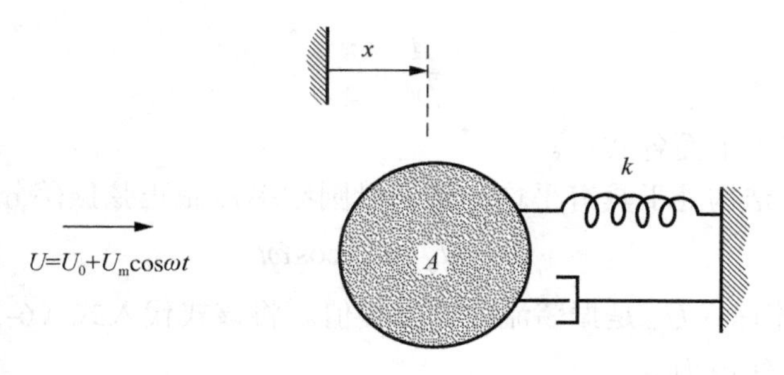

图 6-1　振荡流中的弹簧支撑结构

结构上的流体动态的阻力与结构和流体之间的相对速度有关。单位长度的阻力为

$$F_D=\frac{1}{2}\rho|U-\dot{x}|(U-\dot{x})DC_D \tag{6-3}$$

式中，C_D 为阻力系数；D 为测量 C_D 中所用到的结构特征宽度；$U-\dot{x}$ 为相对速度。

单位长度的总线内流体力是惯性力分量［式（6-2）］和阻力分量［式（6-3）］之和，即

$$F=\rho A\dot{U}+C_a\rho A(\dot{U}-\ddot{x})+\frac{1}{2}\rho|U-\dot{x}|(U-\dot{x})DC_D \tag{6-4}$$

对于固定结构，$x=\dot{x}=\ddot{x}=0$，则表达式变为

$$F(x=0)=\rho AC_m\dot{U}+\frac{1}{2}\rho|U|UDC_D \tag{6-5}$$

其中，惯性力系数表示为 1 加上附加质量系数，即

$$C_m=1+C_a \tag{6-6}$$

Morison 方程，即式（6-4），能准确地表示以下情况：①无黏性流体中的加速度；②雷诺数大于 1000 以上时的稳定流。对于所有其他的情况，它是近似的。然而，几乎可以自由选择 C_m 和 C_D 来拟合实验数据，并且具有良好的拟合系数，Morison 方程可以匹配各种规则和不规则振荡流线内力的时历（Hudspeth et al.，1988；Dawson，1985；Sarpkaya et al.，1985）。另见 Bishop（1985）、Starsmore（1981）、Sarpkaya 等（1981a）以及 Keulegan 等（1958）对 Morison 计算公式的精度的讨论。

值得注意的是，振荡流的圆频率 ω 与频率 f、周期 T 相关：

$$\omega=2\pi f=\frac{2\pi}{T} \tag{6-7}$$

参数 $U_m/(fD)$ 在海洋工程中经常出现，它被称为柯莱根-卡彭特数（KC）：

$$\mathrm{KC}=\frac{U_m}{fD}=\frac{2\pi U_m}{\omega D}=\frac{U_mT}{D} \tag{6-8}$$

式中，U_m 是振荡流的速度幅值；流体以频率 f 振荡（如果 f 是在速度幅值为 U_m 的稳定流中结构运动的频率，则此参数称为约化速度（见 1.1.2 节）。对于圆柱结构，横截面积 A 与直径 D 相关，

$$\frac{A}{D^2}=\frac{\pi}{4} \tag{6-9}$$

所以这个值可以代入下面各式中。

考虑一个静止结构处于具有平均分量和以圆频率 ω 做正弦振荡分量的流体中，则

$$U=U_0+U_m\cos\omega t \tag{6-10}$$

式中，U_0 是平均流速；U_m 是振荡流的速度幅值。将该式代入式（6-5），可以得出单位长度固定结构上的线内力为

$$F(t)=-\rho AC_m\omega U_m\sin\omega t+\frac{1}{2}\rho|U_0+U_m\cos\omega t|(U_0+U_m\cos\omega t)DC_D \tag{6-11}$$

即惯性力分量和阻力分量相加为合力，它有如图 6-2 所示的周期 $T=2\pi/\omega$。如果平均流量为零，即 $U_0=0$，则平均力为 0。

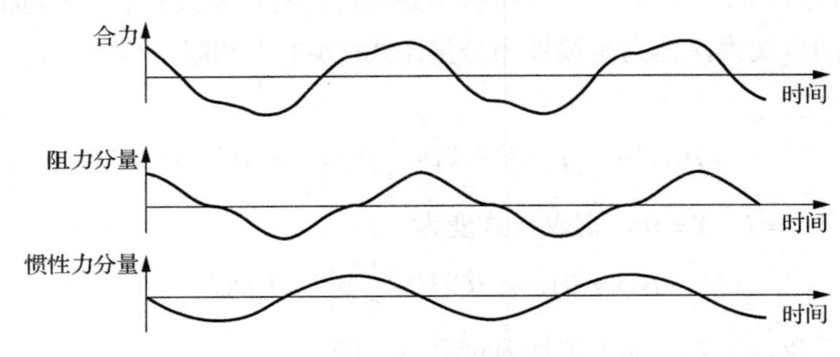

图 6-2　振荡流中固定结构上线内力的分量

如果流体以圆频率为 ω 做振荡且其平均流速为 0，即 $U=U_m\cos\omega t$，那么通过将其时间的导数设置为 0，可以证明单位长度静止结构上的最大线内力［式（6-11），$U_0=0$］等于两个值中的较大值，即

$$F_{T_{\max}\atop U_0=0}=\begin{cases}\rho AC_mU_m\omega, & \dfrac{U_m}{\omega D}<\dfrac{C_mA}{C_DD^2}\\[2ex] \dfrac{1}{2}\rho U_m^2DC_D+\dfrac{\rho A^2C_m^2\omega^2}{2C_DD}, & \dfrac{U_m}{\omega D}\geqslant\dfrac{C_mA}{C_DD^2}\end{cases} \tag{6-12}$$

$U_m/(\omega D)<6$ 时，最大力是由惯性力分量引起的，最大值出现在 90° 或 180° 相位角处。$U_m/(\omega D)\gg 6$ 时，最大力受阻力影响逐渐增大，最大值出现在 0°、180° 和 360° 相位角处，见图 6-2。

如果平均流速不为 0，$U_0\neq 0$，则最大线内力不能用封闭式表达，但可以用数字或图形表示。我们用惯性力分量的最大值将式（6-11）无量纲化，即

$$F_T=\rho AC_mU_m\omega\left[-\sin\omega t+\frac{U_0}{U_m}\frac{U_0}{\omega D}\frac{D^2}{2A}\frac{C_D}{C_m}\times\left|1+\frac{U_m}{U_0}\cos\omega t\right|\left(1+\frac{U_m}{U_0}\cos\omega t\right)\right] \tag{6-13}$$

式中，右侧方括号中因数的最大值如图 6-3 所示，同时还绘制了最大值出现时的相位角。$U_m/(fD)$ 处于小值时，最大力由惯性力分量占主导，而 $U_m/(fD)$ 处于大值并且稳定流与振荡流之比较大时，最大力由阻力主导。

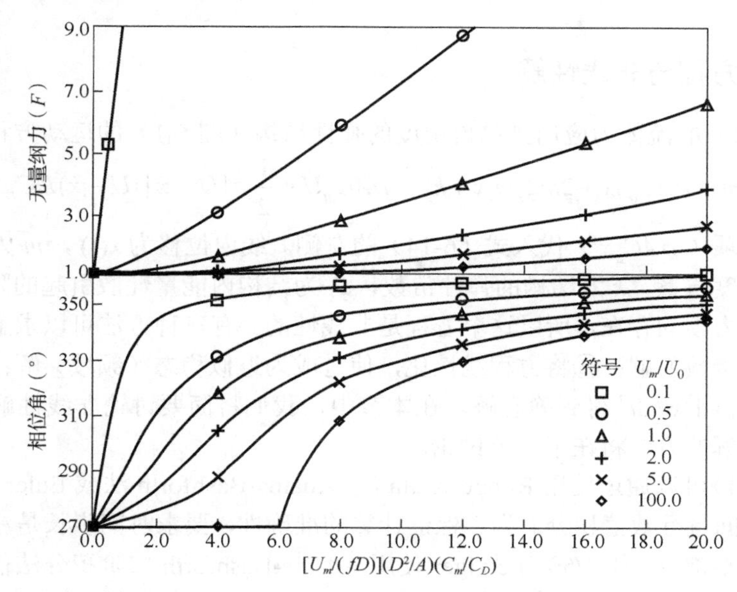

图 6-3 稳定振荡流中结构上的最大线内力

练 习 题

1. 将式（6-11）的时间导数设置为 0，求出最大值发生的 ωt 值，将 $U_0=0$ 代入式（6-11），最大力发生时的相位角是多少？提示：函数绝对值的导数是加或减该函数的导数。

2. 在浅水波理论中，速度的水平分量由 $U_m=(H/2)(g/d)^{1/2}$ 给出，其中 H 是波谷至波峰的高度，d 是水深，g 是重力加速度（9.8m/s^2）。在 10m 深的水中，周期为 10s、波高为 1m, 2m, 3m 的波通过直径为 0.6m、高度为 10m 的桩，求每个波高作用在桩上的最大总力是多少？

3. 对于浅水波，U_m 在第 2 题中给出，波长（波峰之间的距离）是 $L=2\pi(gd)^{1/2}/\omega$，其中 g 是重力加速度，d 是平均水深。在圆柱上（$A=\pi D^2/4, C_D\approx 1, C_m\approx 2$）的波浪力以惯性力为主时，确定圆柱直径、波长、深度和波高之间的关系。非常大的圆柱通常是惯性力占主导地位吗？直径与波长相当的圆柱上的波浪力通过绕射理论计算（Blevins，1984b；Sarpkaya et al.，1981a）。

6.2 线 内 运 动

6.2.1 运动方程与非线性解

将式（6-4）的流体力应用到单自由度的弹性结构（图 6-1）的运动方程上，

$$(m+\rho AC_a)\ddot{x}+2m\zeta_s\omega_n\dot{x}+kx=\rho AC_m\dot{U}+\frac{1}{2}\rho|U-\dot{x}|(U-\dot{x})DC_D \tag{6-14}$$

将附加质量力项（$\rho AC_a\ddot{x}$）代入式（6-14）的左侧。线内位移为 $x(t)$，m 为结构和内部流体的单位长度质量，k 为结构的弹性常数，ζ_s 为结构内能量耗散引起的阻尼系数。因右侧非线性阻力项的存在，所以这个方程是非线性的。有三种方法可以求解：①用时历积分得到的直接数值解；②将方程线性化，使之成为近似稳态（频域）解；③忽略时间相关项 $\mathrm{d}x/\mathrm{d}t$ 和 $\mathrm{d}^2x/\mathrm{d}t^2$ 得到静态解。在本节中，我们将简要讨论非线性解，并与静态解比较。线性解的方法将在下一节讨论。

方程（6-14）可以通过使用 Runge-Kutta 法、Adams-Bashforth 法或 Euler 法（Ferziger，1981）等对时间进行数值积分。为了保证计算的准确性，要求时间步长是波周期和结构固有周期的一小部分，如 1/50。Ferziger 使用 Adams-Bashforth 二阶积分法估算的一些结果如图 6-4 所示。这些结果适用于振荡流，即 $U_m\cos\omega t$。积分从零位移开始，经过 40 个波周期积分达到稳态。记录在第 40 个周期的最大位移，并使用最大静态位移进行无量纲化。通过确定固定结构上的最大波浪力［式（6-12)］，然后将该力除以弹簧常数 k，得到最大静态位移：

$$x_{\text{静态}}=\frac{F_{\max}(x=0)}{k} \tag{6-15}$$

结果代表了静态和动态的比。横轴表示波频除以结构的固有频率，即

$$f_n=\frac{\omega_n}{2\pi}=\frac{1}{2\pi}\left(\frac{k}{m_t}\right)^{1/2} \tag{6-16}$$

式中，单位长度的总质量为

$$m_t=m+\rho AC_a \tag{6-17}$$

即结构质量和附加质量之和。

图 6-4（a）显示了结构的质量大致等于排开流体的质量，即中性浮力。图 6-4（b）显示了质量比排开流体质量大 10 倍的结构，例如水中的实心钢结构。在这两种情况下，结构阻尼系数均为 0，即 $\zeta_s=0$。在 $U_m/(fD)$ 为小值时，动态的响应最大，因为此处波浪力主要由惯性项［式（6-1)］主导，且该项与结构运动无关，而对于阻力为主导的情况，同步结构运动降低了结构的净阻力。

如果结构是刚性的，那么其固有频率是波频的 5 倍以上［式（6-16)，式（6-7)］，则图 6-4 表示的静态分析［式（6-15)］足以预报结构的响应。然而，当波频接近结构的

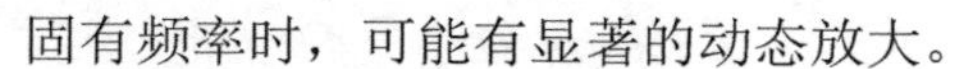
固有频率时，可能有显著的动态放大。

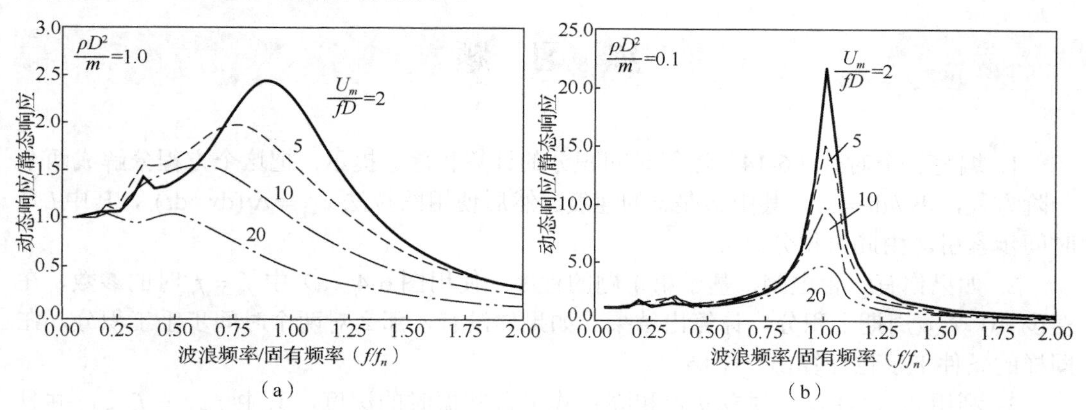

图 6-4　单自由度结构（图 6-1）对振荡流的最大动态线内响应

$(C_D = C_m = 1.5, A = \pi D^2 / 4, \zeta_s = 0)$

固定底、钢套、管状海上平台（Wirsching et al., 1976）的基频以及生产立管（Wirsching 等估算）的基频（单位为 Hz）为

$$f_1 \approx \begin{cases} 35/L, & \text{固定式钢平台} \\ 15/L, & \text{张力生产立管，直径0.7m} \end{cases} \tag{6-18}$$

式中，L 是水深（m）。如图 6-5 所示，海洋风暴中风浪的能量集中在 0.05～0.1Hz（周期在 10～20s）的频率范围内（随风速的增加，波的最大谱能量从高频到更低频率移动。1kn=1.69ft/s。Pierson et al.，1985）。因此，基础结构的固有频率为波频 5 倍的情况，立管的深度不能大于 40m，平台的深度不能大于 100m。按现在的标准，这些深度很浅。因此，大多数深水平台和立管会产生动态响应，因此要进行动力分析才能准确预报响应。

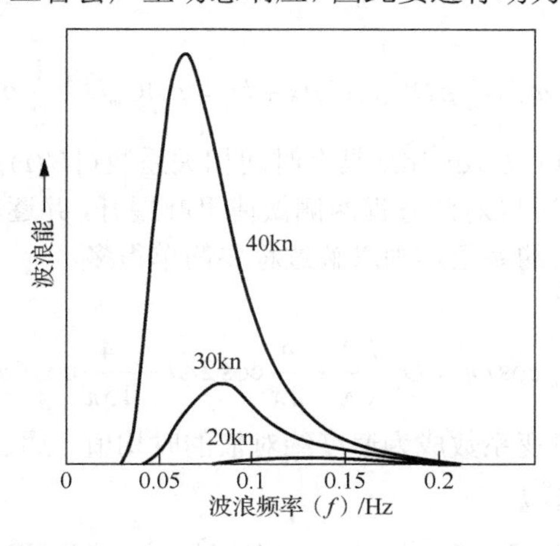

图 6-5　不同风速下充分发展海浪的连续波谱

练 习 题

1. 编写一个对式（6-14）进行时间积分的计算程序。提示：把这个方程分解成两个一阶方程，$\mathrm{d}x/\mathrm{d}t = x_1$，其中 x_1 是 x 的速度。然后使用欧拉法 $x_{i+1} = \Delta t(\mathrm{d}x/\mathrm{d}t)_i$，其中 i 是时间步索引，由此来积分。

2. 如果你有一台电脑，基于第 1 题的程序，使用图 6-4（a）中 $f = f_n$ 时的参数，在至少 10 个波周期上积分，计算出结果。如果你没有，那么对两个时间步手工积分，在同样的条件下，也计算出一个结果。

3. 利用式（6-18），预报立管和固定式平台共振时的深度，其中 $f_{波浪} = f_{结构}$，并且波周期分别为 10s, 15s 和 20s。

6.2.2 线性解

由于阻力项的非线性，方程（6-14）不具有封闭解。如果波速通常远大于结构的速度（$U \gg \mathrm{d}x/\mathrm{d}t$），则式（6-14）右侧的非线性项可以线性化，即

$$
\begin{aligned}
|U-\dot{x}|(U-\dot{x}) &= |U-\dot{x}|U - |U-\dot{x}|\dot{x} \simeq |U|U - |U|\dot{x} \\
&\sim |U|U
\end{aligned}
\tag{6-19}
$$

这里介绍了两个近似处理：①在设置 $|U-\mathrm{d}x/\mathrm{d}t| = |U|$ 时，会引入一个误差，当流速振幅比结构的速度大得多时，该误差会减小。② $|U|\mathrm{d}x/\mathrm{d}t$ 项会引起流体阻尼，忽略流体阻尼会严重高估在共振附近的动力响应。

将式（6-19）的估算结果（保留流体阻尼）代入式（6-14），并用式（6-17）给出线性化运动方程，即

$$
m_t\ddot{x} + \left(2m\zeta_s\omega_n + \frac{1}{2}\rho DC_D|U|\right)\dot{x} + kx = \rho AC_m\dot{U} + \frac{1}{2}\rho|U|UDC_D \tag{6-20}
$$

因左侧的流体阻尼项（$|U|\mathrm{d}x/\mathrm{d}t$）具有时间相关系数（$|U(t)|$），这是一个具有时间相关系数的线性运动方程。可以对此方程两侧做傅里叶展开，并逐项匹配系数来解此方程，但如果能消除与时间有关的系数，则求解过程要简单得多。

对 $|U|$ 做傅里叶展开，

$$
|U| = |U_m\cos\omega t| = U_m\left(\frac{2}{\pi} + \frac{4}{3\pi}\cos 2\omega t - \frac{4}{15\pi}\cos 4\omega t + \cdots\right) \tag{6-21}
$$

只保留第一项可以看到可变系数成为速度绝对值的时均值。通过这种近似，重新计算总阻尼系数，式（6-20）变为

$$
m_t\ddot{x} + 2m_t\zeta_t\omega_n\dot{x} + kx = \rho AC_m\dot{U} + \frac{1}{2}\rho|U|UDC_D \tag{6-22}
$$

式中，总阻尼系数ζ_t是结构和流体阻尼分量的总和，

$$\zeta_t = \zeta_s \frac{m}{m_t} + \frac{C_D}{4}\frac{\rho D^2}{m_t}\frac{\overline{|U|}}{\omega_n D} \tag{6-23}$$

式中，$\overline{|U|}$是线内速度绝对值的时均值，

$$\overline{|U|} = \frac{1}{T}\int_0^T \overline{|U(t)|}\,\mathrm{d}t = \begin{cases}(2/\pi)U_m, & U = U_m\cos\omega t\\ U_0, & U = U_0 + U_m\cos\omega t, U_0 > U_m\end{cases} \tag{6-24}$$

式（6-22）是一个常系数线性常微分方程，可以求出结构响应的精确解（其他线性化方法也被证明是成功的）。Williamson（1985a）引入了一个相对速度变量$\eta = U - \mathrm{d}x/\mathrm{d}t$重写了式（6-14），然后进行了等效线性化计算，他发现其与实验数据吻合良好。Leira（1987）、Langley（1984）、Gudmestad 等（1983）、Chakrabarti 等（1982）和 Tung 等（1973）讨论了各种线性化技术。

式（6-22）的稳态解为频域解，因为它给出的结构响应是波频的函数。考虑一个有振荡分量的平均流，即海况加上海流，其中平均分量超过振荡分量。线内流速由式（6-10）给出，$U_0 > U_m$。式（6-22）的解所需的其他项为

$$\frac{\mathrm{d}U}{\mathrm{d}t} = -\omega U_m \sin\omega t$$

$$|U|U = U^2 = U_0^2 + \frac{1}{2}U_m^2 + 2U_0U_m\cos\omega t + \frac{1}{2}U_m^2\cos 2\omega t,\quad U_0 > U_m \tag{6-25}$$

将此式代入式（6-22），假设在波频及其谐波处有一个稳态解，即

$$\frac{x(t)}{D} = b_0 + a_1\sin\omega t + b_1\cos\omega t + a_2\sin 2\omega t + b_2\cos 2\omega t \tag{6-26}$$

将该方程代入式（6-22），并且对五项中的每一项匹配系数，得到$x(t)/D$是圆频率ω的函数，稳态解中的放大系数如下：

$$\begin{aligned}
b_0 &= \frac{\rho D^2}{2m}\left(\frac{U_0^2 + \frac{1}{2}U_m^2}{\omega_n^2 D^2}\right)C_D\\
a_1 &= \frac{\rho D^2}{m}\frac{U_m}{\omega_n D}\frac{\omega}{\omega_n}\left\{2\zeta_t C_D\frac{U_0}{\omega D} - C_m\frac{A}{D^2}\left[1-\left(\frac{\omega}{\omega_n}\right)^2\right]\right\}\mathrm{MF}_1\\
b_1 &= \frac{\rho D^2}{m}\frac{U_m}{\omega_n D}\frac{\omega}{\omega_n}\left\{2\zeta_t C_m\frac{A}{D^2} + \frac{U_0}{\omega D}\left[1-\left(\frac{\omega}{\omega_n}\right)^2\right]C_D\right\}\mathrm{MF}_1\\
a_2 &= \zeta_t\frac{\omega}{\omega_n}\frac{\rho D^2}{m}\left(\frac{U_m}{\omega_n D}\right)^2 C_D\mathrm{MF}_2\\
b_2 &= \frac{\rho D^2}{4m}\left(\frac{U_m}{\omega_n D}\right)^2\left[1-\left(\frac{2\omega}{\omega_n}\right)^2\right]C_D\mathrm{MF}_2
\end{aligned} \tag{6-27}$$

其中放大系数是动态响应放大的度量，即

$$\mathrm{MF}_i=\left\{\left[1-\left(\frac{i\omega}{\omega_n}\right)^2\right]^2+\left(\frac{2\zeta_i i\omega}{\omega_n}\right)^2\right\}^{-1},\quad i=1,2,\cdots \tag{6-28}$$

使用线性解和非线性解计算典型响应如图 6-6 所示。

稳定流分量U_0产生一个静态位移项（b_0），并放大由振荡分量产生的变形。与动态响应相关的共振有两种：①当波频等于结构固有频率时的简单共振，$f\approx f_n$；②当结构的固有频率为波频 2 倍时的次谐波共振，$2f\approx f_n$。在这两种情况下，共振的振幅受流体阻尼的限制［式（6-23）］。

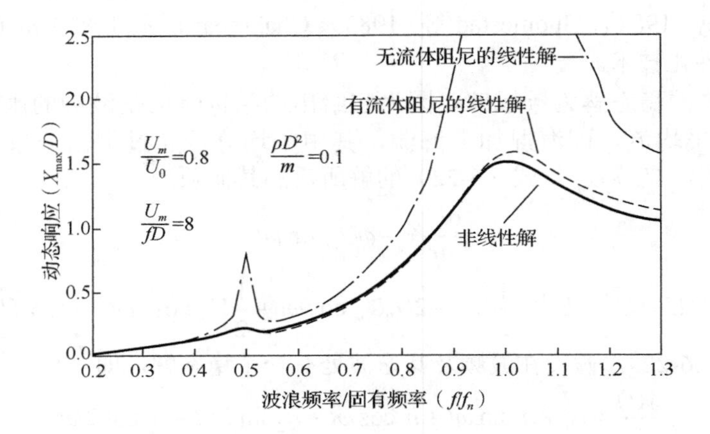

图 6-6　振荡流中的最大动态线内响应

现在考虑一个纯振荡流，即$U=U_m\cos\omega t$，式（6-14）右侧的阻力项可以展开为傅里叶级数，即

$$U=U_m\cos\omega t$$

$$|U|U=U_m^2|\cos\omega t|\cos\omega t=\sum_{i=1,3,5,\cdots}^{\infty}c_i\cos i\omega t \tag{6-29}$$

式中，

$$c_i=\frac{8}{\pi i(4-i^2)}\sin\left(\frac{i\pi}{2}\right);\quad c_1=0.8488;\quad c_3=0.16977;\quad c_5=0.02425 \tag{6-30}$$

类似地，线内变形展开为含未知系数a_i和b_i的傅里叶级数：

$$\frac{x(t)}{D}=\sum_{i=0}^{N}(a_i\sin i\omega t+b_i\cos i\omega t)$$

将该方程和式（6-29）代入式（6-22），将具有相同时间相关性的项系数等效为a_i和b_i，则

$$
\begin{aligned}
&b_0=0\\
&a_1=\frac{\omega}{\omega_n}\frac{\rho D^2}{m}\frac{U_m}{\omega_n D}\left\{C_m\frac{A}{D^2}\left[1-\left(\frac{\omega}{\omega_n}\right)^2\right]+\zeta_t c_1 C_D\frac{U_m}{\omega D}\right\}\mathrm{MF}_1\\
&b_1=\frac{\omega}{\omega_n}\frac{\rho D^2}{m}\frac{U_m}{\omega_n D}\left\{c_1\left[1-\left(\frac{\omega}{\omega_n}\right)^2\right]\frac{U_m}{\omega D}\frac{C_D}{2}+2\zeta_t C_m\frac{A}{D^2}\right\}\mathrm{MF}_1\\
&a_i=\frac{\rho D^2}{m}\frac{i\omega}{\omega_n}\left(\frac{U_m}{\omega_n D}\right)^2\zeta_t c_i C_D\mathrm{MF}_i,\ i=3,5,7,\cdots\\
&b_i=\frac{\rho D^2}{2m}\left[1-\left(\frac{i\omega}{\omega_n}\right)^2\right]\left(\frac{U_m}{\omega_n D}\right)^2\zeta_t c_i C_D\mathrm{MF}_i,\ i=3,5,7,\cdots\\
&a_i=b_i=0,\ i=2,4,6,\cdots
\end{aligned}
\tag{6-31}
$$

对于纯振荡流，不存在平均位移（$b_0=0$）。然而，与前面的情况一样，响应中含有与流体力分量（惯性力和阻力）的共振。当波频 ω 接近结构的固有频率 ω_n 或奇数分之一时，即 $\omega=(1/j)\omega_n, j=1,3,5,\cdots$，结构与流体力分量（惯性力和阻力）共振。亚谐波共振可视为图 6-4 中 $f/f_n=1/5$ 和 $1/3$ 处的凸点。

Laiw（1987）和 Borthwick 等（1988）通过分析和实验证实了线内响应中存在亚谐波共振，并注意到，如 6.4 节所讨论的，在亚谐波中，柔性管的线内响应与涡致横向响应交织在一起。

练　习　题

1. 一个简单结构对海浪的稳态响应：①使用 40 个流动振荡周期的直接时历积分，每个周期需要 50 个积分步；②使用式（6-30）和式（6-31）的封闭方程获得线性解。估计浮点运算（FLOPS）的数量，即加、减、乘或除。

2. 考虑速度为 $U(t)=U_m\cos 3\omega_n t$ 的振荡流。相比于 $U(t)=U_m\cos\omega_n t$ 和 $U(t)=U_m\cos(1/100)\omega_n t$ 的振荡流，最大动态响应是什么？设 $C_D=C_m=1.5,\ A/D^2=\pi/4,\zeta_s=0$。

6.2.3　连续结构的线内响应

梁、索和杆在振荡流中的动态弯曲变形可由以下偏微分运动方程描述：

$$
m\frac{\partial^2 X(z,t)}{\partial t^2}+\mathscr{L}[X(z,t)]=F \tag{6-32}
$$

在跨度的末端用适当的边界条件。式中，m 是梁的单位长度的质量；$X(z,t)$ 是线内位移，它是时间和跨度坐标 z 的函数；$\mathscr{L}[X(z,t)]$ 是一个线性、齐次、自共轭算符，它给出了立管微元的力-位移关系。对于相对较小的结构，弯曲刚度占主导地位，但对于深水立管，则平均张力和微分浮力占主导地位。见 Chakrabarti 等（1982）、Spanos 等（1980）的文章，以及 6.6 节中的示例。

一组固有频率 ω_i 和振型 $\tilde{x}_i(z)$ 与无阻尼结构的自由振动有关。如果 $\mathscr{L}[X(z,t)]$ 与通常情况一样是自共轭算符，则振型在跨度上是正交的（Meirovitch，1967），即

$$\int_0^L \tilde{x}_i \tilde{x}_j \mathrm{d}z = 0, \quad i \neq j \tag{6-33}$$

式（6-32）的解是模态位移的总和，即

$$X(z,t) = \sum_{i=1}^{N} x_i(t)\tilde{x}_i(z) \tag{6-34}$$

将该方程代入式（6-32），并乘以振型，在跨度上从 $z=0$ 到 $z=L$ 积分。然后由式（6-34）得到一系列非耦合常微分方程：

$$m\ddot{x}_i + 2m\zeta_t\omega_i\dot{x}_i + m\omega_i^2 x_i = \rho AC_m\dot{U}\beta_i + \frac{1}{2}\rho|U|UDC_D\beta_i \tag{6-35}$$

如果流速 U 沿跨度是均匀的，可以使用 6.2.2 节的线性化近似值，该组方程式与式（6-22）是相同的，除了在右手侧系数 β_i 的影响，它描述了一个单自由度弹簧支撑结构，

$$\beta_i = \int_0^L \tilde{x}(z)\mathrm{d}z \Big/ \int_0^L \tilde{x}^2(z)\,\mathrm{d}z \tag{6-36}$$

表 6-1 给出了几种振型的影响系数 β_i。

表 6-1 影响系数

结构形式	振型	固有频率（ω_N）	影响系数（β_N）
刚性圆柱	1	$\sqrt{\frac{k}{m}}$	1.0
均匀转动杆	$\frac{z}{L}$	$\sqrt{\frac{3k_\theta}{mL^3}}$	1.5
张紧绳或缆绳	$\sin\left(\frac{n\pi z}{L}\right)$	$n\pi\sqrt{\frac{T}{mL^2}}$	$0, n=2,4,6,\cdots$ $\frac{4}{n\pi}, n=1,3,5,\cdots$
简支梁	$\sin\left(\frac{n\pi z}{L}\right)$	$n^2\pi^2\sqrt{\frac{EI}{mL^4}}$	$0, n=2,4,6,\cdots$ $\frac{4}{n\pi}, n=1,3,5,\cdots$
悬臂梁	$\cosh\lambda_n z - \cos\lambda_n z$ $-\sigma_r(\sinh\lambda_n z - \sin\lambda_n z)$ $\sigma_1 = 0.7340$ $\sigma_2 = 1.018$ $\sigma_3 = 0.992$ $\lambda_n^4 = \omega_n^2 m/(EI)$	$\omega_1 = 3.52\sqrt{\frac{EI}{mL^4}}$ $\omega_2 = 22.03\sqrt{\frac{EI}{mL^4}}$ $\omega_3 = 61.70\sqrt{\frac{EI}{mL^4}}$	$\beta_1 = 0.783$ $\beta_2 = 0.434$ $\beta_3 = 0.254$
桩上平台	$1-\cos\left(\frac{\pi z}{L}\right)$		0.666

注：m 是单位长度的质量，包括适当的附加流体质量（表 2-2），I 是惯性矩，L 是长度，T 是张力，E 是弹性模量。

对 $\beta_i = 1$，式（6-35）的解在 6.2.2 节中已讨论，变形与 β_i 呈线性关系，而总位移是

模态位移的总和［式（6-34）］。通常，由于影响系数 β_i 和放大系数 MF_i ［式（6-28）］在较高的模态下趋于减小，因此大多数响应发生在前几个模态中。

如果结构是由多个相互连接的桩组成，如码头和海洋平台，那么由于波在桩间传播随时间变化，则一个桩上的力与下一个桩上的力之间会发生相位变化。力的相位差为 $\omega d/c$，其中 ω 为波频，c 为波速，d 为运动方向上桩间的间距。净力是这些相移分量的总和，净变形可根据本节给出的解进行计算。

练 习 题

1. 通常流体速度随结构跨度变化，即 $U(z,t)=\tilde{u}(z)U(t)$。利用这一点，考虑了流体沿展向变化和阻尼对每个振型响应的影响时，推导式（6-35）通式的方程。Borthwick 等（1988）给出了一个解。

6.3 流体力系数

6.3.1 尺寸和理论的考虑

在振荡流中，结构的流体力系数是横截面几何形状、最大雷诺数（Re）和 KC 的函数，即

$$
\begin{aligned}
C_m &= 1+C_a = C_m\left[\text{几何}, \frac{U_m D}{\nu}, \frac{U_m}{fD}\right] \\
C_D &= C_D\left[\text{几何}, \frac{U_m D}{\nu}, \frac{U_m}{fD}\right]
\end{aligned}
\tag{6-37}
$$

式中，f 为振荡流的频率（Hz）；ν 为流体的运动黏性系数；还有其他的参数。几何结构通常包括纵横比（即展向 L 与直径 D 之比）、表面的相对粗糙度（ϵ/D）和展向倾斜与水流的夹角。对于振荡流，Sarpkaya（1977）引入了黏性频率参数 β，代替雷诺数 $Re=U_m D/\nu$，β 为

$$
\beta=\frac{D^2}{\nu T}=\frac{D^2 f}{\nu}=\frac{Re}{\mathrm{KC}}
\tag{6-38}
$$

然而，如果有稳定流，则通常使用基于最大速度的雷诺数、基于振荡分量的 $\mathrm{KC}=U_m/(fD)$ 以及振荡流的振幅与稳定流速之比进行分析。为了进一步完善这个定义，振荡流和流体可能不会共线，并且波浪椭圆轨道的运动对力有影响（Chaplin，1988）。当然，如果平均拖曳速度比振荡流大很多，或波周期变得很长（约化速度很大），则流体力中阻力起主导作用，可通过稳定流分析估算（Blevins，1984b；Hoerner，1965）。

无黏性的振荡流中，光滑圆柱的流体力系数的理论值为$C_a=1, C_m=2$（见 2.2 节），如果流体黏性较小，且 KC 小于 1，则基于直径 D 的 $C_D=0$，因此流不发生分离，这些系数为（Sarpkaya，1986；Bearman et al.，1985）

$$C_m=1+C_a=2+4(\pi\beta)^{-1/2}+(\pi\beta)^{-3/2} \tag{6-39}$$

$$C_D=\mathrm{KC}^{-1}[\frac{3}{2}\pi^3(\pi\beta)^{-1/2}+\frac{3}{2}\pi^2\beta^{-1}-\frac{3}{8}\pi^3(\pi\beta)^{-3/2}] \tag{6-40}$$

式中，β 由式(6-38)给出；$\mathrm{KC}=U_m/(fD)$，其中 f 为振荡流频率。对于雷诺数 $Re=UD/\nu$ 小于 1 的稳定流，圆柱的阻力系数近似为（Batchelor，1967）

$$C_D=\frac{8\pi}{\ln(7.4/Re)} \tag{6-41}$$

然而在很多实际问题中，Re 和 KC 都远远大于 1，这些解是不适用的，C_D 和 C_m 必须基于实验数据，详见后文。

6.3.2 雷诺数、约化速度和粗糙度的影响

Sarpkaya（1987，1981，1977）在具有振荡流和平均流为 0 的 U 形水道中进行了一系列实验（表 6-2）。他的结果如图 6-7 和图 6-8 所示，光滑圆柱的力系数是 KC 的函数。在雷诺数为10^5时，Chaplin（1988）的实验给出了振荡流中光滑圆柱的阻力系数。

表 6-2 稳定流中的力系数

	UD/ν	C_D	C_m
$U_m/(fD)=10$	10^4	2.05	0.85
	2×10^4	1.70	0.9
	4×10^4	1.1	1.3
	6×10^4	0.9	1.7
	8×10^4	0.7	1.75
	10^5	0.7	1.75
	2×10^5	0.75	1.8
	3×10^5	0.9	1.8
$U_m/(fD)=20$	UD/ν	C_D	C_m
	10^4	2.0	0.85
	2×10^4	1.7	1.0
	4×10^4	1.2	1.3
	6×10^4	0.9	1.5
	8×10^4	0.75	1.6
	10^5	0.7	1.7
	2×10^5	0.65	1.75
	4×10^5	0.7	1.75

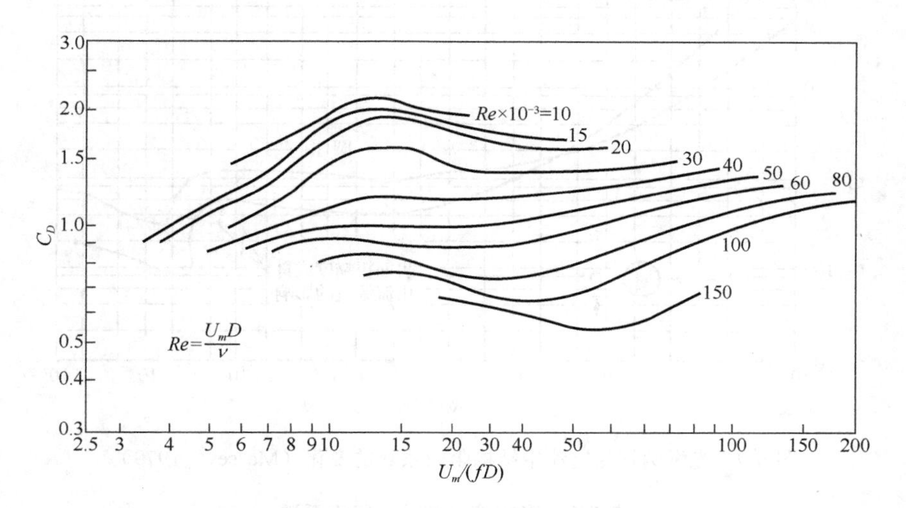

图 6-7　振荡流中光滑圆柱的阻力系数与 KC 的关系（Sarpkaya，1976）

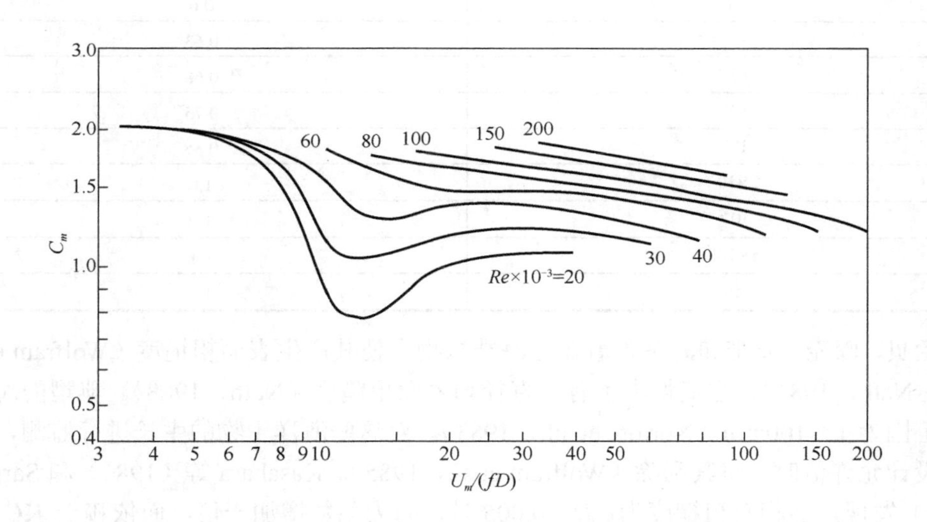

图 6-8　振荡流中光滑圆柱的惯性力系数与 KC 的关系（Sarpkaya，1976）

图 6-9 给出了稳定流中结构阻力系数的变化。在 $Re>10^5$ 时，粗糙度增加了稳定流中圆柱的阻力系数，结果如表 6-3 所示（Norton et al.，1983）。

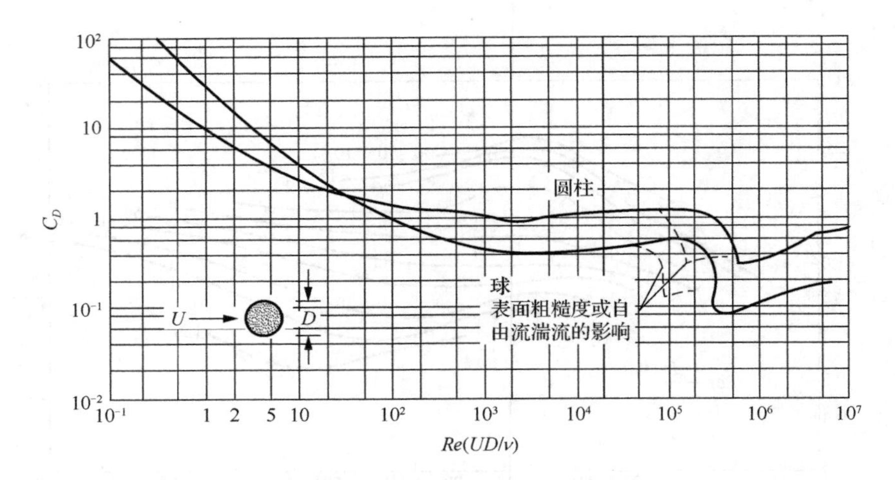

图 6-9 光滑圆柱稳定流中结构阻力系数的变化（Massey，1979）

表 6-3 稳定流中圆柱的阻力系数

ϵ/D	C_D
$<10^{-5}$	0.6
10^{-5}	0.63
10^{-4}	0.68
5×10^{-4}	0.75
10^{-3}	0.85
2×10^{-3}	1.0
10^{-2}	1.0
5×10^{-2}	1.1
10^{-1}	1.2

贻贝、藤壶、海带和海葵附着在近海结构物上使其产生表面粗糙度（Wolfram et al.，1985；Nath，1981），它们增大了有效直径和表面粗糙度（Nath，1988）。典型的海洋粗糙度范围为 1～100mm（Norton et al.，1983）。对这些海洋生物的生长进行监测，当其超过设计允许值时，将其刮除（Wolfram et al.，1985）。Kasahara 等（1986）和 Sarpkaya（1977）发现，当相对粗糙度为 $\epsilon/D=0.005$ 时，阻力系数增加一倍，而依赖于 KC 的惯性力系数随粗糙度的增加而减小。

Bishop（1985）报告了在一定深度流体和波浪的共同作用下，雷诺数为 1.5×10^5 ～ 2×10^6 时，在克赖斯特彻奇湾直径为 0.48m 和 2.8m 的全尺寸仪器桩上一系列的测量结果。测得的最小和最大阻力系数和惯性力系数如表 6-4 所示。

表 6-4（a）　阻力系数的最大值与最小值

$U/(fD)$	C_D 的最小值	C_D 的最大值
<10	1.0	1.0
12	0.90	0.92
14	0.80	0.82
16	0.76	0.81
18	0.70	0.77
20	0.64	0.74
25	0.56	0.70
30	0.52	0.68
>40	0.48	0.66

表 6-4（b）　惯性力系数的最大值与最小值

$U/(fD)$	C_m 的最小值	C_m 的最大值
<2	2.00	2.03
4	2.06	2.07
6	1.98	2.04
8	1.80	1.94
10	1.60	1.84
12	1.47	1.80
14	1.42	1.80
>16	1.40	1.80

表中，U 指包括波浪和流体的均方根速度，f 是振荡分量的主频。这些系数与 Sarpkaya 在同雷诺数范围内对光滑圆柱的测量结果一致（图 6-7 和图 6-8）。

练　习　题

1. 重复 6.1 节的第 2 题，根据本节中的数据估算流体力系数。

假设①圆柱光滑，②藤壶造成的粗糙度为 $\epsilon = 0.5\text{cm}$。雷诺数 Re、黏性频率参数 β、C_m、C_D 和单位长度的最大力是多少？10℃海水的运动黏性系数 $\nu = 1.35\times10^{-6}\text{m}^2/\text{s}$。

2. 继续第 1 题，C_D 和 C_m 的变化调整 10%时其对光滑和粗糙立柱估算的最大流体力有什么影响？另见 Labbe（1983）的文章。

3. 实验测量给出了振荡流中静止圆柱的线内力。线内力作为时间的函数，必须进行分析，将线内力时历结果的分析分解为系数 C_D 和 C_m。请提出三种实现方法，并拓展其中一种方法的数学运算。可参阅 Bishop（1985）、Sarpkaya（1981，1982）和 Keulegan 等（1958）的文章寻找有关帮助。

4. 在图 6-7 和图 6-8 上绘制 Bishop 和 Chaplin 的 C_D 和 C_m 数据，这两组数据是否相互一致？

6.3.3 倾斜和邻近的依赖性

一般来说，细长结构周围的流场是三维的，总是可以将流速分量分解成与结构轴线成α角的一个速度矢量。同样，合力也可分解为平行于轴和垂直于轴的分力，如图 6-10 所示。这些法向力和切向力是角α的函数。

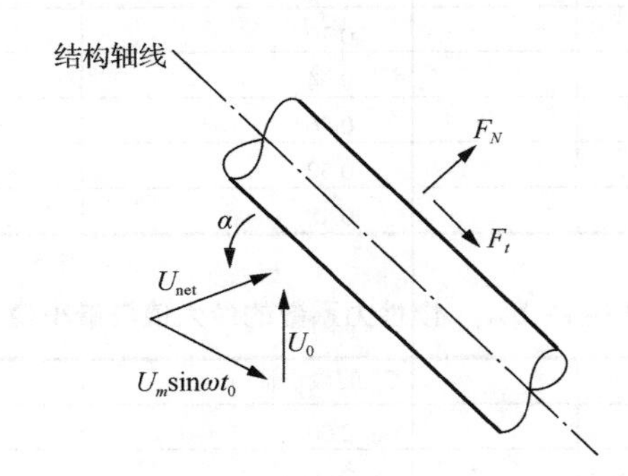

图 6-10 三维流动中的相对速度

船用线缆、刚性圆柱和圆柱桩的稳定流试验表明，垂直于长圆柱轴线的阻力随流速的法向分量变化（Norton et al.，1983；Nordell et al.，1981；Springston，1967）：

$$F_{DN} = F_D(\alpha = 90°)\sin^2\alpha \tag{6-42}$$

这被称为独立准则或横向流准则。对于振荡流中的圆柱，Garrison（1985）和 Cotter 等（1984）发现了一致的独立准则。然而，Borthwick 等（1988）和 Chaplin（1988）、Bishop（1985）、Stansby 等（1983）发现在模拟海浪的微粒椭圆轨道上有一定的独立性。Sarpkaya 的实验说明独立准则倾向于低估倾斜圆柱上的法向受力。

对于非圆形截面，独立准则失效。例如，流线型整流罩的线缆（图 3-23）正常的载荷方程包含了多重谐波项（Springston，1967）：

$$\frac{F_{DN}}{F_D}(\alpha = 90°) = -1.064 + 1.263\cos\alpha + 1.865\sin\alpha - 0.1993\cos\alpha - 0.6926\sin 2\alpha \tag{6-43}$$

因此，对于圆柱来说，独立准则很可能只是一种近似，直到更完整的数据有效后，这个方法才是有用的。

一般来说，当一个圆柱靠近海床或者靠近一个或更多的圆柱时，惯性力系数会增大（Heideman et al.，1985；Dalton，1980；Moretti et al.，1976；Chen，1975；Laird，1966）。Sarpkaya（1981，1976）测量了雷诺数在 $4\times10^3 \sim 25\times10^3$ 时，一个圆柱靠近平行振荡流方向上壁面时的流体力系数，结果如图 6-11 所示。值得注意的是随着间隙的降低，流体力系数增大。也可见 5.4 节、Wright 等（1979）的文章和表 2-2 中的例 7。

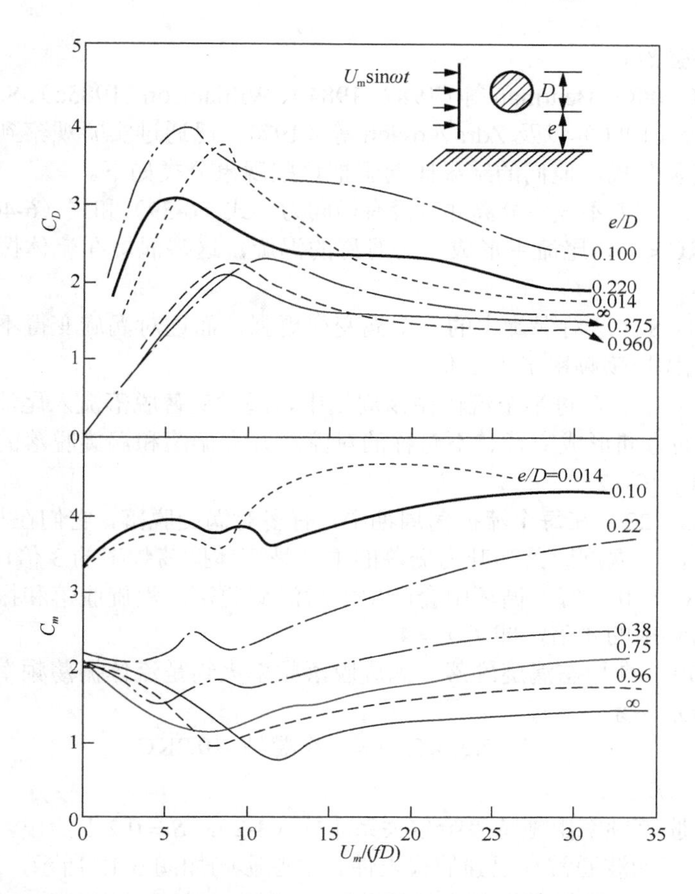

图 6-11 壁面附近振荡流中圆柱的阻力系数和惯性力系数（Sarpkaya，1976）

在稳定流和振荡流中，一个圆柱靠近圆柱壁面时（见 5.4 节），观测到垂直于圆柱壁面的大的流体力。Sarpkaya（1976）发现在一个正弦振荡流中，单位长度垂直于圆柱壁面上的流体力，在一个流振荡周期内在远离圆柱壁面的$5\left(\dfrac{1}{2}\rho U_m^2 D\right)$到靠近圆柱壁面的$3\left(\dfrac{1}{2}\rho U_m^2 D\right)$之间变化。

6.4 横向力及其响应

在振荡流中圆柱会发生涡旋脱落。涡旋脱落会产生垂直于流动方向的升力，从而引起大幅度的横向振动。对于 KC 约大于 30 时，脱落周期$T_s \approx 5D/U_m$是流体振荡周期$T = \mathrm{KC}\cdot D/U_m$的一小部分，第 3 章中定常流动涡旋脱落数据可用瞬时流速来计算。对 KC 小于 30 时，脱落周期成为流振荡周期的一个重要的部分，并且涡旋脱落和流动振荡的相互作用变得很强烈。

Obasaju 等（1988）、Bearman 等（1987，1984）、Williamson（1985a）、Sarpkaya（1981，1975）、Dalton 等（1980）以及 Zdravkovich 等（1977）已通过实验观察到在振荡流中圆柱涡旋脱落的复杂模式。他们的结果倾向于把这些现象分类如下。

（1）$\mathrm{KC}<0.4$。流不发生分离并且没有横向力。式（6-39）和式（6-40）是适用的。

（2）$0.4<\mathrm{KC}<4$。尾流中形成一对对称的涡旋，这些涡旋在流体振荡周期内发生逆转，升力最小。

（3）$4<\mathrm{KC}<8$。这对涡旋中的一个涡变得更强，而这对涡旋变得不对称。升力振荡的主频 f_s 是流体振荡频率 f 的 2 倍。

（4）$8<\mathrm{KC}<15$。在每半个流体振荡周期中，涡对交替脱落流入尾流。涡对在与振荡流场成约 45°的方向形成交替、不对称的对流。升力振荡和涡旋脱落的主频是流振荡频率的 2 倍，即 $f_s/f=2$。

（5）$15<\mathrm{KC}<22$。在每个流振荡周期中，有多对涡旋脱落，它们在与流振荡成 45°角的方向形成对流。涡旋脱落和升力振荡的主频是流体振荡频率的 3 倍，即 $f_s/f=3$。

（6）$22<\mathrm{KC}<30$。每一循环中会产生多对涡旋脱落。涡旋脱落和振荡升力的主导频率是流体振荡频率的 4 倍，即 $f_s/f=4$。

（7）$\mathrm{KC}>30$。准稳态涡旋脱落。涡旋脱落频率大约是流体振荡频率最近的倍数，相应于施特鲁哈尔关系：

$$f_s/f=2,3,4,5,\cdots=\text{一个整数}\approx 0.2\mathrm{KC} \tag{6-44}$$

式中，$f_s\approx 0.2U_m/D$。

也就是说，脱落频率由施特鲁哈尔关系［式（3-2），$S=0.2$］给出，四舍五入为波频 f 的整数倍。亚谐波通常有很强的代表性。这些影响如图 6-12 所示，图 6-12 给出了不同 KC 时圆柱在一个流振荡周期内的振荡升力（Obasaju et al.，1988）。

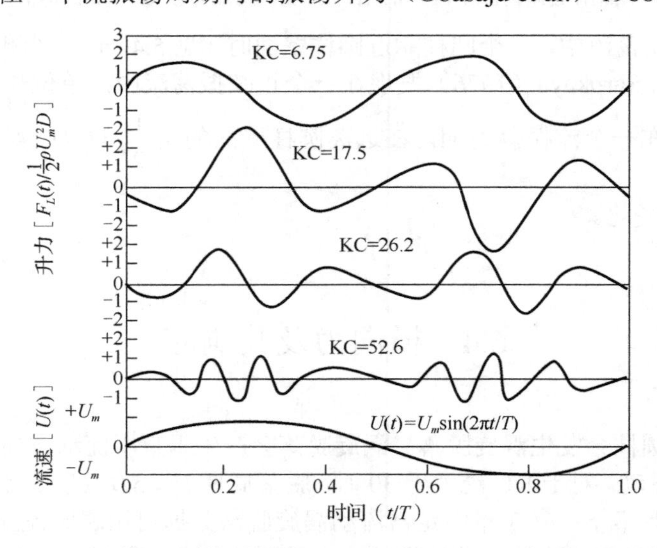

图 6-12　不同 KC 时流体振荡一个周期 T 内圆柱上升力的时历曲线

Bearman 等（1987，1984）、Graham（1987）提出了以下数学模型，在谐波振荡流中，单位长度圆柱的升力为

$$F_L(t)=\frac{1}{2}\rho U_m^{\ 2}DC_L\cos\phi\sin^2(2\pi ft) \tag{6-45}$$

$$\phi=0.2\text{KC}[1-\cos(2\pi f)]+\psi \tag{6-46}$$

式中，ϕ 是时间的函数，f 为流体的振荡频率，$U(t)=U_m\sin(2\pi ft)$，ψ 为常数。式（6-45）和式（6-46）在流振荡周期的前半部分有效，而下半部分必须用负号。平方值再现了图 6-12 中明显的峰值。Graham（1987）发现式（6-45）与 KC > 20 的数据一致。

在振荡流中，固定圆柱升力系数 C_L 的测量（表 6-5）表明，在较高的 KC 时 C_L 减小。

表 6-5　不同雷诺数下圆柱的 C_L 值

	$U_m/(fD)$								$Re=U_mD/\nu$
	5	10	15	20	25	30	35	40	
C_L（Bearman et al.，1984）	4.5	3.0	2.5	2.0	1.6	1.5	1.4	1.3	2.2×10^4
C_L（Sarpkaya，1977）	1.2	3.7	3.4	2.8	2.4	2.0	1.8	1.4	3×10^4
C_L（Sarpkaya，1977）					0.6	0.5	0.45	0.4	10^5
C_L（Kasahara et al.，1986。光滑）	0.4	1.4	1.2	1.0	0.7	0.4	0.4	0.35	10^6
C_L（Kasahara et al.，1986。粗糙）	0.8	2.2	1.8	1.8	1.4	1.5	1.1	1.0	10^6

Sarpkaya 等（1981a）发现 C_L 是圆柱运动的函数，就像稳定流中的涡旋脱落一样（见 3.3 节和 3.5 节）。Obasaju 等（1988）与 Borthwick 等（1988）同样发现涡旋脱落展向的相关性会影响圆柱展向上的合升力。Obasaju 等（1988）发现 4.6 倍直径的展向相关长度影响圆柱展向上的合力。

涡旋脱落产生的升力会诱发弹性圆柱很大的横向振动。当涡旋脱落频率 f_s［式（6-44）］或其谐波频率与固有频率 f_n 一致时，横向振动最大（Bearman et al.，1987；Angrilli et al.，1982）。当 $\text{KC}(f/f_n)=5$ 时，有 $f_s\approx f_n$［式（3-5）］。图 6-13 显示了 $m/(\rho D^2)=2.58,\ \zeta_s=0.08$，频率与圆柱固有频率之比在 $f/f_n=1/4.4$ 时，振荡流中弹性支撑圆柱的横向位移峰值出现在 KC 为 18.7, 23.1 和 33 处，且对应于 $\text{KC}(f/f_n)$ 等于 4.25, 5.25 和 7.5。如图 6-14 所示，当 $\text{KC}=11.8,\ f/f_n=0.382$ 时，线内力和横向涡旋力的组合产生了大致相等的线内响应和横向响应的椭圆运动（Borthwick et al.，1988）。

在振荡流和稳定流中，涡旋脱落产生共振响应、锁定带和约为 2～3 倍直径的自限最大振幅（峰峰值）（Bearman et al.，1987；Sarpkaya et al.，1981a；Zedan et al.，1981。见第 3 章）。将第 3 章的定常流结果应用于振荡流是合理的，至少在高 KC 下是合理的。主要区别在于：在振荡流中，脱落频率将自身调整至波频的整数倍［式（6-44）］，因为在前一个周期中形成的涡旋会冲回到当前脱落的周期中，所以谐波更为明显。由于脱落频率在流振荡周期内变化（图 6-12），因此在一个单波周期内会形成共振或破坏共振。

Rogers（1983）讨论了在海浪中振荡流引起涡旋脱落的抑制装置（另见 3.6 节）。

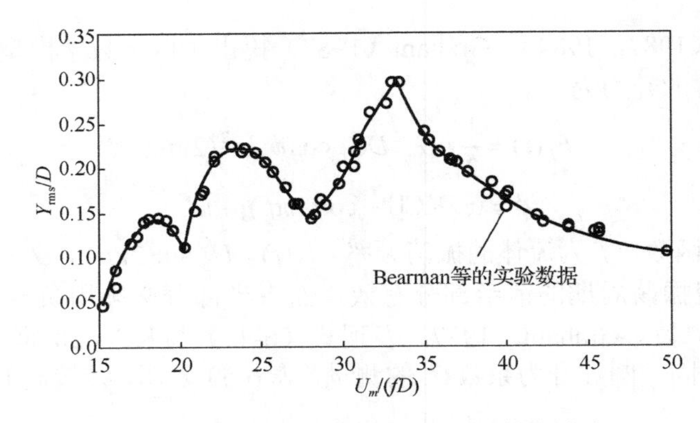

图 6-13　弹性支撑圆柱对振荡流的横向响应

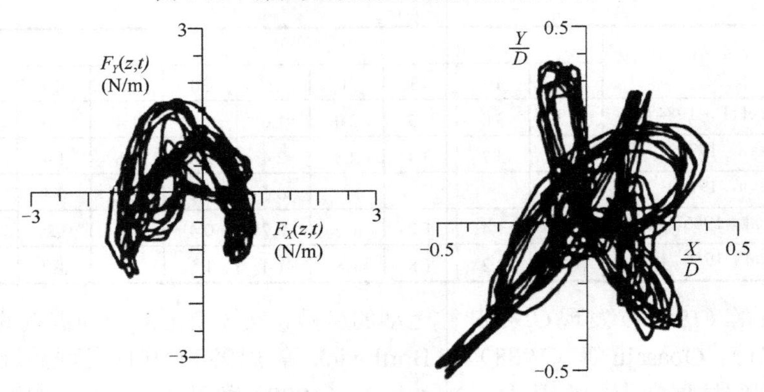

图 6-14　振荡流中弹性支撑圆柱线内力、涡激力和位移轨迹

练　习　题

1. 通过计算每个周期的脱落周期，将式（6-44）的预报结果与图 6-12 的实验数据进行比较，如何改进预报？

2. 将式（6-45）的预报结果与图 6-12 的时历中的一个历程进行比较，评价一下这一理论的准确性。

3. 将图 3-31 与图 6-14 进行比较，解释不同和相似之处。

6.5　减小振荡流所致振动

振荡流中结构振动的振幅可以通过降低流体振荡幅值或改进结构的方法来降低，具体如下。

（1）避免共振。如果结构振动的基频大于振荡流频率的 5 倍，则可避免通过第五谐频产生的线内共振。如果结构的基频比涡旋脱落频率高出 30%以上［式（6-46）］，则可避免涡旋脱落所致横向共振。通常通过增加结构的直径和提供内部支撑加强结构来避免共振。

（2）增大结构质量与排开流体质量的比。振幅与 $\rho D^2/m$ 成正比，如果结构的质量 m 可以增加而不让固有频率减小，振幅将减小。对于管状结构，管壁增厚不会明显地改变其固有频率，但会提高结构质量和刚度，从而降低振动。

（3）改变横截面形状。改变横截面形状可以减小流体力，则振动会减小。大多数海洋结构物由管状框架组成，管的圆形截面容易产生线内运动和涡致振动。通过使用翼形横截面，阻力可以大大减小并且涡旋脱落会减弱，前提是翼形稳定且始终指向来流。在多数流体中，这需要一个具有相关力学机理的、可靠和稳定的、旋转的整流装置（见 3.6 节和第 4 章。Gardner et al.，1982；Rogers，1983）。

6.6　实例：波致立管振动

海上石油钻井装置的主要组成部分之一是立管。立管有三个功能：①把钻柱从船上引导到井上；②为钻井泥浆提供通道；③为石油流动提供套管。立管套管是一根钢管，直径为 12～24in（0.3～0.6m），通常厚 1in（2.54cm），长度为 150～3000ft（46～914m）或更长。典型横截面如图 3-27（b）所示。立管顶部由平台支撑，如图 6-15 所示。顶部张力通常比支撑立管重量所需的张力大 20%，这个重量为 20 万～200 万 lb（9.1 万～91 万 kg）。

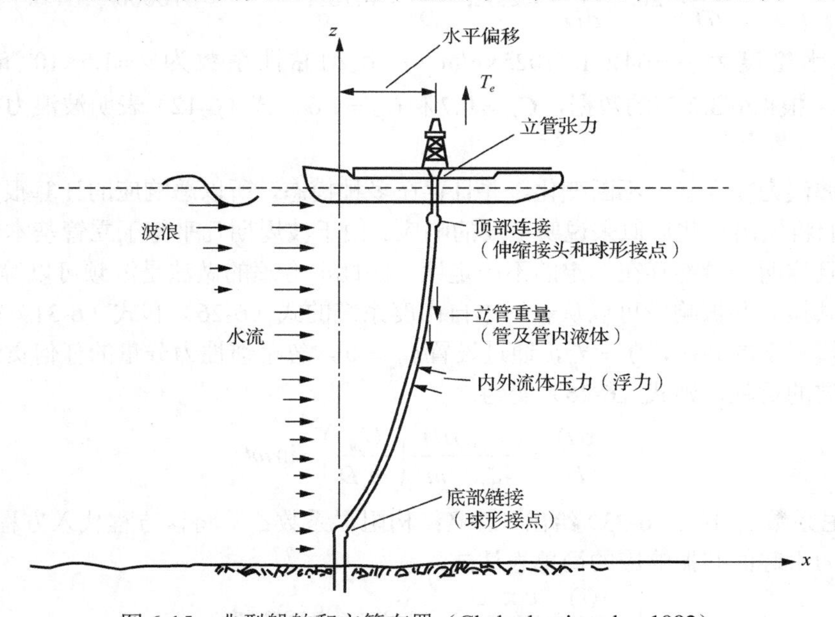

图 6-15　典型船舶和立管布置（Chakrabarti et al.，1982）

由于立管是一个高张力下的细长构件，通常可以用无弯曲刚度的张紧弦的频率来近似立管的固有频率。这些频率（单位为Hz）是

$$f_{弦}=\frac{1}{T}=\frac{i}{2L}\left(\frac{T_e}{m}\right)^{1/2},\quad i=1,2,3 \tag{6-47}$$

式中，L是跨度；T_e是张力；m是单位长度的质量；i是模态编号。以Spanos等（1980）描述的立管为例，这个立管长500ft（152m），平均张力$T_e=393000\,\text{lbf}$（$1.7\times10^6\text{N}$），刚度$EI=6.53\times10^8\,\text{lb}\cdot\text{ft}^2(270\times10^6\text{N}\cdot\text{m}^2)$，直径2ft（0.6m），质量包括单位长度的附加质量为669.8lb/ft（$20.80\,\text{lb}\cdot\text{m}\cdot\text{s}^2/\text{ft}^2,997\,\text{kg/m}$）。计算周期与Spanos等（1980）使用具有拉伸和弯曲刚度的有限元方法所计算得出的周期对比如表6-6所示。

表6-6 立管周期的对比

模型	周期/s				
	模态1	模态2	模态3	模态4	模态5
张紧弦（Spanos et al.，1980）	7.56	3.43	2.01	1.32	0.919
	7.27	3.64	2.42	1.82	1.455

这些结果暗示了在张紧立管的低模态里弯曲刚度相对不重要。立管在波峰至波谷高度为13ft（4m）的波浪中，周期为6.7s。表面的最大水平速度为6.09ft/s（1.9m/s），其随深度以$\exp(-2\pi z/L_w)$衰减，其中z为水深，$L_w=230\text{ft}$（70m）为波长。该系统的相关无量纲参数为

$$\frac{U_m}{fD}=20,\quad \frac{m}{\rho D^2}=2.62,\quad \frac{A}{D^2}=0.785,\quad \frac{U_mD}{\nu}=810000$$

式中，海水密度为$\rho=64\,\text{lb/ft}^3(1025\,\text{kg/m}^3)$；运动黏性系数为$\nu=1.5\times10^{-5}\,\text{ft}^2/\text{s}(1.4\times10^{-6}\,\text{m}^2/\text{s})$。根据6.3.2节的数据，$C_D=0.7$和$C_m=1.6$。式（6-12）表明波浪力中阻力占主导地位。

因为波浪力在立管上不断变化，并且存在多种模态，所以总响应的计算很复杂，在这里，我们将做出一些近似来说明主要的响应。由于波周期几乎等于立管基本模态的固有周期，且这两个量都存在一定的不确定性，因此，合理的做法是波频可以等于基频，从而产生共振。共振响应可以从表示单自由度系统的式（6-26）和式（6-31）得到。仅注意单一模态下的共振，$f=f_n$，通过设置$C_m=0$，忽略惯性力分量的任何贡献，忽略了高次谐波的贡献，则式（6-26）变为

$$\frac{x(t)}{D}=\frac{c_1C_D}{4\zeta_t}\frac{\rho D^2}{m}\left(\frac{U_m}{\omega_nD}\right)^2\sin\omega t \tag{6-48}$$

式中，阻尼系数ζ_t由式（6-23）给出。忽略结构阻尼系数ζ_s，将该方程代入方程（6-48），得到了阻力引起的共振响应的简单表达式：

$$\frac{x(t)}{D}=\frac{c_1\pi}{2}\frac{U_m}{\omega_nD}\sin\omega t=4.85\sin\omega t$$

式中，$\omega_n = 2\pi/T = 0.838\,\text{rad/s}$。

因此，自限最大振幅（峰峰值）约为 4.9 倍直径或 20ft（6.1m）。当然，这是一个单自由度计算结果。表 6-1 表明，这个响应应该乘以 4/π 以获得基本模态在跨中处的连续结构响应。

振动的振幅还有其他的复杂性。波浪引起的水平速度随深度增加而迅速减小。在 50ft（15m）的深度，波幅衰减到其表面波幅的 25%。这会将振幅减小到 0.5 倍直径的量级，而不是上文计算的 4.9 倍直径。该计算的细节留给学生，见 6.2.3 节。

式（6-44）表明，该波浪引起的系统的涡旋脱落频率为 0.61Hz，即为波浪周期的 1/11 和立管的基频，结果如表 6-7 所示。

表 6-7　立管展向上频率随深度的变化

	深度/ft						
	0	10	20	30	50	70	100
波速/（ft/s）	6.1	4.6	3.5	2.7	1.55	0.9	0.40
脱落频率/Hz	0.61	0.46	0.35	0.27	0.16	0.09	0.04
脱落周期/s	1.64	2.17	2.86	3.70	6.25	11.0	25.0

因为脱落频率的快速变化，在任何一个频率下，脱落只与立管展向的一小部分相关。因此，对于立管的低阶模态，引起明显涡致振动的可能性很小（见 3.8 节）。但是，流体可能会激发明显的整体振动，如 3.4 节所述。

练　习　题

1. 计算深水波作用下立管基本振型的影响因素，计算条件为

$$\tilde{x}(z) = \sin\left(\frac{z\pi}{L}\right),\quad U_m(z) = U_m \exp\left(\frac{-2\pi z}{L_w}\right)$$

使用式（6-34）和式（6-35）作为指导。忽略惯性力（$C_m = 0$），结果将是一个类似式（6-36）的因式，但包括与深度相关的速度的影响。估算 6.6 节中的参数。

2. 流体质点在谐频振荡流中的水平位移为 $(U_m/\omega)\sin\omega t$。圆柱形弹性结构在振荡流中的响应是否可能超过流体位移？请讨论。

3. 均匀简支梁弯曲时的基频由 $f_b = (\pi/2L^2)\sqrt{EI/m}$（Hz）给出，其中 EI 是弯曲刚度，L 是长度。将该式与式（6-47）进行对比，长度和刚度在什么范围内，张紧梁的固有频率取决于弯曲刚度，在什么范围内取决于张力？关于更高的模态呢？

6.7 航道中的船舶运动

6.7.1 船舶运动的描述

自古以来人们就开始研究航道上船舶的运动规律，然而大多数船舶在设计过程中没有进行动态分析。这有两点原因：一是海表面的运动不遵循任何确定的规律，二是船舶与波浪的相互作用本身就是一个十分复杂的问题。分析船舶运动的第一步就是分解海面的复杂运动。St. Dinis 等（1953）认识到海况的随机性是振幅与频率各不相同并且向不同方向传播的正弦波叠加的结果。在线性约束下，船舶对复杂海浪的响应可以由对一系列规则波响应的叠加求得（Lloyd，1989；Price et al.，1974）。忽略船舶的前进速度并利用流体静力学原理来简化船舶上的流体力是可能的，这是本节遵循的方法。通过解决波-船相互作用的无黏性问题，更先进的理论涵盖了航速的效应（Lloyd，1989；Newman，1977；Meyers et al.，1975；Salvesen et al.，1970）。

波浪引起的船舶运动和前面讨论过的流致振动的根本区别是船舶运动主要是刚体运动。与船的刚体平动和转动相比，船的变形通常很小（Bishop et al.，1979）。船舶运动由三种平动和三种转动来描述，如图 6-16 所示。右手坐标系 (x,y,z) 固定于船体的中心位置，z 轴通过船舶重心垂直向上，x 轴指向船舶前进方向，原点位于不受干扰的自由海平面上。

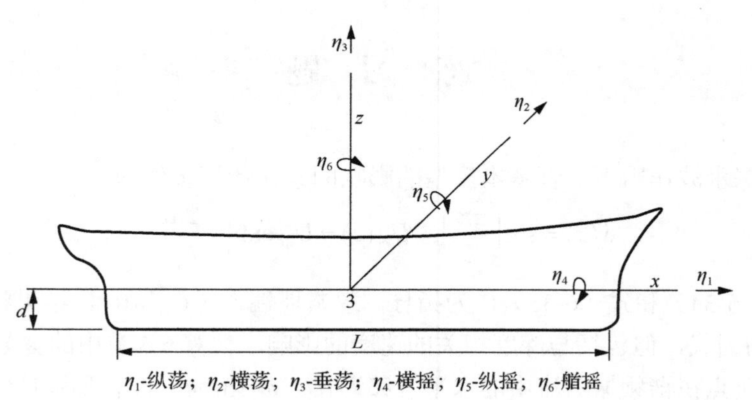

图 6-16　平动位移和角位移的符号规定

这三种平动是：① η_1 为纵荡，船前进方向的平移振荡；② η_2 为横荡，水平垂直于运动方向的平移振荡；③ η_3 为垂荡，在垂直方向的平移振荡。

这三个转动是：① η_4 为横摇，绕纵轴的旋转振荡；② η_5 为纵摇，绕横轴的旋转振荡；③ η_6 为艏摇，绕垂直轴的旋转振荡。

在这六种运动中，只有三种运动，即纵摇、横摇和垂荡在零航速时，与船舶受到的静水压力方向相反。如果船型细长，那么与横摇和垂荡相比，纵荡运动通常可以忽略不计。

6.7.2　稳性和固有频率

在不受干扰的海况中，处于平衡状态的自由漂浮的船受到两个方向相反、大小相等的力的作用：向上的浮力和向下的重力（图 6-17）。重心的坐标是

$$\tilde{x}=\int_V x\frac{\mathrm{d}M}{M},\quad \tilde{y}=\int_V y\frac{\mathrm{d}M}{M},\quad \tilde{z}=\int_V z\frac{\mathrm{d}M}{M} \tag{6-49}$$

式中，x,y,z 坐标相对于船舶是固定的；$\mathrm{d}M$ 是体积为 V 、总质量为 M 的船舶的质量元。

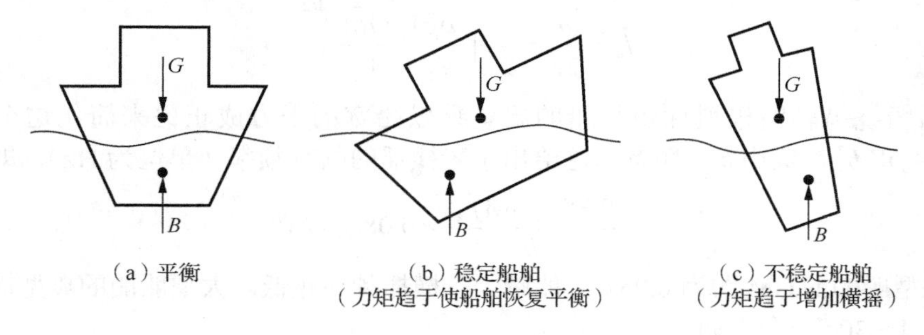

图 6-17　横摇中船舶稳性

流体压力中的静水压力分量可被分解为一个净浮力，净浮力向上作用于浮心，该点是水线以下船舶部分的质心。当船在水中有摇荡运动时，浮心相对于船体的位置会发生变化，因为船体在水线以下的部分会发生变化。

几乎所有水面船舶的重心都在浮心之上。在平衡状态时，浮心低于重心[图 6-17（a）]。如果船舶轻微横摇，且浮心朝横摇方向移动［图 6-17（b）］，则恢复力矩 $F_4=F_4(\eta_4)$ 倾向于使船舶恢复平衡，使船舶保持稳定。也就是说，如果 $\eta_4>0$ 意味着 $F_4(\eta_4)<0$ ，或 $\mathrm{d}F_4/\mathrm{d}\eta_4<0$ ，则船舶是稳定的，因此水动力力矩会抵消横摇中的扰动。在线性范围内，恢复力矩可以用一个线性方程来近似，即

$$F_4(\eta_4)=-\rho g V_d \overline{\mathrm{GM}}\eta_4 \tag{6-50}$$

式中，ρ 为海水密度；V_d 为船体的排水体积；船舶质量为 $\rho g V_d$ ；g 为重力加速度。常数 $\overline{\mathrm{GM}}$ 被称为稳心高，对于许多船舶来说，它约是梁长度的 2%～4%，即 4～40in（0.1～1m）（Muckle et al.，1987；Bascom，1964）。Rawson 等（1976）提出了手动计算方法，Patel（1989）提出了 $\overline{\mathrm{GM}}$ 和稳性的数值算法。

如果稳心高为负，即浮心会偏离横摇方向［图 6-17（c）］，则产生的力矩倾向于增加横摇。船舶会变得不稳定，会继续翻转直到翻船。如果横摇到足够大的角度，几乎所有的水面船舶就会变得不稳定，因为如果将船体的大部分翻出水面，那么船体的稳性就会失效。潜艇和浮标通过使浮心高于重心（称为摆动稳性）而不是足够的稳心高来实现稳性。潜艇通过在艇体上部使用压载水舱来实现摆动稳性。浮标通过在浮标下端的系链

上增加重物会增加摆动稳性。

在忽略黏性阻力的情况下，船舶横摇运动的线性方程为

$$(I_{44}+A_{44})\ddot{\eta}_4+\rho g V_d \overline{\mathrm{GM}}\eta_4=0 \tag{6-51}$$

式中，$I_{44}=\int_{V_d}(z^2+y^2)\mathrm{d}M$ 是船绕纵轴转动的极惯性矩；A_{44} 是附加质量（船体运动带动的水的质量）的极惯性矩。通常，A_{44} 约占 I_{44} 的 30%（Blagoveschensky，1962）。

式（6-51）的解在垂直方向上振荡：

$$\eta_4=A\sin\omega_4 t \tag{6-52}$$

通过将该解代入式（6-51），得到横摇的固有频率（单位为 Hz）为

$$f_4=\frac{\omega_4}{2\pi}=\frac{1}{2\pi}\left(\frac{\rho g V_d \overline{\mathrm{GM}}}{I_{44}+A_{44}}\right)^{1/2} \tag{6-53}$$

可以利用船绕纵轴的极惯性矩与船舶质量乘以船宽的平方成正比来简化这个方程：$I_{44}+A_{44}\sim\rho V_d b^2$，其中 b 为船宽。这给出了船横摇的固有频率（单位为 Hz），即

$$f_4=\frac{0.35(g\overline{\mathrm{GM}})^{1/2}}{b}\approx 0.08(g/b)^{1/2} \tag{6-54}$$

式中，大型船舶的 $\overline{\mathrm{GM}}$ 约为 $0.05b$。船越大，横摇频率越低。大型船舶的典型横摇频率是介于每 4～30s 一个周期。

垂荡是最容易分析的船舶运动。如果船体下降到平衡水线以下一段很小位移 $-\eta_3$，这时就会产生一个额外的浮力，使船体抬升，该浮力大小等于 $\rho g S\eta_3$，其中 S 为水线面的面积。因此，忽略耗散项的纯垂荡线性方程是

$$(M+A_{33})\ddot{\eta}_3+\rho g S\eta_3=0 \tag{6-55}$$

式中，η_3 为垂荡位移，以向上为正；M 为船的质量；A_{33} 为垂荡运动引起的附加质量。而船垂荡的固有振荡频率如下：

$$f_3=\frac{1}{2\pi}\left(\frac{\rho g S}{M+A_{33}}\right)^{1/2} \tag{6-56}$$

由于附连水质量 A_{33} 通常与船的质量同正负，而船的质量又与水线下船体的体积成正比，因此 $M+A_{33}\sim\rho S d$，其中 d 为船的型深。如果把这一关系式代入方程（6-56），垂荡振动的固有频率

$$f_3=0.12\left(\frac{g}{d}\right)^{1/2} \tag{6-57}$$

式中，系数 0.12 介于 Muckle 等（1987）提出的值 0.11 和 Blagoveschensky（1962）提出的值 0.13 之间。有趣的是，对于大多数船舶，纵摇和垂荡的固有频率非常相似，如果船舶没有前后对称性，即船尾与船头的形状不一样，这些运动就会耦合起来。

练　习　题

1. 考虑如图 6-18 所示方形船的横摇稳性。假设船舶密度均匀，其密度等于船所漂浮的水密度的一半。在每个横摇角 η_4 处，该船的梯形截面（图 6-19）位于水线以下。其中，船的恢复力矩等于船的重量乘以浮心和重心之间的距离。

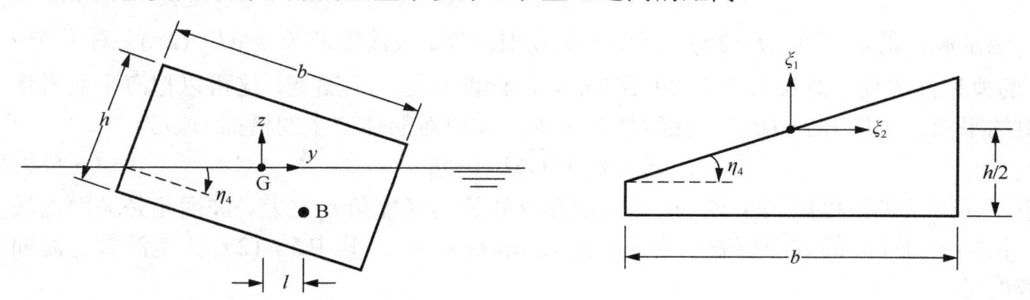

图 6-18　方形截面船的横摇　　　　图 6-19　梯形截面的坐标系

（1）该浸没梯形的质心由下式给出：

$$\bar{\xi}_1=-\frac{h}{4},\quad \bar{\xi}_2=\frac{b^2}{6h}\tan\eta_4$$

（2）质心和浮心之间的横向距离通过下式给出：

$$l=\frac{b^2}{6h}\sin\eta_4-\frac{h}{4}\sin\eta_4$$

（3）推导该船稳心高的表达式，即 $\overline{\mathrm{GM}}=\partial l/\partial\eta_4$。

（4）对于 $h=1$，考虑船的不同宽度 $b=0.5, 1, 2, 4$ 时，绘制角度在 0°～90°质点与浮心间的横向距离 l。求这些船在什么角度下是稳定的？

（5）如果时间允许，在水槽中放入约正方形的截面和截面大约为 1∶2 的木头来验证这些理论，并从不同角度测试其稳性。

6.7.3　波浪所致船舶运动

船体上的波浪力由三种机制产生：①随水深增加、水压增大而产生的静水压力；②船体受到与波浪辐射和绕射有关的无黏性力；③水对运动船体的剪切产生的黏性力。一般来说，流体的静水压力控制着油轮等船的低速运动，其他无黏性力的重要性随着速度的增加而增加，而黏性力在计算阻力和阻尼时最为重要。

船舶对波浪的响应程度取决于波浪的大小、方向和波长，以及船体的几何形状、船舶的动力特性，如纵摇、垂荡和横摇的固有频率。图 6-20 显示了遭遇波浪方向的定义。在本节中，我们将主要讨论横浪作用下的横摇响应。

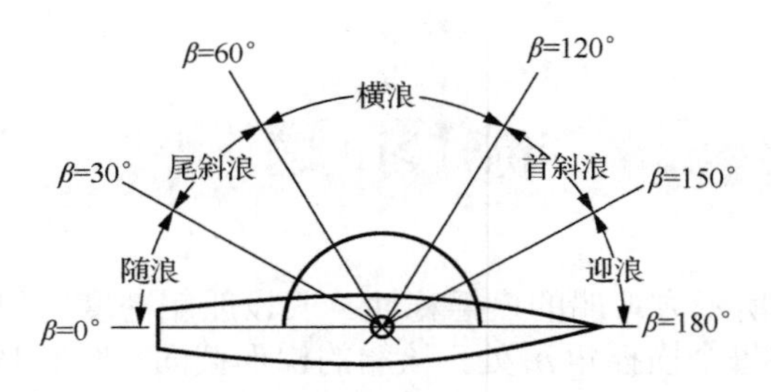

图 6-20　遭遇波浪方向的定义

深水波浪的速度为 $gT/(2\pi)$，其中 T 是波浪周期。波浪的波长是 $gT^2/(2\pi)$。对于 5～15s 的典型波周期，波长大于 200ft（61m），因此波长远大于船宽，这可以把海平面看作倾斜的平面，如图 6-21 所示。在线性范围内，波浪对船体产生的横摇力矩为

$$F_4 = \rho g V_d \overline{\mathrm{GM}}(\theta - \eta_4) \tag{6-58}$$

式中，$\rho g V_d$ 是船舶的重量；$\theta - \eta_4$ 是波面角 θ 和船的横摇角 η_4 之差，波面角是波面的坡度。振幅 a 的行波的波面可表示为 $\eta(y,t) = a\sin(ky + \omega t)$，其中 $k = (2\pi)/\lambda$ 是波数。海面的坡度是

$$\theta = \frac{\partial \eta}{\partial y}(y,t)|_{y=0} = ak\cos\omega t \tag{6-59}$$

如果忽略阻尼项，船舶对倾斜海面的横摇响应线性运动是

$$(I_{44} + A_{44})\ddot{\eta}_4 + \rho g V_d \overline{\mathrm{GM}}(\eta_4 - \theta) = 0 \tag{6-60}$$

对于波长为 λ、振幅为 a 的波浪，利用式（6-59），此方程可改写为

$$\ddot{\eta}_4 + \omega_4{}^2\eta_4 = \frac{\rho g V_d \overline{\mathrm{GM}}}{I_{44} + A_{44}} \frac{2\pi a}{\lambda}\cos\omega t \tag{6-61}$$

这个方程是一个经典的强迫线性振子方程。右侧是一个谐波强迫函数，其幅值与波幅和初稳心高成正比。初稳心高为船舶提供稳定的力矩，也给波浪提供了摇晃船舶的力臂。

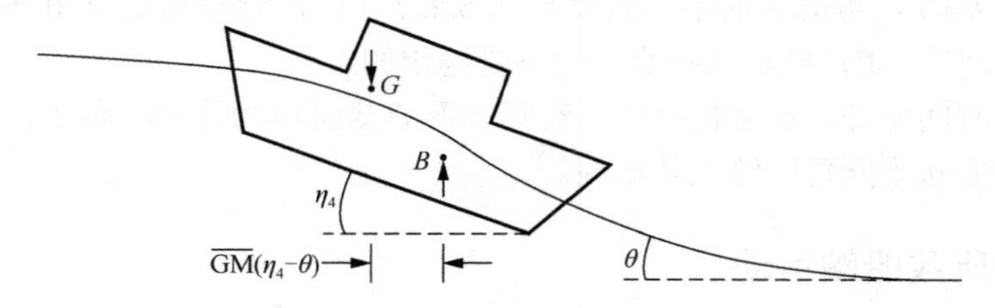

图 6-21　航道中船横摇受到的力

使用试算解：

$$\eta_4 = \overline{\eta}_4 \cos\omega t \tag{6-62}$$

式（6-61）的解是

$$\eta_4 = \left(\frac{\rho g V_d \overline{\mathrm{GM}}}{I_{44} + A_{44}}\right) \frac{2\pi a}{\lambda} \frac{1}{\omega_4^2 - \omega^2}\cos\omega t \tag{6-63}$$

式中，ω 是波浪频率；ω_4 是船横摇的固有频率。

当波浪频率接近船横摇的固有频率时，横摇的振幅急剧增大。当 $0.7<\omega/\omega_4<1.2$ 时，横摇的振幅至少是低频波的 2 倍。当船舶运动发生共振时，$\omega=\omega_4$，η_4 的符号变化如式（6-63）和图 6-22 所示。当波浪频率小于船横摇的固有频率时，船随波浪横摇；当波浪频率大于船横摇的固有频率时，船舶靠波浪的坡度横摇，船舶上浪的机会大大增加。图 6-23 给出了矩形截面船横摇振幅的理论值和试验值对比的结果（Salvesen et al.，1970）。矩形截面的船横摇共振时的振幅受到实验条件的限制。共振时的振幅受到黏性效应的限制，而黏性效应不包括在无黏理论中（Roberts，1985）。船舶通常配备舱底龙骨以增加黏性阻力，或配备主动液压减摇鳍以限制横摇响应并将乘客不适感降至最低（Lloyd，1989；Downie et al.，1988；Muckle et al.，1987）。

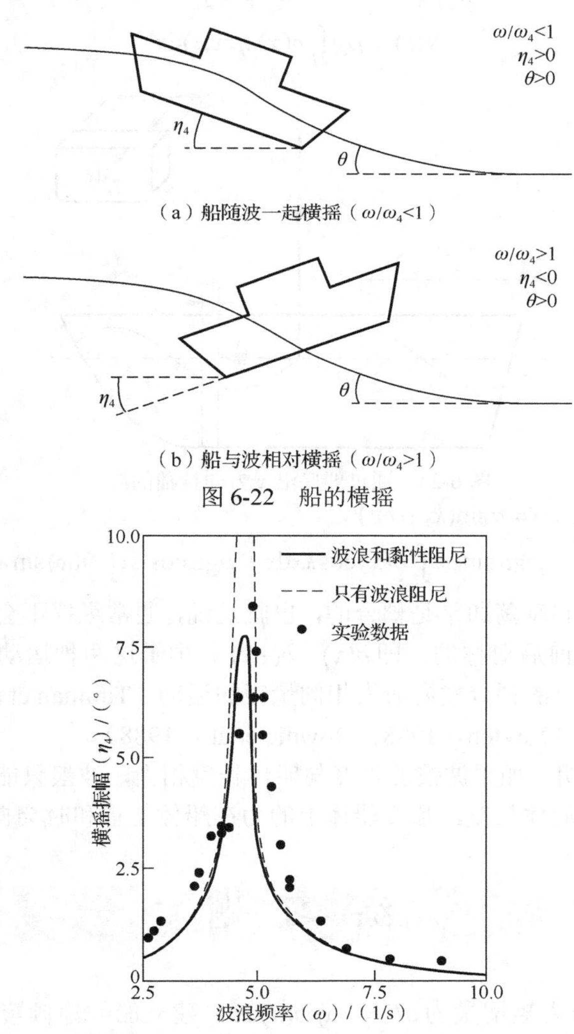

（a）船随波一起横摇（$\omega/\omega_4<1$）

（b）船与波相对横摇（$\omega/\omega_4>1$）

图 6-22　船的横摇

图 6-23　横浪中矩形截面船横摇振幅的理论值和实验值的对比

在纵摇和垂荡中，波浪的波长通常与船的长度相当。如果我们假设波浪是沿着船的纵轴运动的，那么船体上的静水压力变化是

$$p(a,t)=\rho g[\eta(x,t)+x\eta_5-\eta_3] \tag{6-64}$$

式中，$\eta(x,t)$ 为沿 x 方向传播的波高；η_3 为垂荡位移；$x\eta_5$ 为船舶纵摇至小角度 η_5 时各点 x 的位移，见图 6-24。浮力的变化为船舶提供了一个净垂直分量的力，$\mathrm{d}F_3=pb(x)\mathrm{d}x$，其中 $b(x)$ 是 x 处的梁宽。该力和相关的俯仰力矩是船形 $b(x)$ 和波长（与船舶长度相比）的函数。垂荡运动与纵摇运动耦合的合成方程为

$$(M+A_{33})\ddot{\eta}_3+C_{35}\eta_5+C_{33}\eta_3=N(t) \tag{6-65}$$

式中，

$$C_{35}=-\rho g\int_L xb(x)\mathrm{d}x,\quad C_{33}=\rho g\int_L b(x)\,\mathrm{d}x=\rho gS$$
$$N(t)=\rho g\int_L b(x)\,\eta(x,t)\mathrm{d}x \tag{6-66}$$

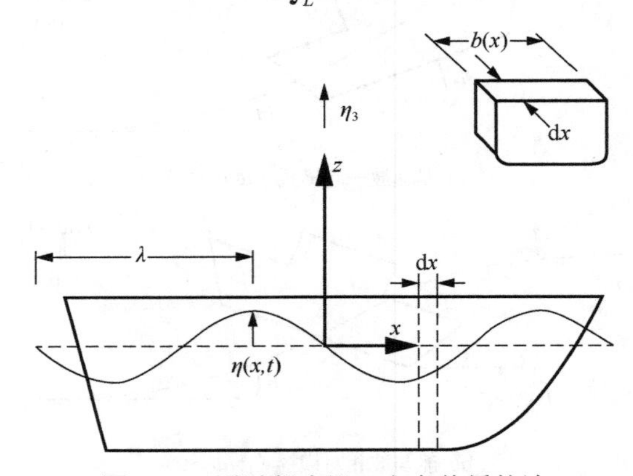

图 6-24　通过船底沿 x 方向传播的波

对于前后行波 $\eta(x,t)=a\sin(kx-\omega t)$，

$$N(t)=-\rho ga\sin\omega t\int_L b(x)\cos kx\mathrm{d}x+\rho ga\cos\omega t\int_L b(x)\sin kx\mathrm{d}x \tag{6-67}$$

这个方程意味着纵摇和垂荡通常是耦合的，也就是说，通常纵摇不会在没有垂荡的情况下发生，除非船舶是前后对称的，即 $b(x)=b(-x)$。由于这两种运动的固有频率通常很接近，在这双自由度上的耦合发展成为相同量级的运动（Timman et al.，1962），并且可能存在非线性的耦合（Nayfeh，1988；Downie et al.，1988）。

式（6-67）还表明，如果波浪的长度与船体长度相当，波浪只能引起船舶的垂荡运动。如果波长远小于船体长度，那么船体上的力在船体上求和时会自相抵消。

练　习　题

1. 注意船的倾覆力矩增量为 $\mathrm{d}F_5=-xpb(x)\mathrm{d}x$，建立船的净倾覆力矩方程，并建立

相应的运动方程。作为波浪波长的函数，b为常数，一艘方形截面的船上倾覆力矩的幅值是多少？

参考文献

Angrilli F, Cossalter V. 1982. Transverse oscillations of a vertical pile in waves. Journal of Fluids Engineering, 104: 46-52.

Bascom W. 1964. Waves and beaches. New York: Anchor Books: 148-149.

Batchelor G K. 1967. An introduction to fluid mechanics. London: Cambridge University Press: 624.

Bearman P W, Hall P F. 1987. Dynamic response of circular cylinders in oscillatory flow. International Conference on Flow Induced Vibrations, Bowness-on-Windermere, BHRA, Cranfield, England, Paper D6.

Bearman P W, Dowie M J, Graham J M R, et al. 1985. Forces on cylinders in viscous oscillatory flow at low Keulegan-Carpenter numbers. Journal of Fluid Mechanics, 154: 337-356.

Bearman P W, Graham J M R, Obasaju E D. 1984. A model equation for the transverse forces on cylinders in oscillatory flows. Applied Ocean Research, 6(3): 166-172.

Bishop J R. 1985. Wave force data from the second christchurch bay tower. 17th Annual Offshore Technology Conference, Houston, Texas, Paper 4953.

Bishop R E D, Price W G. 1979. Hydroelasticity of ships. Cambridge: Cambridge University Press.

Blagoveschensky S N. 1962. Theory of ship motions. New York: Dover Publications.

Blevins R D. 1984a. Formulas for natural frequency and mode shape. New York: Van Nostrand Reinhold.

Blevins R D. 1984b. Applied fluid dynamics handbook. New York: Van Nostrand Reinhold.

Borthwick A G L, Herbert D M. 1988. Loading and response of a small diameter flexibly mounted cylinder in waves. Journal of Fluids and Structures, 2(5): 479-501.

Chakrabarti S K, Frampton R E. 1982. Review of riser analysis techniques. Applied Ocean Research, 4(2): 73-90.

Chaplin J R. 1988. Loading on a cylinder in uniform oscillatory flow: Part I—planar oscillatory flow. Applied Ocean Research, 10(3): 120-128.

Chen S S. 1975. Vibration of nuclear fuel bundles. Nuclear Engineering and Design, 35(3): 399-422.

Cotter D C, Chakrabarti S K. 1984. Wave force tests on vertical and inclined cylinders. Journal of the Waterway, Port, Coastal and Ocean Engineering, 110(1): 1-14.

Dalton C. 1980. Inertia coefficients for riser configurations. Journal of Energy Resources Technology, 102(4): 197-202.

Dalton C, Chantranuvatana B. 1980. Pressure distributions around circular cylinders in oscillating flow. Journal of Fluids Engineering, 102(2): 191-195.

Dawson T H. 1985. In-line forces on vertical cylinders in deep water waves. Journal of Energy Resources Technology, 107(1): 18-23.

Downie M J, Bearman P W, Graham J M R. 1988. Effect of vortex shedding on the coupled roll response of bodies in waves. Journal of Fluid Mechanics, 189: 243-264.

Ferziger J H. 1981. Numerical methods for engineering application. New York: Wiley.

Gardner T N, Cole N W. 1982. Drilling in strong currents, deep water. Ocean Industry, 17: 8.

Garrison C J. 1985. Comments on cross-flow principle and morison's equation. Journal of the Waterway, Port, Coastal and Ocean Engineering, 111(6): 1075-1079.

Graham J M R. 1987. Transverse forces on cylinders in random seas. International Conference on Flow Induced Vibrations, Bowness-on-Windermere, BHRA, Cranfield, England, Paper D7.

Gudmestad O T, Connor J J. 1983. Linearization methods and the influence of current on the nonlinear hydrodynamic drag force. Applied Ocean Research, 5(4): 184-194.

Heideman J C, Sarpkaya T. 1985. Hydrodynamic forces on dense arrays of cylinders. 17th Annual Offshore Technology Conference, Houston, Texas, Paper 5008.

Hoerner S F. 1965. Fluid-dynamic drag. Published by the author, New Jersey.

Hudspeth R T, Nath J H. 1988. Wave phase/amplitude effects on force coefficients. Journal of the Waterway, Port, Coastal and Ocean Engineering Division, 114(1): 34-49.

Kasahara Y, Shimazaki K, Koterayama W. 1986. Wave forces acting on rough circular cylinders at high Reynolds numbers. Journal of the Society of Naval Architects of Japan, 1986(160): 152-163.

Keulegan G H, Carpenter L H. 1958. Forces on cylinders and plates in an oscillating fluid. Journal of Research of the National Bureau of Standards, 60(5): 423-440.

Labbe J R. 1983. Sensitivity of marine riser response to the choice of hydrodynamic coefficients. 15th Annual Offshore Technology Conference, Houston, Texas, Paper OTC 4592.

Laird A D. 1966. Flexibility in cylinder groups oscillated in water. Journal of the Waterways and Harbors Division, 92(3): 69-88.

Laiw C Y. 1987. Subharmonic response of offshore structures. Journal of Engineering Mechanics, 113(3): 366-377.

Langley R S. 1984. The linearization of three dimensional drag force in random sea current. Applied Ocean Research, 6(3): 126-131.

Leira B J. 1987. Multidimensional stochastic linearization of drag forces. Applied Ocean Research, 9(3): 150-162.

Lloyd A R J M. 1989. Seakeeping: ship behaviour in rough weather. New York: Wiley.

Massey B S. 1979. Mechanics of fluids. 4th ed. New York: Van Nostrand Reinhold.

Meirovitch L. 1967. Analytical methods in vibrations. Electronics & Power, 13(2): 480.

Meyers W G, Sheridan D J, Salvesen N, 1975. Manual—NSRDC ship motion and sea-load computer program. Naval Ship Research and Development Center, Maryland, USA, Report 3376.

Moretti P M, Lowery R L. 1976. Hydrodynamic inertia coefficients for a tube surrounded by rigid tubes. Journal of Pressure Vessel Technology, 98(3): 190-193.

Morison J R, Johnson J W, Schaaf S A. 1950. The force exerted by surface waves on piles. Journal of Petroleum Technology, 189: 149-154.

Muckle W, Taylor D A. 1987. Muckle's naval architecture. 2nd ed. London: Butterworths.

Nath J H. 1981. Hydrodynamic coefficients for macro-roughness. 13th Annual Offshore Technology Conference, Houston, Texas, Paper 3989.

Nath J H. 1988. Biofouling and morison equation coefficients//Proceedings of the Seventh International Conference on Offshore Mechanics and Arctic Engineering. Chung J S ed. New York: American Society of Mechanical Engineers: 55-64.

Nayfeh A H. 1988. On the undesirable roll characters of ships in regular seas. Journal of Ship Research, 32(2): 92-100.

Newman J N. 1977. Marine hydrodynamics. Cambridge: The MIT Press.

Nordell N J, Meggitt D J. 1981. Under sea suspended cable structures. Journal of Structures Division, 107(3): 1025-1040.

Norton D J, Heideman J C, Mallard W W. 1983. Wind tunnel tests of inclined circular cylinders. Society of Petroleum Engineers Journal, 23(1): 191-196.

Obasaju E D, Bearman P W, Graham J M R. 1988. A study of forces, circulation and vortex patterns around a circular cylinder in oscillating flow. Journal of Fluid Mechanics, 196: 467-494.

Patel M H. 1989. Dynamics of offshore structures. London: Butterworths.

Pierson W J, Neumann G, James R. 1985. Observing and forecasting ocean waves. U.S. Naval Oceanographic Office, 34 (H.O. Pub. No. 603).

Price W G, Bishop R E D. 1974. Probabilistic theory of ship dynamics. New York: Wiley.

Rawson K J, Tupper E C. 1976. Basic ship theory. London: Longman.

Roberts J B. 1985. Estimation of nonlinear roll damping from free-decay data. Journal of Ship Research, 29(2): 127-138.

Rogers A C. 1983. An assessment of vortex suppression devices for production risers and towed deep ocean pipe strings. 15th Annual Offshore Technology Conference, Houston, Texas, Paper 4594.

Salvesen N, Tuck E O, Faltinsen O. 1970. Ship motions and sea loads. Transactions of the Society of Naval Architects and Marine Engineers, 78(2): 250-287.

Sarpkaya T. 1975. Forces on cylinders and spheres in a sinusoidally oscillating fluid. Journal of Applied Mechanics, 42(1): 32-37.

Sarpkaya T. 1976. Forces on cylinders near a plane boundary in sinusoidally oscillating fluid. Journal of Fluids Engineering, 98(3): 499-505.

Sarpkaya T. 1977. Inline and transverse forces on cylinders in oscillatory flow with high Reynolds numbers. Journal of Ship Research, 21(4): 200-216.

Sarpkaya T. 1982. Wave forces on inclined smooth and rough circular cylinders. 14th Annual Offshore Technology Conference, Houston, Texas, Paper 4227.

Sarpkaya T. 1986. Force on a circular cylinder in viscous oscillatory flow at low Keulegan-Carpenter number. Journal of Fluid Mechanics, 165: 61-71.

Sarpkaya T. 1987. Oscillating flow about smooth and rough cylinders. Journal of Offshore Mechanics and Arctic Engineering, 109(4): 307.

Sarpkaya T, Isaacson M. 1981a. Mechanics of wave forces on offshore structures. New York: Van Nostrand Reinhold.

Sarpkaya T, Storm M. 1985. In-line force on a cylinder translating in oscillatory flow. Applied Ocean Research, 7(4): 188-196.

Sarpkaya T, Rajabi F, Zedan M F. 1981b. Hydroelastic response of cylinders in harmonic and wave flow. 13th Annual Offshore Technology Conference, Houston, Texas, Paper 3992.

Spanos P D, Chen T W. 1980. Vibrations of marine riser systems. Journal of Energy Resources Technology, 102(4): 203-213.

Springston G B. 1967. Generalized hydrodynamic loading function for bare and faired cables in two-dimensional steady-state cable configurations. Naval Ship Research and Development Center, Washington, Report 2424.

St. Dinis M, Pierson W J. 1953. On the motion of ships in confused seas. Transactions of the Society of Naval Architects and Marine Engineers, 61(4): 280-332.

Stansby P K, Bullock G N, Short I. 1983. Quasi-2-D forces on vertical cylinders in waves. Journal of the Waterway, Port, Coastal and Ocean Engineering Division, 109(1): 128-132.

Starsmore N. 1981. Consistent drag and added mass coefficients from full-scale data. 13th Annual Offshore Technology Conference, Houston, Texas, Paper OTC 3990.

Timman R, Newman J N. 1962. The coupled damping coefficient of a symmetric ship. Journal of Ship Research, 6(1): 1-7.

Tung C C, Huang N E. 1973. Combined effects of current and waves on fluid force. Ocean Engineering, 2(4): 183-193.

Williamson C H K. 1985a. In-line response of a cylinder in oscillatory flow. Applied Ocean Research, 7(2): 97-106.

Williamson C H K. 1985b. Sinusoidal flow relative to circular cylinders. Journal of Fluid Mechanics, 155: 141-174.

Wirsching P H, Prasthofer P H. 1976. Preliminary dynamic assessment of deepwater platforms. Journal of the Structural Division, 102(7): 1447-1462.

Wolfram J, Theophanatos A. 1985. The effects of marine fouling on the fluid loading of cylinders: some experimental results. 17th Annual Offshore Technology Conference, Houston, Texas, Paper 4954.

Wright J C, Yamamoto T. 1979. Wave forces on cylinders near plane boundaries. Journal of the Waterway, Port, Coastal and Ocean Division, 105(1): 1-13.

Zdravkovich M M, Namork J E. 1977. Formation and reversal of vortices around circular cylinders subjected to water waves. Journal of the Waterway, Port, Coastal and Ocean Division, 103(3): 378-383.

Zedan M F, Yeung J Y, Salane H J, et al. 1981. Dynamic response of a cantilever pile to vortex shedding in regular waves. Journal of Energy Resources Technology, 103(1): 32.

第 7 章　湍流和声致振动

一阵风吹过树木和高楼，一艘船在复杂的海洋湍流中颠簸，飞机蒙皮对涡轮喷气发动机的声的响应——在每一种情况下，结构都会对周围流体施加的随机表面压力做出响应。本章将对这些随机振动进行分析，研究结果应用于杆和管的紊动激励、板的声疲劳、建筑物风致振动和阵风引起的飞机抖振。

7.1　随机理论的要素

湍流是由多频率振荡成分构成的，对每个振荡分量进行确定性的分析是非常烦琐的。用统计方法处理流体和结构响应，只处理时均量更为实用。随机振动理论为这一分析提供了一个框架。

在许多实际情况下，随机湍流的时均测量与时均间隔的起始点无关，也几乎与测量位置无关。这种现象称为平稳随机过程，即平稳的、各向同性的随机过程。Simiu 等（1986）、Yang（1986）、Bolotin（1984）、Dowell 等（1978）、Lin（1967）以及 Crandall 等（1963）回顾了结构对平稳随机过程的响应。本章推导了稳定结构在单一模式下对平稳的、各向同性的随机湍流和声压场的响应。

自谱密度也称为功率谱密度 $S_y(f)$。如果平稳随机过程 $y(t)$ 已知，对于频率为 $f_1=0$ 和 $-\infty<f<\infty$，则在频域内功率谱密度的积分是其总均方值：

$$\overline{y(t)^2}=\frac{1}{T}\int_{f_1}^{f_2}S_y(f)\,\mathrm{d}f \tag{7-1}$$

当频率相互无限接近时，则 $f_2-f_1=\delta f$，则功率谱密度为

$$S_y(f)=\frac{\overline{y_t(t)^2}}{\delta f} \tag{7-2}$$

式中，$S_y(f)$ 是 $y(t)$ 中频率接近 f 的那些分量。因此，确定某一频率处的功率谱密度的一种方法是，在该频率处对时历信号滤波，输出平方，求其平均值，然后除以滤波器的带宽。单位是$(y\text{ 的单位})^2/\mathrm{Hz}$。应注意，有时会使用其他定义的功率谱密度，例如，在理论研究中，频谱通常在正负频率上对称定义，其中 $-\infty<f<\infty$，f 是以 rad/s 而不是 Hz 表示（Bendat et al.，1986）。这些谱比当前的谱小 $1/(4\pi)$ 倍。附录 D 讨论了功率谱密度的数值计算。

平稳随机过程的均方值被定义为它在一个时间周期内的平方的均值，这段时间 T 包括许多振荡周期：

$$\overline{y^2}(t)=\frac{1}{T}\int_0^T y^2(t)\,\mathrm{d}t \tag{7-3}$$

式中，$\overline{(\ )}$表示时均值。考虑一个振幅为Y_0的正弦过程，

$$y(t)=Y_0\sin(2\pi ft) \tag{7-4}$$

正弦过程的平均值、均方值和均方根值为

$$\overline{y}(t)=0,\ \overline{y^2}(t)=\frac{Y_0^2}{2},\ y_{\mathrm{rms}}=\sqrt{\overline{y^2}(t)}=\frac{Y_0}{\sqrt{2}} \tag{7-5}$$

对于正弦过程，峰值Y_0与均方根值的比值为$\sqrt{2}$。如果一个过程有零平均，如同正弦波过程一样，则均方根也等于标准差。

概率密度函数 $p(y)$ 是该过程在一个小的间隔 $y\pm(\mathrm{d}y/2)$ 中花费的时间部分除以间隔的宽度。换句话说，$p(y_1)\delta y$ 是 y 值在 $y_1-\delta y/2<y<y_1+\delta y/2$ 范围内的概率。正弦过程和高斯随机过程的概率密度是（Bendat et al.，1986）

$$p(y)=\begin{cases}1/[\pi(Y_0^2-y^2)^{1/2}], & |y|\leqslant Y_0,\text{否则为0；正弦过程}\\ [y_{\mathrm{rms}}(2\pi)^{1/2}]^{-1}\mathrm{e}^{-y^2/(2y_{\mathrm{rms}}^2)}, & \text{高斯过程}\end{cases} \tag{7-6}$$

正弦过程的概率密度在 $y(t)=Y_0$ 附近出现峰值，因为大部分正弦过程发生在峰值附近。

统计学的中心极限定理（Bendat et al.，1986；Loeve，1977）指出，若干独立随机事件之和的概率分布将趋向于高斯分布（也称为正态分布）。高斯分布很好地表示了弹性结构对湍流响应的概率密度（Wambsganss et al.，1971；Basile et al.，1968；Ballentine et al.，1968），例如，图 7-1（a）显示飞机推力器对涡轮喷气发动机喷气的响应概率分布接近高斯分布。中心极限定理还阐述了独立随机过程的均方值是各个过程的均方值之和，这意味着弹性结构对湍流的总体均方响应是各个模态的均方值之和：

$$\overline{y^2}(t)=\sum_{i=1}^{N}\overline{y_i^2}(t) \tag{7-7}$$

式中，$y_i(t)$ 是分量模态，前提是每个模态响应独立。类似地，总的均方应力和应变由每种模态下的应力和应变的平方和来确定。

高斯分布和正弦概率分布之间的差异［式（7-6），图 7-2］可用于区分结构在湍流中的随机振动和确定性振动。例如，如果结构位移的概率分布为高斯分布，可以合理地假设结构对随机湍流所致结构表面上压力的响应。然而，如果概率密度在中间随着流速的增加而下降，我们会怀疑结构在其固有频率上是正弦响应，这可能是失稳的开始。

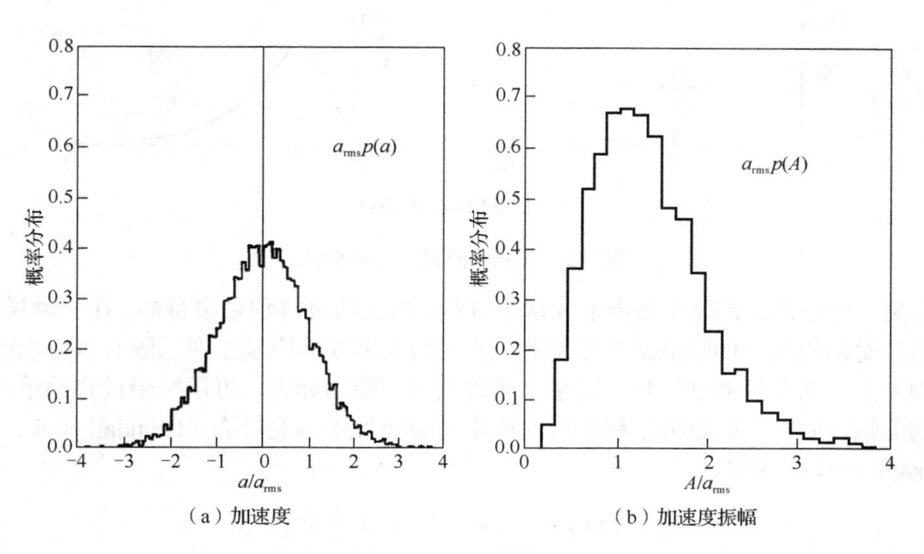

（a）加速度　　（b）加速度振幅

图 7-1　飞机反推装置测量的加速度概率分布

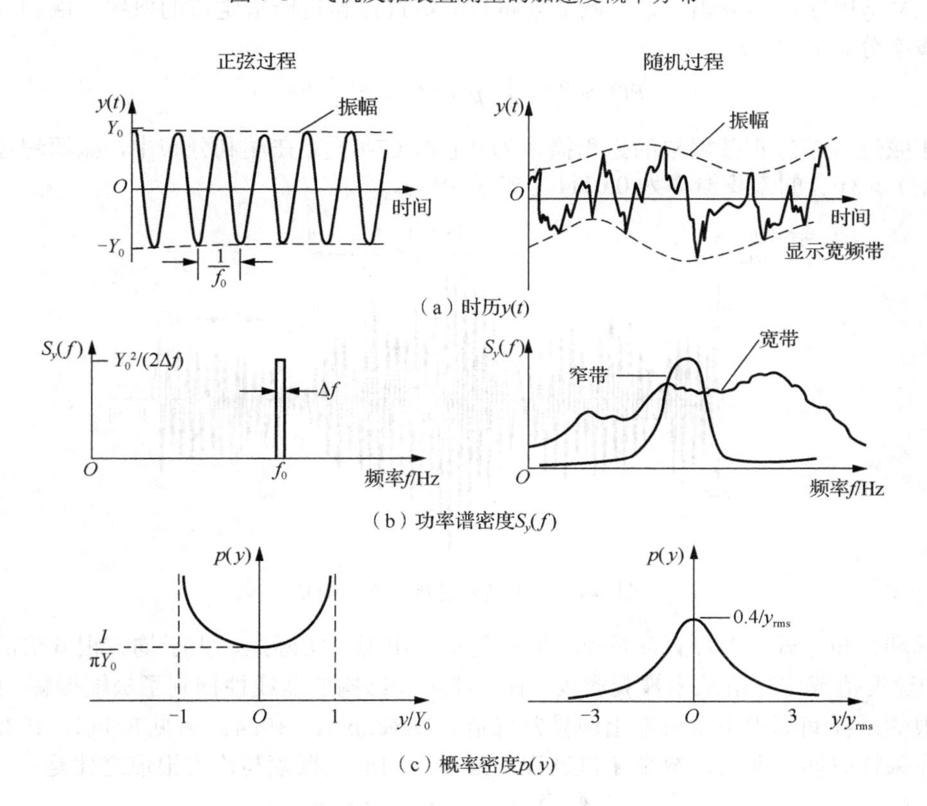

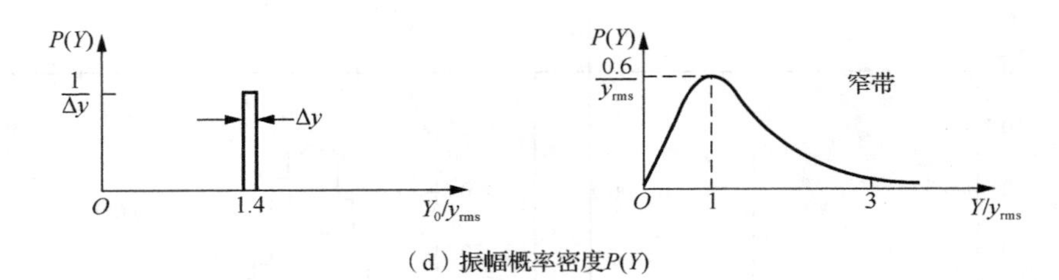

（d）振幅概率密度$P(Y)$

图 7-2　正弦和随机过程的特性

如果一个小的、有限的频带主导这个过程，那么随机过程是窄带的。在一种模态下，弹性结构对湍流压力的响应通常是窄带的，因为大多数响应发生在以固有频率为中心的窄带频率上（图 7-2 和图 7-3）。以速度变化点的振幅为标志，可用窄带过程的单个周期来识别振幅。窄带高斯随机过程幅值的概率分布类似于瑞利分布（Crandall et al.，1963；Cartwright et al.，1956）：

$$p(Y)=\frac{Y}{y_{\mathrm{rms}}^2}\mathrm{e}^{-Y^2/2y_{\mathrm{rms}}^2},\quad Y\geqslant 0 \tag{7-8}$$

式中，Y 是周期性的振幅。累积概率分布是随机过程超过所给定值的概率。瑞利分布的累积概率分布 $P(Y>Y_1)$ 为

$$P(Y>Y_1)=\int_{Y_1}^{\infty}p(Y)\mathrm{d}Y=\mathrm{e}^{-Y_1^2/2y_{\mathrm{rms}}^2} \tag{7-9}$$

正弦过程超过正弦振幅的累积概率为 0［式（7-6）］。在瑞利分布中，振幅超过三个标准差 $Y>3y_{\mathrm{rms}}$ 的累积概率为 0.0111［式（7-9）］。

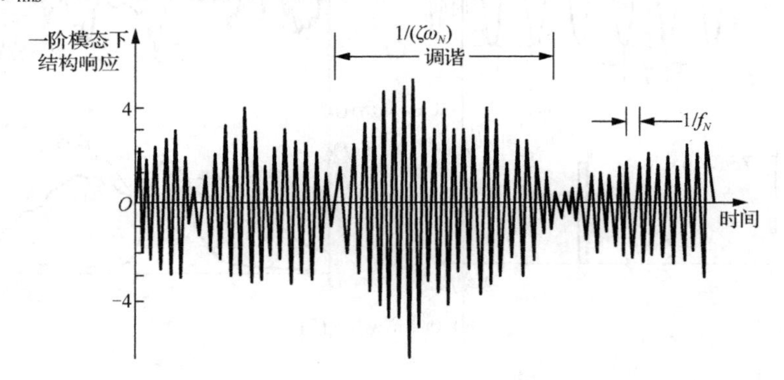

图 7-3　窄带随机过程的典型时历

瑞利分布［式（7-8）］表明极端振幅是不会出现。实际上，大于均方根 6 倍的应力值、加速度值或位移值从未被观测到。有限能量和结构的非线性抑制了极端振幅。此外，在有限的采样间隔内不太可能出现异常峰值。Davenport（1964。另见 Solari，1982）表明，在采样时间 T 期间，窄带随机过程中最可能的最大振幅与均方根值之比是

$$\bar{g}=\frac{\text{典型峰值}}{\text{均方根值}}=\sqrt{1.175+2\ln(f\cdot T)} \tag{7-10}$$

这些峰值响应因子如表 7-1 所示。

表 7-1　不同周期间隔时峰值响应因子

周期间隔 $f\cdot T$	峰值因子 $\bar{g}$	周期间隔 $f\cdot T$	峰值因子 $\bar{g}$
10^2	3.22	10^5	4.92
10^3	3.87	10^6	5.36
10^4	4.42		

例如，飞机的推进装置在着陆过程中会经历大约 500～10000 个振动周期。方程（7-10）预报了 3.5～5.0 倍均方根响应之间的峰值响应，图 7-1（b）的数据表明，着陆期间测得的峰值响应是均方根值的 3.8 倍。通常在设计中使用 2.5～4.5 倍均方根的峰值（见 7.4.2 节）。

练　习　题

1. 平稳随机过程中加速度 $\ddot{y}(t)$ 的单位为 m/s^2，求加速度功率谱密度 $S_{\ddot{y}}(f)$、概率分布 $p(\ddot{y})$ 和累积概率分布 $P(\ddot{y})$ 的单位是什么？提示：见附录 D。

2. 在图 7-1 上绘制式（7-6）的高斯概率密度和式（7-8）振幅的瑞利概率密度。数据与这些方程的一致性如何？

3. 将图 7-3 中时历的前 20 个周期的振幅制成一张表。注意，一个周期从时历的正峰值延伸到下一个正峰值。单个周期的均方值是峰值的平方除以 2［式（7-5）］。计算峰值的总均方根值。通过对所有周期的均方求和、对结果求平均并求平方根，计算前 20 个周期的总均方根、峰值与均方根的比是多少？用式（7-10）预算的值与其进行比较。

4. 继续第 3 题，按 0～0.5, 0.5～1.0, 1.0～1.5 等范围对这些周期的振幅进行排序。每个范围内的峰值除以范围内的宽度和总循环数即为振幅的概率密度。通过除以均方根进行无量纲化，并将其绘制在图 7-1（b）上，并与瑞利分布［式（7-8）］进行比较。

7.2　声和湍流所致板的振动

7.2.1　分析公式

表 7-2 给出了湍流喷射和飞机发动机产生的近场表面压力振荡幅值的估算。飞机涡轮喷气发动机可产生 140～170dB 的近场声级。高超音速飞机在推进和紧停时，喷气发动机的声压级估计会超过 185dB。在飞行中，湍流边界层在飞机蒙皮上引起振荡压力。与冲击波的相互作用可使这些振荡边界层的声压级增加 10～45dB（Zorumski，1987；Raghunathan，1987；Ungar et al.，1977）。如此高的声压级会导致飞机蒙皮的疲劳失效，

这叫作声疲劳。在大多数声疲劳的情况下，只有相对较少的壁板结构模式会失效。Clarkson 等（1968）和 Miles（1954）研究了一种平板声疲劳的估算，此方法是基于航空研究与发展顾问组（AGARD）的设计（Thompson et al.，1972）。Blevins（1989）将此方法扩展到复杂形状和更高阶模态。

表 7-2　振荡的表面压力①

序号	实例	P 点脉动压力的均方根 P_{rms}	频谱形状、典型级别和注释
1	冲击湍流射流 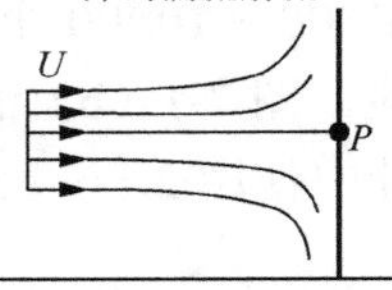	αq，$0.1 \leqslant \alpha \leqslant 0.2$	宽带频谱，在更高频率下降。对于跨音速射流，在 500 Hz 下典型的 1/3 倍频程声压级是 160dB
2	湍流边界层 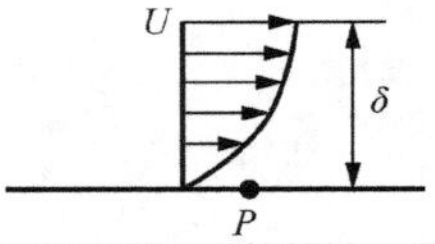	$\dfrac{0.006\rho U^2}{1+0.14M^2}$	宽带频谱，在频率高于 U/δ 时下降。参见 Laganelli 等（1983）介绍的层流边界层的振荡表面压力为零
3	分离湍流边界层 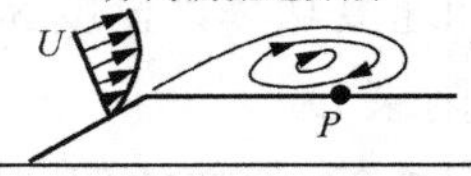	αq，$0.04 \leqslant \alpha \leqslant 1$	宽带频谱，在更高频率下降
4	湍流边界层中的跨音速激波 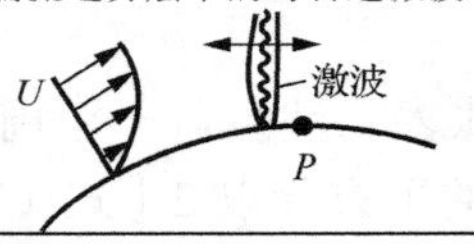	$\dfrac{\Delta P_{激波}}{2}$	宽带频谱。激波与边界层相互作用，激波运动产生振荡压力
5	管道风扇或螺旋桨 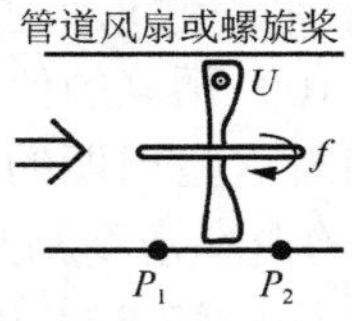	αq，P_1 或 P_2 有 $0.02 \leqslant \alpha \leqslant 0.1$	频谱是旋转频率 f 谐波处的一系列明显峰值。最大的峰值在 nf 处发生，式中 n=桨叶数量。音速叶尖速度的典型声压级峰值是 145～160dB。Harris（1979）讨论了远场辐射噪声
6	涡轮喷气发动机 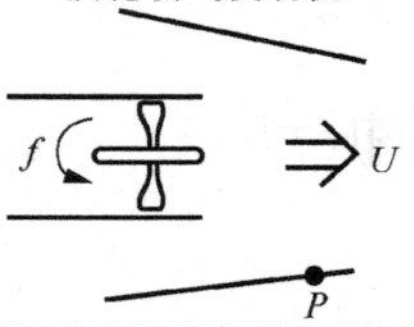	αq，$0.02 \leqslant \alpha \leqslant 0.1$	宽带频谱。典型的 1/3 倍频程声压级为 140～150dB 和 161dB（不需要补燃），152～160dB 和 170dB（需要补燃）
7	火箭发动机 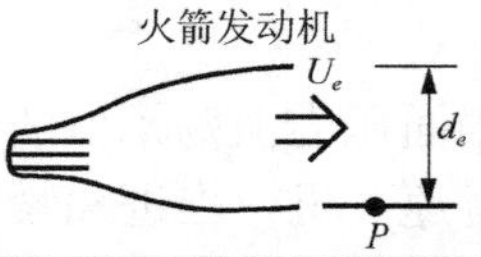	辐射到远场的总声压级 $\mathrm{SPL}=100+10\lg W$，$W=\dfrac{1}{2}推力\times U_e(\mathrm{W})$	宽带频谱峰值为 $0.01U_e/d_e$，参见 NASA SP-8072 "Acoustic Loads Generated by Propulsion System"（1971）

资料来源：Brase（1988），Laganelli 等（1983），Lowson（1968），Ungar 等（1977）。

注：① f 为频率，Hz；$Ma=U/c$；P 为表面压力；P_{rms} 为脉动压力的均方根；q 为动压，$q=\dfrac{1}{2}\rho U^2$；SPL 声压级见式（9-38）；U 为速度；ρ 为流体密度；δ 为边界层厚度。

在单一模态下的响应和壁板表面上的声压如图 7-4 所示。壁板的动态振动方程为

$$m\frac{\partial^2 W}{\partial t^2}+\mathscr{L}[W]=P \tag{7-11}$$

式中，$W(x,y,z,t)$ 是位移；x,y,z 是空间坐标；$P(x,y,z,t)$ 是施加在表面上的声压；t 是时间；$m(x,y,z,t)$ 是单位面积的质量；$\mathscr{L}$ 是面板载荷-挠度关系的线性算符。对于图 7-4 中的矩形板，$\mathscr{L}[W]$ 是

$$\mathscr{L}[W]=\frac{Eh^3}{12(1-\nu)}\left(\frac{\partial^4 W}{\partial x^4}+2\frac{\partial^4 W}{\partial x^2 y^2}+\frac{\partial^4 W}{\partial y^4}\right) \tag{7-12}$$

式中，W 是垂直于板平面的位移；h 是板厚；E 是弹性模量；ν 为泊松比；x 和 y 为壁板平面上的直角坐标。

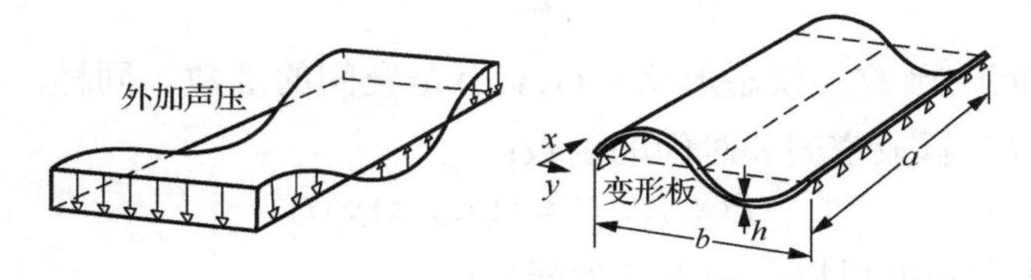

图 7-4　矩形板对其表面的声压的响应

以下特征值问题与式（7-11）（附录 A）相关：

$$\omega_i^2 m\tilde{w}_i-\mathscr{L}[\tilde{w}_i]=0,\quad i=1,2,3,\cdots \tag{7-13}$$

式中，ω_i 是第 i 个模态下的固有圆频率。振型 $\tilde{w}_i$ 在结构上是正交的（Meirovitch，1967），

$$\int_D \tilde{w}_i m\tilde{w}_j \mathrm{d}s=0,\quad i\neq j \tag{7-14}$$

$$\int_D \tilde{w}_i \mathscr{L}[\tilde{w}_j]\mathrm{d}s=0,\quad i\neq j \tag{7-15}$$

式中，如果固有圆频率不重复，$\omega_i\neq\omega_j$；$\mathrm{d}s$ 是该域的微元面积。简支和固支矩形板的固有频率和基本振型见表 7-3。

表 7-3　简支和固支矩形板对宽带声载荷的响应①

变量	简支边	固定边
基频/ Hz	$\frac{\pi(1/a^2+1/b^2)}{2}\sqrt{\frac{Eh^2}{12\rho(1-\nu^2)}}$	$\frac{2\pi[3(a/b)^2+3(b/a)^2+2]^{1/2}}{3ab}\sqrt{\frac{Eh^2}{12\rho(1-\nu^2)}}$
基本模态的振型 $\tilde{w}_1(x,y)$	$\sin\frac{\pi x}{a}\sin\frac{\pi y}{a}$	$\left[1-\cos\left(\frac{2\pi x}{a}\right)\right]\left[1-\cos\left(\frac{2\pi y}{b}\right)\right]$
最大模态变形 $\tilde{w}_1(x,y)_{\max}$	1.0	4.0
最大模态应力 $\tilde{\sigma}_1(x,y)_{\max}$②	$\frac{6\pi^2}{h^2}\left(\frac{1}{a^2}+\frac{\nu}{b^2}\right)\frac{Eh^3}{12(1-\nu^2)}$	$\frac{48\pi^2}{a^2h^2}\frac{Eh^3}{12(1-\nu^2)}$
均匀压力引起最大应力 σ_0	$\frac{96}{\pi^4h^2}\frac{1/a^2+\nu/b^2}{(1/a^2+1/b^2)^2}$	$\frac{24}{\pi^2}\left(\frac{b}{h}\right)^2\frac{1}{3(a/b)^2+3(b/a)^2+2}$

续表

变量	简支边	固定边
Miles 方程最大应力［式（7-32）］	$\frac{96}{\pi^4 h^2}\frac{1/a^2+\nu/b^2}{(1/a^2+1/b^2)^2}\sqrt{\frac{\pi f_1 S_P(f_1)}{4\zeta_1}}$	$\frac{24}{\pi^2}\left(\frac{b}{h}\right)^2\frac{1}{3(a/b)^2+3(b/a)^2+2}\sqrt{\frac{\pi f_1 S_P(f_1)}{4\zeta_1}}$
式（7-31）中最大应力	$\frac{6}{\pi^2 h^2}\frac{1/a^2+\nu/b^2}{(1/a^2+1/b^2)^2}\sqrt{\frac{\pi f_1 S_P(f_1)}{4\zeta_1}}$	$\frac{54}{4\pi^2}\left(\frac{b}{h}\right)^2\frac{1}{3(a/b)^2+3(b/a)^2+2}\sqrt{\frac{\pi f_1 S_P(f_1)}{4\zeta_1}}$

资料来源：部分改编自 Ballentine 等（1968）。

注：①a 为宽度；b 为长度；h 为厚度；E 为弹性模量；ρ 为密度，ν 为泊松比。

②模态应力是单位形态变形产生的应力。固定边的最大应力位于长边的中心，简支边板的最大应力集中在板的中心。应力结果对 $b\geqslant a$ 是有效的。

式（7-11）的位移解是模态响应的总和（附录 A）：

$$W(x,y,z,t)=\sum_{i=1}^{N}\tilde{w}_i(x,y,z)w_i(t) \tag{7-16}$$

式中，$w_i(t)$ 是时间的函数；模态形状 $\tilde{w}_i(x,y,z)$ 是空间的函数。同样，我们有理由相信大多数声压都可以分解成空间和时间的函数：

$$P(x,y,z,t)\approx\tilde{p}(x,y,z)p_i(t) \tag{7-17}$$

例如，x 方向的进行声波可以分解为两个驻波：

$$P(x,t)=P_0\sin(kx-\omega t)=P_0\sin kx\cos\omega t-P_0\cos kx\sin\omega t \tag{7-18}$$

式（7-17）和式（7-18）可被视为声场的模态展开。然而，大多数结构的响应在结构固有频率附近，考虑 $p_i(t)$ 作为第 i 个结构固有频率附近的声压分量是很方便的，

$$\frac{1}{\omega_i^2}\ddot{w}_i+\frac{2\zeta_i}{\omega_i}\dot{w}_i+w_i=J_i p_i(t) \tag{7-19}$$

这个方程在 7.2.2 节中进行求解。式（7-16）或式（7-7）总结了对于板的整体位移结果。

板的结合受纳函数由下式定义：

$$J_i=\frac{\int_D \tilde{p}_i(x,y,z)\tilde{w}_i(x,y,z)\mathrm{d}s}{\omega_i^2\int_D m\tilde{w}_i^{\,2}(x,y,z)\mathrm{d}s} \tag{7-20}$$

模态的结合受纳是衡量板 $\tilde{p}_i(x,y,z)$ 表面压力的空间分布与结构振型 $\tilde{w}_i(x,y,z)$ 的相容程度。J_i 由空间积分决定，J_i 的单位依赖于 $\tilde{p}_i$ 和 $\tilde{w}_i$ 的单位。在这里有一点随意，因为振型可以用各种方法正则化。然而，当前的方法确保了物理位移和应力与模态正则化的行为无关。

练 习 题

1. 在流体中行进的声波波长和在平板中行进的弯曲波波长如下（Junger et al.，1986）：

$$\lambda_{声} = \frac{c}{f}, \quad \lambda_{弯曲} = \left(\frac{Eh^2}{12\rho}\right)^{1/4}\left(\frac{2\pi}{f}\right)^{1/2}$$

式中，c 是流体中的声速；ρ 是板的密度；h 是板的厚度；f 是频率，Hz。两个波长在什么频率重合？对于较低频率，弯曲波长是否大于或小于声波波长？一致与否对共同接受有何影响？

7.2.2　模态响应的时间解

假设结合受纳函数［式（7-20）］是均匀的，$J_i = 1$，如果声压场的形状与质量加权振型相同：

$$\tilde{p}_i(x,y,z) = m\omega_i^2 \tilde{w}_i(x,y,z) \tag{7-21}$$

这个通常是一个保守的假设；声压场的形状很少与振型完全一致。在这个假设下，描述每种模态响应的方程［式（7-19）］变成了经典的单自由度强迫振动方程：

$$\frac{1}{\omega_i^2}\ddot{w}_i(t) + \frac{2\zeta_i}{\omega_i}\dot{w}_i(t) + w_i(t) = p_i(t) \tag{7-22}$$

可以考虑非均匀的结合受纳函数的情况来缩放此方程的右侧。

如果在频率 f 下压力是正弦的：

$$p_i(t) = P_0 \sin(2\pi f t) \tag{7-23}$$

那么等式（7-22）有一个经典解（Thomson，1988）：

$$w_i(t) = \frac{P_0 \sin(2\pi f t - \phi)}{\sqrt{[1-(f/f_i)^2]^2 + (2\zeta_i f/f_i)^2}} \tag{7-24}$$

式中，相位角是 $\tan\phi = 2\zeta_i(f/f_i)/[1-(f/f_i)^2]$。如果强迫振动频率与固有频率一致，$f = f_i = \omega_i/(2\pi)$，产生共振，则响应为

$$w_i(t) = \frac{P_0}{2\zeta_i}\sin(2\pi f t) \text{ 或等价于 } w_{i,\mathrm{rms}} = \frac{P_{\mathrm{rms}}}{2\zeta_i} \tag{7-25}$$

式中，下标 rms 代表均方根（见 7.1 节）。正弦压力分布的均方根响应与窄带随机力的均方根响应相同，前提是随机压力的带宽是结构响应带宽的一小部分［$\mathrm{BW} = 2\zeta_i f_i$ (Hz)。见 8.3.1 节和 8.4.5 节］。

振荡振子响应 $S_w(f)$ 的功率谱［式（7-22）］是利用式（7-24）并计算施加压力的功率谱密度 $S_p(f)$ 的每个频率分量［式（7-2）］计算均方响应得到的，

$$S_{wi}(f) = \frac{S_P(f)}{[1-(f/f_i)^2]^2 + (2\zeta_i f/f_i)^2} \tag{7-26}$$

总体均方响应是通过对频率范围［式（7-1）］进行积分得到的，结果取决于 $S_p(f)$ 的形式。如果 $S_p(f)$ 的带宽大于结构的带宽，则称为中等带或宽带，大多数湍流所致压力是宽带，如图 7-5 所示。对宽带压力响应是响应功率谱密度的积分。这个积分有一个精确的解（Blevins，1989）和一个众所周知的近似解（Crandall et al.，1963）：

$$w_{i,\text{rms}}^2 = \int_{f_1}^{f_2} \frac{S_P(f)\mathrm{d}f}{[1-(f/f_i)^2]^2 + (2\zeta_i f/f_i)^2}$$

$$\approx \frac{\pi}{4\zeta_i} f_i S_P(f_i), \text{ 如果} S_P(f) = \text{常数且} f_1 \ll f_i \ll f_2 \qquad (7\text{-}27)$$

把此方程与式（7-25）对比，我们发现正弦载荷的均方根共振响应与阻尼成反比，而宽带随机力的均方根响应与阻尼的平方根成反比。响应曲线的非共振“尾”的贡献降低了宽带响应对阻尼的敏感性。

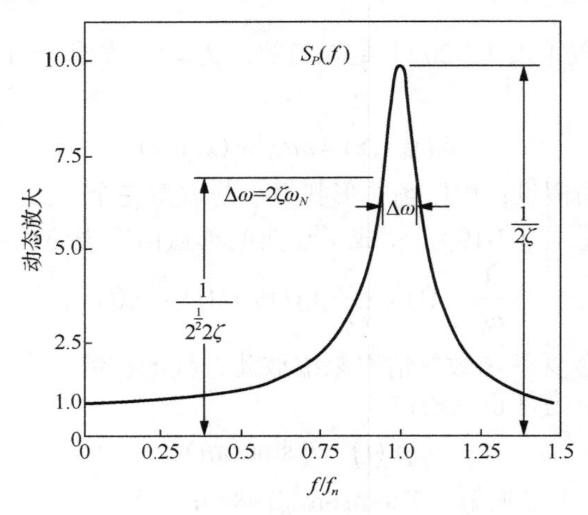

图 7-5　频域中的随机力和响应

7.2.3　近似解

由 7.2.1 节和 7.2.2 节，采用单模态展开法，$W_i(x,y,z,t)/\tilde{w}_i(x,y,z,t) = w_i(t)$［式(7-16)］逐一模态地进行装配，计算面板对表面压力的动态响应。其中 $w_i(r,y,z,t)$ 是第 i 阶模态下的物理挠度。如果已知板上的压力分布，则可计算结合受纳函数［式（7-20)］，且结果准确。这里假设压力分布与质量加权振型相匹配［式(7-21)。Blevins，1989］。在 7.2.4 节中考虑了其他的近似值。

第一步：在所关注的频率范围内，确定施加在结构表面上声压的均方根。均方根压力的转换为

$$P_{\text{rms}} = P_{\text{ref}} 10^{\text{SPL}/20} \qquad (7\text{-}28)$$

式中，SPL 是以 dB 为单位的声压级；$P_{\text{ref}} = 2.9\times10^{-9}$ psi（2×10^{-5} Pa）。压力谱可根据时历测量值进行计算，如附录 D 所述。如果已知频带内的总压力均方根，则压力谱为 $S_P(f_1<f<f_2) = P_{\text{rms}}^2/(f_2-f_1)$，其中 P_{rms} 是频带 $f_1<f<f_2$ 上的脉动压力均方根。对于 1/3 倍频压力，$f_2 - f_1 = 0.232 f_c$，其中 f_c 是带的中心压力。注意，$S_P(f)$ 的单位是 Pa^2/Hz。

第二步：完成模态分析来确定固有频率 f_i、振型 $\tilde{w}_i$ 以及与每个振型中的变形相关联的应力 $\tilde{\sigma}_i$（如果需要应力信息）。模态应力是由单位模态变形产生的应力。模态应力在

板上变化，并且它们具有最大值（表 7-3）。有限元方法通常用于计算复杂板的固有频率、振型模态应力。

第三步：在结构上选择一个特征点，与所施加的声压相匹配。通常，这个参考点是最大模态位移的点。对这个参考点，计算其特征模态压力：

$$\tilde{P}_{ic} = \rho h(2\pi f_i)^2 \left|\tilde{w}_i(x_c, y_c, z_c)\right| \tag{7-29}$$

式中，f_i 是以 Hz 为单位的第 i 阶模态的固有频率；ρh 是参考点处单位面积的质量。在假设压力场形状与质量加权模式形状匹配的情况下，指定参考点处的声压大小可以确定其他处所有点的压力［式（7-21）］。

第四步：在关注的模态处计算应力和变形。相对于模态响应，响应被缩放。对于频率为 f（单位为 Hz）、振幅为 P_0 的声压的正弦激励，第 i 阶模态的物理变形 W_i 和应力 σ_i 与相应的模态应力和变形的比值为

$$\begin{aligned}\frac{W_i(x,y,z,t)}{\tilde{w}_i(x,y,z)} &= \frac{\sigma_i(x,y,z,t)}{\tilde{\sigma}_i(x,y,z)} \\ &= \begin{cases} \dfrac{1}{2\zeta_i}\dfrac{P_0}{\tilde{P}_{ic}}\cos(2\pi f_i t), & f = f_i \\ \dfrac{1}{\{[1-(f/f_i)^2]^2 + (2\zeta_i f/f_i)^2\}^{1/2}}\dfrac{P_0}{\tilde{P}_{ic}}\sin(2\pi f t - \phi), & f \neq f_i \end{cases}\end{aligned} \tag{7-30}$$

如果压力有一个随机的宽带谱，那么

$$\frac{W_i(x,y,z,t)_{\text{rms}}}{\tilde{w}_i(x,y,z)} = \frac{\sigma_i(x,y,z,t)_{\text{rms}}}{\tilde{\sigma}_i(x,y,z)} = \sqrt{\frac{\pi f_i}{4\zeta_i}\frac{S_P(f_i)}{\tilde{P}_{ic}^2}} \tag{7-31}$$

7.2.4 应用和扩展

例如，考虑水平矩形板的第一阶模态（$i = j = 1$），如图 7-4 所示，有两组边界条件：①如图 7-4 所示的所有边缘简支；②所有边缘固支。在表 7-3 中给出了固有频率、振型和最大模态应力。在基本模态中，应力在简支板的中心处最大，在固支板长边的中心处最大。加载宽带压力的响应由式（7-31）估算出。

估算宽带声压应力的 Miles 方程是基于表面压力的假设（Richards et al.，1968；Ballentine et al.，1968）：

$$\sigma_{\text{Miles}} = \left[\frac{\pi f_1 S_P(f_1)}{4\zeta_1}\right]^{1/2} \sigma_0 \tag{7-32}$$

式中，σ_0 是由均匀单位表面压力引起的应力。由表 7-3 可以看出，对于边缘简支的板，Miles 方程的预算值比式（7-31）对简支板的预算值高出 $16/\pi^2$ 倍。产生这种差异的原因是，Miles 方程假设压力在表面上是均匀的，而 Miles 的估算方法假设压力遵循质量加权的振型［式（7-21）］，在边缘处降为 0。因此，我们可以将修正系数 $16/\pi^2 = 1.62$ 应用到当前的均匀加载计算中。

一般来说，声载荷既可以是均匀的，也可以根据声波的波长是沿板表面变化的。当前方法可以适用于这种情况。板的振型可以用 $\tilde{w}_i(x) \sim \sin(ix/L)$ 形式的正弦波近似，其中 $i = L/(\lambda_{弯曲}/2)$ 是半个波的数目，即振型在板的跨度 L 中通过零的次数。声波［式（7-18），$k = 2\pi/\lambda_{声}$］的振型也是正弦的。这两种振型可以结合起来计算传播声波的一维结合受纳函数［式（7-20）］，得

$$J_{1D\text{-}浪} = \sqrt{J_{1D}^2(\phi = 0) + J_{1D}^2(\phi = 90°)} \tag{7-33}$$

式中，相移波 $\overline{p}_i(x) = m\omega_i^2 \sin(kx + \phi)$ 的结合受纳函数为

$$J_{1D} = \frac{\sin(kL - i\pi + \phi)}{kL - i\pi} - \frac{\sin(kL + i\pi + \phi) - \sin\phi}{kL + i\pi} \tag{7-34}$$

J 是声波波长与结构波长之比 λ_f/λ_a 和板展向内的波数 $i = L/(\lambda_f/2)$ 的函数。当声波波长和板的波长相等时，$J = 1$。其他数值见表 7-4。对于远大于结构跨度的声波波长，基本模态 $i = L/(\lambda_f/2) = 1$ 的结合受纳函数为 $J = 4/\pi = 1.27$。这只是针对一维情况。二维结合受纳函数是各坐标系下结合受纳函数的乘积。因此，$J_{板} = J_x J_y$，其中 J_x 和 J_y 可在式(7-34)或表 7-4 中找到。因此，当声波波长远大于板的两个坐标尺寸时，$J_x = J_y = 1.27$，$J_{板} = 1.27^2 \approx 16/\pi^2 \approx 1.62$。就如前面所讨论的，式（7-30）和式（7-31）的结果可以通过这个因子来增加近似均匀载荷。

表 7-4　一维的结合受纳

$\frac{L}{\lambda_f/2}$	λ_f/λ_a					
	0.0001	0.010	0.100	0.200	0.300	0.500
1	1.273	1.273	1.270	1.261	1.247	1.200
2	0.000	0.020	0.199	0.390	0.566	0.849
3	0.424	0.424	0.382	0.260	0.073	0.400
4	0.000	0.020	0.189	0.315	0.333	0.000
5	0.255	0.254	0.182	0.000	0.198	0.240
6	0.000	0.020	0.173	0.210	0.072	0.283
7	0.182	0.181	0.083	0.111	0.197	0.171
8	0.000	0.020	0.153	0.097	0.103	0.000
9	0.141	0.140	0.022	0.140	0.071	0.133
10	0.000	0.020	0.129	0.000	0.140	0.170
$\frac{L}{\lambda_f/2}$	λ_f/λ_a					
	0.700	0.900	1.000	1.200	1.500	2.000
1	1.133	1.048	1.000	0.894	0.720	0.424
2	1.010	1.035	1.000	0.850	0.509	0.000
3	0.822	1.014	1.000	0.780	0.240	0.141
4	0.594	0.985	1.000	0.688	0.000	0.000
5	0.353	0.948	1.000	0.579	0.144	0.085
6	0.129	0.904	1.000	0.459	0.170	0.000

续表

$\frac{L}{\lambda_f/2}$	λ_f/λ_a					
	0.700	0.900	1.000	1.200	1.500	2.000
7	0.056	0.853	1.002	0.334	0.103	0.061
8	0.183	0.797	1.000	0.213	0.000	0.000
9	0.247	0.735	0.999	0.099	0.080	0.047
10	0.250	0.670	1.000	0.000	0.102	0.000

考虑图 7-4 所示的情况。声波是沿 x 方向传播。在 y 方向，压力是均匀的。实际上，声波波长在 y 方向是无限的，$\lambda_f/\lambda_a=0$。矩形板在其第二阶横向模态下有变形，因此 $b/(\lambda_f/2)=2$。在这种情况下，表 7-4 给出了 $J_y=0$，因为矩形板的模态是反对称的，而声学的模态是从左到右对称的，因此对称压力不会激发反对称板的模态。

式（7-30）的一个结果揭示了正弦压力时历引起的声致应力与尺度的关系，即 $\sigma\sim(b/h)^2$，因此通过厚度加倍或没有支撑跨度的方式会使声致应力降低 4 倍。宽带压力的声致应力［式（7-31）］在尺度上为 $\sigma\sim b/h^{1.5}$（表 7-3）。对于宽带强迫振动，增加厚度并不能有效地降低应力，因为增加频率也会增加响应带宽，从而允许更多的宽带能量进入。

练　习　题

1. 考虑具有以下特性的简支板：$E=10\times10^6\,\text{psi}$（$6.9\times10^{10}\,\text{Pa}$），$\nu=0.33$，$\rho=0.1\text{lb/in}^3$（$2.8\text{g/cm}^3$），$h=0.050\text{in}$（1.27mm），$b=8\text{in}$（0.2m），$a=39\text{in}$（1m）。它受到表面均匀分布的 150dB 的随机声压的作用。在 0～1000Hz 的频率范围内，随机压力具有恒定的功率谱密度。板的基频是多少？如果阻尼系数 ζ=0.015，在基本模态中板的最大应力是多少？板的中心最大位移是多少？

2. 提出一种考虑正弦时历的均匀固支矩形板最大应力表达式。

3. 行进波穿过平行于长边的板。声的波长是 40ft（12.2m）。对第 1 题中的计算有什么影响？如果波长是 8in（0.2m）呢？

7.2.5　示例：板的声激励

一块整体加强的扁平矩形钛板处于沿其一侧长度传播的声波中。面板由钛制成，带有三角形的加强筋网格，整体黏合在蒙皮上。蒙皮厚 0.018in（0.46mm），加强肋高 $a=0.17\text{in}$（4.32mm）。面板总尺寸为 $23\text{in}\times33\text{in}$（$58.4\text{cm}\times83.8\text{cm}$）。固支板的边缘，板单位面积的平均质量为 0.00553lb/in^2（3.88kg/m^2）。板采用有限元技术建模。图 7-6 给出了前四个固有振动模态及其固有频率。这些计算的模态和频率与实验测量值的误差在 15%以内。在第一阶模态下测得的阻尼系数为 $\zeta_1=0.015$，在第三阶模态下测得的阻尼系数为 $\zeta_3=0.009$。将位移传感器置于面板中心，观测到了功率谱密度为

$S_P(f)=8\times10^{-6}\,\text{psi}^2/\text{Hz}$ 的宽带声压响应。

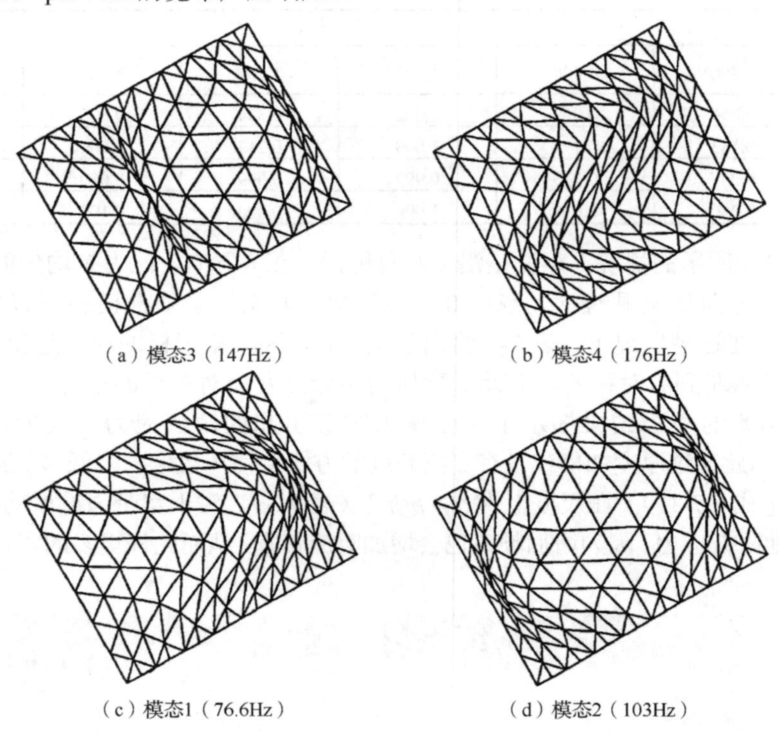

（a）模态3（147Hz）　　（b）模态4（176Hz）

（c）模态1（76.6Hz）　　（d）模态2（103Hz）

图 7-6　整体增强钛板的振型

前一节的理论用于估算每种模态下板中心位移的功率谱密度：

$$S_d(f)=\frac{S_P(f)}{[1-(f/f_i)^2]^2+(2\zeta_i f/f_i)^2}\frac{(J_xJ_y)^2\tilde{w}_i^2}{\tilde{P}_{ic}^2} \tag{7-35}$$

式中，$\tilde{w}_i$ 对应于面板中心的模态位移，即传感器的位置。

由于声波沿面板 $\lambda_y=\infty$，$J_y=1.27$ 的长度方向二维地向下游传播（图 7-4）。在传播方向（x 方向），计算出声波波长：$J_x=1.239$（第一阶模态），$J_x=0.442$（第二阶模态），$J_x=0.232$（第三阶模态），对应于 $\lambda_i=c/f_i=15.7\text{ft}$, 10.9ft 和 7.6ft（4.8m, 3.3m 和 2.32m），式中 $c=1100\text{ft/s}(335\text{m/s})$。由于第二阶模态在板中心的位移为 0[$\tilde{w}_2(x_c,y_c)=0$。图 7-6]，因此在传感器的第二阶模态中没有观测到响应。

板中心的理论位移和测量位移如图 7-7 所示。理论和实验结果的整体趋势吻合得很好。与有限元法相比，固有频率高估了约 10%，这可能是由板边缘引起的，以及在所应用的声压级计算中约 30%的不确定性引起的，这些是不容易精确控制的，因为来自振动板的振动和声辐射会影响入射声波的传播。

数据与第三阶模态响应具有很好的一致性。第三阶模态下的声波波长与面板尺寸相当。这与第三阶模态形状的复杂性相比，具有较大振幅响应的面板中非线性效应大大增加了刚度和阻尼（Mei et al.，1987）。

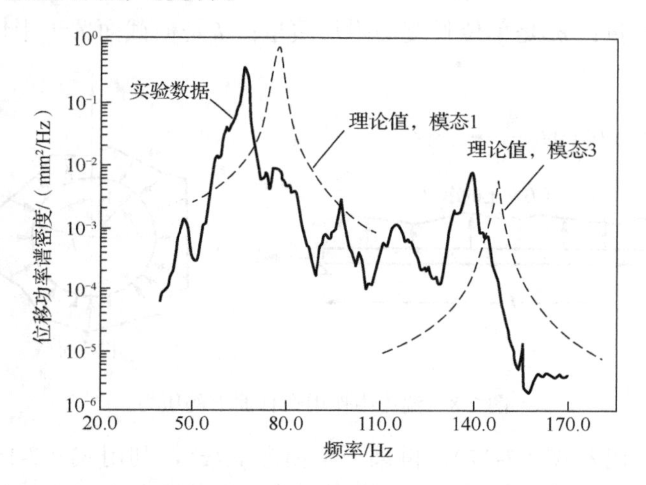

图 7-7　遭受行进声波时面板中心位移的功率谱密度

7.3　湍流所致管和杆的振动

7.3.1　解析公式

换热器管被周围的流体冲击，由此引发的振动会导致磨损，最终导致管失稳。在这里，我们将研究预报稳定管（见第 5 章和第 10 章）和杆在外界湍流作用下振动响应的方法。

图 7-8 显示了平行于平均流量的杆上的表面压力。在任何时刻，这些表面压力 $p(x,\theta,t)$ 将会给单位长度杆施加一个净横向力：

$$F_y = -\int_0^{2\pi} p(x,\theta,t)\cos\theta R\mathrm{d}\theta\mathrm{d}x \tag{7-36}$$

式中，F_y 为垂直（y）方向单位长度上的净横向力。附录 A 中建立了均匀杆对该力的偏微分振动方程：

$$EI\frac{\partial^4 Y(z,t)}{\partial z^4} + m\frac{\partial^2 Y(z,t)}{\partial t^2} = F_y(z,t) \tag{7-37}$$

式中，$Y(z,t)$ 是杆在垂直方向上的位移。从模态级数的角度可以找到一组解：

$$Y(z,t) = \sum_{i=1}^{N} \tilde{y}_i(z) y_i(t) \tag{7-38}$$

例如，一个有固定端，即悬臂杆或者管的固有频率和振型是（Blevins，1979a）

$$f_i = \frac{\omega_i}{2\pi} = \frac{(i\pi)^2}{2\pi L^2}\left(\frac{EI}{m}\right)^{1/2} \tag{7-39}$$

$$\tilde{y}_i(z) = \sin(i\pi z/L), \quad i = 1,2,3 \tag{7-40}$$

式中，E 是弹性模量；m 是单位长度的附加质量；I 是横截面关于中性轴的惯性矩。

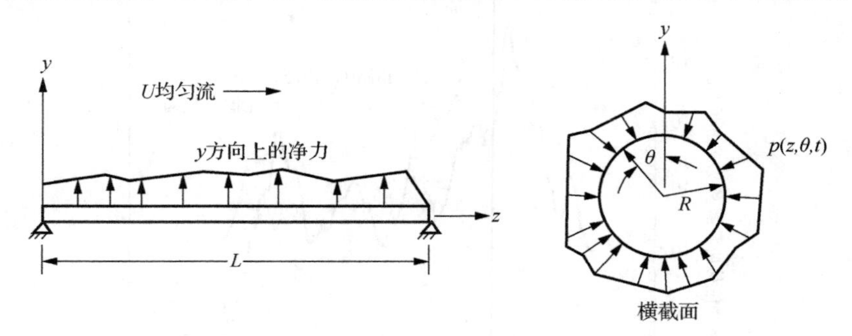

图 7-8　湍流中作用在杆面上的压力

将式（7-38）代入式（7-37），再乘一个模态 $\tilde{y}_j(z)$，利用式（7-15）的正交性并引入模态阻尼系数 ζ_i 后，从 $z=0$ 到 $z=L$ 进行积分，假设模态之间的任何力引起的交叉耦合都可以忽略不计，每个模态对湍流压力的动态响应方程（附录 A）为

$$\frac{1}{\omega_i^2}\ddot{y}_i(t) + \frac{2\zeta_i}{\omega_i}\dot{y}_i(t) + y_i(t) = \frac{\int_0^L F_y(z,t)\tilde{y}_i(z)\mathrm{d}z}{m\omega_i^2\int_0^L \tilde{y}_i^2(z)\mathrm{d}z} \tag{7-41}$$

按照 7.2.1 节中使用的技术逐个模态进行分析，我们认为横向力的分量包括一个大范围的频率。那些频率接近第 i 阶模态固有频率的分量 $F_i(t)$ 将会产生主要的响应。此外，如果力沿杆长方向是完全相关的，则可以将侧向力分离为空间和时间函数：

$$F_y(z,t) \approx m\omega_i^2 \tilde{g}_i(z) F_i(t) \tag{7-42}$$

式中，$\tilde{g}_i(z)$ 是沿杆展向上横向力的分布形状，归一化最大值为 1.0；比例因子 $m\omega_i^2$ 已经被添加到所需的后续方程所需的符号中。将式（7-42）代入式（7-41），得到每个模态的振动方程：

$$\frac{1}{\omega_i^2}\ddot{y}_i(t) + \frac{2\zeta_i}{\omega_i}\dot{y}_i(t) + y_i(t) = J_i F_i(t) \tag{7-43}$$

式中，J_i 结合受纳函数是沿杆展向分布的力和杆的振型的相容性的度量，

$$J_i = \frac{\int_0^L \tilde{g}_i(z)\tilde{y}_i(z)\mathrm{d}z}{\int_0^L \tilde{y}_i^2(z)\mathrm{d}z} \tag{7-44}$$

如果力分布形状与振型形状一致（$\tilde{g}_i(z) = \tilde{y}_i(z)$），$J_i = 1$。7.2.2 节中给出了方程（7-43）的解；对于非均匀 J_i 的解可以通过缩放这些 J_i 的结果得到。第 i 阶模态对宽带随机压力响应的均方根位移可从式（7-27）得到，

$$\sqrt{\overline{Y^2(z,t)}} = \frac{J_i \tilde{y}_i(z)}{m\omega_i^2}\sqrt{\frac{\pi f_i}{4\zeta_i} S_{F_y}(f_i)} \tag{7-45}$$

式中，$S_{F_y}(f)$ 是单位长度杆上的横向力的功率谱密度（见 7.1 节）；$\overline{(\ )}$ 代表很多循环的时间平均。

湍流通常不是完全相关的。假设湍流是各向同性的，即时间平均的表面压力和横向力与坐标 z 无关，则 $\overline{F_y^2}(z_1,t)=\overline{F_y^2}(z_2,t)$，那么杆上任意两点的展向相关函数只是两点间分离的函数：

$$r(z_1,z_2)=r(z_1-z_2)=\frac{\overline{F_y(z_1,t)F_y(z_2,t)}}{\overline{F_y^2}} \tag{7-46}$$

当 $z_1=z_2$ 时，记 $r(z_1,z_2)\equiv 1$。例如，由 Blakewell（1968）和 Corcos（1964）为边界层湍流开发的相关函数是随着分离度的增加呈指数衰减的：

$$r(z_1,z_2)=\mathrm{e}^{-2|z_1-z_2|/l_c}\cos[\omega(z_1-z_2)\cos\theta/U_c] \tag{7-47}$$

式中，U_c 为对流速度；θ 是轴向和流向之间的角度；ω 是圆频率；l_c 为相关长度。各向同性的湍流相关函数的最大值是一致的，它的最小值为-1，并且如果两个点分离很大，那么相关性降为 0。

考虑一个弹簧支撑的刚性杆对湍流的响应，其振型为 $\tilde{y}=1$。各向同性湍流的均方结合受纳函数为

$$J_i^2=\frac{1}{L^2}\int_0^L\int_0^L r(z_1-z_2)\,\mathrm{d}z_1\mathrm{d}z_2 \tag{7-48}$$

这个积分的计算有点复杂。根据 Frenkiel（1953）的理论，我们在变量上做了一个变换，令 $\xi=z_1-z_2$ 以及 $z=z_2$，有

$$\begin{aligned}\int_0^L\int_0^L r(z_1-z_2)\,\mathrm{d}z_1\mathrm{d}z_2&=\int_0^L\int_{-z}^{L-z}r(\xi)\,\mathrm{d}\xi\mathrm{d}z\\&=\int_0^L\int_0^{L-z}r(\xi)\,\mathrm{d}\xi\mathrm{d}z+\int_0^L\int_{-z}^0 r(\xi)\,\mathrm{d}\xi\mathrm{d}z\end{aligned} \tag{7-49}$$

在这个方程的右侧，二重积分是通过换限积分来求解的。图 7-9 中网格交叉面积给出了式（7-49）中右侧的第一项二重积分的区域。积分可以先在 ξ 上从 0 积分到 $L-z$（垂向箭头），然后再在 z 上从 0 积分到 L（水平箭头），或者改变积分的次序，有

$$\int_0^L\int_0^{L-z}r(\xi)\,\mathrm{d}\xi\mathrm{d}z=\int_0^L\int_0^{L-\xi}r(\xi)\,\mathrm{d}z\mathrm{d}\xi=\int_0^L(L-\xi)\,r(\xi)\mathrm{d}\xi \tag{7-50}$$

式（7-50）右侧的后一个二重积分给出了同样的结果。因此，

$$\begin{aligned}J_i^2&=\frac{l_c}{L}\left(1-\frac{\gamma}{L}\right)\\&\approx\frac{l_c}{L},\quad l_c\ll L\end{aligned} \tag{7-51}$$

式中，相关长度 l_c 可定义为相关函数两端下方的区域，并且 γ 是相关区域形心的位置，

$$l_c=2\int_0^L r(\xi)\mathrm{d}\xi,\quad \gamma=\int_0^L\xi r(\xi)\mathrm{d}\xi\Big/\int_0^L r(\xi)\mathrm{d}\xi \tag{7-52}$$

湍流绕过杆群相关长度的量级在 2～10 倍直径（见 3.2 节）。

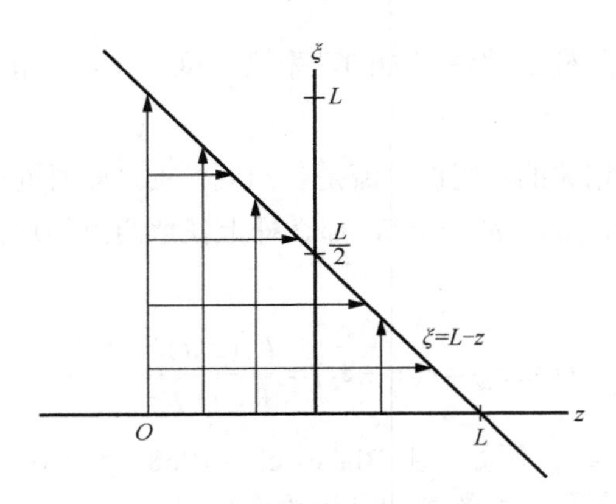

图 7-9 相关行的积分区域

一个小的结合受纳函数很大程度上降低了结构的响应。例如，如果 100 只鹪鹩站在铺满鸟食的鼓面上，如果一只鹪鹩啄鼓面上的食物时不考虑其他的鸟，鼓将仅仅会发出小的、随机的隆隆的声音，因为鼓吸收的能量大多被其他的鸟在不同时间啄鼓面而抵消。然而，如果鹪鹩以 10 个为一组，并且每一组中的鹪鹩同一时间啄鼓面，并且不同的组忽略它们互相的影响，将发出更大的声音，因为就鼓面而言，相关长度（一组中鹪鹩的数量）变大了。当所有的鹪鹩同时啄鼓面，将会发出最大的声音。这就是完全相关的例子。因此，随着相关长度的增加，结构上的合力也会增大。

练 习 题

1. 绘出式（7-47）中的相关方程，在 $\omega\cos\theta/U_c=1/l_c$ 时，它是 z_1-z_2/l_c 在−8～+8 范围内上的函数。

2. 当 $\theta=0$ 时，结合式（7-47）的相关函数，用式（7-51）计算联合受纳函数值。

3. 给出完全相关流中相关长度的最大值和相关区域形心［式（7-52）］的最大值分别为 $l_{c,\max}=2L$，$\gamma_{\max}=L/2$。相应的结合受纳函数［式（7-51）］是什么？

4. 计算图 3-9 中相应的相关长度。

7.3.2 横向流中的管和杆

流体流过圆柱和圆柱排/阵的现象出现在工业换热器、蒸汽发电机、锅炉和冷凝器中，核反应堆燃料棒簇中，暴露于风的电缆束和烟囱中，以及海上石油钻塔中。垂直于圆柱轴，横向流速引起湍流所致振动，在足够高的速度下是不稳定的（见第 5 章）。可以用横轴圆柱轴线上湍流诱导力的功率谱密度（无量纲形式）表示（Blevins et al.，1981）：

$$S_{F_y}=\left(\frac{1}{2}\rho U^2 D\right)^2\frac{D}{U}\Phi(fD/U) \tag{7-53}$$

式中，ρ 为流体密度；U 为通过管之间最小间隙的平均横向流速；D 为管的外直径；f 为以 Hz 为单位的频率；$\Phi(fD/U)$ 为无量纲的谱形函数。图 7-10 给出了式（7-53）以不同速度（无量纲化）采集的数据绘成的曲线。[如 Pettigrew 等（1978）的假设，管上的均方根力与动压头的平方（U^4）成正比，但是随速度的增加，该力在扩展的频率范围内扩散，最终导致横向力的功率谱密度随 U^3 的增加而增加。]

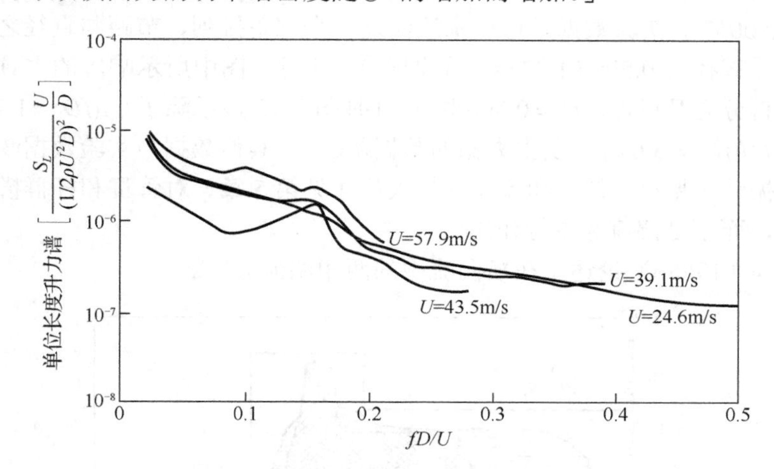

图 7-10　在不同横向流速中管排前排管横向力的功率谱密度（Blevins et al.，1981）

$\Phi(fD/U)$ 是约化频率、雷诺数、管阵位置、管阵模式以及上游湍流生成的函数。在具有平缓入流口的管阵中，湍流等级从第一行就开始增加。截至大约第五行时，完全发展的湍流不受上游条件的影响（Chen et al.，1987；Sandifer et al.，1984；Blevins et al.，1981）。图 7-11 显示了在 $1.5\times10^4 < Re < 3.3\times10^5$ 时，Chen 等（1987）在 $T/D = L/D = 1.75$ 的线内矩形管阵中测量的水流中的功率谱密度，以及 Taylor 等（1988a）在 $P/D = 1.5$ 和 3 时管排上测量的功率谱密度。Axisa 等（1988）建议了在管阵中单个管上横向力的无量纲功率谱密度的方程如下：

$$\Phi(fD/U) = \begin{cases} 4\times10^{-4}(f\,D/U)^{-0.5}, & 0.01 \leqslant fD/U < 0.2 \\ 3\times10^{-6}(f\,D/U)^{-3.5}, & 0.2 \leqslant fD/U \leqslant 3 \end{cases} \tag{7-54}$$

式中，U 为通过管间最小间隙的平均速度。如 Savkar（1984）和本书作者观察到，在紧密间隔的管阵中升力和阻力有相同的频率，这表明在这种管阵中不会形成常规的涡街，而是在管之间的空间中产生大的单个涡旋，这些涡旋被扫向尾部并撞击下游管（图 9-14）。

将横向力的功率谱密度［式（7-54）］代入宽带响应方程［式（7-45）］会产生一个在单一模态下管均方根响应的特征方程：

$$\frac{Y_{i,\mathrm{rms}}}{D} = \frac{1}{16\pi^{3/2}}\frac{\rho D^2}{m}\left(\frac{U}{f_i D}\right)^{1.5}\frac{J_i}{\zeta^{1/2}}[\Phi(f_i D/U)]^{1/2}\tilde{y}_i(z) \tag{7-55}$$

式中，f_i 为第 i 阶模态下以 Hz 为单位的固有频率［式（7-39）］；$\tilde{y}_i(z)$ 为已经归一化到 1.0 的最大值的模态；J_i 为结合受纳函数。对于结合受纳试验有两个极限限制情况，流动是完全相关的，则 $J_i=1$；对于部分相关流动，即 $l_c \ll L$［式（7-51）］，$J_i=(l_c/L)^{1/2}$。Blevins 等（1981）在管阵中发现了 $l_c \approx 6.8D$。Axisa 等（1988）提出了 $L_c=8D$。

式（7-55）与实验结果［图 7-12（Weaver et al.，1984）］做了对比，实验中 $m/(\rho D^2)=8.16$，$\zeta=0.0057$。实验数据是通过水流流过一个三角排列、节距与直径之比为 1.5 的管阵获得的［直径为 0.5in（1.27cm）的铜管］。注意，图中所示响应的主频是在静水中固有频率的百分之几以内。$\Phi=0.006$ 和 $J=1$ 时图 7-12 显示除了 $U/(fD)=1.7$ 时（涡致共振附近）和 $U/(fD)=3.6$ 时（发生失稳的数据跳跃），其他数据与实验数据吻合得较好。通常，涡致振动（见第 3 章）和流体弹性失稳（见第 5 章）对管群和杆群横向流的响应起主导作用，而不是湍流起主导作用。

Taylor 等（1988b）论述了在横向流中的两相湍流激励。

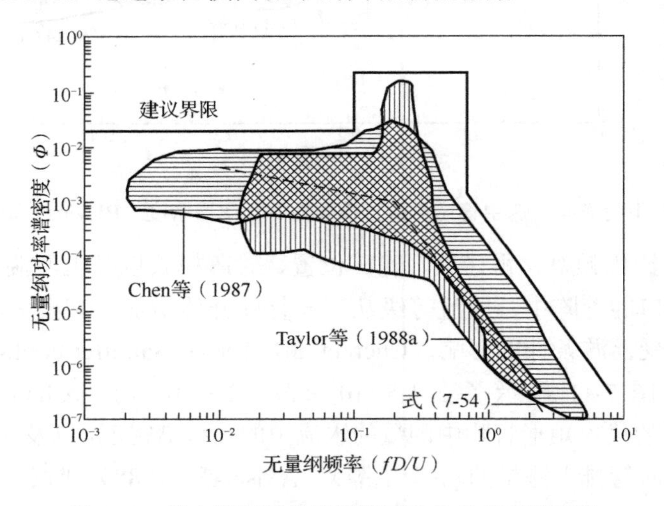

图 7-11　横向流对圆柱阵湍流所致力的功率谱密度

练　习　题

1. 方程（7-1）和方程（7-53）说明了杆上横向力的总均方根，由下式给出：

$$F_{\mathrm{rms}}=\frac{1}{2}\rho U^2 D C_{\mathrm{rms}}=\frac{1}{2}\rho U^2 D\left[\int_0^\infty \Phi(fD/U)\mathrm{d}(fD/U)\right]^{1/2}$$

利用式（7-54）的无量纲功率谱密度方程近似完成积分来确定 C_{rms} 并对比单个管上的升力和阻力系数（见 3.5.1 节和 6.3.2 节）。

2. 利用式（5-2）估算图 7-12 中管阵的流体弹性失稳的开始速度，理论和试验的一致性如何？

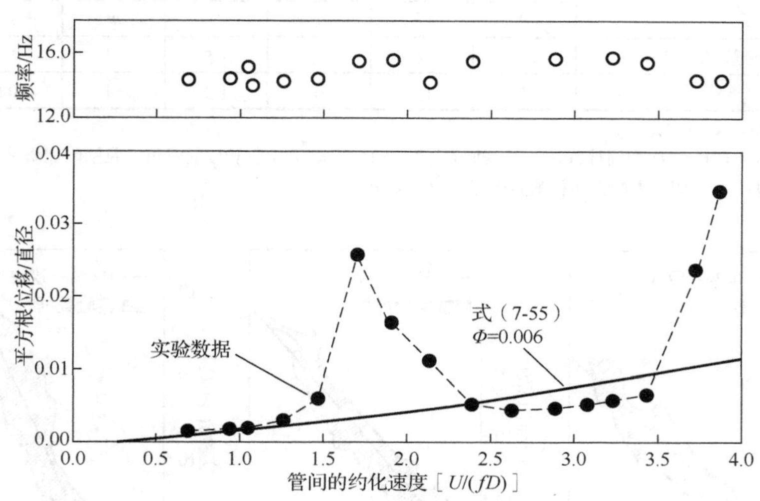

图 7-12　管阵中铜管对横向水流的响应（D =1.27cm, f =14.6Hz）

3. 图 7-12 中 $U/(fD)=0.2$ 附近的峰值可能与涡旋脱落有关系。使用 $\Phi=0.2$，将式（7-55）预报的峰值与式（3-11）中 $C_L=0.5$ 的结果进行比较。

7.3.3　平行流中的管和杆

平行流动通常不会导致管和杆的破坏，因为换热器管通常很硬不易弯曲，平行流动难以诱发其失稳（Paidoussis，1983；Blevins，1979b；Chen，1970）。然而，湍流平行流动会激发振动并导致磨损。半经验的、拟合振动的特征最大振幅 Y 的测量表达式（Paidoussis，1983，1981；Blevins，1979b；Chen，1970）如下：

$$Y=K\rho^a U^b d^c D^e m^g f^h \zeta^j \tag{7-56}$$

式中，$a, b, c, d, e, f, g, h, j$ 是无量纲指数。表 7-5 给出了直径在 0.4～1.5in（1～3cm）、跨度在 18～40in（0.5～1m）的金属杆和管以及流速达 40ft/s（12m/s）的数值。如图 7-13 所示，数据预测值的分散程度受上游湍流的影响。

表 7-5　圆柱结构平行流所致振动理论中指数取值的比较［式（7-56）］①

	指数						
	ρ	U	d	D	m	f	ζ
Basile 等（1968）	0.25	1.5	0.5	−0.5	−0.25	−1	0
Burgreen 等（1958）	0.385	2.3	1	0.77	−0.65	−2.6	0
Chen（1970）	1	2	0	1	0	−2	0
Paidoussis（1981）	0.8	2.6	0.8	2.2	−0.66	−1.6	0
Reavis（1969）	1	1.5	0.4	1.5	−1	−1.5	−0.5

续表

	指数						
	ρ	U	d	D	m	f	ζ
Wambsganss 等（1971）	0	2	1.5	1.5	−1	−1.5	−0.5
式（7-55）	1	1.5	0	1.5	−1	−0.5	−0.5

资料来源：Blevins（1979b）。

注：① d 为水力直径；D 为圆柱直径；f 为固有频率，Hz；m 为单位长度的质量，包括附加质量；U 为平行流流速；ρ 为流体密度；ζ 为阻尼系数，包括流体阻尼系数（见第 8 章）。

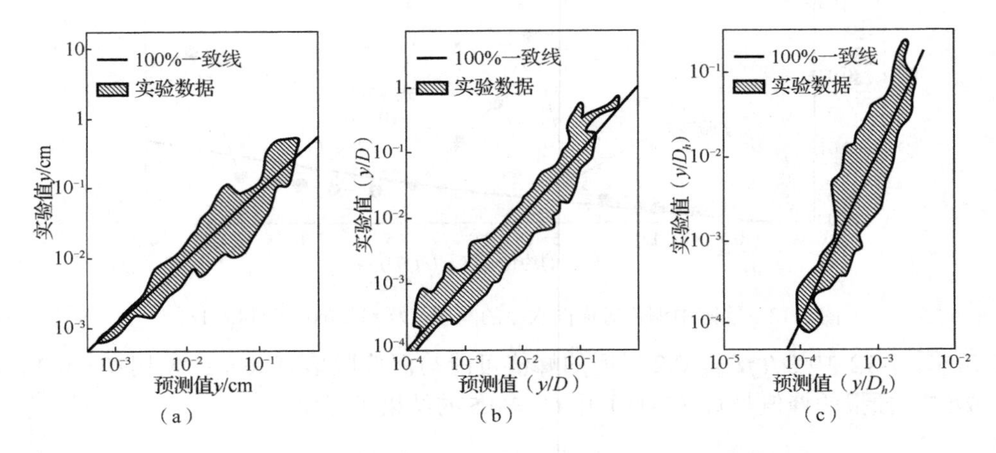

图 7-13　平行流中管和杆响应的各种相关性的分散数据

流诱导的杆和管振动的相关性（Paidoussis，1981）为

$$\frac{Y^*}{D}=\frac{5\times10^{-4}K}{\alpha^4}\frac{u^{1.6}(L/D)^{1.8}Re^{0.25}}{1+u^2}\left(\frac{D_h}{D}\right)^{0.4}\frac{\beta^{3/2}}{1+4\beta} \tag{7-57}$$

式中，Y^* 为特征振动的振幅；α 为圆柱无量纲的一阶模态特征值，对于简支圆柱 $\alpha=\pi$，对于端部固定的圆柱 $\alpha=4.73$；D 为圆柱直径；u 为无量纲的流速，定义为 $u=[\rho A/(EI)]^{1/2}UL$，其中 ρ 是流体密度，$A=\pi D^2/4$ 是圆柱横截面积，E 是弹性模量，U 为平行流流速；L 为圆柱跨度；$Re=UD/\nu$ 为雷诺数；$D_h=\dfrac{4\times\text{过流面积}}{\text{湿表面周长}}$ 为包含圆柱流道的水力直径；$\beta=\rho A/(\rho A+m)$ 为质量比，m 是单位长度圆柱的质量；K 为一个系数，当 $K=1$ 时代表非常“静止”的循环系统（如试验水槽），对于更强的湍流工业环境，$K=5$。

平行流导致管和杆振动的相关性已经由 Wambsganss 等（1971）、Basile 等（1968）、Burgreen 等（1958）、Chen（1970）和 Reavis（1969）给出。

7.4 风致振动

环绕地球的随机风模式是最古老的流体力学问题。极端风对土木结构的破坏作用是众所周知的。实用规范规定了风载荷的建筑设计标准，其中五个如下：

（1）英国*Code of Basic Data for the Design of Buildings*，第5章第2部分，风载荷，英国标准协会CP3，1972。

（2）加拿大 *National Building Code of Canada*，国家研究委员会，渥太华，加拿大，NRCC编号17303，1980。

（3）美国 *Building Code Requirements for Minimum Design Loads in Buildings and Other Structures*，美国国家标准A58.l-1982，美国国家标准协会，纽约，1982。

（4）澳大利亚 *Minimum Design Loads on Structures*，澳大利亚标准AS 1170，第2部分，澳大利亚标准协会，悉尼，1981。

（5）瑞士 *Normen fur die Belastungsannahmen*，瑞士工程师和建筑师协会，编号160，1956。

风力工程方面的书籍包括Simiu等（1986）、Panofsky等（1984）、Kolousek等（1984）、Sachs（1978）、Plate（1982）、Lawson（1980）、Houghton等（1976）以及Geissler（1970）的著作。Scruton（1981）、Davenport（1982）、Cermak（1975）和American Society of Civil Engineers（1980）撰写了优秀的综述文章。该领域的许多论文发表在爱思唯尔出版社的 *Journal of Wind Engineering & Industrial Aerodynamics* 杂志上。本节介绍对于风的湍流边界层和建筑物风致振动的理解。

7.4.1 地球的湍流边界层

当空气或任何黏性流体流过固体表面时，随着流体与固体表面的剪切，表面的流体速度减慢。在湍流边界层中，与邻近表面的流体层的黏性剪切会触发更高的涡旋，从而在自由流和黏性底层之间交换动量。在这一边界层中，风速随地表以上高度的变化见图7-14。图7-15显示了边界层厚度随表面粗糙度和气流（风）作用的范围增加而增加。

虽然理论结果可用于预报风边界层剖面，但这些估算方法已被证明在风工程中没有比简单的幂律剖面函数更有用：

$$\frac{\bar{U}(z)}{\bar{U}_G}=\left(\frac{z}{z_G}\right)^{\alpha} \tag{7-58}$$

式中，$\bar{U}(z)$ 是在距地面高度 z 处一段时间间隔（通常为 1～10min）内的平均参考速度。在边界层的顶部，风速接近 $\bar{U}_G$，称为梯度速度，因为它是通过地球大气中的压力梯度来估算的。梯度高度 z_G 是所在梯度速度与其匹配剖面的高度，通常在 700～2000ft（213～610m）。表 7-6 给出了不同地表覆盖层上的梯度高度和指数 α 值。这些都是平均的结果，在一个城市里可能会出现较大的偏差，因为上游建筑物会阻塞流动并产生较大的湍流涡旋。

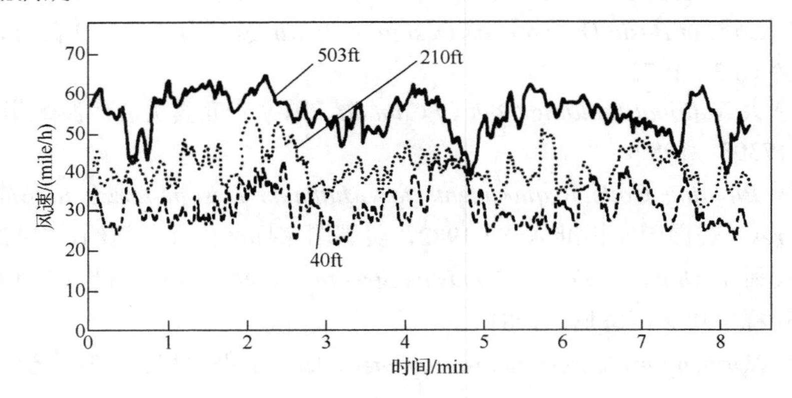

图 7-14　500ft 桅杆上三个高度处的风速时历曲线（Deacon，1955）

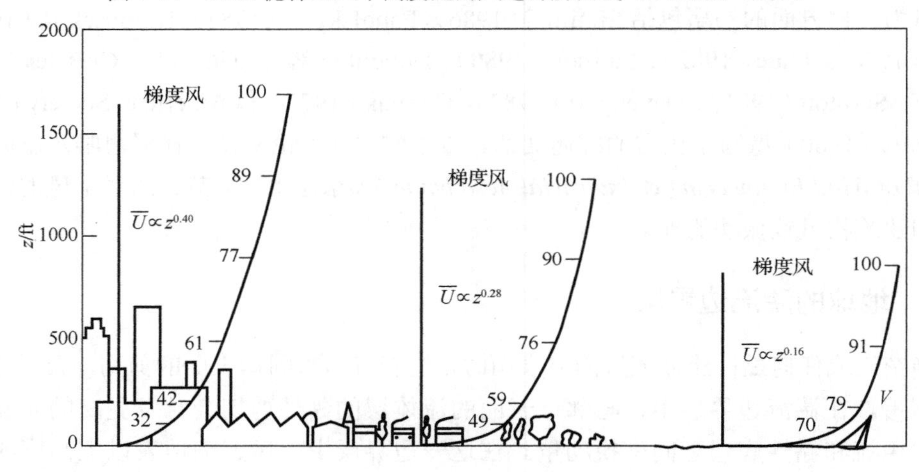

图 7-15　不同粗糙度的水平地形平均风速剖面（Davenport，1963）

表 7-6　不同粗糙度时水平地形平均风速剖面

表面	粗糙度 z_0 / m	指数 α	梯度高度 z_G / m	表面阻力系数 κ
风大浪急的海面	0.003	0.11	250	0.002
草原、农田	0.03	0.16	300	0.005
森林、郊区	0.3	0.28	400	0.015
城市中心	3.0	0.40	500	0.05

资料来源：Chamberlain（1983），Davenport（1963）。

风是不稳定的。如图 7-16 所示，风的频率从年周期的 1 年周期和大型天气系统典型的 4 天周期到阵风天气的 10s 周期或更短的周期。因此，风速的测量取决于时均间隔的持续时间。Durst（1960）给出了在一个周期 T 上的最大风速与平均风速的比，如表 7-7 所示。

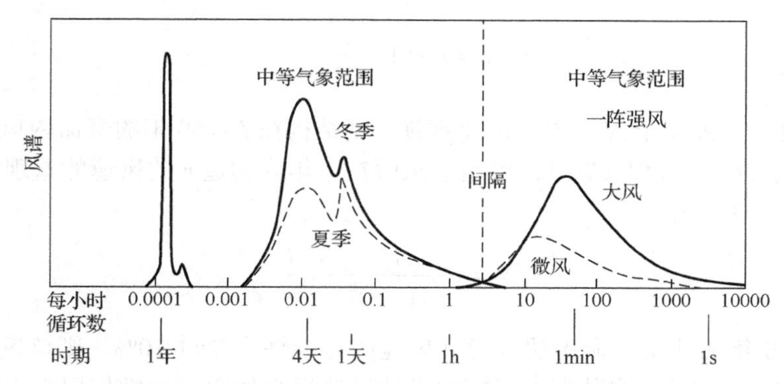

图 7-16　扩展频率范围内的风谱（Davenport，1970）

表 7-7　最大风速与平均风速的比

平均时间 t/s	U_t/U_{3600}	平均时间 t/s	U_t/U_{3600}	平均时间 t/s	U_t/U_{3600}
2	1.53	20	1.37	200	1.13
5	1.48	50	1.26	1000	1.08
10	1.43	100	1.19	3600	1.00

杯型风速计测量的平均风速的周期在 2～3s，杯型风速计测量的最大阵风速度约超过平均风速的 1.5 倍。同样，*National Building Code of Canada* 表明，最大阵风速度是平均风速最大值的 $\sqrt{2}$ 倍。英国标准协会（British Standards Institution，1972）给出了 50 年一遇、距地面以上 33ft 阵风速度的最大值（单位：mile/h），并将其与平均风速相比，比值在 1.4～1.5。另见 Cheng 等（1985）的文章。

极端风由 Changery 等（1984）、Thom（1968）和 Batts（1982）、美国原子能委员会（U.S. Atomic Energy Commission，1974）以及国家标准提出。简单设计极限风速是有用的。美国国家高速公路和交通运输官员协会（American Association of State Highway and Transportation Officials，1986）建议所有公路桥梁的设计速度为 100mile/h（160km/h）。

风速的累积分布函数 $P(U)$ 定义为任何一年的平均风速不超过风速 U 的概率［式（7-9）］。Davenport（1982）已经发现，至少对于梯度风来说，瑞利分布对累积分布函数做出了一个很好的近似：

$$P(U > U_1) = \mathrm{e}^{-U_1^2/2U_{\mathrm{rms}}^2} \tag{7-59}$$

广泛的概率方法被用来预测极端的风（Simiu et al.，1986；Panofsky et al.，1984；Benjamin et al.，1970）。

$1-P(U)$ 是指任何一年的平均风速超过 U 的概率，则重现期为

$$N = 1/(1-P) \tag{7-60}$$

平均而言，必须经过N年风速才能超过U。在L年内，U不被超过的概率为P^L，被超过的概率为$r = 1 - P^L$。就重现期而言［式（7-60）］，在L年内重现期为N年的风速至少超过U一次的概率为（Mehta，1984）

$$r = 1 - \left(1 - \frac{1}{N}\right)^L \tag{7-61}$$

例如，如果设计风速基于$N = 50$年的重现期，则结构在$L = 50$年的寿命内风速超过设计风速的概率为0.64。方程（7-61）可用于求解在L年内超过r的风速的重现期N的问题（Holand et al.，1978）：

$$N = \frac{1}{1-(1-r)^{1/L}} \approx \frac{L}{r} \tag{7-62}$$

如果在50年的使用寿命内超过设计风速的可能性不超过10%，则该风的重现期为$N \approx 50/0.1 = 500$（年）。这种高重现期的设计风速很少使用，通常使用重现期为100年或50年的设计风速，尽管在大多数土木工程结构的使用寿命中可能会超过这些风速，设计中的安全因素在一定程度上弥补了这一点，极端风造成的一些损害也是可以接受的。

平均风速方向上速度波动的时历以功率谱密度为特征（见7.1节）。水平阵风的功率谱密度$S_u(f)$的两个表达式是

$$\frac{fS_u(f)}{\kappa \bar{U}^2} = \begin{cases} 4\gamma^2/(1+\gamma^2)^{4/3} & \text{（Davenport，1963）} \\ 200\gamma/(1+50\gamma)^{5/3} & \text{（Kaimal et al.，1972）} \end{cases} \tag{7-63}$$

Davenport谱已纳入*National Building Code of Canada*。f是阵风频率，单位为Hz。对于Davenport谱来说，$\gamma = fL_t/\bar{U}(10)$，其中$\bar{U}(10)$是距离地表10m高处的平均风速，$\kappa$是表7-6给出的表面阻力系数，$L_t$是湍流的长度，等于函数$fS_u(f)/\kappa\bar{U}^2$最大波长的$\sqrt{3}$倍。Davenport发现$L_t = 1200\text{m} \times \bar{U}/\bar{U}(10)$与实验数据吻合较好。对于Kaimal谱，$\gamma = fz/U(z)$，其中$z$是地表以上的高度。Davenport谱如图7-17所示，$\bar{U}/f = 700\text{m}$处的谱峰值对应于图7-16中1min周期附近的谱峰值。这些谱只覆盖了阵风的更高频率范围，对于一个33ft/s（10m/s）的平均速度，该谱覆盖的频率有效范围是0.02～1Hz。

阵风速度水平分量的均方分量是功率谱密度的积分［式（7-1）］，使用Davenport谱后得到

$$\overline{u^2} = \int_0^\infty S_u(f)\mathrm{d}f = 2.35^2 \kappa \bar{U}^2 \tag{7-64}$$

由于κ的范围为0.0005～0.05，风湍流水平分量的均方根值是平均风速的5%～50%。风湍流的实验测量如图7-18所示。图7-18表明，与平均风速一致的线内速度的不稳定分量随着分离的增加呈指数衰减：

$$r(z_1 - z_2) = \mathrm{e}^{-C_z f|z_1 - z_2|/\bar{U}} \tag{7-65}$$

式中，$z_1 - z_2$是点间的垂向间距。图7-18的数据建议$C_z \approx 7$（Davenport，1963；Singer，

1960）且依赖于表面粗糙度；大气试验建议 $C_z \approx 10$，并且水平间距的相关系数是 $C_z \approx 16$（Vickery，1969）。

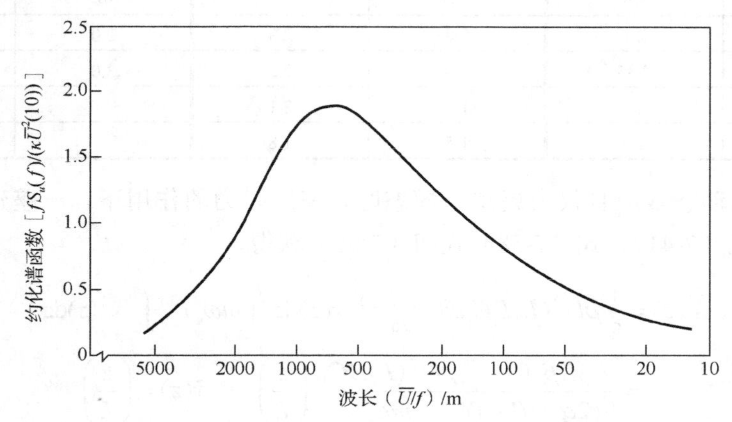

图 7-17　大风水平阵风谱（Davenport，1961）

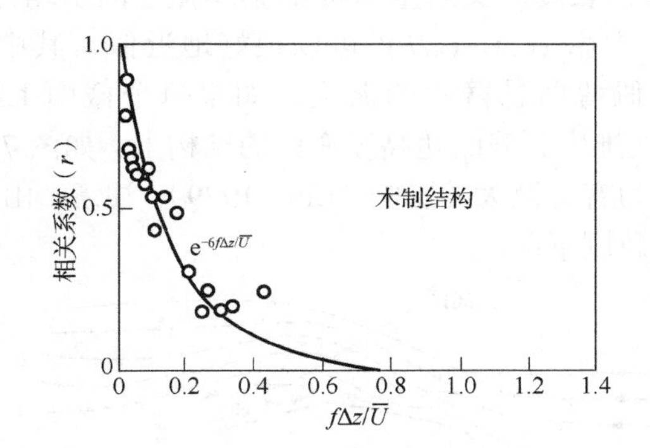

图 7-18　作为 $\overline{U}/f$ 分离率函数的垂向风速的相关系数

7.4.2　海风响应预报

Solari（1982）、Simiu（1980）、Vickery（1969）、Vellozzi 等（1968）、Davenport（1967）、Simiu 等（1979）开发了估算顺风响应的技术。Simiu 等（1987）回顾了窗户和玻璃覆层因风而失效的预报方法。这些分析是准静态的涡致共振的范围外（见第 3 章和第 4 章），它们适用于细长、稳定的结构。这里的分析紧跟 Vickery 的技术。

弹性结构对风的响应是平均分量和脉动分量之和。高的、细长的结构上每单位高度上的平均阻力为

$$F_x = \frac{1}{2}\rho\overline{U}^2(z)DC_D \tag{7-66}$$

式中，$\overline{U}$ 为平均风速；ρ 为空气密度。高雷诺数下矩形截面的阻力系数是流向宽度 B 与横向宽度 D 之比的函数（Blevins，1989；Nagano et al.，1982），变化关系如表 7-8 所示。

表 7-8 C_D 与 B/D 的关系

B/D	C_D	B/D	C_D	B/D	C_D
0.2	2.1	0.8	2.3	2.0	1.6
0.4	2.35	1.0	2.2	3.0	1.3
0.5	2.5	1.2	2.1		
0.65	2.9	1.5	1.8		

通过忽略动态效应且仅考虑单一模态时，在风阻力的作用下，一座建筑物的平均线内响应由式（7-41）、式（7-58）式和（7-66）获得，

$$\bar{X}(z)=\frac{1}{2}\rho\bar{U}^2(L)DC_D\tilde{x}(z)\int_0^L z^{2\alpha}\tilde{x}(z)\mathrm{d}z\Big/\left[m\omega_n^2L^{2\alpha}\int_0^L\tilde{x}^2(z)\mathrm{d}z\right]$$
$$=\frac{2\beta+1}{2(2\alpha+\beta+1)}\frac{\rho\bar{U}^2(L)DC_D}{m\omega_n^2}\left(\frac{z}{L}\right)^\beta,\quad \tilde{x}(z)=\left(\frac{z}{L}\right)^\beta \tag{7-67}$$

式中，$\bar{X}$ 为风方向上单位长度广义质量为 m 的基本振型的平均挠度。大多数建筑物的基本模型是悬臂模式，它由 $\bar{x}(z)=(z/L)^\beta$ 可以很好地近似，其中 L 是建筑物的高度。$\beta=1.86$ 能够很好地近似弯曲悬臂梁的振型。如果每个截面上的阻力系数已知，则式（7-67）可以很容易地推广到截面随高度变化的结构上。如图 7-19 所示，端部效应对相对较低的结构物的阻力有着巨大的影响（Liu，1979）。注意，由于屋顶上的压力溢出，建筑物顶部附近的风压急剧下降。

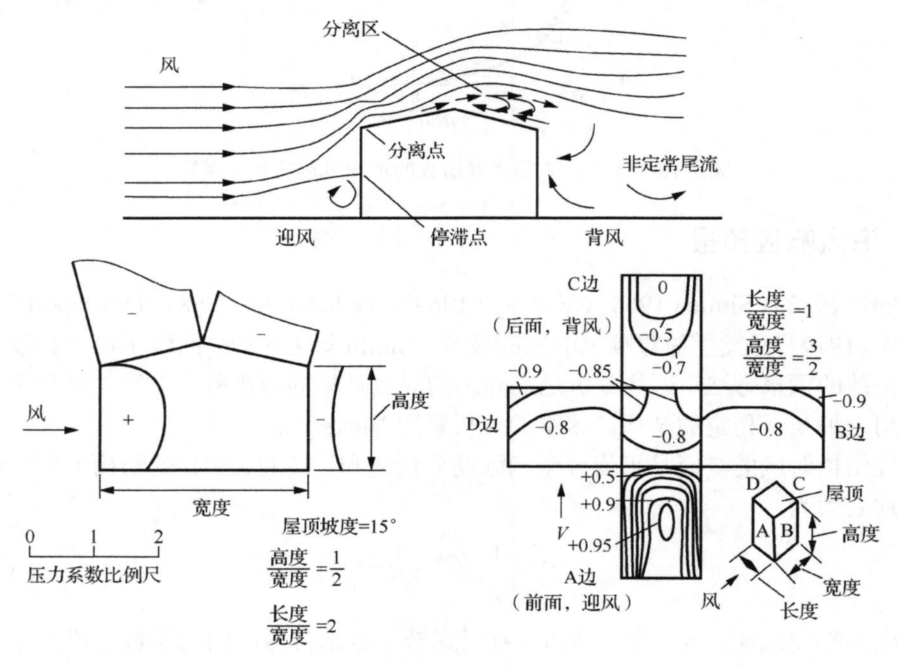

图 7-19 中等高度建筑物的风流和表面压力模式图

一座建筑物被阵风吹得摇晃。假设风速是稳定分量和正弦振荡分量之和：

$$U=\bar{U}+u_m\sin\omega t \tag{7-68}$$

如果振荡分量 u_m 是平均分量 $\bar{U}$ 的一小部分，并且浮力效应可以忽略不计（见 6.1 节），那么与 u_m^2 和 ωu_m 成比例的项可以忽略，驻点压力变为

$$p=\frac{1}{2}\rho U^2\approx\frac{1}{2}\rho\bar{U}^2+\rho u_m\bar{U}\sin\omega t \tag{7-69}$$

滞留压力 p 的平均分量用 $\bar{p}$ 表示，波动分量为 $p-\bar{p}$，均方波动分量与平均分量之比为

$$\frac{\overline{(p-\bar{p})^2}}{\bar{p}^2}=\frac{4\overline{u_m^2}}{\bar{U}^2} \tag{7-70}$$

这意味着 $\dfrac{S_P(f,z)}{\bar{p}^2}=\dfrac{4S_u(f,z)}{\bar{U}^2}$。求解表面压力的功率谱密度为

$$S_P(f,z)=\left[\frac{1}{2}\rho\bar{U}^2(L)C_D\right]^2\left(\frac{\bar{U}(z)}{\bar{U}(L)}\right)^2\frac{4\overline{u^2}(L)}{\bar{U}^2(L)}\frac{S_u(f,L)}{\overline{u^2}(L)} \tag{7-71}$$

在 $Z=L$ 处屋顶的风谱已被用于描述整个建筑表面的风谱。相关的谱可定义为

$$S'_P(f)=S_P(f,z)\left[\frac{\bar{U}(L)}{\bar{U}(z)}\right]^2 \tag{7-72}$$

它不依赖于高度，并且高度依赖因子 $[\bar{U}(z)/\bar{U}(L)]^2$ 被转移到结合受纳函数中。

建筑物表面上风相关性在横向（y）和纵向（z）上呈指数衰减：

$$\begin{aligned}r(z_1,z_2,y_1,y_2)&=\exp\left(\frac{-2f}{\bar{U}(z_1)+\bar{U}(z_2)}[C_z^2(z_1-z_2)^2+C_y^2(y_1-y_2)^2]^{1/2}\right)\\&=\exp\left(\frac{-2a[(z_1-z_2)^2/L^2+\lambda(y_1-y_2)^2/D^2]^{1/2}}{(z_1/L)^\alpha+(z_2/L)^\alpha}\right)\end{aligned} \tag{7-73}$$

在幂律风剖面［式（7-58）］情况下，式中，$a=C_z fL/\bar{U}(L),\lambda=C_yD/(C_zL)$。

湍流的结合受纳函数可以从振型和风表面压力的相关函数中找到。由于风湍流是各向异性的（随高度变化），因此有必要将风谱对高度的依赖性包含在结合受纳函数的空间积分中。结合受纳函数的定义是

$$\begin{aligned}J^2(f)&=\int_0^A\int_0^A\frac{\bar{U}(z_1)\bar{U}(z_2)}{\bar{U}^2(L)}\tilde{x}(z_1)\tilde{x}(z_2)r(z_1,z_2,y_1,y_2)\frac{\mathrm{d}A_1}{A}\frac{\mathrm{d}A_2}{A}\\&=\int_0^1\int_0^1\int_0^1\int_0^1\left(\frac{z_1}{l}\right)^{\alpha+\beta}\left(\frac{z_2}{l}\right)^{\alpha+\beta}\times r\left(\frac{z_1}{L},\frac{z_2}{L},\frac{y_1}{L},\frac{y_2}{L}\right)\mathrm{d}\left(\frac{z_1}{L}\right)\mathrm{d}\left(\frac{z_2}{L}\right)\mathrm{d}\left(\frac{y_1}{L}\right)\mathrm{d}\left(\frac{y_2}{L}\right)\end{aligned} \tag{7-74}$$

对于幂律风剖面和幂律近似的振型，A 是结构的投影面积，$A=DL$。结构上广义力的功率谱密度是由表面压力的功率谱密度乘以最大截面的面积与结合受纳函数的平方之积得到：

$$S_F(f)=\left[\frac{1}{2}\rho\bar{U}^2(L)C_D DL\right]^2\frac{4\overline{u^2}(L)}{\bar{U}^2(L)}J^2(f)\frac{S_u(f)}{\overline{u^2}(L)} \tag{7-75}$$

水平阵风谱 $S_u(f)$ 由式（7-63）给出。

在阵风频率范围内，将广义力谱的积分除以结构阻尼，求出结构对阵风动态响应的均方根。通过将广义力乘以频率范围内的传递函数［式（7-27）］，得到建筑物顶部顺风响应的均方值为

$$\overline{(X-\bar{X})^2}=\int_{f_1}^{\infty}\frac{S_F(f)\mathrm{d}f}{m^2(2\pi f_n)^2\{[1-(f/f_n)^2]^2+(2\zeta f/f_n)^2\}^2} \tag{7-76}$$

式中，f_1 是谱中阵风部分开始的频率；$\bar{X}$ 是建筑物顶部的平均响应［式（7-68）］。通过将响应分为共振和非共振分量，可以大大简化这个积分。对于频率远小于建筑物固有频率的阵风频谱部分，即 $f \ll f_n$ 时，$[1-(f/f_n)^2]^2+(2\zeta f/f_n)^2\approx 1$ 大大地简化了积分过程。对于阵风频谱中频率接近建筑物固有频率 f_n 的部分，式（7-27）给出了封闭解。均方根动态响应是非共振分量和共振分量之和的平方根：

$$\frac{\left[\overline{(X-\bar{X})^2}\right]^{1/2}}{\bar{X}}=\frac{1+2\alpha+\beta}{1+\alpha+\beta}\frac{2\left[\overline{u^2}(L)\right]^{1/2}}{\bar{U}(L)}\left\{\frac{2(1+\alpha+\beta)^2}{3}\int_0^{\infty}\frac{\gamma J^2\mathrm{d}\gamma}{(1+\gamma^2)^{4/3}}+\frac{\pi}{6}\frac{\gamma^2(f_n)}{[1+\gamma^2(f_n)]^{4/3}}\right\}^{1/2} \tag{7-77}$$

式中，f_n 是结构的固有频率。在更紧凑的形式中，均方根动态响应与平均响应之比为

$$\frac{\left[\overline{(X-\bar{X})^2}\right]^{1/2}}{\bar{X}}=R\left(B+\frac{SF}{\zeta}\right)^{1/2} \tag{7-78}$$

建筑物对阵风谱的响应是非共振抖振响应 $RB^{1/2}$ 和在固有频率 $R(SF/\zeta)^{1/2}$ 附近的共振响应之和。

表面粗糙度系数 R 和动态响应正比于风湍流的均方根：

$$R=\frac{2\left[\overline{u^2}(L)\right]^{1/2}}{\bar{U}(L)}\frac{1+2\alpha+\beta}{1+\alpha+\beta}=R(L,\text{表面粗糙度},\alpha,\beta) \tag{7-79}$$

Vickery（1969）绘制了离地高度与 R 的变化关系图（图 7-20）。R 随表面粗糙度的增大而减小。图 7-21 和图 7-22 分别给出了背景激励系数和尺寸折减系数，计算公式如下：

$$B=B\left(\frac{C_z L}{L_t},\frac{C_y D}{C_z L}\right),\quad S=S\left(\frac{C_z f_n L}{\bar{U}(L)},\frac{C_y D}{C_z L}\right) \tag{7-80}$$

背景激励系数随建筑物细长程度的增加而减小。Davenport（1961）估计 $L_t(L)$ 为 $l\bar{U}(L)/\bar{U}(z_{10})$，其中 $l=4000\text{ft}$（1219m）和 $z_{10}=33\text{ft}$（10m）。图 7-22 中绘制的尺寸折减系数 S 随约化速度的增加而减小。f_n 是结构的固有频率，阵风能量系数 F（图 7-23）为

$$F=\frac{\pi}{6}\frac{\gamma^2(f_n)}{[1+\gamma^2(f_n)]^{4/3}} \tag{7-81}$$

其随着结构频率的增加而减小，因为阵风能量在高频范围 $\gamma(f_n) = f_n L_t / \bar{U}(L)$ 内减小。

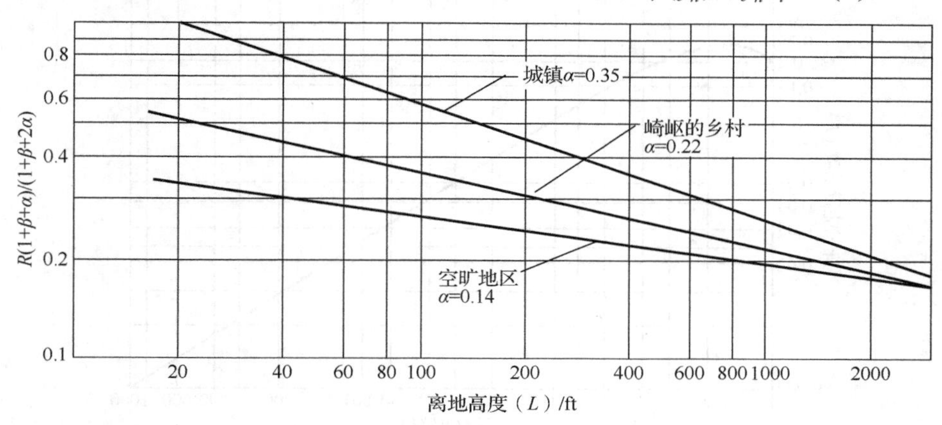

图 7-20　不同建筑物规模的 $2\sqrt{\overline{u}^2}/\bar{U}(L)$ 的建议值（Vickery，1969）

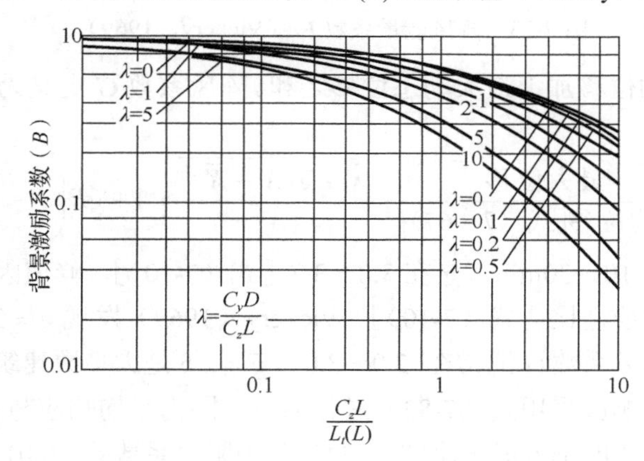

图 7-21　背景激励系数 B（Vickery，1969）

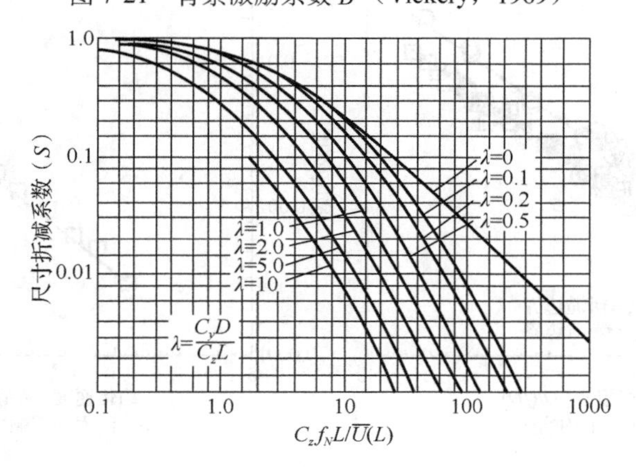

图 7-22　尺寸折减系数 S（Vickery，1969）

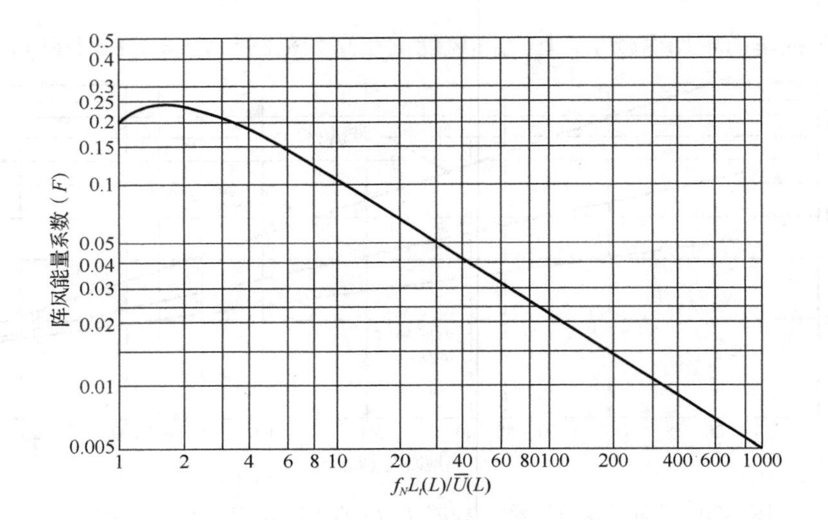

图 7-23　阵风能量系数 F（Vickery，1969）

最大位移是平均位移加上最大动态位移之和。阵风系数 G 定义为最大位移与平均位移的比值：

$$G=\frac{\text{最大位移}}{\text{平均位移[式（7-67）]}}=\frac{\overline{X}+\overline{g}\overline{(X-\overline{X})^2}}{\overline{X}}=1+\overline{g}R\left(B+\frac{SF}{\zeta}\right)^{1/2} \tag{7-82}$$

对于时间间隔在 10～30min，$\overline{g}$ 在 3.0～3.7［式（7-10)］，峰值因子 $\overline{g}$ 等于最大动态响应与均方根动态响应之比［式（7-10)］。Vickery（1969）发现 $\overline{g}=3.5$ 与实验数据吻合良好。经验表明，阵风系数 G 通常在 2.0～3.0，$\overline{g}=2.5$ 是大多数建筑采用的典型值。考虑到这个因素，最大响应采用式（7-82）进行估算。因为平均响应与 $\overline{U}^2$ 成正比，所以动态响应和总响应也与速度平方成正比(图 7-24)，其中阻尼系数 $\zeta=0.01$（Davenport，1982）。

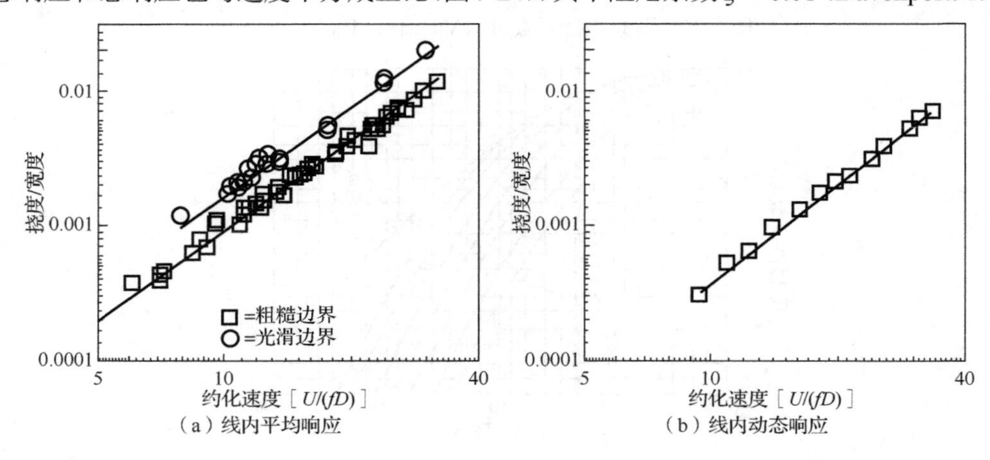

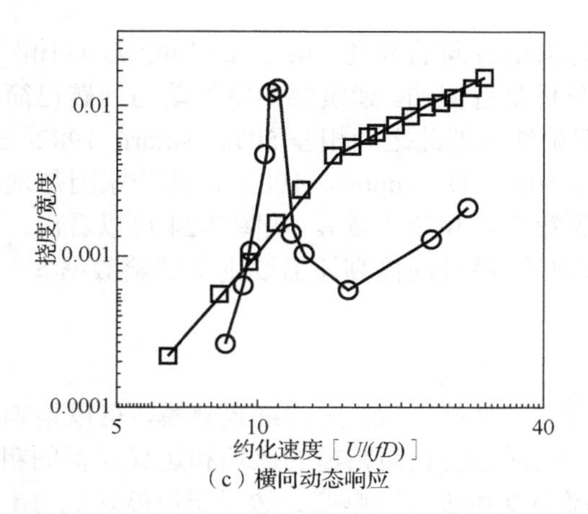

（c）横向动态响应

图 7-24　矩形结构在流向和垂直流向上的响应

最大加速度等于峰值因子乘以加速度均方根值：

$$\text{峰值加速度} = \overline{g}(2\pi f_n)^2 \overline{X}(L)R(SF/\zeta)^{1/2} \tag{7-83}$$

对于与建筑物相关的低频运动，人对加速度的耐受程度如表 7-9 所示（Chang，1973）。

表 7-9　人对加速度的耐受程度

峰值加速度	人的不舒适度	峰值加速度	人的不舒适度
小于 $0.005g$	没有感觉	$0.05g$～$0.15g$	令人特别烦躁
$0.005g$～$0.015g$	有感觉	大于 $0.15g$	无法忍受
$0.015g$～$0.05g$	令人烦躁		

表中，g 是重力加速度。Parsons 等（1988）发现，对于频率在 2～100Hz 的正弦振动，人感知阈值的脉动量在 0.001～0.01g，这与 Chang（1973）的结果一致。

估算顺风响应时的先前过程对 α 和 β 相对不敏感；$\beta = 1.86$ 可近似悬臂模式，$\alpha = 1/7$ 近似相对开放的环境。通过将这些值代入式（7-67），由式（7-67）估算出建筑物顶部的平均挠度为

$$\overline{X} \approx 0.02 \frac{\rho \overline{U}^2 D C_D}{m f_n^{\ 2}} \tag{7-84}$$

式中，D 为垂直于风的建筑物宽度；U 为建筑物顶部的风速；$m = \rho_{建筑物} DB$，其中 DB 是建筑物的横截面积，大多数建筑物的密度为 6.2lb/ft^3 $(99\text{kg/m}^3) < \rho_{建筑物} < 12.4\text{lb/ft}^3$ (199kg/m^3)，$\rho_{建筑物} = 9.3\text{lb/ft}^3$ (149kg/m^3) 是典型密度。α 根据表 7-6 进行估算。$C_D \approx 2$ 是大多数矩形建筑采用的典型值（本节前面给出的值，Simiu et al.，1986；Hoerner，1965）。对于一般建筑物，以 Hz 为单位的基频的两个近似公式（Housner et al.，1963；Rinne，1952；Ellis，1980）是

$$f_n = \frac{\omega_n}{2\pi} = \begin{cases} 46/L & (7\text{-}85\text{a}) \\ c\sqrt{B}/L & (7\text{-}85\text{b}) \end{cases}$$

式中，L 是高度（m）；B 是振动方向的宽度（m）；$c=20\mathrm{ft}^{1/2}/\mathrm{s}$（$11\mathrm{m}^{1/2}/\mathrm{s}$）。

这部分给出的准稳态分析是近似的。建筑物的空气动力问题已简化为迎风的平板问题。各种关于顺风响应的理论结果彼此之间相差 50%（Solari，1982；Simiu et al.，1977）。全比尺测量的变化可以是±50%（Davenport，1982），部分原因是理论中不包括非定常尾流和横向响应的影响（见第 3 章和第 4 章）。从图 7-24 可以看出，横风响应大于或等于顺风响应，并且风致振动预测精度的提高还需要更多试验数据。

7.4.3 风洞模拟

通过对结构及其动力问题（见第 1 章）进行细致建模，可以精确地模拟气动风洞中结构对自然风的动态响应，包括上游长而粗糙的风场和边界模型的粗糙度。根据各种上游变化的粗糙度来调整湍流强度和边界层厚度。边界层厚度达到 3ft（1m）时，将使用 1/100～1/600 的比尺对建筑物进行缩放。Cermak（1987，1977）、Hansen 等（1985）、Davenport 等（1967）在韦仕敦大学（原西安大略大学）、科罗拉多州立大学和丹麦海洋研究所描述了这种类型的边界风洞。Simiu 等（1986）、Reinhold（1982）、Plate（1982）对风洞模拟技术进行了回顾。

在模拟中描述湍流边界层、结构的动态以及它们相互作用，保留的主要尺度因子：几何参数（L/D），边界层厚度（δ/D），约化速度[$\bar{U}/(f_nD)$]，结构的固有频率（f_n），模型质量/排开流体质量（$m/\rho D^2$），阻尼系数（ζ），无量纲阵风谱[$fS_u(f)/\bar{U}^2$]。这些参数是用建筑物全比尺来计算的，用模型比尺同样可以得到相同的值。例如，如果一个全比尺的结构高 300ft（91.4m）暴露在 1200ft（366m）厚的风湍流边界层中，3ft（1m）厚的边界层将在风洞中发展，那么几何比尺因子为 1/400 时比较合适。一个 300ft（91.4m）/400=0.75ft（0.23m）高的比尺模型将会被用来替代这个结构物。风洞通道的粗糙度是可以调整的，以实现无量纲湍流谱的模拟，使模拟的无量纲湍流谱尽可能地覆盖无量纲频率（$fD/\bar{U}$）的最大范围，这里 f 表示湍流中每一分量的频率。对邻近的、关注的结构和地形进行建模，模拟局部流场分布。整个局部区域安装在转台上，以便于风向可以相对于模型变化。

建立一个复杂结构的气弹性模型需要相当的技巧和耐心（Plate，1982；Reinhold，1982）。保证质量比意味着模型密度等于全比尺的密度。一个 14in（0.4m）高、横截面尺寸为 7in×3.5in（0.2m×0.1m）的典型全比尺建筑物，模型密度为 $9.3\mathrm{lb/ft^3}$（$149\mathrm{kg/m^3}$），其质量达 2.6lb（1.2kg）。轻质模型是由轻木和塑料外壳构成的。模型的灵活性可以通过使用支撑在弹簧安装座上的刚性模型来实现，如图 7-25 所示，通过建立多关节模型（该模型通过柔性中心），或者通过建立带有蒙皮的柔性钢丝骨架实现其灵活性。例如，全比尺结构的基频为 0.3Hz，平均风洞速度是大气风速的 1/4，那么对于相等的约化速度，一个 1/400 的比尺模型的固有频率一定为 30Hz。阻尼系数采用 1∶1，测量的无量纲模型位移为

$$\frac{X(t)}{D}=\text{模型位移/模型宽度}$$

上式比值为全比尺位移的计算提供了方法，可以用来预报应力、加速度以及它们对于结构和居住者的影响（Chang，1973；Reed，1971）。

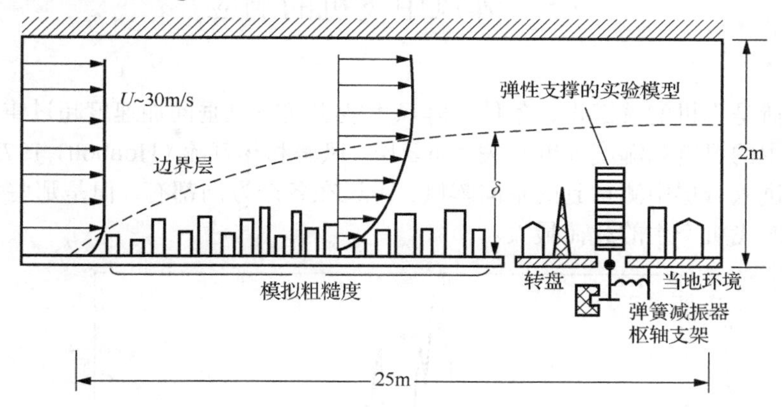

图 7-25　用于模拟风中建筑物动态响应的典型边界层风洞

在风的模拟中没有考虑雷诺数。模拟雷诺数需要很高的流速，这很难实现。模型实验通常在雷诺数大于 1000、边界层为湍流、马赫数低于 0.3 的情况下，这样可压缩性不会影响结果。

雷诺数模型的建立与风的湍流、模型表面粗糙度以及模型的流动分离紧密相关。对于圆形结构，气动力系数依赖于雷诺数，它可能在高雷诺数（Armitt，1968）时，使模型表面粗糙化，以激发早期的层流/湍流边界层过渡。在尖角边界面上的空气动力很大程度上与雷诺数无关。

Dalgliesh（1982）完成的全比尺和模型比尺实验显示，通过模型比尺实验预测 20%以内的、自然风的全比尺响应是可能的。由于自然环境受到许多不可控制的变量的影响，因此很难更准确地预测全比尺模型的响应。

练　习　题

1. 风洞中对 1/400 的比尺模型进行测试。全比尺的固有频率为 0.3Hz，模型固有频率为 30Hz，模型加速和全比尺加速之间是什么关系？

2. 大多数空气动力学领域的工程师在风洞试验中采用初始冲量是为了匹配雷诺数。考虑一个速度为 100ft/s（30m/s）的风速和 1/400 比尺模型，1∶1 雷诺数模型需要的风洞速度是多少？这意味着马赫数和动压是多大？如果风洞速度被限制在 65ft/s（20m/s），那么在模型和全比尺上能实现多少雷诺数？这对模型的阻力和涡旋脱落有什么影响（见 3.1 节、3.2 节和 6.3 节）？

7.5 阵风中飞机的响应

阵风载荷是飞机的关键设计条件。阵风可能引起飞机垂向加速度超过重力加速度。阵风与大气中的温度和湿度梯度有关，如云层、风暴和热气流（Houbolt，1973）。图 7-26 显示了飞机进入云层中测量到的垂向阵风。阵风在各个方向都有，但是那些垂直于飞行路径的阵风对飞机产生的载荷最大。

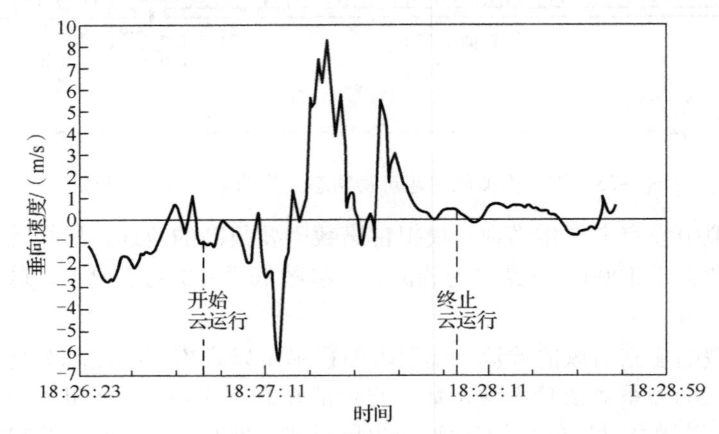

图 7-26 飞机进入云层中测量到的垂向阵风简况（Carlson et al.，1971）

飞机设计监管机构采用了这样的方法：在阵风载荷下飞机的耐久性是一个安全问题，因此，他们需要飞机能够承受一定程度的阵风载荷。由美国联邦航空管理局（Federal Aviation Administration，1988）提出的最大正（上）或负（下）离散阵风被指定为在海平面与 20000ft（6000m）之间的高度处，风速为 66ft/s（20m/s），在 50000ft（15240m）处风速从 66ft/s 到 38ft/s（20m/s 到 12m/s）线性减小。美国联邦航空管理局（Federal Aviation Administration，FAA）还允许使用连续湍流代替离散阵风。

一定的假设和简化在计算阵风中飞机的响应是有用的：①飞机是一个刚体；②飞机的水平速度是常数；③阵风垂直于飞机；④飞机是不会颠簸的；⑤准静态空气动力理论的分析可以使用。此外，二维空气动力理论的分析也可以使用。

图 7-27 显示了一架飞机遇到离散的陡边型阵风。在垂直方向上，飞机的刚体运动方程为

$$\begin{aligned} m\ddot{y} - mg &= -F_y = -(F_L \cos\alpha + F_D \sin\alpha) \\ &\approx -F_L = -\frac{1}{2}\rho U^2 c C_L(\alpha) \end{aligned} \tag{7-86}$$

式中，y 为飞机的垂向位移，正向朝下；m 为飞机展向单位长度的质量；c 为翼形的弦长；U 为前进的速度；g 为重力加速度；F_y 是单位跨度上的垂向力，正向朝上；F_L 和 F_D

分别为展向单位长度的升力和阻力；α 为气流相对于机翼的迎角。在通常情况下，飞机的升力远超过阻力，即 $F_L \gg F_D$，并且迎角和迎角的变化（以弧度计）远小于飞机整体的运动，即 $\alpha_0 \ll 1$ 和 $(\alpha-\alpha_0) \ll 1$（注意第一假设在失速和钝体截面段时是失效的。见 4.2 节）。对于小迎角的变化，迎角和升力系数可能会以幂级数形式展开

$$\alpha-\alpha_0=\arctan\left(\frac{\dot{y}}{U}+\frac{v}{U}\right)\approx\frac{\dot{y}}{U}+\frac{v}{U} \tag{7-87}$$

$$C_L(\alpha)\approx C_L(\alpha_0)+\left.\frac{\partial C_L}{\partial \alpha}\right|_{\alpha_0}(\alpha-\alpha_0)\approx C_L(\alpha_0)+\left.\frac{\partial C_L}{\partial \alpha}\right|_{\alpha_0}\left(\frac{\dot{y}}{U}+\frac{v}{U}\right) \tag{7-88}$$

式中，v 是垂向阵风速度，向上为正；升力系数 C_L 是整个飞机的升力系数，它包括机翼和机身的影响、襟翼的影响和其他升力装置的影响。

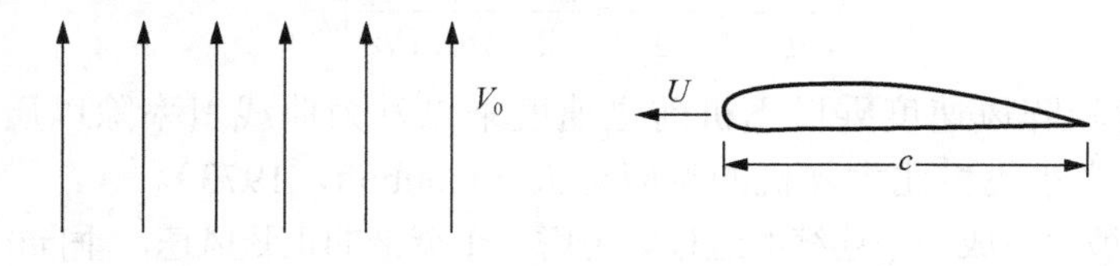

图 7-27　飞机遇到突如其来的阵风

在遇到阵风之前，飞机在垂向上的力是平衡的，$mg=\frac{1}{2}\rho U^2 c C_L(\alpha_0)$。将式（7-87）和式（7-88）的扩展代入式（7-86）并且减去稳定解，给出一个刚性飞机遭遇垂向阵风的垂向运动的动态方程：

$$m\ddot{y}=-\frac{1}{2}\rho U^2 c\left.\frac{\partial C_L}{\partial \alpha}\right|_{\alpha_0}\left(\frac{\dot{y}}{U}+\frac{v}{U}\right) \tag{7-89}$$

根据 Fung（1969）的研究，我们定义一个具有频率单位的参数 η 来表征飞机的响应频率：

$$\eta=\frac{1}{2}\frac{\rho U c}{m}\left.\frac{\partial C_L}{\partial \alpha}\right|_{\alpha_0} \tag{7-90}$$

将其代入式（7-89），则

$$\ddot{y}(t)+\eta\dot{y}(t)=-\eta v(t) \tag{7-91}$$

这个运动方程的初始条件为 $y(0)=0$，对于脉冲的阵风 $\left[\int_0^{\varepsilon} v(t)\mathrm{d}t=1, v(t>\varepsilon)=0\right]$ 情况下，此方程的解为

$$y(t)=\mathrm{e}^{-\eta t}-1 \tag{7-92}$$

式（7-91）的通解是利用卷积积分（也叫 Duhamel 积分）依据脉冲方程得到的（Fung，1969；Meirovitch，1967）：

$$y(t)=\int_0^t v(\xi)[\mathrm{e}^{-\eta(t-\xi)}-1]\,\mathrm{d}\xi \tag{7-93}$$

这个方程对任何阵风的时历是有效的。

实际关注的两种阵风是突然的阵风和 FAA 阵风，

$$v(t>0)=\begin{cases}V_0, & \text{突然的阵风}\\ \dfrac{V_g}{2}\left[1-\cos\left(\dfrac{2\pi Ut}{25c}\right)\right], & \text{FAA阵风（Federal Aviation Administration，1988）}\end{cases} \tag{7-94}$$

这两种阵风在 $t\leqslant 0$ 时都为 0。对于突然的阵风时历的垂向位移响应很容易从式（7-93）中得到

$$y(t)_{突然的阵风}=\frac{V_0}{\eta}(1-\mathrm{e}^{-\eta t})-V_0 t \tag{7-95}$$

飞机的垂向加速度加载在飞机结构上，在突然的阵风的响应中最大垂向加速度发生在 $t=0$ 时。这个加速度相对于重力加速度的比为（Fung，1969）

$$\frac{|\ddot{y}(0)|}{\mathrm{g}}=\frac{\eta V_0}{\mathrm{g}}=\frac{\rho U}{2}\frac{cV_0}{mg}\frac{\partial C_L}{\partial\alpha}\Big|_{\alpha_0} \tag{7-96}$$

飞机加速度随阵风速度乘以飞机前进速度乘以升力曲线斜率除以质量的乘积而增加。因此，阵风中小飞机比大飞机的响应更大（Houbolt，1973）。

狂风也可以被模拟成一个连续的过程。考虑一个调谐的正弦风速，垂向的狂风可表达为

$$v(t)=V_0\sin\omega t,\quad -\infty<t<\infty \tag{7-97}$$

上式具有圆频率 ω 和振幅 V_0。方程（7-91）试验的稳态解：

$$y(t)=A_y\sin(\omega t+\phi) \tag{7-98}$$

把式（7-97）和式（7-98）代入式（7-91）中很易给出稳态解的振幅和相位：

$$A_y=\frac{\eta}{\omega}\frac{V_0}{(\omega^2+\eta^2)^{1/2}},\quad \phi=\arctan^{-1}\left(\frac{\eta}{\omega}\right) \tag{7-99}$$

飞机加速度振幅与重力加速度的比是

$$\frac{|\ddot{y}(\omega)|}{g}=\frac{\eta V_0}{g}\frac{1}{(1+\eta^2/\omega^2)^{1/2}} \tag{7-100}$$

这比具有相同量级的离散阵风［式（7-96）］要小，这让飞机设计者制定了允许用连续风而不是阶梯风进行设计的设计规则。连续风的影响也可以通过回馈控制的方法减轻（Houbolt，1973）。

考虑连续随机风。使用阵风风速和飞机的加速度［式（7-100）］所建立的传递函数，加速度功率谱密度 $S_{\ddot{y}}(f)$ 与随机阵风的功率谱密度 $S_v(f)$ 的关系为

$$S_{\ddot{y}}(f)=\frac{\eta^2}{1+\eta^2/\omega^2}S_v(f) \tag{7-101}$$

卡门垂向阵风谱（von Karman，1961）广泛用于飞机设计（Etkin，1972）中，

$$S_v(f)=v_{\mathrm{rms}}^2\frac{2L}{U}\frac{1+\dfrac{8}{3}(2\pi afL/U)^2}{[1+(2\pi afL/U)^2]^{11/6}} \tag{7-102}$$

式中，v_{rms} 为垂向速度的均方根，等于在 0～30000ft（9000m）高度的 85ft/s（26m/s），

并且在 80000ft（24400m）后线性降低至 30ft/s（9.1m/s）；$L = 2500\text{ft}$（760m）是湍流涡（Federal Aviation Administration，1988）的一个积分长度尺度；$a = 1.339$ 是卡门常数；f 是以 Hz 为单位的频率。注意，式（7-102）是一个关于以 Hz 为单位的 f 的单侧谱，$\int_0^\infty S_v(f)\mathrm{d}f = v_{\mathrm{rms}}^2$。$U$ 为飞机的前进速度。Etkin（1972）讨论多自由度飞机对湍流的响应，其他对大气湍流影响的统计模型由 Justus（1989）、Campbell（1986）、Panofsky 等（1984）、Houbolt（1973）、Lappe（1966）通过式（7-63）提出。

练 习 题

1. 通过绘制图 7-17 上的两个图谱，对比卡门垂向阵风谱［式（7-102）］和阵风的 Davenport 谱［式（7-63）］。

2. 飞机对 FAA 阵风［式（7-94）］的响应是多少？

3. 考虑一架飞机，其展向单位长度的质量为 670lb/ft（997kg/m）、翼形的弦长为 20ft（6m）、$\partial C_L/\partial\alpha = 2\pi$，以 320ft/s（97m/s）的速度飞行，遇到突然的阵风，最大的速度为 65ft/s（20m/s），空气密度为 0.075lb/ft^3（1.2kg/m^3）。飞机的加速度是多少？相对于重力加速度引起的加速度，是因突然的阵风到 FAA 阵风引起的吗？

7.6　湍流所致振动的降低

湍流所致振动既可以通过降低湍流强度来降低，也可以通过改变结构来降低，如下述方式。

（1）改变结构形状以降低空气动力载荷。

平均和稳态的空气动力可以通过降低结构的高度或通过确定结构方向，使暴露于最大速度方向的截面最小，或者通过使用开放式格子“直通”结构，而不是金属板箱梁结构来降低空气动力载荷。

（2）增加结构刚度。

平均挠度、非共振振幅和共振振幅与结构刚度成反比。可以通过增加横截面积、增加承重结构的估算值、加强接缝、使用斜撑或用高模量材料（如钢）代替低模量材料（如木材、塑料或铝）来加固结构。

（3）增加结构质量。

增加结构质量会增加质量比，并且通常在保持固有频率和阻尼的情况下对降低振动有有利的影响。在实际的结构中，可以通过增加管壁厚度和使用重型结构来增加质量。

（4）增加阻尼。

增加阻尼可以减小共振，但对非共振的影响不大。可通过在设计中加入橡胶、木材和软聚合物等吸能材料，使用组合结构（允许接缝处的小局部振动）而非焊接结构，以及使用特殊设计的阻尼器来增加阻尼（见 8.5 节）。

7.7 实例：建筑物的风致振动

旧金山的美国铝业大厦共 27 层（116m）。在平面上，建筑物是矩形的（64m×33m），如图 7-28 所示的三维图。这座建筑物有一个对角支撑的钢框架。它的风致振动可能是由于风涡旋脱落中的湍流（见第 3 章）和不稳定的跳跃振动（见第 4 章）引起的。这些现象将在本算例中讨论。

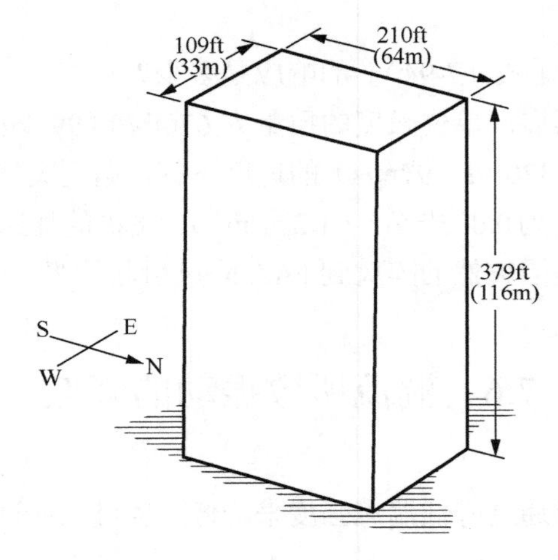

图 7-28 美国铝业大厦

如 7.4 节和 8.4.2 节所述，传统建筑的典型密度为10 lb/ft³(160kg/m³)，并且基本模态的典型阻尼系数为$\zeta = 0.01$。基频由式（7-85）估算，这些估算值与 Bouwkamp（1974）在美国铝业大厦的全比尺测量值进行对比，见表 7-10。

表 7-10 估计值与美国铝业大厦的全比尺测量值对比

参数	估算值	测量值
总质量/ kg	4.0×10^7	3.8×10^7
固有频率（NS）/Hz	0.77［式（7-85b）］	0.60
固有频率（EW）/Hz	0.55［式（7-85b）］	0.45
固有频率（最小值）/Hz	0.37［式（7-85a）］	0.45
阻尼系数（NS）ζ	0.01	0.009
阻尼系数（EW）ζ	0.01	0.011

注：估计值误差约在测量值的 20%以内。

建筑物的风致振动通常采用两种设计准则。首先，建筑物必须能够承受极端风，如预期的 50 年一遇且没有灾难性的极端风；其次，对于绝大多数预期风速，建筑物不得有扰乱建筑物居住者的动态响应。极端风数据（图 7-18。Thom，1968）表明在旧金山地区，50 年一遇的回转风速度为 70mile/h（31m/s），2 年一遇的回转风速度为 40mile/h（18m/s）。这些风速的监测时间平均在 1min 左右，对于 10m（33ft）的高度来说 50 年一遇是有效的。首先变化为梯度风，然后变化为建筑物顶部的高度。$\alpha = 1/7$ 的幂律分布［式（7-58）］适用于机场（该数据在这里采集的），$\alpha = 0.40$ 适用于位于城市的建筑物。变化的公式为

$$\overline{U}(L) = \overline{U}_{10}\left(\frac{z_{\text{Gret}}}{z_{10}}\right)^{1/7}\left(\frac{L}{z_G}\right)^{0.40} = 0.96\overline{U}_{10}$$

式中，$z_{\text{Gret}} = 300\text{m}$；$z_G = 500\text{m}$（表 7-6）；$L = 116\text{m}$。建筑物顶部风速的结果为

$$\overline{U}(L) = \begin{cases} 30\text{m/s（67mile/h），} & \text{重现期为50年} \\ 18\text{m/s（40mile/h），} & \text{重现期为2年} \end{cases}$$

计算顺风响应的方法见 7.4.2 节。表 7-11 给出了 2 年一遇回转风的响应。最大加速度用地球表面的重力加速度 $g = 9.8\text{m}^2/\text{s}$ 的分数表示，2 年重现期回转风的建筑物顶部的加速度低于 $0.5\%g$ 的人类感知阈值。对于 50 年重现期的回转风，这些加速度大约高出 $(30/17)^2 = 3.1$ 倍，或者 $0.64\%g$，并且这些加速度对于大多数人来说是可以感知的，但并不会引起人们的不适。

表 7-11　美国铝业大厦的风致振动响应

参数	符号	南北方向	东西方向
楼顶的风速/（m/s）	$\overline{U}(L)$	18.0	18.0
截面宽度/m	D	33.0	64.0
雷诺数	$\overline{U}(L)D/\nu$	39.0×10^6	77×10^6
固有频率/（rad/s）	ω_n	3.8	2.8
固有频率/Hz	f_n	0.60	0.45
宽度/截面跨度	B/D	0.51	1.93
阻力系数	C_D	2.5	1.6
B.L.指数	α	0.40	0.40
振型指数	β	1.0	1.0
空气密度/（kg/m³）	ρ	1.2	1.2
阻尼系数	ζ	0.009	0.011
垂向相关系数	C_z	10	10
横向相关系数	C_y	12	12
阵风长度/m	$L_t(L)$	3200	3200
垂向阵风参数	$f_nL_t(L)/U(L)$	107	80
横向阵风参数	$C_zL/L_t(L)$	0.36	0.36
垂向尺寸参数	$C_zf_nL/\overline{U}(L)$	39	29
横向尺寸参数	$C_yD/(C_zL)$	0.34	0.66
阵风能量因子	F	0.023	0.027

续表

参数	符号	南北方向	东西方向
环境激励系数	B	0.77	0.70
表面粗糙度系数	R	0.58	0.58
尺寸折减系数	S	0.016	0.009
峰均方根比	$\bar{g}$	3.5	3.5
阵风因子	G	2.8	3.2
（质量/高度）/（kg/m）	m	3.0×10^5	3.3×10^5
平均位移［式（7-67）］/m	$\bar{X}(L)$	0.0036	0.0082
平均位移［式（7-84）］/m	$\bar{X}(L)$	0.0054	0.012
位移最大值/m	$G\bar{X}(L)$	0.0126	0.029
加速度最大值［式（7-83）］/（%g）	—	0.22	0.20
涡致共振速度/（m/s）	$f_n D / S_t$	99	144
垂向力系数斜率/（1/rad）	$\partial C_y / \partial \alpha$	3.0	0.0
跳跃振动开始的速度［式（4-16）］/（m/s）	U_{crit}	376.0	∞

使用$S=0.2$，涡致共振的开始速度为99m/s（见第3章）。这一速度远高于50年重现期风速，因此在涡旋脱落的情况下预计不会发生共振。同样，具有矩形截面的结构开始跳跃振动的临界速度376m/s远高于50年重现期的风速。

练习题

1. 建议将美国铝业大厦的高度增加27层（379ft，116m）。将会对下面参数有什么影响：①屋顶的风速；②迎风响应；③大厦振动的最大加速度及其对工作人员的影响；④涡旋共振的速度；⑤跳跃振动的开始速度。

2. 图1-3中给出的实验数据是一个矩形截面，其比尺与美国铝业大厦的比尺非常相似。缩放这些数据来预测美国铝业大厦在南北方向风速［风速为0～700ft/s（213m/s）］下的横向位移幅值。

参考文献

American Association of State Highway and Transportation Officials. 1986. Standard specifications for highway bridge, Washington, D.C.

American Society of Civil Engineers. 1980. Tall building criteria and loading, Vol. CL. American Society of Civil Engineers, New York.

Armitt J. 1968. The effect of surface roughness and free stream turbulence on the flow around a cooling tower at critical Reynolds numbers. Proceedings Symposium on Wind Effects on Buildings and Structures, Loughborough: Loughborough University of Technology.

Axisa F, Antunes J, Villard B. 1988. Random excitation of heat exchanger tubes by cross-flows//Symposium on Flow-Induced Vibration and Noise, 2. Paidoussis M P ed. New York: ASME: 23-46.

Ballentine J R, Rudder F F, Mathis J T, et al. 1968. Refinement of sonic fatigue structural design criteria. AD83118, Air Force Flight Dynamics Laboratory, Wright-Patterson Air Force Base, Ohio, Technical Report AFFDL-TR-67-156.

Basile D, Faure J, Ohlmer E. 1968. Experimental study of the vibrations of various fuel rod models in parallel flow. Nuclear Engineering and Design, 7(6): 517-534.

Batts M E. 1982. Probabilistic description of hurricane wind speeds. Journal of the Structural Division, 108(7): 1643-1647.

Bendat J S, Piersol A G. 1986. Random data: analysis and measurement procedures. New York: Wiley.

Benjamin J R, Cornell C A. 1970. Probability, statistics, and decision for civil engineers. New York: McGraw-Hill.

Blakewell H P. 1968. Turbulent wall-pressure fluctuations on a body of revolution. Journal of the Acoustical Society of America, 43(6): 1358-1363.

Blevins R D. 1979a. Formulas for natural frequency and mode shape. New York: Van Nostrand Reinhold.

Blevins R D. 1979b. Flow-induced vibration in nuclear reactors: a review. Progress in Nuclear Energy, 4(1): 25-49.

Blevins R D. 1989. An approximate method for sonic fatigue analysis of plates and shells. Journal of Sound and Vibration, 129(1): 51-71.

Blevins R D, Gibert R J, Villard B. 1981. Experiments on vibration of heat-exchanger tube arrays in cross flow. Transactions of the 6th International Conference on Structural Mechanics in Reactor Technology, Paris, France, Paper B6/9.

Bolotin V V. 1984. Random vibrations of elastic systems. The Hague, Netherlands: Martinus Nijhoff Publishers.

Bouwkamp J G. 1974. Dynamics of full scale structures//Applied Mechanics in Earthquake Engineering. Iwan W D ed. New York: ASME: 123.

Brase L O. 1988. Near field exhaust environment measurements of a full scale after bursting jet engine with two-dimensional nozzle. AIAA 26th Aerospace Sciences Meeting, Reno, Nevada.

British Standards Institution. 1972. Wind loads. Code of Basic Data for the Design of Buildings, 2, Chapter V, Part2, CP3.

Burgreen D, Byrnes J J, Benforado D M. 1958. Vibration of rods induced by water in parallel flow. Journal of Fluids Engineering, 80(5): 991-1001.

Campbell C W. 1986. Monte Carlo turbulence simulation using rational approximations to von Karman spectra. AIAA Journal, 24(1): 62-66.

Carlson T N, Sheets R C. 1971. Comparison of draft scale vertical velocities computed from gust probe and conventional data collected by a DC-6 aircraft. National Hurricane Research Laboratory, NOAA Technical Memorandum ERL NHRL-91.

Cartwright D E, Longuet-Higgins M S. 1956. The statistical distribution of the maxima of random functions. Proceedings of the Royal Society A, 237(1209): 212-232.

Cermak J E. 1975. Applications of fluid mechanics to wind engineering—a freeman scholar lecture. Journal of Fluids Engineering, 97(1): 9-38.

Cermak J E. 1977. Wind-tunnel testing of structures. Journal of the Engineering Mechanics Division, 103(6): 1125-1140.

Cermak J E. 1987. Advances in physical modeling for wind engineering. Journal of Engineering Mechanics, 113(5): 737-756.

Chamberlain A C. 1983. Roughness length of sea, sand and snow. Boundary-Layer Meteorology, 25(4): 405-409.

Chang F K. 1973. Human response to motions in tall buildings. Journal of the Structural Division, 99(6): 1259-1272.

Changery M J, Dumitriu-Valcea E J, Simiu E. 1984. Directional extreme wind speed data for the design of buildings and other structures. NBS Building Science Series 160, U.S. Department of Commerce.

Chen S S, Jendrzejczyk J A. 1987. Fluid excitation forces acting on a square tube array. Journal of Fluids Engineering, 109(4): 415-423.

Chen Y N. 1970. Flow-induced vibration in tube bundle heat exchangers with cross and parallel flow, part I: parallel flow//Flow-lnduced Vibration in Heat Exchangers. New York: ASME: 57-66.

Cheng E D H, Chiu A N L. 1985. Extreme winds simulated from short-period records. Journal of Structural Engineering, 111(1): 77-94.

Clarkson B L, Fahy F. 1968. Response of practical structures to noise//Noise and Acoustic Fatigue in Aeronautics. London: Wiley: 330-353.

Corcos G M. 1964. The structure of the turbulent pressure field in boundary-layer flow. Journal of Fluid Mechanics, 18(3): 353-378.

Crandall S H, Mark W D. 1963. Random vibration in mechanical systems. New York: Academic Press.

Dalgliesh W A. 1982. Comparison of model and full-scale tests of the commerce court building in Toronto//Wind Tunnel Modeling for Civil Engineering Applications. Reinhold T A ed. Cambridge: Cambridge University Press.

Davenport A G. 1961. The application of statistical concepts to the wind loading of structures. Proceedings of the Institution of Civil Engineers, 19(4): 449-472.

Davenport A G. 1963. The relationship of wind structure to wind loading. Proceedings of a Conference on Buildings and Structures, National Physical Laboratory, Great Britain: 54-83.

Davenport A G. 1964. Note on the distribution of the largest value of a random function with application to gust loading. Proceedings of the Institution of Civil Engineers, 28(2): 187-196.

Davenport A G. 1967. Gust loading factors. Journal of the Structural Division, 93(3): 11-34.

Davenport A G. 1970. On the statistical prediction of structural performance in a wind environment. Proceedings of a Seminar on Wind Loads on Structures, Honolulu, 19-24: 325-342.

Davenport A G. 1982. The interaction of wind and structures//Engineering Meteorology. Plate E ed. Amsterdam: Elsevier: 527-572.

Davenport A G, lsyumov N. 1967. The application of the boundary layer wind tunnel to the prediction of wind loading//Proceedings of a Seminar on Wind Effects on Structures. National Research Council of Canada, Ottawa: 201-230.

Deacon E L. 1955. Gust variation with height up to 150m. Quarterly Journal of the Royal Meteorological Society, 81(350): 562-573.

Dowell E H, Curtiss Jr H C, Scanlan R H, et al. 1978. A modern course in aeroelasticity. The Netherlands: Sijthoff & Noordhoff International Publishers.

Durst C S. 1960. Wind speeds over short periods of time. Meteorology Magazine, 89: 181-186.
Ellis B R. 1980. An assessment of the accuracy of predicting the fundamental natural frequencies of buildings. Proceedings of the Institution of Civil Engineers, 69(3): 763-776.
Etkin B. 1972. Dynamics of atmospheric flight. New York: Wiley.
Federal Aviation Administration. 1988. Title 14, part 25.341, Appendix G to part 25, United States Code of Federal Regulations, Aeronautics and Space. Washington, D.C.: U.S. Government Printing Office.
Frenkiel F N. 1953. Turbulent diffusion // Advances in Applied Mechanics,Volume 3. New York: Academic Press: 77-78.
Fung Y C. 1969. An introduction to the theory of aeroelasticity. New York: Dover Publications.
Geissler E D. 1970. Wind effects on launch vehicles. AGARDograph 115, The Advisory Group for Aerospace Research and Development of NATO.
Hansen S O, Sorensen E G. 1985. A new boundary-layer wind tunnel at the Danish Maritime Institute. Journal of Wind Engineering & Industrial Aerodynamics, 18(2): 213-224.
Harris C M. 1979. Handbook of noise control. New York: McGraw-Hill.
Hoerner S F. 1965. Fluid-dynamic drag. Published by the author, New Jersey.
Holand I, Karlie D, Moe G, et al. 1978. Safety of structures under dynamic loading. Norway: Tapir Publishers.
Houbolt J C. 1973. Atmospheric turbulence. AIAA Journal, 11(4): 421-437.
Houghton E L, Carruthers N B. 1976. Wind forces on buildings and structures. New York: Wiley.
Housner G W, Brady A G. 1963. Natural periods of vibration of buildings. Journal of the Engineering Mechanics Division, 89(4): 31-65.
Junger M C, Feit D. 1986. Sound, structures and their interaction. 2nd ed. Cambridge: The MIT Press.
Justus C. 1989. New height-dependent magnitudes and scales for turbulence modeling. AIAA Aerospace Sciences Meeting, Washington, D.C.
Kaimal J C, Wyngaard J C, Izumi Y, et al. 1972. Spectral characteristics of surface-layer turbulence. Journal of the Royal Meteorological Society, 98(417): 563-589.
Kolousek V, Pirner M, Fishcher O, et al. 1984. Wind effects on civil engineering structures. Amsterdam: Elsevier.
Laganelli A L, Martellucci A, Shaw L. 1983. Prediction of turbulent wall pressure fluctuations in attached boundary layer flow. AIAA Journal, 21: 495-502.
Lappe U O. 1966. Low-altitude turbulence model for estimating gust loads on aircraft. Journal of Aircraft, 3(1): 41-47.
Lawson T V. 1980. Wind effects on buildings. London: Applied Science Publishers.
Lin Y K. 1967. Probabilistic theory of structural dynamics. New York: McGraw-Hill.
Liu H. 1979. Understanding wind loads on plant buildings. Plant Engineering: 187-191.
Loeve M M. 1977. Probability theory. 4th ed. New York: Springer-Verlag.
Lowson M V. 1968. Prediction of boundary layer pressure fluctuations. Wright-Patterson Air Force Base, Ohio, Report AFFDL-TR-67-167.
Mehta K C. 1984. Wind load provisions ANSI #A58.1-1982. Journal of Structural Engineering, 110(4): 769-783.
Mei C, Prasad C B. 1987. Effects of non-linear damping on random response of beams to acoustic loading. Journal of Sound and Vibration, 117(1): 173-186.
Meirovitch L. 1967. Analytical methods in vibrations. Electronics & Power, 13(2): 480.

Miles J W. 1954. On structural fatigue under random loading. Journal of the Aeronautical Sciences, 21(11): 753-762.

Nagano S, Naito M, Takata H. 1982. A numerical analysis of two-dimensional flow past a rectangular prism by a discrete vortex model. Computers and Fluids, 10(4): 243-259.

Paidoussis M P. 1981. Fluidelastic vibration of cylinder arrays in axial and cross flow: state of the art. Journal of Sound and Vibration, 76(3): 329-360.

Paidoussis M P. 1983. A review of flow-induced vibrations in reactors and reactor components. Nuclear Engineering and Design, 74(1): 31-60.

Panofsky H A, Dutton J A. 1984. Atmospheric turbulence. New York: Wiley.

Parsons K C, Griffin M J. 1988. Whole-body vibration perception thresholds. Journal of Sound and Vibration, 121(2): 237-258.

Pettigrew M J, Gorman D J. 1978. Vibration of heat exchange components in liquid and two-phase cross-flow. International Conference on Vibration in Nuclear Plant, Keswick, UK, Paper AECL-6184.

Plate E J. 1982. Engineering meteorology. Amsterdam: Elsevier.

Raghunathan S. 1987. Pressure fluctuation measurements with passive shock/boundary-layer control. AIAA Journal, 25(4): 626-628.

Reavis J R. 1969. Vibration correlation for maximum fuel element displacement in parallel turbulent flow. Nuclear Science and Engineering, 38(1): 63-69.

Reed J W. 1971. Wind-induced motion and human discomfort in tall buildings. Massachusetts Institute of Technology Department of Civil Engineering, Cambridge, Report R71-42.

Reinhold T A. 1982. Wind tunnel modeling for civil engineering applications. Cambridge: Cambridge University Press.

Richards E J, Mead D J. 1968. Noise and acoustic fatigue in aeronautics. London: Wiley.

Rinne J E. 1952. Building code provisions for aseismic design. Proceedings of Symposium on Earthquake and Blast Effects on Structures, Los Angeles: 291-305.

Sachs P. 1978. Wind forces in engineering. 2nd ed. Oxford: Pergamon Press.

Sandifer J B, Bailey R T. 1984. Turbulent buffeting of tube arrays in liquid cross flow//Symposium on Flow-Induced Vibrations. Paidoussis M P, et al., eds. ASME Winter Annual Meeting, New Orleans.

Savkar S D. 1984. Buffeting of cylindrical arrays in cross flow//Symposium on Flow-Induced Vibrations. Paidoussis M P, et al., eds. ASME Winter Annual Meeting, New Orleans.

Scruton C. 1981. An introduction to wind effects on structures. Engineering Design Guide No. 40. Published for the Design Council, British Standards Institution, and the Council of Engineering Institutions. Oxford: Oxford University Press.

Simiu E. 1980. Revised procedure for estimating along-wind response. Journal of the Structural Division, 106(1): 1-10.

Simiu E, Hendrickson E M. 1987. Design criteria for glass cladding subjected to wind loads. Journal of Structural Engineering, 113(3): 501-518.

Simiu E, Lozier D W. 1979. The buffeting of structures by strong winds-wind load program.Computer Program for Estimating Along Wind Response, National Technical Information Service, NTIS Accession No.PB294757/AS, Springfield Va.

Simiu E, Scanlan R H. 1986. Wind effects on structures. 2nd ed. New York: Wiley.

Simiu E, Marshall R D, Haber S. 1977. Estimation of alongwind building response. Journal of the Structural Division, 103(7): 1325-1338.

Singer I A. 1960. A study of wind profile in the lowest 400 feet of the atmosphere. Brookhaven National Laboratory, Progress Reports 5 and 9.

Solari G. 1982. Alongwind response estimation: closed form solution. Journal of the Structural Division, 108(1): 225-244.

Taylor C E, Currie I G, Pettigrew M J, et al. 1988b. Vibration of tube bundles in two-phase cross-flow: part 3—turbulence-induced excitation//Symposium on Flow-Induced Noise and Vibration, 2. Paidoussis M P ed. New York: ASME.

Taylor C E, Pettigrew M J, Axisa F, et al. 1988a. Experimental determination of single and two-phase cross flow-induced forces on tube rows. Journal of Pressure Vessel Technology, 110(1): 22-28.

Thom H C S. 1968. Distributions of extreme winds in the united states. Journal of the Structural Division, 86: 11-24.

Thompson A G R, Lambert R F. 1972. The estimation of r.m.s. stresses in stiffened skin panels subjected to random acoustic loading. Advisory Group for Aerospace Research and Development, North Atlantic Treaty Organization, Report AGARD-AG-162.

Thomson W T. 1988. Theory of vibration with applications. 3rd ed. Englewood Cliffs, N. J.: Prentice-Hall.

Ungar E E, Wilby J F, Bliss D, et al. 1977. A guide for estimation of aeroacoustic loads on flight vehicle surfaces. Wright-Patterson Air Force Base, Ohio, Report AFFDL-TR-76-91.

U.S. Atomic Energy Commission. 1974. Design basis tornado for nuclear power plants. Regulatory Guide 1.76, Directorate of Regulatory Standards.

Vellozzi J, Cohen E. 1968. Gust response factors. Journal of the Structural Division, 94(6): 1295-1313.

Vickery B J. 1969. On the reliability of gust loading factors. Proceedings of a Technical Meeting Concerning Wind Loads on Building and Structures, Gaithersburg, Maryland, 1969, U.S. Government Printing Office SD Catalog No. C13.29/2:30: 93-104.

von Karman T. 1961. Progress in the statistical theory of turbulence//Turbulence—Classic Papers on Statistical Theory. Friedlander S K ed. New York: Wiley: 162-174.

Wambsganss M W, Chen S S. 1971. Tentative design guide for calculating the vibration response of flexible cylindrical elements in axial flow. Argonne National Laboratory, Illinois, Report ANL-ETD-71-07.

Weaver D S, Abd-Rabbo A. 1985. A flow visualization study of a square array of tubes in water cross flow. Journal of Fluids Engineering, 107(3): 354-362.

Weaver D S, Yeung H C. 1984. The effect of tube mass on the flow induced response of various tube arrays in water. Journal of Sound and Vibration, 93(3): 409-425.

Yang C Y. 1986. Random vibration of structures. New York: Wiley.

Zorumski W E. 1987. Fluctuating pressure loads under high speed boundary layers. NASA Technical Reports, Report NASA TM-100517.

第8章 结构的阻尼

本章将对黏性流体中结构的振动阻尼进行分析，给出管道、建筑物、桥梁、线缆以及航天器和飞机部件阻尼的实验数据，讨论阻尼器的设计。

8.1 阻尼的要素

阻尼是振动过程中能量耗散的结果。阻尼是由以下三种现象产生的：①由黏性耗散和对周围流体的辐射引起的流体阻尼；②由屈曲、传热、电磁电流和材料的内部能量耗散所引起的内部材料阻尼；③由摩擦、冲击、刮擦和接头内滞留流体（“气体撞击”或“挤压膜阻尼”）的运动产生的“结构阻尼”。

减振器油缸内的黏性流体耗散为汽车悬挂提供了大部分阻尼。高阻尼黏弹性材料，如橡胶，可以分层压到结构构件上形成高阻尼复合材料（Nashif et al.，1985）。

结构上最广泛采用的且实用的阻尼力模型是使用理想的线性黏性阻尼器建立的，如图 8-1 所示。这种阻尼力与速度成正比，来抵抗结构的振动：

$$F_d = c\frac{\mathrm{d}y}{\mathrm{d}t} = 2M\zeta\omega_n\frac{\mathrm{d}y}{\mathrm{d}t} \tag{8-1}$$

式中，y 是结构的位移；c 是与单位速度力成正比的比例常数；F_d 是阻尼力；M 是结构的质量；ω_n 是以 rad/s 为单位的固有圆频率。在该方程的第二种形式中，c 用正比于阻尼系数 ζ 的量来代替。

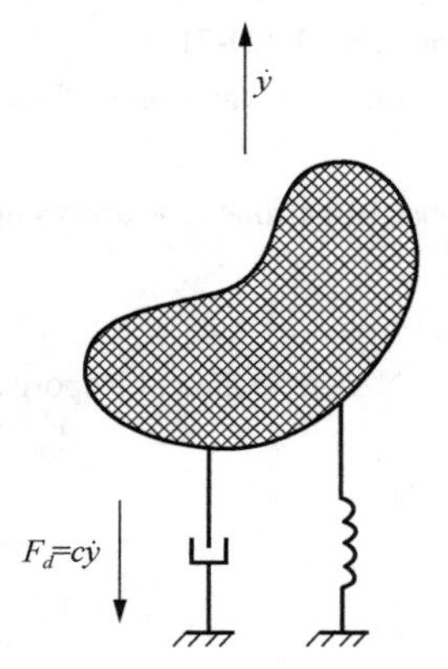

图 8-1 一维黏性阻尼模型

阻尼系数 ζ 也称为阻尼比、黏滞阻尼比和临界阻尼比。大多数振动的结构是轻阻尼结构，即阻尼系数为 0.05 或更小。这些结构发生自由振动时，黏性阻尼引起的固有频率的变化可忽略不计，通过以下公式可以看出，阻尼系数与动态响应放大系数 Q、对数衰减量 δ 和损耗因子 η 有关：

$$\zeta = \frac{1}{2Q} = \frac{\delta}{2\pi} = \frac{\eta}{2}$$

这些参数为结构阻尼的测量提供了方法，如 8.3 节所述。

阻尼耗散的能量等于阻尼力与结构位移乘积的积分：

$$耗散能量 = \int_{1个周期} F_d \mathrm{d}y = \int_t^{t+T} F_d \frac{\mathrm{d}y}{\mathrm{d}t}\mathrm{d}t \tag{8-2}$$

式中，T 是振动周期。如果振动是谐频的，则 $y(t) = A_y \cos\omega t$。

黏滞阻尼力在一个周期内耗散的能量［式（8-1）］为

$$耗散能量 = 2\pi M\omega_n\omega\zeta A_y^2 \tag{8-3}$$

弹性结构（图 8-1）的总能量等于 1 个周期内所获得的最大动能（或势能）。在频率为 ω 的谐波振动中，结构的总能量（也称储存能量）为

$$储存能量 = \frac{1}{2}M\dot{y}_{\max}^2 = \frac{1}{2}M\omega^2 A_y^2 \tag{8-4}$$

由黏性阻尼的作用，每个周期中所耗散的能量与结构总能量之比与阻尼系数成正比：

$$\frac{耗散能量}{储存能量} = 4\pi\zeta\frac{\omega_n}{\omega} \approx 4\pi\zeta \tag{8-5}$$

如果结构以其固有频率 $\omega = \omega_n$ 振动，则近似是有效的，如果结构没有屈曲，如图 7-10 中所示的例子，则例子通常是流致振动的算例。参见 Iwan（1966）和 Harris（1988）关于屈曲结构的讨论。

阻尼力通常不等于黏滞阻尼器的理想值，因此要将等效黏性阻尼定义为黏性阻尼，每个周期耗散的能量与实际阻尼力的能量相同。表 8-1 给出了库仑（摩擦）阻尼、时滞（滞回）阻尼和速度幂律阻尼的等效黏性阻尼系数。等效黏性阻尼系数是振幅、频率［$f = \omega/(2\pi)$］、质量和阻尼机制（即设计和几何结构）的函数：

$$\zeta_{\text{e.v.d.}} = \zeta(f, A_y, M, 设计)$$

表 8-1　等效黏性阻尼①

	阻尼力	每个周期能耗	等效黏性阻尼系数 ζ_{equil}
黏性	$c\dot{y}$	$c\pi\omega A_y^2$	$c/(2M\omega)$
库仑	$F_f\,\text{sgn}(\dot{y})$	$4F_f A_y$	$2F_f/\pi(M\omega^2 A_y)$
平方速度	$c_2(\dot{y})^2\,\text{sgn}(\dot{y})$	$\frac{8}{3}c_2\omega^2 A_y^3$	$4c_2 A_y/(3\pi M)$
n 次幂速度	$c_n\lvert\dot{y}\rvert^n\,\text{sgn}(\dot{y})$	$\pi c_n\gamma_n\omega^n A_y^{n+1}$	$c_n\gamma_n\omega^{n-2}A_y^{n-1}/(2M)$
时滞	$c_h\dot{y}/\omega$	$\pi c_h A_y^2$	$c_h/(2M\omega^2)$

资料来源：部分改编来自 Ruzicka 等（1971）的文章。也见 Nashif 等（1985）的文章。

注：① ω 为振动频率，rad/s；$\gamma_n = (4/\pi)\int_0^{\pi/2}\cos^{n+1}u\,\mathrm{d}u$。

提醒说明：本章重点分析在一些重要的实际结构中等效黏性阻尼系数与这些参数的函数关系。

连续弹性结构具有多种模态，并且每个模态必须分配阻尼。对此有两种方法。首先，可以模拟某些物理阻尼现象，如黏性流体或结构单元之间的摩擦，并将阻尼通过物理模型引入到振动微分方程，这样的问题是很复杂的，除非阻尼模型与质量或刚度矩阵成正比，否则振动方程将不能解耦（Caughey，1960）。其次，为了避免阻尼所导致的交叉模态耦合和复杂的数学、物理问题，在模态分析完成之后，式（8-1）的形式常用于非耦合阻尼的各个模态的计算中。

练习题

1. 验证表 8-1 的最后两列。
2. 考虑力 $F_y=-c(\dot{y})^2$，如果有，这种力会提供什么阻尼？请分析。

8.2 流体阻尼

8.2.1 静水中的阻尼

1. 黏性阻尼

流体中的振动会受到周围黏性流体的阻碍。流体阻尼是结构表面的流体黏性剪切和流动分离的结果。图 8-1 中单位长度结构上的阻力是

$$F_y=F_D=\frac{1}{2}\rho|U_{\text{rel}}|U_{\text{rel}}DC_D \tag{8-6}$$

式中，ρ 是流体密度；D 是用来对阻力进行无量纲化的特征尺寸；C_D 是阻力系数；U_{rel} 是结构与流体之间的相对速度；见 6.2 节。如果水池内为静止流体，U_{rel} 就仅为结构振动的速度，$U_{\text{rel}}=-\dot{y}$，式（6-14）中 $U=0$，振动的方程为

$$m\ddot{y}+2m\zeta_s\omega_n\dot{y}+ky=F_y=-\frac{1}{2}\rho|\dot{y}|\dot{y}DC_D \tag{8-7}$$

式中，单位长度质量 m 包括附加质量效应；ζ_s 是在空气中测量的结构阻尼系数。这个非线性方程可用于流体阻尼系数的求解。

如果结构的振动是振幅为 A_y 的谐响应，$y(t)=A_y\sin\omega t$，将式（8-7）右侧的非线性项扩展为傅里叶级数：

$$\begin{aligned}|\dot{y}|\dot{y}&=A_y^2\omega^2|\cos\omega t|\cos\omega t\\&\approx\frac{8}{3\pi}A_y^2\omega^2\cos\omega t=\frac{8}{3\pi}\omega A_y\dot{y}\end{aligned} \tag{8-8}$$

$\dfrac{8}{3\pi}$ 这个系数来自傅里叶级数展开的第一个项（见附录 D）。将此结果代入式（8-7），可重新给出

$$m\ddot{y}+2m\omega_n\left(\zeta_s+\frac{2\rho DC_DA_y\omega}{3\pi m\omega_n}\right)\dot{y}+ky=0 \tag{8-9}$$

这意味着流体对结构阻尼的贡献是

$$\zeta_f=\frac{2}{3\pi}\frac{\rho D^2}{m}\frac{A_y}{D}\frac{\omega}{\omega_n}C_D \tag{8-10}$$

该等式给出了已知阻力系数的静水阻尼。

对于黏性流体中的小振幅振动，流体不会分离，并且在低雷诺数下直径为D的圆柱的阻力系数由式（6-40）给出。如果我们只包含了这个等式中的第一项［这是 Stokes 在 1843 年给出的解（Batchelor，1967；Brouwers et al.，1985；Rosenhead，1963；Lamb，1945）］，则 $C_D=(fD/U)(3\pi^3/2)[\nu/(\pi fD^2)]^{1/2}$，其中$U$是振荡速度的振幅，$\nu$是流体的振动黏性系数。设速度的振幅$U$为$\omega A_y$，振荡频率$f$和固有频率$f_n$为$\omega_n/(2\pi)$，则黏性流体中圆柱的阻尼系数为

$$\zeta_{\text{cyl}}=\frac{\pi}{2}\frac{\rho D^2}{m}\left(\frac{\nu}{\pi fD^2}\right)^{1/2} \tag{8-11}$$

通过应用类似的理论，黏性流体中半径为R的刚性球体的阻尼系数为（Stephens et al.，1965）

$$\zeta_{\text{sphere}}=\frac{3\pi}{2}\frac{\rho R^3}{M}\left(\frac{\nu}{\pi fR^2}\right)^{1/2} \tag{8-12}$$

式中，M是球体的总质量；m是单位长度圆柱的质量，两者都包括附加质量（见第 2 章）。这些表达式与空气中和水中的数据一致（Ramberg et al.，1977；Stephens et al.，1965）。如果一个圆柱放到充满流体的外圆柱的中心，那么阻尼是固定的外圆柱的直径D_0与圆柱直径D的比值的函数（Yeh et al.，1978；Chen et al.，1976）。见图 2-4，$D=2R_1$，$D_0=2R_2$。Rogers 等（1984）更换了一个充满流体的环形物，得到圆柱的流体阻尼系数的近似表达式：

$$\zeta_{\text{cyl-annulus}}=\frac{\pi}{2}\frac{\rho D^2}{m}\left(\frac{\nu}{\pi fD^2}\right)^{1/2}\frac{1+(D/D_0)^3}{[1-(D/D_0)^3]^2} \tag{8-13}$$

如果D_0是周围管的直径，这个表达式也可近似求解被其他管群包围的管的阻尼系数（Pettigrew et al.，1986）。当外边界接近这个管时，阻尼和附加质量（表 2-2）会迅速增加，这称为挤压薄膜，它已被用于轴承阻尼器和其他阻尼器的设计上（Chow et al.，1989）。Devin（1959）讨论了液体中脉动气泡的阻尼。

式（8-11）和式（8-12）仅对远小于 1 倍直径的振幅有效。当振幅超过约 0.3 倍直径时，流动将发生分离并且阻力系数将近似为常数（图 6-9）。在此情况下，式（8-10）估算阻尼系数将随振幅线性增加。这些现象在图 8-2 中可以看到，它给出了 Skop 等（1976）的实验数据与理论值的对比。

目前已经开发出能够预报非圆形和耦合结构的黏性流体阻尼的数值方法（Blevins，1991；Pattani et al.，1988；Chilukuri，1987；Yang et al.，1980；Dong，1979；Yeh et al.，1978）。

2. 辐射阻尼

弹性结构在振动时向周围的流体辐射声。产生的辐射阻尼对大辐射面的相对轻质的板和壳是非常重要的，例如汽车和飞机的蒙皮（Morse et al.，1968）。Junger 等（1986）

和 Fahy（1985）回顾了这个理论。这里将展示圆形和矩形板阻尼的一些结果。

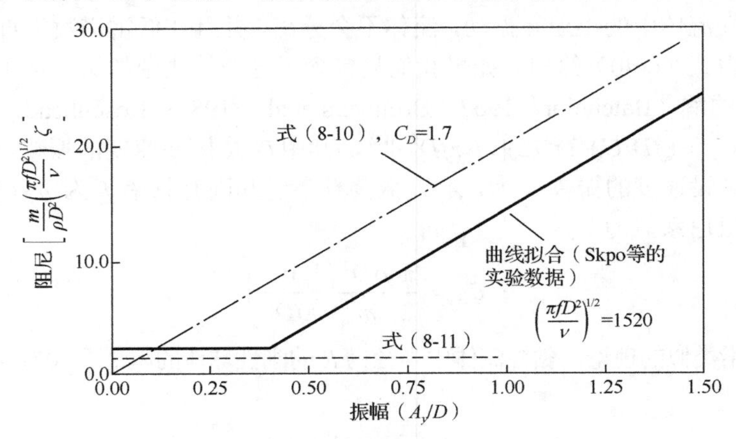

图 8-2　黏性流体中圆柱阻尼的实验数据与理论值的对比

考虑一个半径为 R 的圆形活塞平放在无限大的、充满流体的、刚性壁的容器中。活塞以频率 f 垂直于壁面方向做振动，声能辐射到流体中。由声辐射引起的、施加到活塞上的流体力是活塞速度同相位分量和活塞加速度同相位分量之和：

$$F = -\rho\pi R^2 c\left(\Theta\dot{y} + \frac{\chi}{\omega}\ddot{y}\right) \tag{8-14}$$

式中，Θ 为声阻；χ 为声抗；c 为流体中声速；$\dot{y}$ 为关于时间的导数。把该力代入弹性支撑的活塞的振动方程［式（8-7）］中，我们得到下面的振动方程：

$$\left(M + \frac{\rho\pi R^2 c\chi}{\omega}\right)\ddot{y} + 2M\omega_n\left(\zeta_s + \frac{\rho\pi R^2 c\Theta}{2M\omega_n}\right)\dot{y} + ky = 0 \tag{8-15}$$

这意味着，声辐射阻尼系数与声阻成正比，

$$\zeta_{\text{acoustic-cir}} = \frac{1}{4}\frac{\rho R^3}{M}\frac{\lambda}{R}\Theta \tag{8-16}$$

$M + \rho\pi R^2 c\chi/\omega$ 是活塞的总质量，包括由声抗引起的附加质量；$\lambda = 2\pi c/\omega_n$ 是圆频率 ω_n 下声波的波长。

声阻和声抗是声波波长与活塞半径之比的函数（Morse et al.，1968）：

$$\begin{aligned}\Theta &= 1 - \frac{\lambda}{2\pi R}J_1\left(\frac{4\pi R}{\lambda}\right) = \begin{cases}2\pi^2(R/\lambda)^2, & R/\lambda \ll 0.2\\ 1, & R/\lambda \gg 0.2\end{cases}\\ \chi &= \frac{4}{\pi}\int_0^{\pi/2}\left(\frac{4\pi R}{\lambda}\cos\alpha\right)\sin^2\alpha\,\mathrm{d}\alpha = \begin{cases}(16/3)(R/\lambda), & R/\lambda \ll 0.2\\ \pi^{-2}(\lambda/R), & R/\lambda \gg 0.2\end{cases}\end{aligned} \tag{8-17}$$

式中，J_1 是一阶贝塞尔函数。边长为 a 和 b 的矩形活塞的辐射阻尼系数如下：

$$\zeta_{\text{acoustic-rect}} = \frac{1}{4\pi}\frac{\rho a^2 b}{M}\frac{\lambda}{a}\Theta$$

当该矩形形状趋近于正方形时，

$$\Theta = \begin{cases} (\pi/2)^2(a^2+b^2)/\lambda, & a/\lambda \ll 0.2 \\ 1, & a/\lambda \gg 0.2 \end{cases} \tag{8-18}$$

这些表达式仅适用于小振幅并且不包括黏性耗散或有涡流形成的情况，也可用于近似有支撑边的弹性板的阻尼（Junger et al.，1986；Stephens et al.，1965）。

平板的基本模态振型与一个活塞的振型相符（表 7-2）。先前的结果可用于估算平板的辐射阻尼。如果板的厚度为 h，且由密度为 ρ_p 的材料制成，那么辐射阻尼可以从式（8-14）～式（8-18）中求得。如果声波波长大大超过板尺寸，即 $\lambda \gg R,a$，则

$$\zeta_{\text{round}} = \frac{\pi}{2}\frac{\rho}{\rho_p}\frac{R^2}{h\lambda}, \quad \zeta_{\text{rect}} = \frac{\pi}{16}\frac{\rho}{\rho_p}\frac{a^2+b^2}{h\lambda} \tag{8-19}$$

例如，空气中的一块铝板，$\rho_{\text{air}}/\rho_p = 0.00044$。如果正方形、简支的边长是 8in（20cm），板厚是 0.050in（1.3mm），那么它的固有频率是 145Hz（表 7-3），并且相应的声波波长是 1100×12(in/s)/145(Hz)=91in（2.31m）。计算的辐射阻尼系数是 ζ=0.0024，它是测量的结构阻尼的一个可观的部分（见 8.4.5 节）。

练 习 题

1. 长度为 L 和宽度为 b 的板在平行于长边的流动中的阻力是

$$F_D = \begin{cases} -0.664\rho L^{1/2} b \nu^{1/2} (\dot{y})^{3/2}\,\text{sgn}(\dot{y}), & \text{层流} \\ -0.0166\rho L^{6/7} b \nu^{1/7} (\dot{y})^{13/7}\,\text{sgn}(\dot{y}), & \text{湍流} \end{cases}$$

式中，$\dot{y}$ 是流速。使用 8.1 节中描述的等效能量方法来确定平行于长度 L 的边做振荡的弹性支撑板的阻尼系数。

2. 推导包括声抗在内的简支矩形板的固有频率的表达式。使用表 7-2 和式（8-14）～式（8-18），基于上述板尺寸，估算的声抗所引起的频率变化。

8.2.2 流动流体中的阻尼

1. 横向流

考虑图 8-3 所示的弹性支撑结构，该结构处于高雷诺数的横向流中。当结构发生振动时，流速的相对分量为

$$U_{\text{rel}}^2 = \dot{y}^2 + (U-\dot{x})^2 \approx U^2 - 2U\dot{x} \tag{8-20}$$

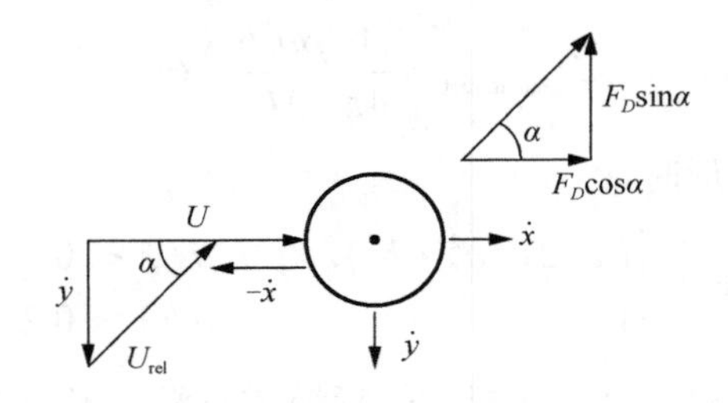

图 8-3　流动中的截面

假设结构速度的水平分量（$\dot{x}$）和垂向分量（$\dot{y}$）相对于平均水平流速U较小。相对流动的角度是$\alpha=\tan(\dot{y}/U)\approx\dot{y}/U$，利用线性化的近似，给出相对阻力引起的净水平力和垂向力为

$$F_x=F_D\cos\alpha=\frac{1}{2}\rho U_{\text{rel}}^2 DC_D\cos\alpha\approx\frac{1}{2}\rho U^2 C_D D\left(1-\frac{2\dot{x}}{U}\right)\tag{8-21}$$

$$F_y=F_D\sin\alpha=\frac{1}{2}\rho U_{\text{rel}}^2 DC_D\sin\alpha\approx-\frac{1}{2}\rho U^2 DC_D\frac{\dot{y}}{U}\tag{8-22}$$

将式（8-21）和式（8-22）代入式（8-7）中，我们看到由横向流引起的阻力是与流速成正比，并与固有频率f_n（Hz）成反比，且对于线内运动，此阻尼系数是最大的，

$$\zeta_{x,\text{drag}}=\frac{1}{4\pi}\frac{U}{f_n D}\frac{\rho D^2}{m}C_D,\quad \zeta_{y,\text{drag}}=\frac{1}{8\pi}\frac{U}{f_n D}\frac{\rho D^2}{m}C_D\tag{8-23}$$

式中，m是单位长度质量，包括附加质量。这些预测值与小流速下圆柱的实验数据大致一致：测量的流体阻尼系数随速度增加，线内阻尼系数大于横向阻尼系数，但式（8-23）会高估阻尼（图 5-9。Chen et al.，1979；Chen，1981）。当约化速度比大约为3[$U/(fD)=3$]时，涡旋脱落和不稳定的流致振动会掩盖流体阻尼（见第 3 章～第 5 章）。

Hara（1988）、Axisa 等（1988）、Pettigrew 等（1989）讨论了两相横向流中的流体阻尼。

2. 平行流动

考虑图 8-4 中所示的杆，其未变形的形状与流动速度方向平行。这种流动形式出现在管式换热器和核反应堆燃料棒簇中。当杆垂直于流向振动时，产生流体阻尼。Paidoussis（1966）建立了一个平行流中圆柱上的流体力模型，该模型与实验数据具有定性的一致性，该模型将在 10.2 节中讨论。Paidoussis 模型中产生流体阻尼的流体力与结构速度成正比，

$$F_y=2\rho C_I AU\frac{\partial^2 Y(z,t)}{\partial z\partial t}+\frac{1}{2}c_N C_I\frac{\rho AU}{D}\frac{\partial Y(z,T)}{\partial t}\tag{8-24}$$

第一项是科里奥利力，第二项是表面摩擦力。$A=\pi D^2/4$是杆的横截面积；U是平均线内流速；C_I是附加质量系数（见第 2 章和第 6 章）；c_N是摩擦系数。

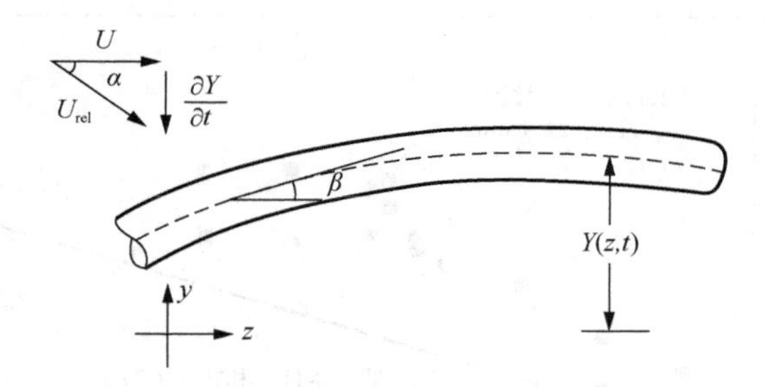

图 8-4　平行流中的杆

对于单一模态振动，使用附录 A 的模态分析，$Y(z,t)=y(t)\tilde{y}(z)$，可以证明如果杆在单一模态下振动，当杆端没有位移时，那么式（8-24）右侧的第一项（科里奥利力）对杆上的净力没有贡献［如果一端或两端确实移动，例如在悬臂中，则科里奥利力项提供额外的阻尼（Chen，1981）］。如果我们忽略式（8-24）中的第一项，并将第二项代入式（8-4）或式（8-7），则平行流中的一个圆杆的单一模态的阻尼系数为

$$\zeta_{\text{parallel}}=\frac{1}{8\pi}c_N C_I\frac{U}{f_n D}\frac{\rho D^2}{m} \tag{8-25}$$

式中，m 是单位长度的质量，包括附加质量。流体阻尼随流速的增加而增加。

理论上，对于无约束的非黏性流体，附加质量系数 $C_I=1.0$，对于黏性流体或有约束条件流动，附加质量系数略大（见第 2 章和第 6 章）。以下是摩擦系数的三种估算方法：

$$c_N=\begin{cases}0.04 & (\text{Paidoussis, 1966}),\ UD/\nu=9\times10^4\\ 0.02\sim0.1 & (\text{Chen, 1981})\\ 1.3(UD/\nu)^{-0.22} & (\text{Connors et al., 1982})\end{cases} \tag{8-26}$$

Connors 的表达式是通过管束中（$P/D=1.33$）管道的流向数据获得的。Chen（1981）的阻尼系数是通过多项式拟合实验数据得到的。计算平行流的流动中圆形杆或管的流体阻尼系数的合理方法是首先估算结构和静止流体阻尼的贡献［式（8-11）和 8.4 节］，然后计入流体动力阻尼系数的分量，

$$\zeta=\zeta_0+\frac{1}{8\pi}c_N C_I\frac{U}{f_n D}\frac{\rho D^2}{m} \tag{8-27}$$

式中，雷诺数（基于直径）为10^5量级时，c_N 在 0.04～0.08。该表达式与实验数据进行比较（图 8-5）得出，随流体速度的增加，阻尼系数近似呈线性增加。如 10.2 节所述，相对较低的流体速度会产生阻尼，但足够大的速度会导致不稳定。

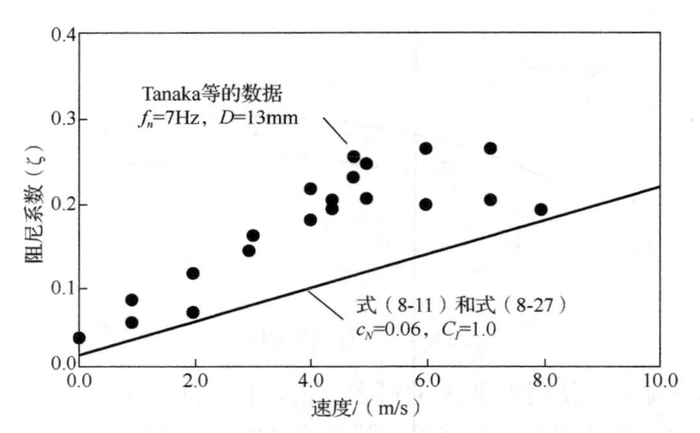

图 8-5　Tanaka 等（1972）关于平行流中塑料管阻尼系数测试数据与理论值的对比 $[m/(\rho D^2)=1.4]$

练　习　题

1. 考虑直径为 D 、高度为 L 和单位长度质量为 m 的均匀的塔，伸展到风的边界层中。风的展向变化由式（7-58）给出。使用附录 A 中式（A-23），确定随风线内运动的等效黏性流体阻尼。

2. Stephens 等（1965）发现，在静止流体储存器中，垂直于板平面振荡的刚性板的阻尼，如扇子来回扇动，随振幅线性增加。这种阻尼最有可能来自什么样的流体振动机理？

8.3　结构阻尼的测量与计算

8.3.1　阻尼的测量技术

所有阻尼测量技术都是基于相同的思想：结构的响应是激励和阻尼的函数。如果将已知的激励施加于结构，则可以在理论上将响应预报为阻尼的函数。将预报的响应与测量的响应匹配来确定阻尼。

流体的流动既可以产生激励也可以产生阻尼。例如，在低速时，流体流动会阻碍横向流中的管束振动，但是在更高的速度下，它会导致不稳定，如图 5-8 所示。流动流体中一种保守的做法是测量静水中的阻尼。如果仅想测量由材料和结构产生的阻尼，则必须在密度足够低的流体中进行测量，使得流体阻尼可忽略不计，或者必须从总阻尼的测量中减去估算的流体阻尼。

1. 自由衰减法

如图 8-1 所示，有阻尼单自由度结构的振动方程是

$$M\ddot{y}+2M\zeta\omega_n\dot{y}+ky=F(t) \tag{8-28}$$

式中，$F(t)$是外部激励（如有）；ζ 是阻尼系数；M 是振动中的质量。如果结构振动被激起，一个轨迹的振幅为A_y，然后除去这个激励，如图 1-2 所示，振动会随时间缓慢衰减。如果当$t>0$时，$F(t)=0$，那么式（8-28）的自由衰减的解（Thomson，1972）是

$$y(t)=A_y \mathrm{e}^{-\zeta\omega_n t}\sin[\omega_n(1-\zeta^2)^{1/2}t+\phi] \tag{8-29}$$

式中，初相ϕ是一个常数。注意，频率仅由固有频率和阻尼决定。一个衰减周期$T=2\pi/[\omega_n(1-\zeta^2)^{1/2}]$内任意两个连续峰值振幅的比为

$$\frac{A_i}{A_{i+1}}=\mathrm{e}^{2\pi\zeta/(1-\zeta^2)^{1/2}} \tag{8-30}$$

对于小阻尼结构，ζ 远小于 1，因此$1-\zeta^2\approx1$。前面的等式意味着$2\pi\zeta=\delta=\ln(A_i/A_{i+1})$，其中$\delta$称为阻尼的对数衰减量。由于小阻尼结构的自由振动缓慢地衰减，因此最容易测量N个周期间隔的峰值振幅比，

$$2\pi\zeta N=\ln\left(\frac{A_i}{A_{i+N}}\right) \tag{8-31}$$

如果振幅衰减到初始振幅的一半需要N个周期，则阻尼系数为

$$\zeta=\frac{\ln 2}{2\pi N}=\frac{0.1103}{N} \tag{8-32}$$

我们可以使用传感器（例如应变计、加速度计、放大器和条形图记录仪）结合自由衰减技术测量阻尼。但对于大型低频结构，可以通过观测来获得阻尼。结构可以通过绞盘产生位移并切断线缆、引爆炸药或用锤子敲击等方式机械地激起结构振动。一个人在屋顶上来回摇摆可以激起整个建筑振动（Czarnecki，1974）。从单个衰减曲线绘制出阻尼-振幅图是可能的。

2. 带宽方法

单自由度结构［式（8-28）］对频率$\omega=2\pi f$的稳态正弦激励$F(t)=F_0\sin\omega t$作用下的响应是正弦的，

$$y(t)=A_y\sin(\omega t-\phi) \tag{8-33}$$

振幅和相位角是（Thomson，1972）

$$\frac{A_y k}{F_0}=\left\{\left[1-\left(\frac{\omega}{\omega_n}\right)^2\right]^2+4\zeta^2\left(\frac{\omega}{\omega_n}\right)^2\right\}^{-1/2} \tag{8-34a}$$

$$\phi=\tan^{-1}\left(\frac{2\zeta\omega\omega_n}{\omega_n^2-\omega^2}\right) \tag{8-34b}$$

在图 8-6 中，响应的幅值显示是频率的函数。通过将对应激励频率下振幅的导数设为零得到响应峰值的频率。峰值响应大约发生在固有频率处，这种情况称为共振，则

$$\frac{\omega}{\omega_n}=(1-2\zeta^2)^{1/2}\approx1 \tag{8-35}$$

峰值共振响应与阻尼成反比：

$$\frac{A_p k}{F_0}=\frac{1}{2\zeta(1-\zeta^2)^{1/2}}\approx\frac{1}{2\zeta} \tag{8-36}$$

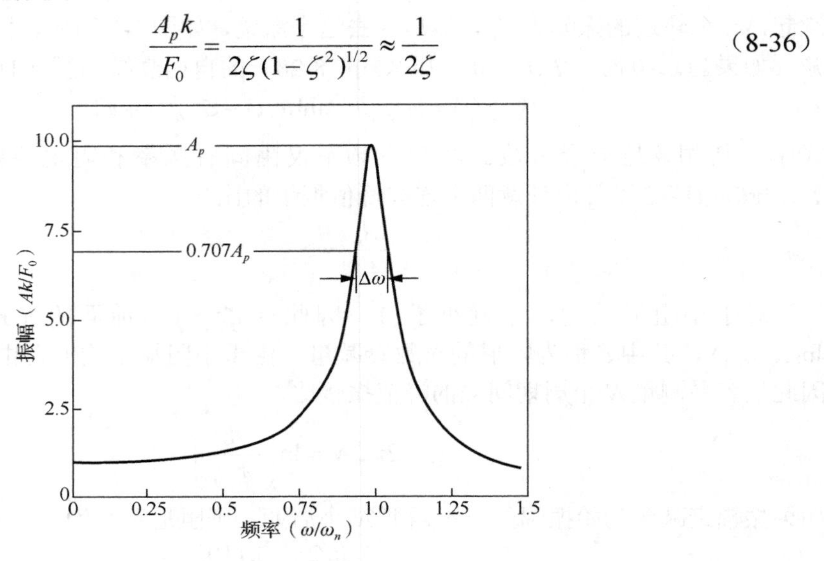

图 8-6　线性结构对谐波激励的响应

响应的带宽$\Delta\omega$被定义为在峰值振幅的$1/\sqrt{2}$倍时的频率响应宽度，如图 8-6 所示。产生这些半功率点法的激励频率（ω_1和ω_2）的响应是动态共振响应的$1/\sqrt{2}$倍[式（8-34a）和式（8-36）]，

$$\left\{\left[1-\left(\frac{\omega}{\omega_n}\right)^2\right]^2+4\zeta^2\left(\frac{\omega}{\omega_n}\right)^2\right\}^{1/2}\approx\left(\frac{2\zeta\omega}{\omega_n}\right)2^{1/2} \tag{8-37}$$

式（8-34）～式（8-37）中的近似值适用于$\zeta\ll 1$的低阻尼结构，它具有明显的放大共振（Thomson，1972）。对于宽带频率，式（8-37）通过将该方程平方后求解得

$$\begin{aligned}1-\left(\frac{\omega_1}{\omega_n}\right)^2&=2\left(\frac{\omega_1}{\omega_n}\right)\zeta,\quad 若\omega_1<\omega_n\\1-\left(\frac{\omega_2}{\omega_n}\right)^2&=-2\left(\frac{\omega_2}{\omega_n}\right)\zeta,\quad 若\omega_2>\omega_n\end{aligned} \tag{8-38}$$

将这两个方程相减，发现带宽与阻尼系数成比例，$\Delta f=(\omega_2-\omega_1)/(2\pi)$，

$$\zeta=\frac{\Delta f}{2f_n} \tag{8-39}$$

使用式（8-39）测量结构阻尼仅在共振频率f_n和带宽必须已知时才能使用。通过将频域响应拟合成式（8-34a）的形式，进而得到响应函数，然后将ζ作为一个拟合参数，并可推广使用（Fabunmi et al.，1988；Brownjohn et al.，1987）。

一种称为奈奎斯特或阿尔冈图的相关技术使用一种相位图来确定阻尼。正弦激励的

响应是激励力 $F_0 \sin \omega t$ 同相位和异相位的分量之和［式（8-34）］，

$$y(t) = \frac{A_y k}{F_0}\left\{ \frac{1-(\omega/\omega_n)^2}{\left[1-(\omega/\omega_n)^2\right]^2 + 4\zeta(\omega/\omega_n)^2}\sin \omega t - \frac{2\zeta(\omega/\omega_n)}{[1-(\omega/\omega_n)^2]^2 + 4\zeta(\omega/\omega_n)^2}\cos \omega t \right\}$$
$$= \mathrm{IN}\sin \omega t + \mathrm{OUT}\cos \omega t \tag{8-40}$$

式中，IN 和 OUT 分别是同相位和异相位激励下响应分量的幅值。考虑一个相平面，其中 IN 分量绘制在水平轴上，OUT 分量绘制在垂直轴上。这会产生一个半径为 D 的圆形轨迹（从原点向下偏移），则该圆的轨迹为

$$\left(\frac{\mathrm{IN}}{A_y k / F_0}\right)^2 + \left(\frac{\mathrm{OUT}}{A_y k / F_0} + \frac{\omega_n}{4\zeta\omega}\right)^2 = \left(\frac{\omega_n}{4\zeta\omega}\right)^2 \tag{8-41}$$

圆的半径 $\omega_n/(4\zeta\omega)$ 与阻尼系数成反比。

带宽和奈奎斯特技术可应用于任何被激发的结构模态中。结果与振型、振型带宽和激振器的位置无关。美国铝业大厦振动测试中使用了不平衡的轮型激励器和脉冲激励器（图 8-7。Bouwkamp，1974）。输入和响应信号的傅里叶变换（附录 D）形成传递函数，并且将带宽方法应用于该传递函数。在假设激发光谱平坦的情况下，由风和交通引起的环境激励已经用于形成适合的传递函数（Brownjohn et al.，1987；Littler et al.，1987）。

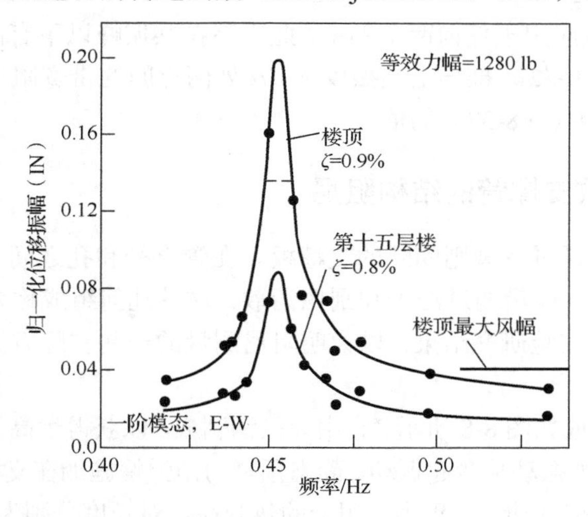

图 8-7　美国铝业大厦的频率响应（Bouwkamp，1974）

3. 放大系数法

小阻尼结构中稳定谐波激励的峰值响应与阻尼成反比［式（8-36）］。对于小阻尼结构，阻尼系数是

$$\zeta = \frac{F_0}{2kA_p} = \frac{F_0}{2M(\omega_n^2 A_p)} = \frac{1}{2Q} \tag{8-42}$$

这个量（$\omega_n^2 A_p$）等于结构在共振时加速度振幅。在载荷 F_0 作用下结构的静态变形是 $y_s = F_0/k$。动态共振响应与静态载荷响应之比为 $A_p/y_s = Q = 1/(2\zeta)$，其中，Q 称为放大系数。对于一个已知的激振力，如果共振响应、共振加速度的振幅可以测量，或者放大系数可以测量，那么这个方程可以用来确定阻尼系数。Mulcahy 等（1980）讨论了它在非线性阻尼中的应用。与自由衰减法和带宽法不同，其结果取决于振型、质量分布和激励结构所用方法的细节，将在下节讨论。

练 习 题

1. 考察图 1-2 和图 8-6，确定这些数据的阻尼系数，解释使用的方法，并针对每种情况给出阻尼系数值。

2. 在 40in（1m）的绳子上悬挂一个网球或一个苹果，将悬挂物移动大约悬挂物半径的距离，使其以摆锤模式摆动，测量阻尼系数，并与式（8-12）进行比较。室温下空气的运动黏性系数为 $\nu = 1.6\times10^{-4}\,\mathrm{ft}^2/\mathrm{s}$（$1.5\times10^{-5}\,\mathrm{m}^2/\mathrm{s}$），$\rho = 0.075\,\mathrm{lb}/\mathrm{ft}^3$（$1.2\mathrm{kg/m}^3$），苹果质量约为 0.4 lb（0.2kg）。

3. 带宽技术可以应用于任何两个频率，此频率在共振峰以下有同样的距离，而且不仅仅是在共振峰下的 $1/\sqrt{2}$。推导出共振以下 $1/\alpha$ 处两点间的带宽阻尼表达式，并证明在 $\alpha = \sqrt{2}$ 时它会减小为式（8-37）的值。

8.3.2　示例：松散支撑管的结构阻尼

通常，换热器管通过有规则间隔的支撑板。在管直径和孔之间有间隙，用于组装。当管相对于板振动时，能量通过冲击和刮擦消散。这种几何组成称为夹紧管。本书给出了关于夹紧管阻尼的实验研究结果，以说明阻尼测量的一些实际方法（Blevins，1975）。另见 5.3 节和 8.4.4 节。

试验台的结构组成如图 8-8 所示。它由焊接钢制成，以获得远高于待测试管的固有频率。镍铁铬管在跨中被振动筛激起振动。静态预紧力由弹簧施加在支撑板的管上。用静态载荷模拟管上稳定的空气动力、重力、组合的热载荷。对长度分别为 58in 和 20in（1.47m 和 0.51m）的管进行了测试。管在垂直和平行于预加载方向被激振。振动器的激振频率是 2.5Hz/s 的速度均匀地扫过共振频率，激振力的振幅保持不变。结果发现管振与扫描速度和扫描方向无关。管跨中的加速度和力幅值是连续监测的，如图 8-9 所示。力和加速度信号通过以激励频率为中心的 5Hz 滤波器，以消除噪声和高阶模态的影响。据知，数据测量和还原的误差不超过 5%。

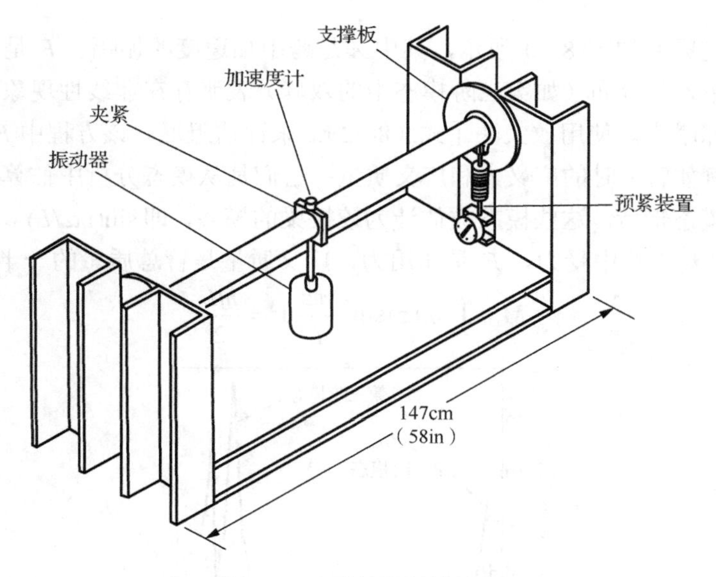

图 8-8　夹紧管阻尼试验台

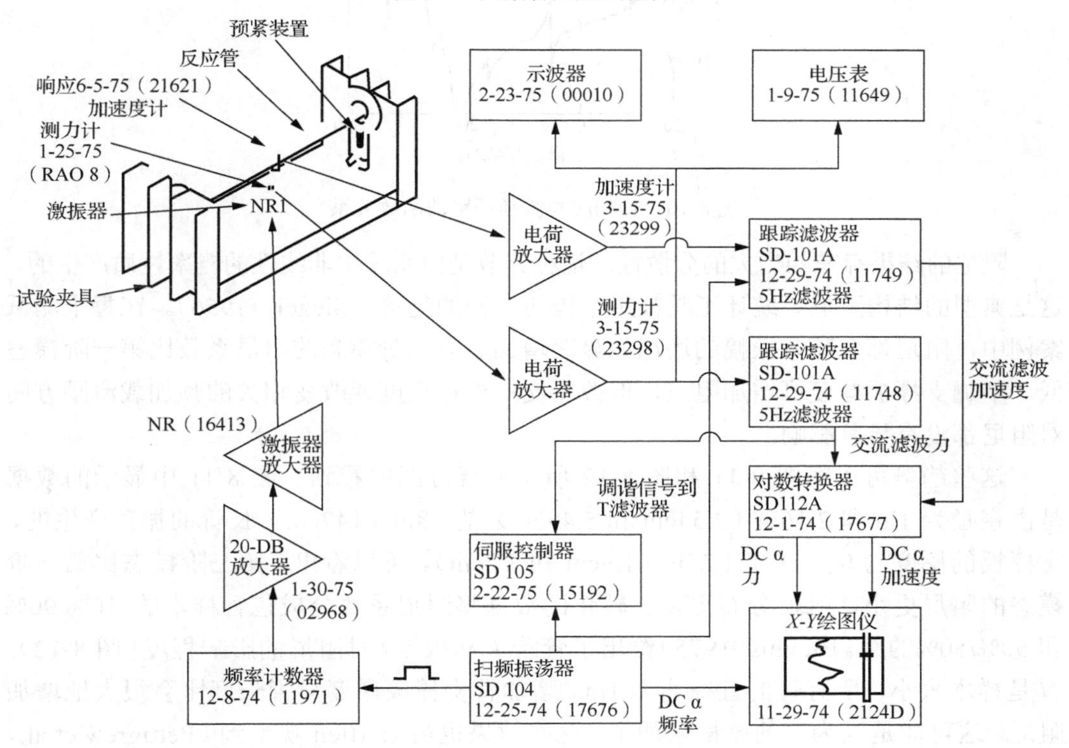

图 8-9　阻尼测量数据电路

典型的扫过频率如图 8-10 所示，其中 A 是跨中加速度的振幅，F 是正弦激励力的振幅。结果的不均匀分布（如第三阶模态中的双峰）表明存在非线性现象，如端部连接的松动引起的咔嗒声。使用放大法［式（8-42）］来评估阻尼。该方程中 F_0 和 M 为应用于连续结构（例如管）时的广义力和广义质量；它们是从模态分析中估算的，而模态分析又需要估计模态形状。这些模态被估计为铰接梁的模态，即 $\sin(\mathrm{i}\pi z/L)$，其中 i 是模态数，L 是跨度。对于跨中受力，F_0 是作用力，广义质量是管总质量的一半，即

$$M=\int_0^L m(z)\sin^2\frac{\mathrm{i}\pi z}{L}\mathrm{d}z=\frac{mL}{2}$$

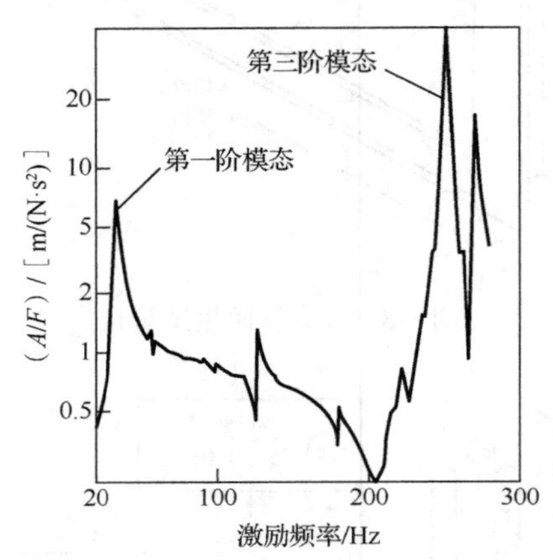

图 8-10　管响应与激励频率的函数关系

阻尼的结果存在相当大的分散性。这种分散是由系统中非线性的概率性质产生的，这是典型的结构阻尼。统计工具被用来检验它们的趋势（Siegel，1956）。在每个测试案例中，阻尼都会随着振幅的增加而显著增加。第三阶模态的阻尼系数比第一阶模态低。增加支撑板厚度可增加阻尼，但改变支撑板粗糙度或改变相关的预加载激励方向对阻尼都没有显著影响。

这些趋势可以在图 8-11 和图 8-12 所示的直方图中看到。图 8-11 中显示的数据是由直径为 1in 和 2.16in（2.54cm 和 5.49cm）的 58in（147cm）长管的振动产生的，支撑板的厚度为 0.75in 和 1.25in（1.9cm 和 3.2cm）。可以看出，第三阶模态比第一阶模态的阻尼更小，峰值分布更多。转化的数据将阻尼系数分成包含样本的 10%/90% 和 50%/50%的组。Blevins（1975）给出了管跨 L 和板厚 t 对阻尼的影响程度（图 8-12）。N 是样本大小。所有管的直径均为 1in。增加管支撑板厚度与管长度比会很大地增加阻尼，这可能是因为管的摩擦增加了。这些效果也被 Hartlen 观察到（Pettigrew et al.，1986）。其他测试表明，将管焊接在一个接头处，避免了接头处的刮擦，将阻尼系数降低到大约 $\zeta=0.001$ 这样的量级或者更小。

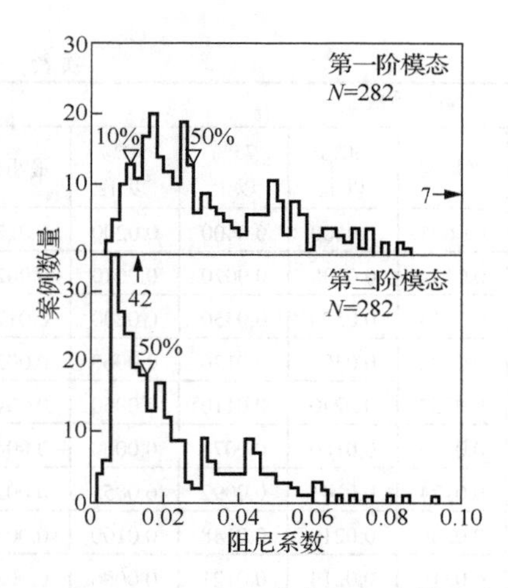

图 8-11 58in（147cm）管在第一阶模态和第三阶模态下的阻尼系数（Blevins，1975）

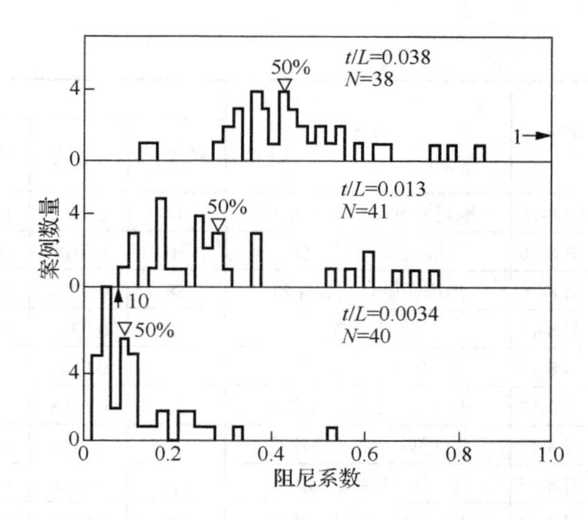

图 8-12 管的阻尼系数与板厚 t 与管跨 L 之比的函数关系（Blevins，1975）

保守的设计方法是选择阻尼系数，使得 90%的测量值大于所选择的阻尼系数。该过程和图 8-11 的数据给出的第一阶模态振动的阻尼系数为 0.009，第三阶模态振动的阻尼系数为 0.005。这些结果与其他研究中测量的阻尼系数相似，见 8.4.4 节。

8.4 桥梁、塔、建筑物、管道和飞机结构的阻尼

本节介绍低振幅时实际的复杂结构上阻尼系数测量结果，这是估算阻尼系数的基础，并将这些结果与新的测量结果进行比较。结果总结见表 8-2。阻尼系数测量中的散点需要一种统计方法。在设计中使用阻尼系数可能是最合理的，其在第一个四分位的值（25%的数据低于该值）和数据的平均值之间。阻尼系数通常随振幅增加的这一事实在一定程度上具有保守性。

表 8-2 阻尼系数的汇总

图序号	样本	阻尼系数 ζ							
		样本量	标准差	最大值	平均值	50%以上	75%以上	90%以上	最小值
图 8-14	悬索桥	64	0.129	0.0839	0.0117	0.0061	0.0036	0.0024	0.0021
图 8-15	钢塔	21	0.0057	0.0286	0.0086	0.0064	0.0048	0.0032	0.0016
图 8-15	混凝土塔	3	0.0040	0.0191	0.0138				0.0095
图 8-15	所有塔	24	0.0058	0.0286	0.0092	0.0080	0.0051	0.0032	0.0016
图 8-16	低激励，钢结构建筑	42	0.0105	0.0370	0.0151	0.0130	0.0060	0.0038	0.0029
图 8-16	低激励，混凝土建筑	8	0.0070	0.0310	0.0170	0.0140	0.0110		0.0100
图 8-16	地震激励，钢结构建筑	24	0.0234	0.1130	0.0510	0.0400	0.0320	0.0200	0.0200

续表

图序号	样本	阻尼系数 ζ							
		样本量	标准差	最大值	平均值	50%以上	75%以上	90%以上	最小值
图 8-16	地震激励，混凝土建筑	34	0.0362	0.1640	0.0685	0.0600	0.0400	0.0200	0.0170
图 8-16	低激励，所有建筑	50	0.0100	0.0370	0.0154	0.0130	0.0070	0.0040	0.0029
图 8-16	地震激励，所有建筑	58	0.0327	0.1640	0.0613	0.0520	0.0350	0.0200	0.0170
图 8-16	所有建筑	108	0.0338	0.1640	0.0400	0.0300	0.0130	0.0060	0.0029
图 8-17	1～10 层钢结构建筑	54	0.0151	0.0600	0.0257	0.0240	0.0110	0.0060	0.0040
图 8-17	10～20 层钢结构建筑	52	0.0298	0.2000	0.0253	0.0180	0.0073	0.0060	0.0040
图 8-17	20 层以上钢结构建筑	141	0.0109	0.0500	0.0174	0.0144	0.0092	0.0055	0.0020
图 8-17	1～10 层混凝土建筑	116	0.0210	0.1240	0.0266	0.0210	0.0148	0.0100	0.0050
图 8-17	10～20 层混凝土建筑	69	0.0255	0.1050	0.0319	0.0214	0.0121	0.0096	0.0069
图 8-17	20 层以上混凝土建筑	81	0.0252	0.1100	0.0257	0.0140	0.0100	0.0080	0.0040
图 8-17	所有 0～10 层建筑	170	0.0193	0.1240	0.0263	0.0211	0.0140	0.0085	0.0040
图 8-17	所有 10～20 层建筑	121	0.0276	0.200	0.0290	0.0200	0.0110	0.0070	0.0040
图 8-17	所有 20 层以上建筑	222	0.0179	0.110	0.0204	0.0141	0.0100	0.0065	0.0020
图 8-17	所有建筑	513	0.0214	0.200	0.0244	0.0180	0.0110	0.0070	0.0020
图 8-18	电厂管道	162	0.0312	0.1770	0.0399	0.0310	0.0190	0.0080	0.0020
图 8-19	空气中的换热器管	73	0.0145	0.0796	0.0169	0.0120	0.0079	0.0060	0.0020
图 8-19	水中的换热器管	84	0.0110	0.0535	0.0196	0.0170	0.0100	0.0073	0.0051
图 8-19	所有的换热器管	157	0.0128	0.0796	0.0183	0.0148	0.0092	0.0066	0.0020
图 8-20	蒸汽发生器	36	0.0123	0.0507	0.0207	0.0194	0.0092	0.0076	0.0066
图 8-21	铝蒙皮纵梁面板	116	0.0059	0.0380	0.0164	0.0153	0.0130	0.0100	0.0055
图 8-21	钛蒙皮纵梁面板	21	0.0049	0.0275	0.0168	0.0156	0.0123	0.0094	0.0084
图 8-21	所有的蒙皮纵梁面板	137	0.0058	0.0380	0.0165	0.0155	0.0120	0.0100	0.0055
图 8-22	铝蜂窝板	26	0.0038	0.0270	0.0186	0.0180	0.0150	0.0130	0.0130
图 8-22	石墨环氧蜂窝板	42	0.0050	0.0233	0.0111	0.0094	0.0070	0.0060	0.0050
图 8-22	Kevlar 蜂窝板	7	0.0053	0.0277	0.0193	0.0155	0.0136		0.0136
图 8-22	所有的蜂窝板	75	0.0060	0.0277	0.0145	0.0150	0.0083	0.0069	0.0050

注：50%以上表示中值，即 50%的阻尼系数超过该值。

75%以上表示半四分位值，即 75%的阻尼系数超过该值。

平均值、50%以上和 75%以上的值建议在设计中使用。

8.4.1 桥梁

桥梁由桥面上部结构、支撑上部结构的桥墩和支撑桥墩的基础组成。通常，只有上部结构会受到流致振动的影响。图 8-13 的直方图显示了 Ito 等（1973）编制的基于基本模态的大跨度桥梁上部结构的阻尼系数。图 8-14 给出了 Davenport（1981）和 Littler 等（1987）编制的各种大跨度悬索桥模态的阻尼系数［另见 Brownjohn 等（1987）的文章］。从这些图中可以看出，数据中存在相当大的散点，这是典型的结构阻尼。结构的扭转和水平弯曲模态、垂向弯曲模态的阻尼系数是可比较的。Davenport 的数据表明，悬索桥的阻尼随着频率的增加而减小。Ito 等的数据表明，短跨（高基频）桥梁比大跨度桥梁具有更高的阻尼。Ito 等发现桥梁材料（钢筋混凝土）与阻尼之间没有明确的关系。图 8-14 中的平均阻尼系数是$\zeta = 0.0117$，这与 Ito 等所得的大跨度悬索桥的平均阻尼系数$\zeta = 0.009$相似。

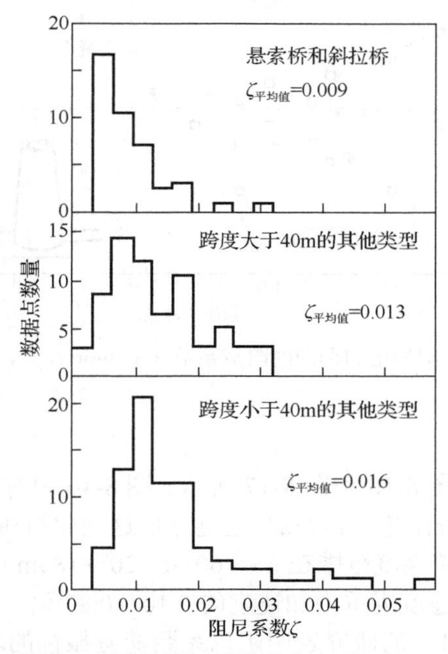

图 8-13　桥梁上部结构阻尼系数的分布（Ito et al.，1973）

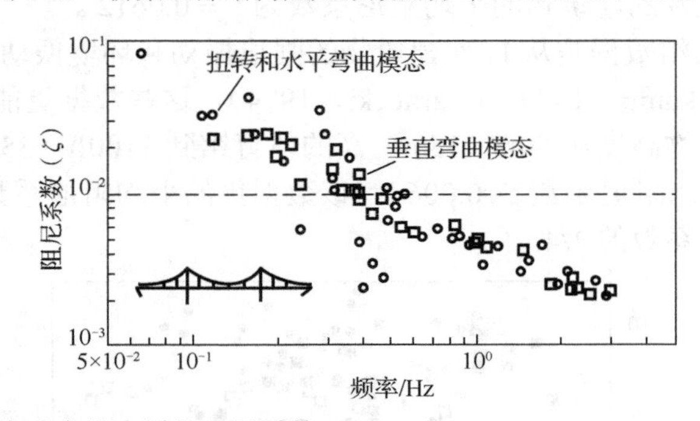

图 8-14　大跨度悬索桥的阻尼系数（Davenport，1981；Littler et al.，1987）

8.4.2　塔和烟囱

Scruton 等（1964）整理了圆形塔和烟囱的阻尼数据，如图 8-15 所示。该图中这些结构的高度从 150～710ft（46～216m），尖端直径从 2.2～24ft（0.7～7.3m）。所有的测量都是在相对直径和高度的小幅度振动下进行的。阻尼系数有很大的分散性，即使在具有相同材料和相同结构的塔中，阻尼系数也可能变化 2 倍。岩石基础比土壤基础产生的阻尼更小。混凝土塔（$\zeta = 0.0138$）比焊接塔（$\zeta = 0.0086$）具有更高的平均阻尼系数。图 8-15 中两种材料塔的平均阻尼系数是$\zeta = 0.0092$。

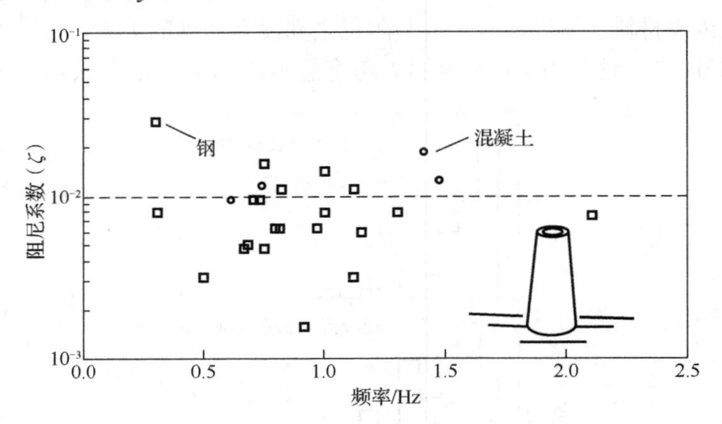

图 8-15 圆形塔和烟囱的阻尼系数（Scruton et al.，1964）

8.4.3 建筑物

建筑物的阻尼系数如图 8-16 和图 8-17 所示。图 8-16 中有两组数据，第一组是洛杉矶地区的 12 座建筑物，Hart 等（1975a）通过分析这些建筑对 1971 年圣费尔南多地震的响应来确定了阻尼。建筑高度范围在 65～601ft（20～183m）。这些建筑物经历的地面加速度相对较高，峰值加速度为重力加速度的 0.10～0.27 倍。Jeary（1988）、Davenport 等（1986）、Rea 等（1971）的研究表明阻尼系数随着振幅的增加而均匀地增加；另见图 8-20。这些地震激发的建筑物的平均阻尼系数为$\zeta = 0.0612$。

图 8-16 中的第二组数据是从 11 座建筑物的强迫振动和环境振动试验中获得的（Hart et al.，1975b；Bouwkamp，1974；Czarnecki，1974），这些数据更能代表风致振动中可能出现的幅值。建筑物高度从 50ft（15m）高的体育馆到 1100ft（335m）高的约翰·汉考克大厦（其一阶模态阻尼系数ζ=0.006），该数据集的平均阻尼系数为$\zeta = 0.0154$，它是地震激励平均阻尼系数的 1/4。

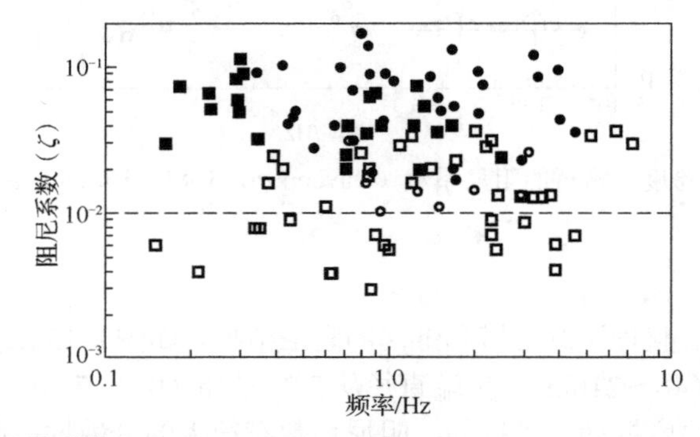

图 8-16 建筑物的阻尼系数（Bouwkamp，1974；Hart et al.，1975a，1975b；Czarnecki，1974）

（●,○）表示混凝土；（■,□）表示钢；（■,●）表示地震激励；（○,□）表示低级激励

图 8-17 显示了由 Davenport 等（1986）统计的高层建筑物对低水平激励的阻尼系数，并绘制成激励振幅与高度之比的函数。20 层及以上的高层建筑的阻尼占 5～20 层建筑物阻尼系数的 60%。图 8-17 的混凝土建筑物的阻尼系数比钢结构建筑的阻尼系数大约高 30%。对于低水平激励，图 8-16 的混凝土建筑物的平均阻尼系数比钢结构建筑的要高 15%。Davenport 等（1986）发现阻尼随着振幅增加而增加（能量增加 1/10）。建筑物的固有频率可以由式（7-85）进行估算。

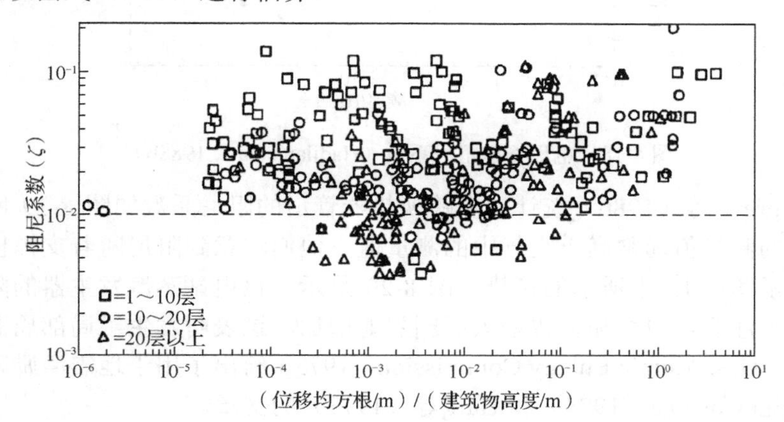

图 8-17　建筑物的阻尼系数与激励振幅的函数关系

8.4.4　管道和管状物

Hadjian 等（1988a，1988b）收集了大量关于电厂管道阻尼的数据，用于地震分析。他们研究的管道直径在 1～18in（25mm～457mm）不等，其结果与频率的关系如图 8-18 所示。通过对这些数据的回归分析，他们建议使用以下阻尼系数来分析电厂管道：

$$\zeta = 0.0053 + 0.0024D + 0.0166R + 0.009F - 0.019L \qquad (8\text{-}43)$$

式中，D 是管道直径（in）。如果没有屈曲，则 R（响应级别）为 0；如果振幅足以引起屈曲则 R 为 1；F（第一阶模态）为 1 是基本模态，在更高模态下为 0。如果管道相对均匀，L（在线设备）则为 0；如果管道上连接相对较大的阀门或其他设备，L 则为 1，这会增加质量但不增加阻尼。例如，低振幅的直径为 1in 的均匀管道，阻尼的推荐值（$D=1, R=0, L=0$）在第一阶模态中为 $\zeta = 0.0167$，在较高模态下为 $\zeta = 0.0074$。这与 8.3.3 节中换热器管道推荐的管道阻尼相似，但略高。Hadjian 等指出，如果管道是高度绝缘的，则阻尼会更高，例如核工业中用于输送液态金属的管道。他们建议高绝缘管道阻尼的估算公式为

$$\zeta = 0.0924 - 0.0047D - 0.022H + 0.043S \qquad (8\text{-}44)$$

式中，H 是较高模态标识，基本模态时取 0，较高模态时取 1；如果减振器在管道上，则 S 为 1，如果没有减振器则为 0；D 为管道直径，in。如 8.3.3 节所述，管道阻尼主要取决于接头和绝缘体的摩擦。通过去除管道中的绝缘措施和接头，进而消除这种摩擦，

可使阻尼系数的量级下降到$\zeta = 0.001$或更小。

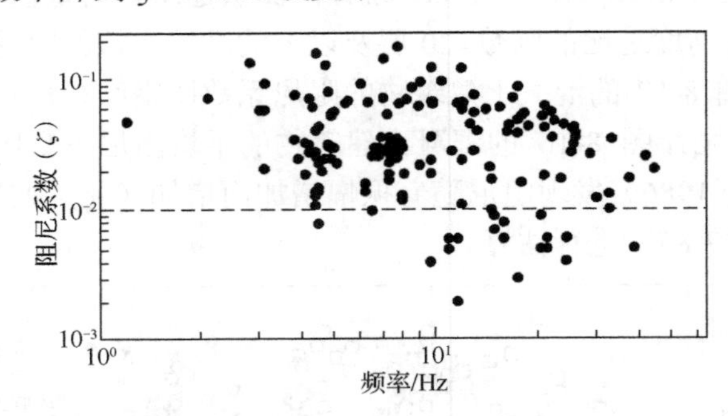

图 8-18　电厂管道阻尼系数（Hadjian et al.，1988b）

由 Pettigrew 等（1986）统计的多跨换热器管道的阻尼系数如图 8-19 所示。阻尼系数在水中的测量值通常高于空气中的测量值。他们注意到阻尼随着支撑板的宽度而增加，证实了图 8-12 中所示的趋势。图 8-20 显示了核电站蒸汽发生器的阻尼系数与挠度的关系。注意，阻尼随振幅增大而剧烈地增加，这表明发生了局部屈曲。美国原子能委员会（U.S. Atomic Energy Commission，1973）给出了用于地震激励阻尼系数的建议值；另见 Morrone（1974）和 Hart 等（1973）的文章。

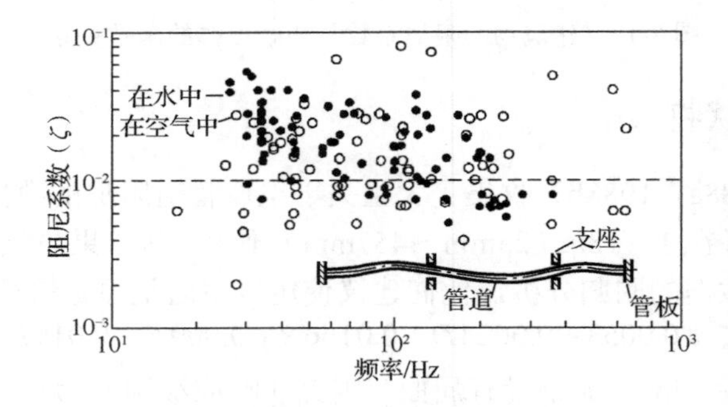

图 8-19　多跨换热器管道的阻尼系数（Pettigrew et al.，1986）

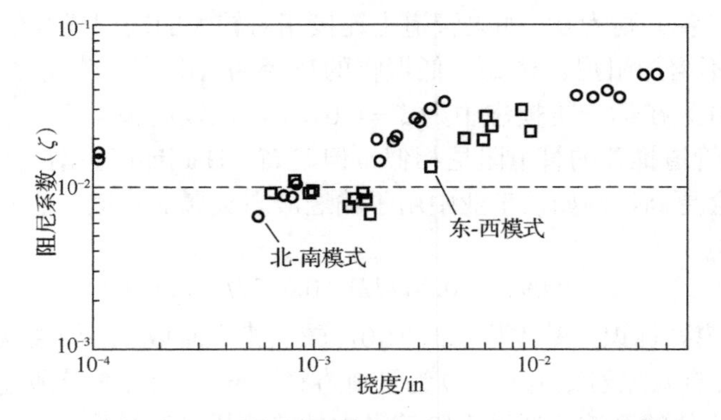

图 8-20　核电站蒸汽发生器阻尼系数与挠度的关系（Hart et al.，1973）

8.4.5 飞机和航天器结构

飞机的外表面是由加强板组成，它有两种基本设计：①纵梁加强板，其金属板加强件铆接在薄皮的内表面上；②蜂窝状夹层板，其中两个薄皮（面板）黏接到轻质蜂窝芯的相对侧。Soovere 等（1985）和 Ungar（1973）已经证明，面板的主要阻尼机制是：①接头处的摩擦；②“气体泵送”也称为挤压膜阻尼（见 2.3 节），是黏性空气被强迫穿过弯曲接头时产生这种阻尼；③辐射阻尼（见 8.2.1 节）；④材料阻尼。图 8-21 显示了典型飞机铝和钛蒙皮纵梁面板的阻尼。图 8-22 显示了用铝、石墨/环氧树脂和 Kevlar 蒙皮构成的蜂窝板。这些数据大部分针对基本模态。

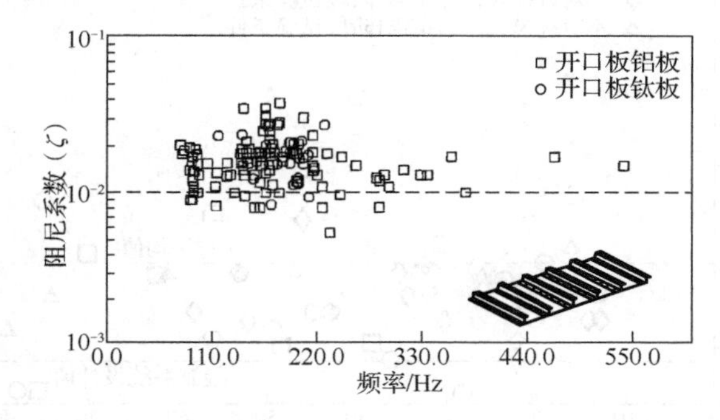

图 8-21 飞机桁条加筋板的阻尼系数（Schneider et al.，1974；Rudder，1972；Ballentine et al.，1968）

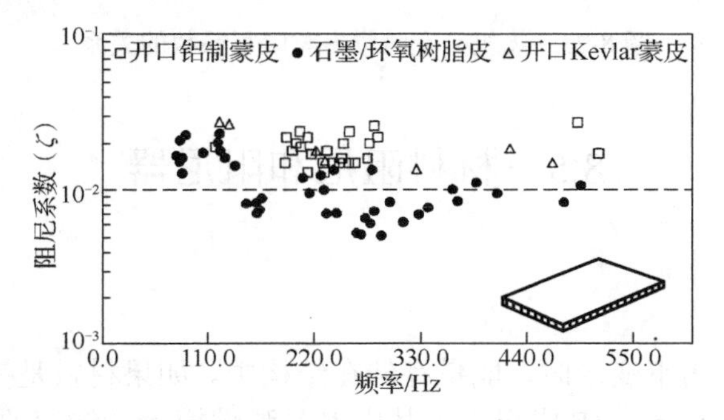

图 8-22 飞机 Kevlar 蜂窝板的阻尼系数（Soovere et al.，1985；Ballentine et al.，1968）

图 8-21 中的铝蒙皮纵梁面板是由 7075-T6 合金制成，带有铆接的 Z 形、T 形和槽形加强筋。蒙皮厚度介于 0.020～0.1in（0.5～2.5mm），加强筋从蒙皮延伸出的最大量为 2.9in（74mm）。铝板的平均阻尼系数是$\zeta = 0.0164$。图 8-21 中的钛板由 6 Al-4V 合金钛制成。蒙皮的厚度在 0.032～0.050in（0.8～1.3mm）不等。塞式和槽式截面加强筋延伸到蒙皮外最大 2.9in（74mm）处。钛板的平均阻尼系数为$\zeta = 0.0168$。图 8-20 中所有面板的平均阻尼系数为$\zeta = 0.0165$，这与 AGARD（Thomson，1972）对飞机蒙皮的声疲劳分析建议值$\zeta = 0.017$没有明显差异。Giavotto 等（1988）提供了关于飞机蒙皮阻尼的附加数据。

图 8-22 中 Kevlar 蜂窝板的平均阻尼系数是$\zeta=0.0145$。铝蜂窝板的蒙皮厚度在0.010～0.025in（0.25～0.64mm），总深度为0.27～0.75in（6.9～19mm）。石墨/环氧蜂窝板的平均阻尼系数$\zeta=0.0111$，这明显低于 Kevlar 蜂窝板的平均阻尼系数$\zeta=0.0193$，以及铝蜂窝板的平均阻尼系数$\zeta=0.0186$。

值得注意的是，整个导弹和卫星的阻尼系数与面板的阻尼系数相同（Rogers et al.，1987；Soovere et al.，1985）。图 8-23 显示在飞机振动的测试中测量了阻尼系数。这种大型载人飞机的平均阻尼系数是$\zeta=0.017$。

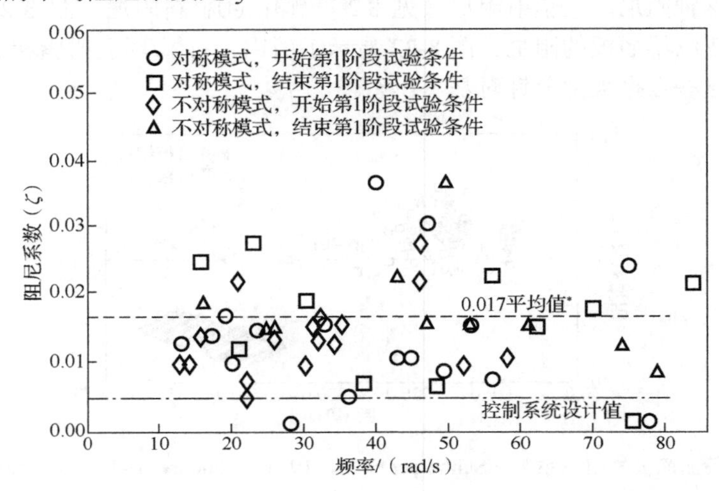

图 8-23　飞机升空时频率与阻尼系数的关系

8.5　材料阻尼和阻尼器

8.5.1　材料阻尼

当材料在载荷作用下变形时，能量存储在结构中。如果材料是完全弹性的，材料中的应变ϵ与施加的应力$\sigma=\epsilon/E$成正比，其中E是弹性模量，储存的能量等于应力-应变曲线下的面积：

$$储存能量=\int_{\epsilon=0}^{\epsilon=\epsilon_1}\sigma \mathrm{d}\epsilon=\frac{\epsilon_1\sigma_1}{2} \tag{8-45}$$

随着应力σ_1减小，储存的能量被释放，变形返回到零。

真实的材料不是理想弹性的。热量通过压缩和塑性流动产生。小的拉伸应力会产生轻微的冷却。因为在加载过程中会损失一些能量，所以加载路径如图 8-24 中的ABC所示，在零载荷时残留了一个净变形。持续地进行循环加载，可在应力-应变图上描绘出磁滞回线。环路中包含的面积是材料变形时每个循环耗散的能量。

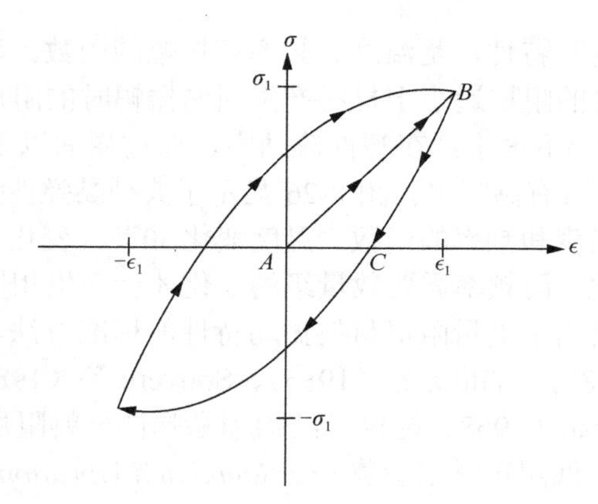

图 8-24　材料的磁滞回线

每个周期耗散的能量是根据一个周期内的应力和应变的时历计算出来的，

$$\text{耗散能量} = \oint \sigma \mathrm{d}\epsilon = \int_0^T \sigma \left(\frac{\mathrm{d}\epsilon}{\mathrm{d}t}\right) \mathrm{d}t \tag{8-46}$$

对于弹性材料，应力是同相位的，并且 $D = 0$ 。黏弹性材料略微偏离理想弹性，因为应力的一部分滞后应变：

$$\sigma = E\left(\epsilon + \frac{\eta}{|\omega|}\frac{\mathrm{d}\epsilon}{\mathrm{d}t}\right) = E(1 + \mathrm{i}\eta) \tag{8-47}$$

在式（8-47）第二项中，符号 i 表示虚数单位，用复数强调与 η 成比例的应力分量滞后于弹性分量$(E\epsilon)$ $90°$。对于黏弹性材料的循环加载 $\epsilon = \epsilon_0 \sin \omega t$ ，每个循环耗散的能量：

$$\text{耗散能量} = \pi \eta E \epsilon_0^2 \tag{8-48}$$

与损耗因子 η 成正比。取式（8-48）和式（8-45）的比值，令 $\epsilon_1 = \epsilon_0, \sigma_1 = E\epsilon_0$ ，

$$\frac{\text{耗散能量}}{\text{储存能量}} = 2\pi\eta \tag{8-49}$$

将式（8-49）与式（8-5）进行比较，我们发现

$$\zeta = \frac{\eta}{2} \tag{8-50}$$

如图 8-25（a）所示的均匀结构的阻尼系数 ζ 是材料损耗因子的一半。

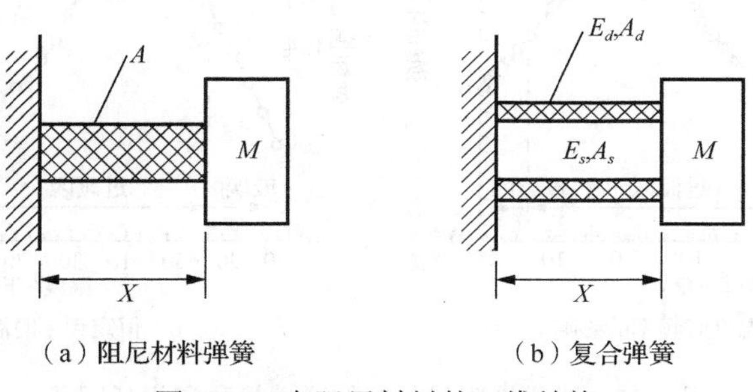

（a）阻尼材料弹簧　　（b）复合弹簧

图 8-25　有阻尼材料的一维结构

损耗因子是一种材料特性，是温度、频率和振幅的函数。表 8-3 给出了几种材料的阻尼系数，其低振幅时的阻尼远小于材料产生屈曲振幅时的阻尼。如表所示，结构材料（如钢）的阻尼在低振幅下很小；在塑性流动中，通过屈曲以上的应变可获得更高的阻尼。橡胶和黏弹性材料具有高阻尼。图 8-26 显示了典型黏弹性阻尼材料的弹性模量和损耗因子，它们分别是温度和频率的函数。温度变化30℉（变化16.7℃）时，在阻尼系数上可以产生 2 倍的变化，而频率需要数量级的变化才会产生相同的效果。美国材料与试验协会标准 E756-83 给出了测量阻尼材料振动特性的标准方法。Goodman（1988）、Jones（1988）、Vacca 等（1987）、Yildiz 等（1985）、Soovere 等（1985）、Nashif 等（1985）、Bert（1973）以及 Lazan（1968）提供了结构和黏弹性材料阻尼的示例和数据。阻尼材料的商业来源可在俄亥俄州声学出版物——*Sound and Vibration* 中找到。

表 8-3 材料阻尼系数

材料	阻尼系数最小值	阻尼系数最大值	典型阻尼系数	参考文献
铝（6063-T6）	0.0005	0.005	0.001	Lazan（1968）
黄铜	0.002	0.004	0.003	Lazan（1968）
纯铁	0.001	0.01	0.005	Lazan（1968）
SAE 1020 钢	0.0004	0.002	0.001	Lazan（1968）
纯钛	0.001	0.05	0.005	Lazan（1968）
天然橡胶	0.01	0.08	0.05	Frye（1988）
氯丁橡胶	0.03	0.08	0.05	Frye（1988）
丁基橡胶	0.05	0.50	0.2	Frye（1988）
西塔云杉木			0.006	Zeeuw（1967）
低合金钢	0.0036	0.0025		Raggett（1975）
混凝土	0.0018	0.0026		Raggett（1975）
预应力混凝土梁	0.005	0.02	0.01	Raggett（1975）
石膏板隔墙	0.07	0.40	0.14	Raggett（1975）

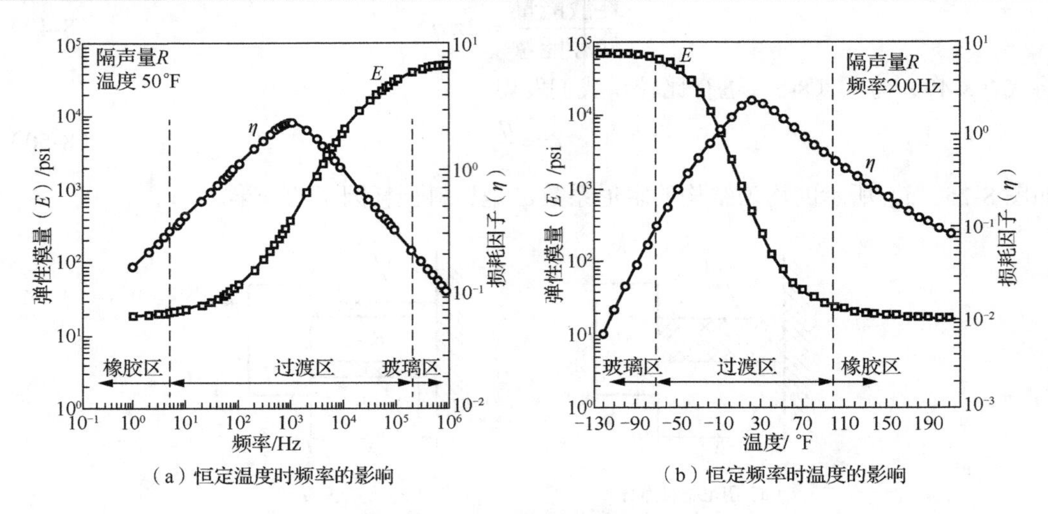

（a）恒定温度时频率的影响　　（b）恒定频率时温度的影响

图 8-26 黏弹性阻尼材料的弹性模量和损耗因子

降低结构振动的两种方法是：①通过添加结构材料来增加刚度；②增加阻尼。为了在增加阻尼与增加结构之间权衡，考虑图 8-25（b）所示的单自由度系统，其两组弹性支撑由结构材料和阻尼材料组成。

由于摩擦，辐射阻尼和接头处的损耗与结构阻尼系数ζ_0有关，用下标s表示结构材料；对于阻尼材料，由下标d表示，如材料损耗因子η_d和弹性模量E_d。假设阻尼材料的弹性模量远小于结构材料的弹性模量，$E_s \gg E_d$，通常情况下，如钢铁、铝和水泥为结构材料，如橡胶为阻尼材料。在这些假设下，根据$\epsilon = x/L$，用式（8-47）和图 8-25（b）所示的结构阻尼来建立的自由振动方程为

$$M\ddot{x} + \left(\frac{E_d A_d \eta_d}{L\omega_n} + 2M\zeta_0\omega_n\right)\dot{x} + \frac{E_s A_s}{L}x = 0 \tag{8-51}$$

刚度由横截面积为A_s的结构材料提供。两种材料的质量与支撑质量M相比都可忽略。对比该方程与式（8-28）以及先前的等式，我们获得总阻尼系数为

$$\zeta_t = \zeta_0 + \frac{E_d A_d \eta_d}{2E_s A_s} \tag{8-52}$$

是结构和材料阻尼系数的总和。

结构对外部正弦激励$F_0 \sin\omega t$的响应是刚度和阻尼系数的函数［式（8-33）和式（8-34）］。如果激励发生在固有频率，那么响应与刚度和阻尼系数的乘积成反比［式（8-34）中当$\omega = \omega_n$时，或式（8-42）］，

$$x(t) = (F_0/2\zeta_t k)\cos\omega t \tag{8-53}$$

通过最小化阻尼系数乘以刚度会使响应最大化，利用$k = F_s A_s / L$和式（8-53），再通过k最大化，使响应最小化。阻尼系数乘以刚度可写为

$$\zeta_t k = \left(A_s E_s \zeta_0 + \frac{1}{2}A_d E_d \eta_d\right) / L \tag{8-54}$$

如果$E_s\zeta_0 > E_d\eta_d/2$，为使响应最小化，增加结构材料的横截面积A_s会更有效；反之，增加阻尼材料的横截面积A_d也更有效。阻尼材料的典型损耗因子η_d比典型的结构阻尼系数ζ_0大两个数量级，但阻尼材料的弹性模量E_d通常比结构材料的弹性模量E_s低三个数量级。因此，只有当结构材料的初始阻尼较小时，即小于$\zeta \approx 0.01$时，增加材料阻尼才是减小共振响应的有效方法。

只有当阻尼材料在变形过程中的应变能占结构总应变能的 20%时，阻尼材料才对结构的总阻尼产生很大的贡献。由于阻尼材料的弹性模量较低，这意味着需要大量的阻尼材料。通过使用 8.5.2 节中讨论的约束层或调节阻尼器，可以获得给定阻尼材料的最大阻尼。通过添加支撑材料来增加刚度是困难且昂贵的，黏结的缓冲阻尼层（“阻尼带”）可以相对容易地添加到现有结构中，因此可考虑增加缓冲阻尼层。

练 习 题

1. 考虑图 8-25(b)中的双材料阻尼结构，结构材料为铝（$E = 10\times10^6\,\text{psi}, 69\times10^9\,\text{Pa}$），由图 8-26 的阻尼材料确定阻尼系数。现期望减小正弦力作用下振荡器固有频率的最大响应，假设质量 M 是固定的，并且激励频率等于固有频率。问结构阻尼系数 ζ_0 为何值时增加阻尼材料 A_d 比增加结构材料 A_s 更有效？

2. 考虑结构的宽带强迫振动，响应与 $\zeta^{-1/2}k^{-3/2}$ 成正比（见第 7 章）。若要减少宽带响应，增加阻尼是否比减少正弦（窄带）共振响应更有效？

8.5.2 阻尼器

阻尼器的设计如图 8-27～图 8-29 所示，其他阻尼器如图 4-19 所示。图 8-27（a）～（g）的阻尼器依赖于阻尼材料。黏弹性材料，如聚合物、橡胶和橡胶类材料单位体积能量耗散最高，但其应用范围仅限于约 400℉（204℃）以下。在较高温度下，可使用阻尼釉质涂层、针织金属网、粉碎金属纤维和松散材料如砂子（Sun et al.，1986）。采用这些材料的巧妙设计通常对抑制结构振动方面是非常有效的。

图 8-27 的自由层阻尼、约束层阻尼和多个约束层阻尼可用于阻尼板和壳的弯曲模态。为获得阻尼材料中相对高的应变能，阻尼材料厚度与板厚度相当时是最有效的。约束层比自由层多 2～3 倍的影响，因为约束层使阻尼材料中的剪切力最大化。具有不同材料的多个剪切层拓宽了温度范围，实现了高阻尼。图 8-27（d）的剪切阻尼器在建筑物的斜支撑上的应用如图 8-29 所示。

调节质量阻尼器［图 8-27（g）和图 8-28］对加速度高的点是最有效的。理论上，如果将调节质量阻尼器的频率小心地调节到所要阻尼模态的频率，则可以用调节质量阻尼器完全抑制一个给定的模态（Den Hartog，1985；Harris，1988）。实际上，在可调节条件下，调节质量阻尼器产生的阻尼系数大致等于阻尼质量与结构质量的比；在有限的调节情况下，阻尼系数约为该比的一半（Vickery et al.，1983）。因此，在工业应用中，5%的调节质量阻尼器可以产生$\zeta \approx 0.025$。质量比为 1%～20%的调节质量阻尼器已投入使用；2%～5%的调节质量阻尼器是典型的。

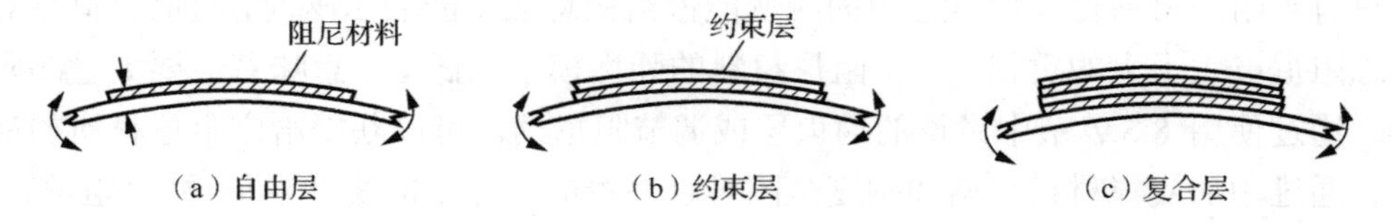

（a）自由层　　（b）约束层　　（c）复合层

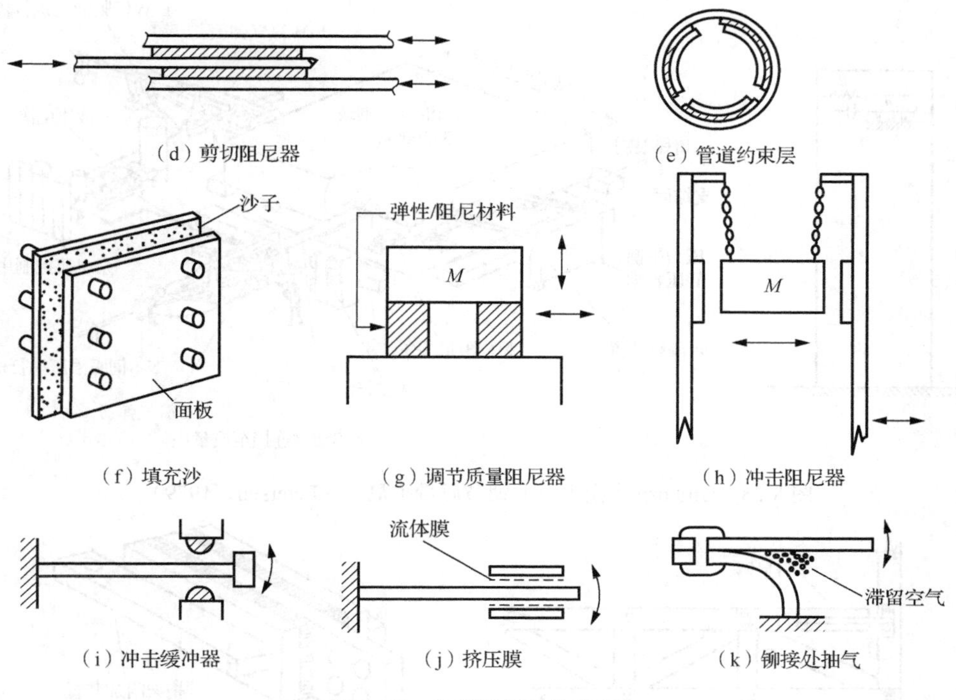

（d）剪切阻尼器　（e）管道约束层

（f）填充沙　（g）调节质量阻尼器　（h）冲击阻尼器

（i）冲击缓冲器　（j）挤压膜　（k）铆接处抽气

图 8-27　各类阻尼器的设计

图 8-28 和图 8-29 显示了阻尼器在高层建筑中的应用。这些建筑阻尼器的目的是：①在大风期间改善上层居住者的舒适度（见 7.4 节）；②保护易变形敏感结构，例如窗户保护；③确保阻尼过低的风险（注意图 8-15～图 8-18 中的散点图）。位于纽约市的 919ft（280m）高的 Citicorp 集团大厦的调节质量阻尼器是由一个侧面为 30ft（9m）的 410t 混凝土块组成，该侧面在油膜轴承上滑动并定位，通过气动弹簧和主动控制的液压执行器定位（Petersen，1979；McNamara，1977）。阻尼器质量是广义建筑质量的 2%。它的建造者预计阻尼系数相当于 $\zeta=0.04$ 。安装在波士顿 790ft（241m）高的约翰·汉考克大厦中的 300t 调节质量系统相当于摇摆中建筑物广义质量的 1.4%和扭转力的 2.1%。多伦多的加拿大国家电视塔、悉尼的悉尼塔和纽约的布朗克斯白石桥已经安装了调节质量阻尼器。在 820ft（250m）高的悉尼塔中，一个 163t 的水箱和一个 36t 的调节质量阻尼器的组合使得第一阶模态下的阻尼系数增加了 $\Delta\zeta=0.005$ ，在第二阶模态下的阻尼系数增加了 $\Delta\zeta=0.011$（Kwok，1984）。用于建筑框架结构的黏弹性剪切阻尼器如图 8-29 所示。数百个阻尼器安装在纽约世界贸易中心和西雅图哥伦比亚中心（Keel et al.，1986）。Wiesner（1988）、Hrovat 等（1983）、Mahmoodi（1969）和 McNamara（1977）回顾了建筑物的阻尼系统。

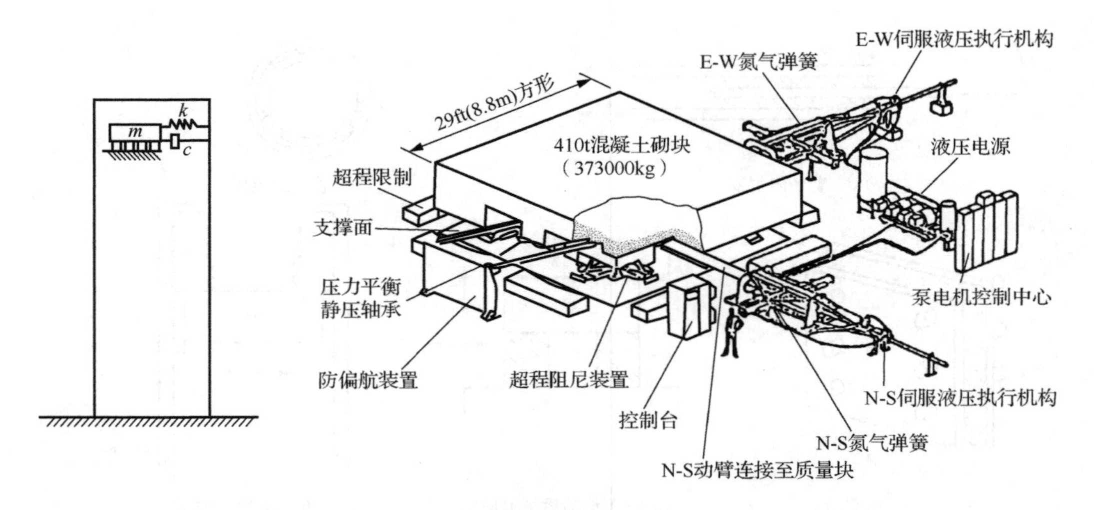

图 8-28　Citicorp 集团大厦的调节质量阻尼器（Petersen，1979）

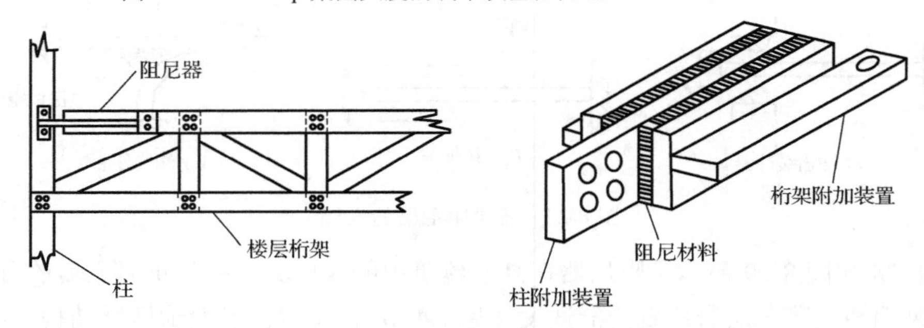

图 8-29　黏弹性剪切阻尼器在建筑框架斜支撑中的应用

练　习　题

1. 考虑一根长为 40in（102cm）、外径为 0.3in（7.6mm）、内径为 0.28in（7.1mm）的钢管，其密度为 0.3lb/in^3（8300kg/m^3），管内为空。如果端部铰接，其计算的基频为 19.4Hz；如果端部被夹紧，则基频为 44.1Hz。利用以下条件估算端部铰接时低振幅振动的圆管的基本模态的阻尼系数：①使用式（8-11），计算钢管周围空气的流体阻尼［$\rho=0.0000434$lb/in^3(1.2kg/m^3)；$\nu=0.0236$in^2/s（1.5×10^{-5}m^2/s）］；②计算材料阻尼系数（见表 8-2）；③考虑端部机械连接处的刮擦和摩擦引起的结构阻尼系数（见 8.3.2 节和 8.4.4 节），总阻尼系数变为多少？如果杆的末端焊接到相对大质量的板上，那么总阻尼系数是多少？

参考文献

Axisa F, Wullschleger M, Villard B, et al. 1988. Two-phase cross-flow damping in tube arrays // Damping—1988. Hara F ed. PVP. 133. New York: ASME.

Ballentine J R, Rudder F F, Mathis J T, et al. 1968. Refinement of sonic fatigue structural design criteria. AD83118, Air Force Flight Dynamics Laboratory, Wright-Patterson Air Force Base, Ohio, Technical Report AFFDL-TR-67-156.

Batchelor G K. 1967. An introduction to fluid dynamics. Cambridge: Cambridge University Press: 356-357.

Bert C W. 1973. Material damping: an introductory review of mathematical models, measures and experimental technique. Journal of Sound and Vibration, 29(2): 129-153.

Blevins R D. 1975. Vibration of a loosely held tube. Journal of Engineering for Industry, 97(4): 1301-1304.

Blevins R D. 1991. Application of the discrete vortex method to fluid-structure interaction. Journal of Pressure Vessel Technology, 113(3): 437-445.

Bouwkamp J G. 1974. Dynamics of full scale structures//Applied Mechanics in Earthquake Engineering. Iwan W D ed. New York: ASME: 99-133.

Brouwers J J H, Meijssen T E M. 1985. Viscous damping forces on oscillating cylinders. Applied Ocean Research, 7(3): 118-123.

Brownjohn J M W, Dumanoglu A A, Severn R T, et al. 1987. Ambient vibration measurements of the humber suspension bridge and comparison with calculated characteristics. Proceedings of the Institution of Civil Engineers, 83(3): 561-600.

Caughey T K. 1960. Classical normal modes in damped linear dynamic systems. Journal of Applied Mechanics, 27(2): 269-271.

Chen S S. 1981. Fluid damping for circular cylindrical structures. Nuclear Engineering and Design, 63(1): 81-100.

Chen S S, Jendrzejczyk J A. 1979. Dynamic response of a circular cylinder subjected to liquid cross flow. Journal of Pressure Vessel Technology, 101(2): 106-112.

Chen S S, Wambsganss M W, Jendrzejczyk J A. 1976. Added mass and damping of a vibrating rod in confined viscous fluids. Journal of Applied Mechanics, 43(2): 325-329.

Chilukuri R. 1987. Added mass and damping for cylinder vibrations within a confined fluid using deforming finite elements. Journal of Fluids Engineering, 109(3): 283-288.

Chow L C, Pinnington R J. 1989. Practical industrial method of increasing structural damping in machinery, I: squeeze film damping with air, II: squeeze film damping with liquids. Journal of Sound and Vibration, 118(1): 123-139.

Connors H J, Savorelli S J, Kramer F A. 1982. Hydrodynamic damping of rod bundles in axial flow. Flow-Induced Vibration of Circular Cylindrical Structures—1982. PVP. 63. New York: ASME: 109-124.

Czarnecki R M. 1974. Dynamic testing of buildings using man-induced vibration. Sound and Vibration, 8(10): 18-21.

Davenport A G. 1981. Reliability of long span bridges under wind loading//Structural Safety and Reliability, Developments in Civil Engineering, 4. Proceedings of the ICOSSAR'81 3rd International Conference on Structural Safety and Reliability. Trondheim: Elsevier Scientific Publishing Company.

Davenport A G, Hill-Carroll P. 1986. Damping in tall buildings: its variability and treatment in design. Proceeding of ASCE Convention in Seattle, New York: ASCE: 42-57.

Den Hartog J P. 1985. Mechanical vibrations. 4th ed. New York: Dover Publications.

Devin C. 1959. Survey of thermal, radiation, and viscous damping of pulsating air bubbles in water. Journal of the Acoustical Society of America, 31(12): 1654-1667.

Dong R G. 1979. Size effect in damping caused by water submersion. Journal of the Structural Division, 105(5): 847-857.

Fabunmi J, Chang P, Vorwald J. 1988. Damping matrix identification using the spectral basis bases technique. Journal of Vibration, Acoustics, Stress, and Reliability in Design, 110(3): 332-337.

Fahy F. 1985. Sound and structural vibration. London: Academic Press.

Frye W A. 1988. Properties of rubber//Shock and Vibration Handbook. 3rd ed. Harris C M ed. New York: McGraw-Hill.

Giavotto V, et al. 1988. Damping problems in acoustic fatigue. AGARD Conference Proceedings No. 277, Damping Effects in Aerospace Structures, AGARD-CP-277, AD-A080 451.

Goodman L E. 1988. Material damping and slip damping//Shock and Vibration Handbook. 3rd ed. Harris C M ed. New York: McGraw-Hill: 36-1-36-28.

Hadjian A H, Tang H T. 1988a. Piping system damping evaluation. Electric Power Research Institute, Palo Alto, EPRI NP-6035.

Hadjian A H, Tang H T. 1988b. Identification of the significant parameters affecting damping in piping systems//Damping—1988. Hara F ed. PVP. 133. New York: ASME: 107-112.

Hara F. 1988. Two-phase fluid damping in a vibrating circular structure//Damping—1988. PVP. 133. New York: ASME.

Harris C M. 1988. Shock and vibration handbook. 3rd ed. New York: McGraw-Hill.

Hart G C, Ibanez P. 1973. Experimental determination of damping in nuclear power plant structures and equipment. Nuclear Engineering and Design, 25(1): 112-125.

Hart G C, Vasudevan R. 1975a. Earthquake design of buildings: damping. Journal of the Structural Division, 101(1): 11-30.

Hart G C, DiJulio R M, Lew M. 1975b. Torsional response of high-rise buildings. Journal of the Structural Division, 101(2): 397-416.

Hill-Carroll P E B. 1985. The prediction of structural damping values and their coefficients of variation. London, Canada: University of Western Ontario.

Hrovat D, Barak P, Rabins M. 1983. Semi-active versus passive or active tuned mass dampers for structural control. Journal of Engineering Mechanics, 109(3): 691-705.

Ito M, Katayama M T, Nakazono T. 1973. Sone empirical facts on damping of bridges. Symposium on Resistance and Ultimate Deformability of Structures Acted on by Well Defined Loads, Lisbon, Report 7240.

Iwan W D. 1966. A distributed-element model for hysteresis and its steady-state dynamic response. Journal of Applied Mechanics, 33(4): 893-900.

Jeary A P. 1988. Damping in tall buildings//Second Century of the Skyscraper. Beedle L S ed. New York: Van Nostrand Reinhold: 779-788.

Jensen D L. 1984. Structural damping of the space shuttle orbiter and ascent vehicle. Wright-Patterson Air Force Base, Ohio, Technical Report AFWAL-TR-84-3064.

Jones D I G. 1988. Application of damping treatments//Shock and Vibration Handbook. 3rd ed. Harris C M ed. New York: McGraw-Hill: 37-1-37-34.

Junger M C, Feit D. 1986. Sound, structures, and their interaction. 2nd ed. Cambridge: The MIT Press: 106-149.

Keel C J, Mahmoodi P. 1986. Design of viscoelastic dampers for columbia center building//Building Motion in Wind. Isyumov N, et al eds. New York: ASME: 66-81.

Kwok K C. 1984. Damping increase in building with tuned mass damper. Journal of Engineering Mechanics, 110(11): 1645-1649.

Lamb S H. 1945. Hydrodynamics. 6th ed. Reprint of 1932 edition. New York: Dover Publications.

Lazan B J. 1968. Damping of materials and members in structural mechanics. New York: Pergamon Press.

Littler J D, Ellis B R. 1987. Ambient vibration measurements of the humber bridge. Proceedings of the International Conference on Flow-Induced Vibrations, BHRA, Cranfield, England, Paper F3.

McNamara R J. 1977. Tuned mass dampers for buildings. Journal of the Structural Division, 103(9): 1785-1798.

Mahmoodi P. 1969. Structural dampers. Journal of the Structural Division, 95(8): 1661-1672.

Morrone A. 1974. Damping values of nuclear power plant components. Nuclear Engineering and Design, 26(3): 343-363.

Morse P M, Ingard K U. 1968. Theoretical acoustics. New York: McGraw-Hill.

Mulcahy T M, Miskevics A J. 1980. Determination of velocity-squared fluid damping by resonant structural testing. Journal of Sound and Vibration, 71(4): 555-564.

Nashif A D, Jones D I G, Henderson J P. 1985. Vibration damping. New York: Wiley.

Paidoussis M P. 1966. Dynamics of flexible slender cylinders in axial flow, part 1: theory, part 2: experiments. Journal of Fluid Mechanics, 26(4): 717-751.

Pattani P G, Olson M D. 1988. Forces on oscillating bodies in viscous fluids. International Journal for Numerical Methods in Fluids, 8(5): 519-536.

Petersen N R. 1979. Design of large scale tuned mass dampers//Structural Control. Leipholz H H E ed. Netherlands: North-Holland Publishing Company: 581-596.

Pettigrew M J, Goyder H G D, Qiao Z L, et al. 1986. Damping of multispan heat exchanger tubes, part I: in gases. International Conference on Computers in Engineering, Pressure Vessels and piping, Chicago.

Pettigrew M J, Taylor C E, Kim B S. 1989. Vibration of tube bundles in two-phase cross-flow: part 1—hydrodynamic mass and damping. Journal of Pressure Vessel Technology, 111(4): 466-477.

Raggett J D. 1975. Estimating damping of real structures. Journal of the Structural Division, 101(9): 1823-1835.

Ramberg S E, Griffin O M. 1977. Free vibrations of taut and slack marine cables. Journal of the Structural Division, 103(11): 2079-2092.

Rea D, Clough R W, Bouwkamp J G. 1971. Damping capacity of a model steel structure. Earthquake

Engineering Research Center, University of California, Berkeley, Report EERC 69-14.
Rogers L, Simonis J C. 1987. The role of damping in vibration and noise control. New York: ASME.
Rogers R J, Taylor C, Pettigrew M J. 1984. Fluid effects on multi-span heat exchanger tube vibration. ASME-PVP Conference, San Antonio.
Rosenhead L. 1963. Laminar boundary layers. Oxford: Oxford University Press.
Rudder F F. 1972. Acoustic fatigue of aircraft structural component assemblies. Wright-Patterson Air Force Base, Ohio, Technical Report AFFDL-TR-71-107.
Ruzicka J E, Derby T F. 1971. Influence of damping in vibration isolation, U.S. Department of Defense, Shock and Vibration Laboratory, Code 6020, Washington, D.C.
Schneider C W, Rudder F F. 1974. Acoustic fatigue of aircraft structures at elevated temperatures. Wright-Patterson Air Force Base, Ohio, Technical Report AFFDL-TR-73-155.
Scruton C, Flint A R. 1964. Wind-excited oscillations of structures. Proceedings of the Institution of Civil Engineers, 27(4): 673-702.
Siegel S. 1956. Nonparametric statistics. New York: McGraw-Hill.
Skop R A, Ramberg S E, Ferber K M. 1976. Added mass and damping forces circular Cylinders. Naval Research Laboratory, Washington, D.C., Report 7970.
Soovere J, Drake M L. 1985. Aerospace structures technology damping design guide. Wright-Patterson Air Force Base, Ohio, Report AFWAL-TR-84-3089.
Stephens D G, Scavullo M A. 1965. Investigation of air damping of circular and rectangular plates, a cylinder and a sphere. Langley Research Center, Hampton, VA, Report NASA TN D-1865.
Stokes G G. 1843. On some cases of fluid motion. Proceedings of the Cambridge Philosophical Society, 8: 105-137.
Sun J C, Sun H B, Chow L C, et al. 1986. Predictions of total loss factors of structures, part II, loss factors of sand filled structure. Journal of Sound and Vibration, 104(2): 243-257.
Tanaka M, Fujita K, Hotta A, et al. 1972. Parallel flow induced damping of PWR fuel assembly//Damping—1988. Hara F ed. PVP. 133. New York: ASME: 121-125.
Thomson A G R. 1972. Acoustic fatigue design data. Part I, AGARD-AG-162. North Atlantic Treaty Organization, London.
Thomson W T. 1988. Theory of vibration with applications. 3rd ed. Englewood Cliffs, N. J. : Prentice-Hall.
Ungar E E. 1973. The status of engineering knowledge concerning the damping of built-up structures. Journal of Sound and Vibration, 26(1): 141-154.
U. S. Atomic Energy Commission. 1973. Damping values for seismic design of nuclear power plants. Regulatory Guide 1.61.
Vacca S N, Ely R A. 1987. Structural improvement of operational aircraft program. Air Force Wright Aeronautical Laboratory, Ohio, AFWAL-TR-87-3029.
Vickery B J, Isyumov N, Davenport A G. 1983. The role of damping, mass and stiffness in the reduction of wind effects on structures. Journal of Wind Engineering & Industrial Aerodynamics, 11(1-3): 285-294.
Wiesner K B. 1988. The role of damping systems//Second Century of the Skyscraper. Beedle L S ed. New York: Van Nostrand Reinhold: 789-802.
Yang C I, Moran T J. 1980. Calculations of added mass and damping coefficients for hexagonal cylinders in a

confined viscous fluid. Journal of Pressure Vessel Technology, 102(2): 152-157.

Yeh T T, Chen S S. 1978. The effect of fluid viscosity on coupled tube/fluid vibrations. Journal of Sound and Vibration, 59(3): 453-467.

Yildiz A, Stevens K. 1985. Optimum thickness distribution of unconstrained viscoelastic damping layer treatments for plates. Journal of Sound and vibration,103(2): 183-199.

Zeeuw C H. 1967. Wood//Standard Handbook for Mechanical Engineers. 7th ed. Baumeister T ed. New York: McGraw-Hill: 6-157.

第 9 章　涡旋脱落所致的声

空气的声是由其流过圆柱或钝物产生的。在电缆的“歌唱”中，在风琴声和笛声中都有它们的声。它们经常出现在飞机引擎的压缩机、换热器和船用水听器的拖缆上。这些声被广泛地称为风成声、摩擦声（雷本斯顿声）、冲击声（希布顿声）、边缘声、气动声和涡旋脱落产生的声。

这种声与周期性的涡旋脱落有关。由于涡旋往往激发振动，因此在柔性结构产生的声中，流体动力学、结构动力学和声学都是相互交织在一起的。这一章回顾低马赫数定常流流过圆柱和管阵而产生声的测量方法及理论预报，还考虑了结构响应、管道声学以及空腔和非圆柱结构上流动产生的声等相关问题。Blake（1986）、Fahy（1985）、Muller（1979）、Goldstein（1976）回顾了空气声学，第 3 章回顾了涡旋脱落。

9.1　源于单柱体的声

9.1.1　实验

尽管长期以来风的声一直与乐器和玩具联系在一起（Richardson，1923），但 1878 年科学家 Strouhal 第一次对气流中圆柱产生的声进行定量测量（也见 Horak，1977）。他使用的仪器由转轴和延伸到径向臂之间的电缆组成。典型的电缆为铜线，直径为 0.07～0.33in（0.18～8.4mm），长度为 1.6ft（0.49m）。他使用的手动驱动装置与 Relf（1921）的电动装置类似，如图 9-1 所示。

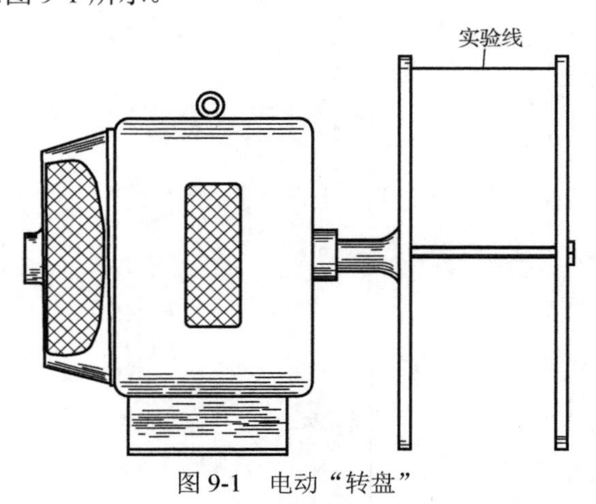

图 9-1　电动“转盘”

当电缆上方的空气速度U超过 15ft/s（5m/s）时，Strouhal 在低速和高速时分别听到低频为 600Hz、高频为 3000Hz 的声。声的频率是通过增加和降低轴的转速来测量的，直到声与参考弦（声压计）匹配。Strouhal 发现声的频率与电缆的张力或长度无关，尽管声强随着电缆长度的增加而增强，并且频率可由以下关系近似预估，

$$f = \frac{SU}{D} \tag{9-1}$$

式中，U为速度；D为电缆直径；S为施特鲁哈尔数，在 0.156（小直径电缆）至 0.205（大直径电缆）之间变化。Strouhal 认为这些声是风与电缆摩擦的结果，所以他称之为摩擦音。

1879 年，Rayleigh 观测到烟囱通风管道中电缆的振动与声（Rayleigh，1879，1894）。他大体上证实了 Strouhal 的观测结果，但他指出电缆振动主要是垂向的，而不是像 Strouhal 在摩擦假说中说的是水平的。他还假设施特鲁哈尔数是雷诺数的函数。von Karman 等（1912）和 Bernard（1908）对交错卡门涡街的观察使得 von Kruger 等（1914）和 Rayleigh（1915）将声和周期性涡旋脱落的振动联系起来。1921 年，Relf 用图 9-1 所示的电动装置和一个水渠中的圆柱证实了施特鲁哈尔数是雷诺数的函数。Richardson（1923）发现周期性涡旋脱落的开始发生在最小的雷诺数为$UD/\nu = 33$时，当涡旋脱落产生线振动时，声最为明显，如图 9-2 所示，另见图 3-29。

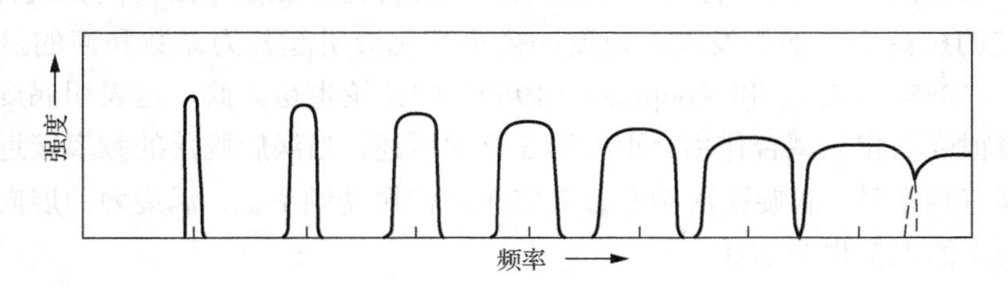

图 9-2　空气中电线振动诱导的声强随观测风速的变化

Stowell 等（1936）使用直径为 0.5in（1.25cm）的电动旋转棒产生声，并用电子麦克风来测量。他们发现声的衰减与旋转器距离的平方成反比，声功率W与棒长成正比，与棒速度的 5.5 次方成正比：

$$W \sim U^n L \tag{9-2}$$

这里$n = 5.5$。棒周围的声压呈双瓣分布，如图 9-3 所示，其最大值横穿声场。von Hole（1938）发现，对于速度超过 100ft/s（30m/s）、直径为 0.04in（1mm）和 0.8in（20mm）的电线，n在 6～8 之间变化。Yudin（1944）发现n的范围在 5.5～6，此灵感来自气动声学的理论（Lighthill，1952）和测量固定杆涡旋脱落的声压级定量验证的理论（Keefe，1962；Etkin et al.，1957；Phillips，1956；Gerrard，1955）。在雷诺数超过 300 时，涡旋

脱落展向具有随机性，圆柱振动以及实验条件都在一定程度上影响着测试结果。Gerrard证实了双瓣压力模式（图 9-3）。Phillips（1956）在理论中考虑了有限展向相关，并与理论值 $n=6$ 基本一致。

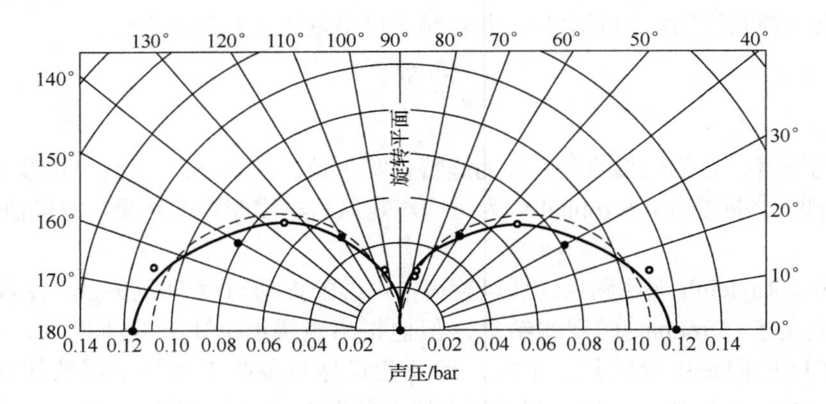

图 9-3　旋转杆测量声压的极坐标分布

数据来源：Stowell 等（1936）。实线是观测值，虚线是计算值。

1bar=10^5Pa

Leehey 等（1970）通过在低湍流度的开放喷气风洞中测量线在低振幅振动时的辐射声，验证了 3dB 涡致声理论的预报，利用双热线探针同步测量了展向的相关性，并推导出振动电缆的振荡力。他们发现，速度的微小变化会引起升力系数和声的显著变化。Richardson（1958，1923）和 Koopman（1969）的结论也是如此，这表明涡旋脱落与弹性圆柱有着很强的相互耦合作用。正如第 3 章中所述，当涡旋脱落的频率接近弹性圆柱或电缆的固有频率时，涡旋脱落频率会锁定在结构振动频率上，涡旋力的展向相关性会增加，从而声的振幅也会增加。

9.1.2　理论

1. 与涡旋脱落相关的声

考虑如图 9-4 所示的横向流中的圆柱，长度为 L，直径为 D，流速为 U。球坐标系 (R,θ,ϕ) 中 R 是从圆柱的轴线延伸到记录辐射声的观测者所在位置的线，涡激流体力作用在圆柱的升力（y）和阻力（x）方向上。圆柱可以通过振动对这些力做出反应。辐射声的波长为 λ，圆柱振动的振幅为 A_y。如果观测者离圆柱较远，且圆柱的直径和振幅比小于波长（$\lambda \gg D, \lambda \gg A_y, R \gg \lambda$），则可以推导出辐射声的理论表达式，这称为远场假设，用来避免圆柱轮廓的局部声衍射所引起的复杂影响。此外，假设圆柱的长度远远超过其直径，则圆柱可以成为线声源，同时假设马赫数非常小，从而使得流动产生的绕射对流最小。

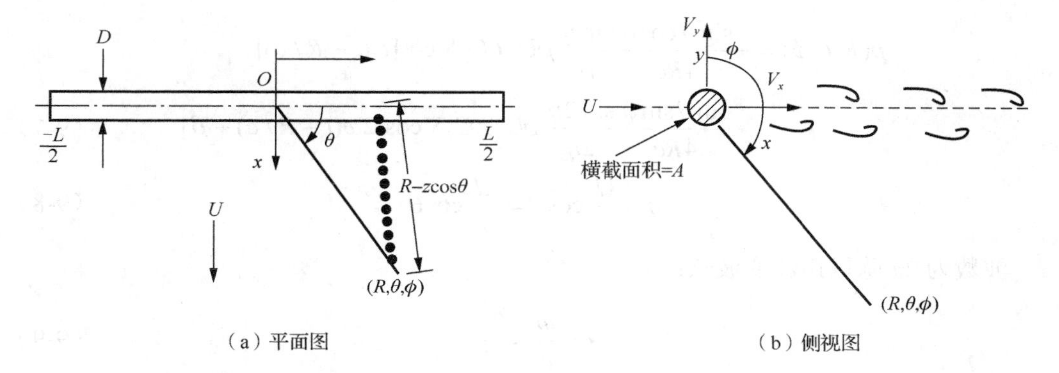

图 9-4　横向流中的圆柱和坐标系

利用这些假设，振动圆柱辐射的远场声压为［推导见附录 C 或 Koopman（1969）、Blake（1986）的文章］

$$p=\frac{\sin\theta\cos\phi}{4\pi Rc}\int_{-L/2}^{L/2}\left(\rho A\frac{\partial^2 V_y}{\partial t^2}-\frac{\partial F_y}{\partial t}\right)\mathrm{d}z+\frac{\sin\theta\sin\phi}{4\pi Rc}\int_{-L/2}^{L/2}\left(\rho A\frac{\partial^2 V_x}{\partial t^2}-\frac{\partial F_x}{\partial t}\right)\mathrm{d}z \tag{9-3}$$

对于观测者，横坐标是 $y=R\sin\theta\cos\phi$，纵坐标是 $x=R\sin\theta\sin\phi$，z 是沿圆柱轴线的距离。V_y 为圆柱速度的垂向分量，V_x 为平行于自由流的圆柱速度，F_y 为垂直于自由流的圆柱上的流体力，F_x 为平行于自由流圆柱上的流体力。$A=\rho\pi D^2/4$ 为圆柱的横截面积。括号里的量是用延迟时间计算的，延迟时间为

$$t'=t-\frac{R}{c}+\frac{z\cos\theta}{c} \tag{9-4}$$

这说明声以速度 c 从圆柱上的 z 点传播到观察者所需要的时间为 $R-z\cos\theta$（图 9-4）。式（9-3）的声压是由脉动流体力和垂直于自由流的圆柱振动所产生的声压之和（第二项）。

如果涡旋沿圆柱展向同相位地脱落，且力在圆频率 $\omega=2\pi f$ 处为谐波形式，则流体的升力和阻力为

$$F_y=\frac{1}{2}\rho U^2 DC_L\sin\omega t \tag{9-5}$$

$$F_x=\frac{1}{2}\rho U^2 DC_D+\frac{1}{2}\rho U^2 DC_d\sin(2\omega t+\beta) \tag{9-6}$$

式中，C_L 为振荡升力系数（图 3-16）；C_D 为阻力系数（图 6-9）；C_d 为振荡阻力系数。实验和理论表明，振荡阻力的频率是升力的 2 倍。实验测量表明，对于圆形截面和三角形截面，C_d 约为振荡升力系数的 5%～10%（见第 3 章）。

如果圆柱是固定的，$V_x=V_y=0$，那么辐射出的声仅仅由脉动流体力产生。将式(9-5)和式（9-6）代入式（9-3）就得到了这种声压的表达式：

$$p(R,\theta,\phi)=-\frac{\sin\theta\cos\phi}{4Rc}\frac{\sin\eta}{\eta}\rho U^3LC_LS\cos[\omega(t-R/c)]$$
$$-\frac{\sin\theta\sin\phi}{4Rc}\frac{\sin 2\eta}{2\eta}\rho U^3LC_dS\cos[2\omega(t-R/c)+\beta] \quad (9\text{-}7)$$

$$\eta=\frac{kL}{2}\cos\theta=\frac{\pi L}{\lambda}\cos\theta \quad (9\text{-}8)$$

波数为 2π 除以声波的波长：

$$k=\frac{\omega}{c}=\frac{2\pi}{\lambda} \quad (9\text{-}9)$$

且涡旋脱落的圆频率为 $\omega=2\pi SU/D$，声是定向辐射的。如果圆柱的长度（L）远小于声的波长（$\lambda=2\pi c/\omega$），则圆柱就像偶极子源一样辐射声波。如果圆柱的长度远大于声波的波长，圆柱就像偶极子线一样定向地辐射声波。

一颗鹅卵石扔进一个安静的水塘里，激起的水波以不断扩大的圆圈形式辐射开来，这是一个点源。现假设一根长的光秃秃的树枝掉落进水塘里，波平行于分支辐射，这是一个线源。虽然圆柱辐射的三维声场比二维表面波更复杂，但是同样的原理是随着圆柱长度的增加，方向性也会增加。在极限情况下，当圆柱长度与声波波长之比减小时，辐射模式接近如图 9-5 所示的单偶极子。

$$\lim_{L/\lambda\to 0}\frac{\sin\eta}{\eta}=\lim_{L/\lambda\to 0}\frac{\sin 2\eta}{2\eta}=1 \quad (9\text{-}10)$$

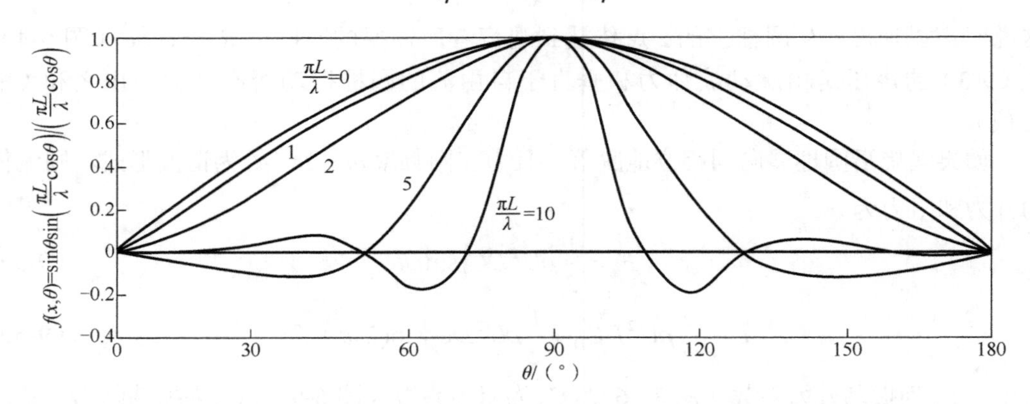

图 9-5　沿辐射声方向辐射声波随圆柱长度 L 与声波波长 λ 比值的增大而增大

图 9-6 显示了一个截面，该截面垂直穿过具有恒定声压线的圆柱轴线。由于振荡阻力分量远小于振荡升力分量，因此，分析有振荡升力辐射的声时常常忽略由振荡阻力引起的声。这一理论模式被 Stowell 等（1936。图 9-3）和 Keefe（1962）的实验结果所证实。

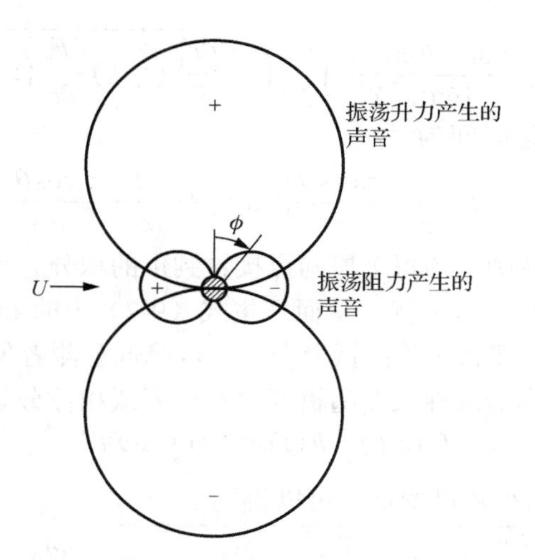

图 9-6　从圆柱辐射出的等声强线图

声强是辐射到远场的单位面积的平均声功率。仅考虑远场声场的振荡升力部分时，由式（9-7）得到

$$I_R = \frac{\overline{p^2}}{\rho c} = \frac{\sin^2\theta\cos^2\phi}{32c^3R^2}\rho U^6 L^2 C_L^2 S^2 \left(\frac{\sin\eta}{\eta}\right)^2 \tag{9-11}$$

式中，$(\overline{\ })$ 表示多个周期的平均值。声强与动态压强的平方乘涡旋脱落频率的平方成正比，因此声功率与自由流速的六次方成正比。Phillips（1956）的实验证实了圆柱的涡旋脱落对声强 U^6 的依赖关系。

辐射到远场的总声功率是对半径远大于波长的球面声强进行积分，得

$$W = \int_0^{\pi}\int_0^{2\pi} I_R R^2 \sin\theta \mathrm{d}\phi \mathrm{d}\theta = \frac{\pi\rho U^6 L^2 C_L^2 S^2}{24c^3} \tag{9-12}$$

忽略阻力引起的辐射声，并且假设 $\lambda \gg L$。相比之下，从流体流过圆柱而产生的平均阻力中提取的能量为 $W_D = F_D UL = 1/2\rho U^3 DC_D L$。辐射声功率与在阻力中耗散的功率之比与马赫数的三次方成正比，即 $(U/c)^3$。对于低马赫数，$U/c \ll 1$，辐射声功率仅是阻力耗散功率的一小部分。

2. 与涡旋脱落局部相关的声

一般情况下，涡旋脱落与静止二维圆柱的展向不是完全相关的。虽然涡旋主要是在 Strouhal 频率下脱落，但脱落的频率和相位沿圆柱的展向有一定的变化（见 3.2 节图 3-8 和图 3-9）。对于横向流速中的固定圆柱，展向相关长度通常为 2～10 倍直径。

将式（9-3）在 $V - x = V_y = F_x = 0$ 时平方，并积分求出结果的平均值，获得静止圆柱上的振荡升力产生的远场声压的均方值：

$$\overline{p^2}(R,\theta,\phi)=\frac{\sin^2\theta\cos^2\phi}{16\pi^2c^2R^2}\int_{-L/2}^{L/2}\int_{-L/2}^{L/2}\overline{\frac{\partial F_y}{\partial t}(z_1,t_1')\frac{\partial F_y}{\partial t}(z_2,t_2')}\mathrm{d}z_1\mathrm{d}z_2 \tag{9-13}$$

式中，z_1 点和 z_2 点的延迟时间为

$$t_1'=t-\frac{R}{c}+\frac{z_1\cos\theta}{c},\quad t_2'=t-\frac{R}{c}+\frac{z_2\cos\theta}{c} \tag{9-14}$$

在观察者处的声是从圆柱的每个展向点接收到声的积分。因为每个点的路径长度不同，这些声元素之间存在一些干扰，从而产生式（9-7）中的 $\sin\eta/\eta$ 项。此外，如果展向点上的涡旋力不相关，那么额外的抵消会进一步降低观测者位置处的均方声压。如果我们模拟涡旋脱落过程为沿圆柱长度随机变化的频率或相位分量的窄带过程，

$$F_y(z,t')=F(z)\sin[(\omega+\Delta\omega)t']$$

式中，$\Delta\omega$ 是均值为零的小随机变量，可以得到

$$\begin{aligned}\overline{\frac{\partial F_y}{\partial t}(z_1,t_1')\frac{\partial F_y}{\partial t}(z_2,t_2')}&=\overline{\frac{\partial F_y}{\partial t}(z_1,t)\frac{\partial F_y}{\partial t}(z_2,t)}\cos\frac{\omega}{c}(z_1-z_2)\cos\theta\\&\approx\overline{\frac{\partial F_y}{\partial t}(z_1,t)\frac{\partial F_y}{\partial t}(z_2,t)},\quad\lambda\gg L\end{aligned} \tag{9-15}$$

利用这种近似方法，展向相关系数的定义如下：

$$r(z_1,z_2)=\overline{\frac{\partial F_y}{\partial t}(z_1,t)\frac{\partial F_y}{\partial t}(z_2,t)}\Bigg/\left\{\left[\overline{\left(\frac{\partial F_y}{\partial t}(z_1,t)\right)^2}\right]^{1/2}\left[\overline{\left(\frac{\partial F_y}{\partial t}(z_2,t)\right)^2}\right]^{1/2}\right\} \tag{9-16}$$

式中，$\left[\overline{\left(\partial F_y/\partial t\right)^2}\right]^{1/2}=\frac{1}{2}\rho U^2DC_{L\mathrm{rms}}\omega^2$ 和 $C_{L\mathrm{rms}}=(\overline{C_L^2})^{1/2}$ 为均方根升力系数；$\overline{(\ )}$ 表示时间的平均值。

对于 $\lambda\gg L$ 的均方声压［式（9-13）］采用式（9-16）和 7.3.1 节的方法进行估算。假设相关函数仅为两点之间分离的函数 $\xi=z_1-z_2$，则结果为

$$I_R=\frac{\overline{p^2}}{\rho c}=\frac{\sin^2\theta\cos^2\phi}{16c^3R^2}\rho U^6\overline{C_L^2}S^2L_c(L-\gamma) \tag{9-17}$$

式中，相关长度 L_c 和相关面积的质心 γ 为

$$L_c=2\int_0^L r(\xi)\mathrm{d}\xi,\quad \gamma=\int_0^L\xi r(\xi)\mathrm{d}\xi\Big/\int_0^L r(\xi)\mathrm{d}\xi \tag{9-18}$$

γ 总是小于相关长度 L_c。如果涡旋脱落沿展向（$r=1$）完全相关，那么 $L_c=2L$，$\gamma=L/2$，$\overline{C_L^2}=C_L^2/2$，且该方程为完全相关，见式（9-11），此式中 $\lambda\gg L$。如果相关长度比圆柱长度小得多，即 $\lambda\gg L_c$，则声强将从相关长度与圆柱长度比 L_c/L 的完全相关情况下降低。Leehey 等（1970）通过同步测量自由空气射流中细线的相关长度和声强试验验证了式（9-17）。

练　习　题

1. 部分相关涡旋脱落辐射的声功率［式（9-12）］是多少？

2. 通过假设 $F_y(z,t') = F_0(z)\sin[(\omega+\Delta\omega)t']$，推导式（9-15）的第一行，其中 $\Delta\omega = \Delta\omega(z,t')$ 是空间和延迟时间的函数。假设 $\Delta\omega$ 的均值为零，取这个表达式的时间导数（不是延迟时间 t'），在两点上形成这些导数的乘积，并求出结果的平均值。

9.2　源于振动柱体的声

1. 基础理论

如果涡旋脱落的频率与圆柱的固有频率相一致，则涡旋脱落造成的升力可引起垂直于自由流的大振幅振动，同时对对圆柱的声场有贡献。振动圆柱发出的声可由式（9-3）或附录C给出。依据 Burton 等（1976），辐射声强度为

$$I_R = \frac{\overline{p^2}}{\rho c} = I_{VV} + 2I_{VF} + I_{FF} \tag{9-19}$$

此式是振动、流体力及其相互作用产生的声强分量之和，式中，

$$I_{VV} = \frac{\rho A^2 \sin^2\theta\cos^2\phi}{16\pi^2 R^2 c^3}\iint_{-L/2}^{L/2}\overline{\frac{\partial^2 V_1}{\partial t^2}\frac{\partial^2 V_2}{\partial t^2}}\mathrm{d}z_1\mathrm{d}z_2 \tag{9-20}$$

$$I_{VF} = \frac{A\sin^2\theta\cos^2\phi}{16\pi^2 R^2 c^3}\iint_{-L/2}^{L/2}\overline{\frac{\partial^2 V_1}{\partial t^2}\frac{\partial F_2}{\partial t}}\mathrm{d}z_1\mathrm{d}z_2 \tag{9-21}$$

$$I_{FF} = \frac{\sin^2\theta\cos^2\phi}{16\pi^2 R^2 \rho c^3}\iint_{-L/2}^{L/2}\overline{\frac{\partial F_1}{\partial t}\frac{\partial F_2}{\partial t}}\mathrm{d}z_1\mathrm{d}z_2 \tag{9-22}$$

其中，F 为垂直于自由流的流体力，V 为垂直于自由流的圆柱响应速度，下标1和2为展向 z_1, z_2 处及式（9-14）给出的延迟时间处估算的量。

如果我们把注意力限制在远场（$R \gg \lambda$）和与波长相比长度较短的圆柱上，$\lambda = c/f = 2\pi c/\omega, \lambda \gg L$，并且假定流体力和圆柱振动是周期性的，圆频率为 ω，那么积分就大大简化了。在这些假设下，来自圆柱不同部分的声在同一时刻到达观察者，因此延迟时间效应会影响方程的积分和微分，可以大大简化式（9-20）～式（9-22），如下：

$$I_{VV} = \frac{\rho A^2 \sin^2\theta\cos^2\phi\,\omega^4}{16\pi^2 R^2 c^3}\iint_{-L/2}^{L/2}\overline{V_1 V_2}\mathrm{d}z_1\mathrm{d}z_2 \tag{9-23}$$

$$I_{VF} = \frac{A\sin^2\theta\cos^2\phi\,\omega^3}{16\pi^2 R^2 c^3}\iint_{-L/2}^{L/2}\overline{V_1 F_2^{+}}\mathrm{d}z_1\mathrm{d}z_2 \tag{9-24}$$

$$I_{FF} = \frac{\sin^2\theta\cos^2\phi\,\omega^2}{16\pi^2 R^2 \rho c^3}\iint_{-L/2}^{L/2}\overline{F_1 F_2}\mathrm{d}z_1\mathrm{d}z_2 \tag{9-25}$$

式中，下标 1 和 2 表示时间 t（不是延迟时间）时的展向位置 1 和 2；F_2^+ 表示这一相位推进 90°；I_{VV} 表示圆柱振动辐射的声强；交叉项 I_{VF} 表示由流体力与圆柱加速度和其运动在相位上的相互作用而产生的声强。

式（9-22）或式（9-25）中的 I_{FF} 是由圆柱上流体力产生的声强。与静止圆柱的情况相同［式（9-11）或式（9-17）］，除非此处的流体力 F 既包括振荡升力又包括振动圆柱所引起的附加质量力（见 2.2 节）。附加质量力与圆柱加速度同向，与圆柱速度异向。附加质量力约等于被圆柱取代的流体质量乘以圆柱加速度，即 $F_{\mathrm{am}}=-\rho A\omega\partial V/\partial t$，将其代入式（9-22）或式（9-25），我们可以看到，由附加质量力产生的声强等于圆柱振动产生的声强（I_{VV}），且交叉项的声强也等于圆柱振动产生的声强（$I_{VP}=I_{VV}$），因此

$$I_R=I_{VV}+2I_{VF}+I_{FF}=I_{VV}+2I_{VV}+(I_{ff}+I_{VV})=4I_{VV}+I_{ff} \tag{9-26}$$

式中，

$$\begin{aligned}I_{ff}&=\frac{\sin^2\theta\cos^2\phi\omega^2}{16\pi^2R^2\rho c^3}\iint_{-L/2}^{L/2}\overline{F_L(z_1,t)F_L(z_2,t)}\,\mathrm{d}z_1\mathrm{d}z_2\\ I_{VV}&=\frac{\rho A^2\sin^2\theta\cos^2\phi\omega^4}{16\pi^2R^2c^3}\left[\int_{-L/2}^{L/2}\overline{V(z,t)}\,\mathrm{d}z\right]^2\end{aligned} \tag{9-27}$$

辐射声强是圆柱振动分量（I_{VV}）和涡旋升力分量（I_{ff}）之和。如果升力系数在两种情况下相同，I_{ff} 与先前发现的固定圆柱的声强相同［式（9-11）和式（9-17）］。

对于弹簧支撑并以正弦振动的刚性圆柱上完全相关的涡旋脱落，可以很容易地计算式（9-27）中的相关系数，$A=\pi D^2/4$，$\overline{V(z,t)^2}=\omega^2y_{\mathrm{rms}}^2$，$\overline{F_L^2}=\left(\frac{1}{2}\rho U^2DC_{L\mathrm{rms}}\right)^2$，

$$I_{VV}=\frac{\sin^2\theta\cos^2\phi\rho A^2\omega^6y_{\mathrm{rms}}^2L^2}{16\pi^2R^2c^3},\quad I_{ff}=\frac{\sin^2\theta\cos^2\phi\rho U^6C_{L\mathrm{rms}}^2S^2L^2}{16R^2c^3} \tag{9-28}$$

圆柱振动产生的声强与升力产生的声强之比为

$$\frac{I_{VV}}{I_{ff}}=\frac{16\pi^6S^4}{C_{L\mathrm{rms}}^2}\left(\frac{y_{\mathrm{rms}}}{D}\right)^2 \tag{9-29}$$

将这个比值设为 1，我们就可以求出圆柱位移的均方根，在这个位移下，振动产生的声强等于升力产生的声强，即

$$\frac{y_{\mathrm{rms}}}{D}=\frac{C_{L\mathrm{rms}}}{4\pi^3S^2}\approx 0.07 \tag{9-30}$$

式中，$C_{L\mathrm{rms}}=0.35$；$S=0.2$。

一般来说，如果圆柱振幅超过圆柱直径的 5%～10%，圆柱振动的声辐射就会主导声场。当振幅小于直径的 5%时，振荡升力产生的声占主导地位。即使辐射声波波长与圆柱长度是相同的量级，这个结果也成立。

2. 正弦振型的声

通常一个单模态的振动与涡旋脱落会发生共振，这种情况出现在船用拖缆、细长梁和塔架上，大部分振动是垂直于来流的。位移和速度的展向分布近似为正弦曲线，

$$V(z,t)=v(t)\bar{y}(z),\quad \bar{y}(z)=\begin{cases}\cos(n\pi z/L), & n=1,3,5,\cdots\\ \sin(n\pi z/L), & n=2,4,6,\cdots\end{cases} \tag{9-31}$$

式中，z 随圆柱展向变化，为$-L/2\leqslant z\leqslant L/2$（图 9-4）；$n$ 为模态指数。正弦模态形状适用于紧拉索和钉扎固定梁，也可近似用于梁的高阶模态。

利用前面段落中的技术，可以看出，总辐射声强是由升力引起的分量和由圆柱振动引起的分量之和，

$$I=4I_{VV}+I_{ff} \tag{9-32}$$

这个表达式适用于声波波长相当于或大于圆柱长度的情况（Burton et al.，1976）。由圆柱振动产生的声强由式（9-20）估算，得到

$$\begin{aligned}I_{VV}&=\frac{\sin^2\theta\cos^2\phi\rho A^2\omega k^2\overline{v^2}}{16\pi^2R^2c^3}\left[\int_{-L/2}^{L/2}\cos\frac{n\pi z}{L}\cos(kz\cos\theta)\mathrm{d}z\right]^2\\&=\frac{\sin^2\theta\cos^2\phi\rho A^2\omega k^3\overline{v^2}L^2}{4\pi^2R^2}\left[\frac{n\pi\cos(b/2)}{n^2\pi^2-b^2}\right]^2,\quad n=1,3,5,\cdots\end{aligned} \tag{9-33}$$

式中，$b=kL\cos\theta$，且波数 $k=\omega/c=2\pi/\lambda$。当 n 为奇数时，这个表达式是恰当的。对于 n 为偶数时，$\cos(n\pi z/L),\cos(kz\cos\theta)$ 和 $\cos(b/2)$ 会被 $\sin(n\pi z/L),\sin(kz\cos\theta)$ 和 $\sin(b/2)$ 代替。

辐射声功率（W）是通过 $I_{ff}=4I_{VV}$ 对半径 R 远大于波长［式（9-12）］的球面进行积分得到的，

$$W=4W_V+W_f=\frac{\rho U^6L^2S^2}{c^3}(4W_V'+W_f') \tag{9-34}$$

式中，由圆柱振动产生的声功率为

$$W_V=\int_0^{2\pi}\int_0^{\pi}I_{VV}R^2\sin\theta\mathrm{d}\theta\mathrm{d}\phi=\frac{1}{2\pi}\rho ck^4A^2L^2J^2\overline{v^2} \tag{9-35}$$

且模态形状-波长-圆柱长度耦合的系数 $J(kL,n)$ 为

$$J^2(kL,n)=\frac{1}{kL}\int_0^{kL}[1-(b/kL)^2]\frac{n^2\pi^2\cos^2(b/2)}{n^2\pi^2-b^2}\mathrm{d}b,\quad n=1,3,5,\cdots \tag{9-36}$$

当 n 为偶数时，在这个表达式中 $\sin^2(b/2)$ 代替了 $\cos^2(b/2)$。$J(kL,n)$ 在图 9-7 中表示前六阶正弦模态，$n=1\sim6$（Burton et al.，1976）。图的左侧显示了极低波数 $\lambda\gg L$ 的渐近特性。在这些波数下，圆柱是一个紧凑的声源。对于偶数 n，源对于偶极子的 $\sin^2\theta\cos^2\phi$ 和 $\sim k^4J^2\sim(1/\lambda^4)$ 有角度的依赖性。对于奇数 n，$\int\sin(n\pi z/L)\mathrm{d}z=0$，有时会发生抵消现象。因为从模态形状的一部分发出的声会被从其他展向部分发出的具有相反符号的声抵消掉。式（9-36）中因低波数的限制，对于偶数 n 来说，具有对横向四极子的 $\sin^2\theta\cos^2\theta\cos^2\phi$ 有依赖性，且辐射声功率以 $1/\lambda^6$ 减小。在高波数时，图 9-7 给出了干涉效应的复杂曲线。

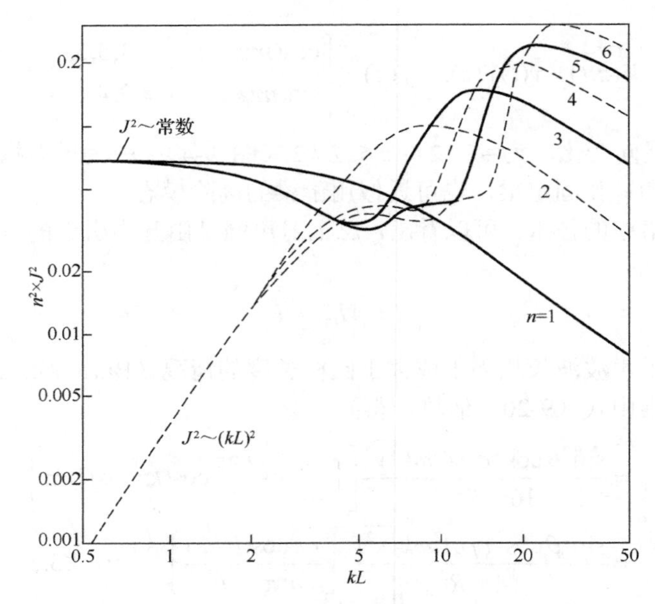

图 9-7　作为波数（$kL=2\pi L/\lambda$）函数速度诱导的辐射声功率与系数 J^2 的耦合

图 9-8 给出了圆柱均方速度为函数的无量纲辐射声功率［式（9-34）］图，$n=1$, $L/D=50$, $S=0.2$, $kL=1$, $U/C=0.016$。在高振幅$\left(\overline{v^2}\right)^{1/2}/U>0.2$时，声功率主要由圆柱振动的贡献决定。曲线的实线部分是分析的结果（Burton et al.，1976）；虚线部分是估算的结果。

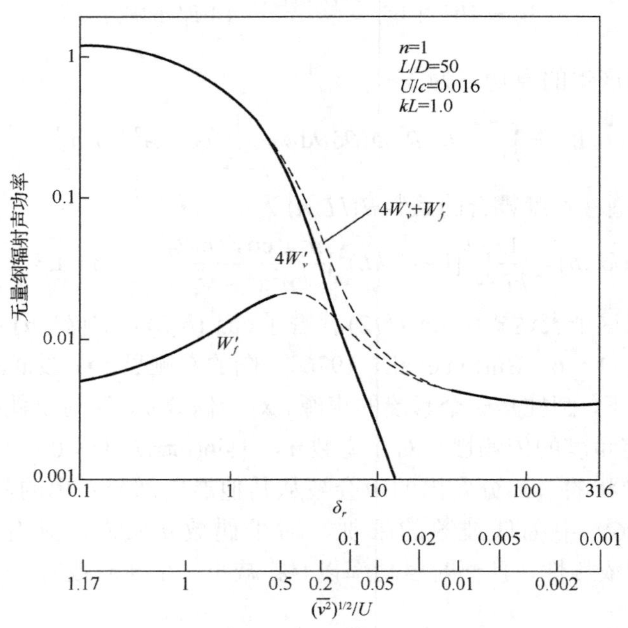

图 9-8　正弦模式下流体升力 W'_f 和圆柱振动 $4W'_v$ 的无量纲总辐射声功率

练　习　题

1. 根据本节的结果，请解释图 9-4 的物理过程和 Richardson 对它的观察。

2. 利用涡旋脱落产生的部分相关模型，确定部分相关涡旋脱落时圆柱振动产生的声功率 W 和涡旋升力产生的声功率之比。

9.3　源于管群和换热器的声

9.3.1　实验

流动气体流经换热器的管阵时会产生强烈的声和振动。Baird（1954）报道了 Etiwanda 火力发电站的换热器在燃烧石油和天然气时产生的声功率和振动功率分别超过 86MW 和 105MW。振动的剧烈程度对金属和耐火材料的破坏作用比以前所观察的任何一种都要大。振动伴随着强烈的声，在一段距离外的混凝土控制室内很容易听到。他发现在 40～50Hz 下，振荡压力对应于穿过换热器管道产生的横向驻波，如图 9-9 所示（Baird，1954）。

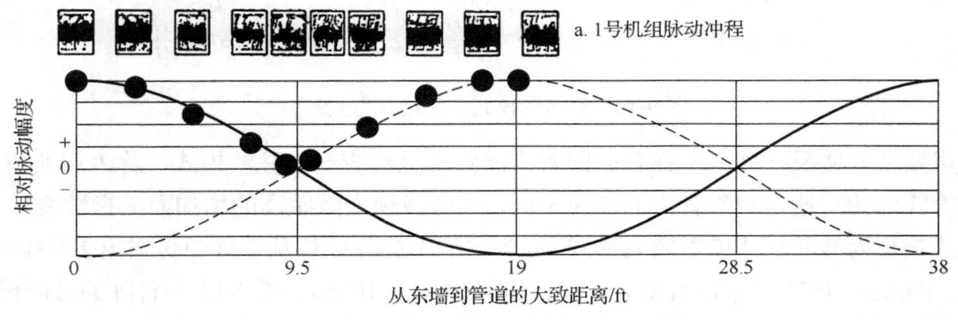

图 9-9　测量的电厂管道内气体振荡波

Baird 将这种声归因于流动引起的脉动，这与换热器管道的横向声模态一致。1956 年，Grotz 和 Arnold 发现随着空气流动速度的增加，声模态发生了变化（Grotz et al.，1956）。他们发现，激振频率与横向管模态固有频率相对应，通过安装折流板可以降低振动。Putnam（1959）发现共振频率对应于施特鲁哈尔数 S 从 0.2 到 0.46 ［式（9-1）］。

声共振发生在线内管阵、交错管阵、单列管、矩形管、圆柱形管、螺旋管、翼形管、化学处理换热器、空气加热器、发电锅炉、船用锅炉、传统发电厂、核电站、热回收换热器、涡轮喷气发动机压缩机、风洞中的旋转叶片、风洞中的板和火箭发动机的燃烧室

(Mathias et al.，1988；Brown et al.，1985；Blevins，1984；Parker，1972)。在空气、烟气、蒸汽、碳氢化合物和两相气体蒸气流中观察到，声共振总是与声模态有关，该模态垂直于流动和管或板的轴线。在共振过程中，在管阵中典型的声压级［式（9-38)］为160～176dB，在换热器外壳外声压级下降 20～40dB。这些声压级可以使换热器导致疲劳，并且非常打扰附近的人。

声穿过换热器管阵传播时，由于换热器管阵的存在声速略有减慢。声速降低的速率取决于管所占体积的比例（Blevins，1985；Parker，1978)：

$$\frac{c}{c_0}=\frac{1}{(1+\sigma)^{1/2}} \tag{9-37}$$

式中，c_0为自由空间内的声速；c为垂直于且穿过柱群内管轴线的声速。密实度σ为规则阵列中管所占体积的比例，如图 9-10 所示。式（9-37）与图 9-11 数据（Blevins，1986）吻合较好。

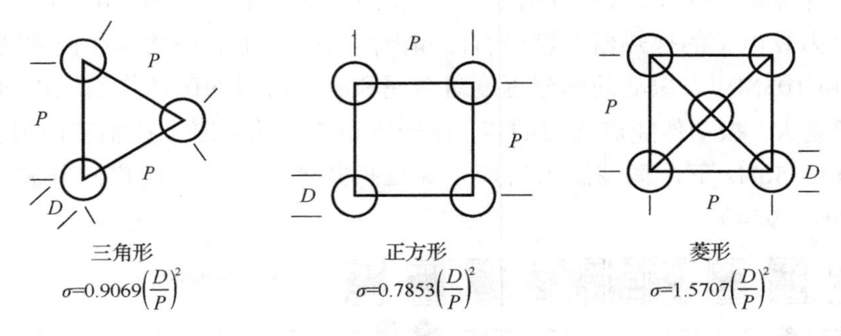

图 9-10　管布置模式（流动从右到左）

声波从管壁反射回来，在管的固有声波频率上形成一种驻波模式，称为声波模式。由于管阵内的声速与相邻管内的声速不同，某些声模态随距离的增加而呈指数衰减。这些模式被称为截断模式或者限制模式，因为它们不会将能量从管阵中传播出去（Blevins，1984；Parker，1978；Tyler et al.，1962；Grotz et al.，1956)。图 9-12 为管阵的截断模式。当声共振激发管阵的约束模式时，高声压级被限制在管阵的一个或两个管道宽度内。

Blevins（1985）发现，超过 140dB 的声压级可以使涡旋从圆柱上脱落，改变其频率，并增加其展向相关性（图 3-9)。Ffowcs Williams 等（1989）的研究表明，在近尾流的适当反馈下，声可以增强或抑制圆柱涡旋脱落。Welsh 等（1984）观测到声对钝端板涡旋脱落的影响（图 9-13)。Kim 等（1988）和 Farrell（1980）的研究表明，声影响着从方形、圆形和矩形截面空腔内脱落的涡旋。

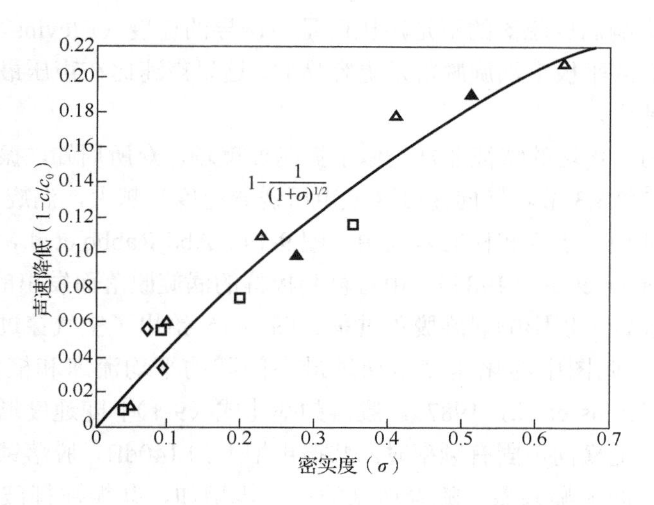

图 9-11　穿过管阵声速的理论值和实验值对比

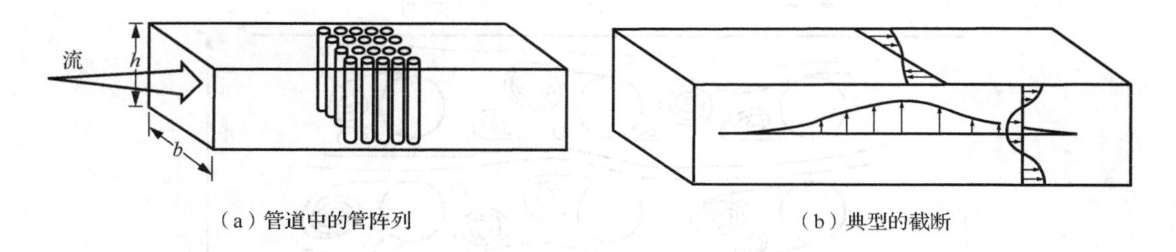

（a）管道中的管阵列　　（b）典型的截断

图 9-12　声振型图

（a）无声，$S=0.213$，$U=81\text{ft/s}$（24.7m/s）

（b）共振声，SPL＝145.5dB，$S=0.224$，$U=95\text{ft/s}$（29m/s）

图 9-13　0.48in（12.2mm）厚板上的涡旋脱落（Welsh et al.，1984）

有趣的是，影响涡旋脱落的不是声压而是声诱导的速度（Blevins，1985）。例如，在管道中心处的管或平板上涡旋脱落是更容易的，这里声速比在声压最大而声速最小的管道边缘处的声速大。

对单个管而言，声场的特征非常类似于振荡速度场。众所周知，振荡流中夹杂着涡旋脱落，见 6.4 节和 3.3 节。横向速度（或声压诱导速度）越大，涡旋夹带量就越大。

涡旋脱落持续地存于管和板的阵列中（图 9-14。Abd-Rabbo et al.，1986；Stoneman et al.，1988；Weaver et al.，1985）。由管群和板群的涡旋脱落而发出的声（见 9.1 节）通过管道声模态反馈，以影响涡旋脱落过程。图 9-15 给出了空气穿过管阵流动产生的声以及主要频率，此图中约化速度是通过最小间隙的平均流速和横向声模态的基频 365Hz 计算的（Blevins et al.，1987）。脱落频率［式（9-1）］随速度增加而增加。当脱落频率接近某一管道横向声固有频率时，共振声增大约 140dB，脱落锁定在管道声固有频率上，产生持续的大幅共振。随着速度的进一步增加，共振被打破，直到下一个更高的声波模式进入共振区。

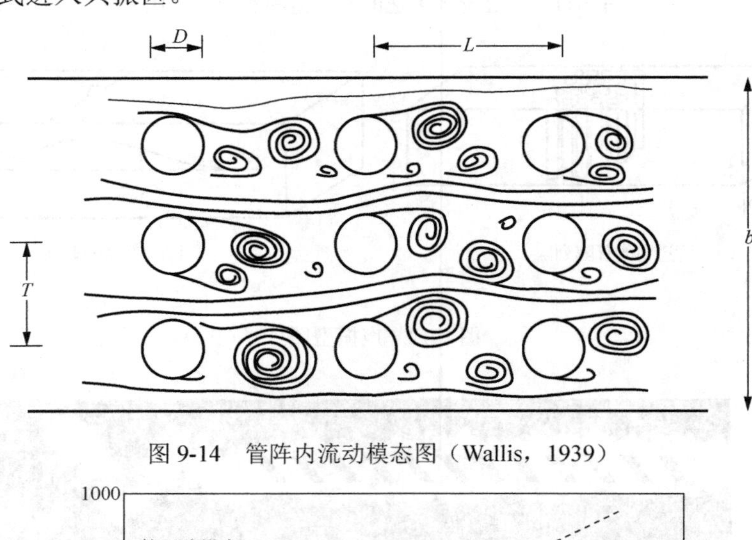

图 9-14　管阵内流动模态图（Wallis，1939）

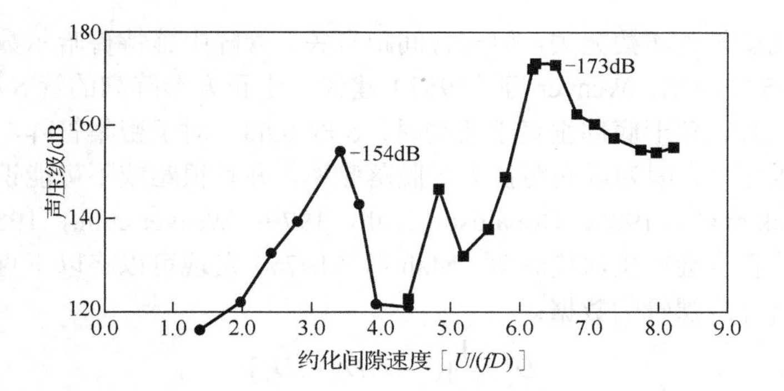

图 9-15　空气流过节距与直径比为 3，菱形排列（图 9-10）的管道时产生的声

图 9-15 中声压级（SPL，单位：Pa）定义如下：

$$\mathrm{SPL} = 20\lg(p_{\mathrm{rms}}/0.00002\mathrm{Pa}) \tag{9-38}$$

9.3.2　共振的预报与抑制

1. 预报

声共振的预报方法是通过计算声和涡旋脱落频率，确定两者是否匹配，然后根据数据估计共振的大小。

步骤 1　具有刚性壁的封闭长方体和圆柱体的横向声模态固有频率（单位为 Hz）为（Blevins，1979）

$$f_{a,j} = \begin{cases} \dfrac{c}{2}\dfrac{j}{b}, & j = 1,2,3,\cdots（长方体的体积）\\ \dfrac{c}{2\pi}\dfrac{\lambda_j}{R}, & j = 1,2,3,\cdots（圆柱体的体积）\end{cases} \tag{9-39}$$

式中，b 为长方体管道的宽度，其垂直于流向或管道轴向（图 9-9）；R 为圆柱半径；c 为声速；$\lambda_1 = 1.841$ 是一个与圆柱直径声模态相关的无量纲频率参数；$\lambda_2 = 3.054$ 是第二种直径声模态相关的无量纲频率参数。长方体管道和圆柱体管道换热器设计如图 5-11 所示。Parker（1978）和 Blevins（1986）讨论了三维管道声模态的预报技术。Quinn 等（1984）讨论了平均流量的影响。

如前所述，穿过管阵的声速由管阵的布置方式表示［式（9-37）］。然而，在一般的管阵中，声不会填满整个管阵，且模态会溢出到管阵。这些模态的固有频率介于有管的情况下降低的声速所计算的频率［式（9-37）］和忽略管阵影响的情况得到的固有频率之间（Blevins et al.，1987）。

步骤 2　管外流动产生声波的主导频率为脱落频率（Hz）：

$$f = \frac{SU}{D} \tag{9-40}$$

式中，U 是管间最小间隙的平均速度；D 是管直径。对于雷诺数大于 1000 的情况，施

特鲁哈尔数 S 几乎与雷诺数无关，但与管间距有关。管阵中施特鲁哈尔数的相关性已经在图 3-4～图 3-5 中给出，Weaver 等（1987）建议对于正方形阵列的管 S 取 0.5，对于三角形阵列的管，且三角形底部垂直于流动时，S 取 0.58。对于密集管阵，这些相关性存在相当大的不确定性，因为近间距扩大了脱落频率，并且很难或不可能识别复杂的脱落频率（Fitzpatrick et al.，1988；Donaldson et al.，1979；Weaver et al.，1987）。

换热器翼片管也会产生涡旋脱落。Mair 等（1975）发现可以将以下直径的翼片管的施特鲁哈尔数折算成裸管的数据：

$$D_e = \frac{1}{s}[(s-t)D_r + tD_f] \tag{9-41}$$

式中，t 为翼片厚度；s 为翼片中心的展向间距；D_f 为翼片直径；D_r 为裸管的直径。

因为共振板可以把自然脱落频率调高或者调低，当与声的固有频率 $f_{a,j}$［式（9-39）］相比时，必须在激励频率［式（9-40）］中设置一个频带，以确定是否存在潜在的共振，

$$(1-\alpha)\frac{SU}{D} < f_{a,j} < (1+\beta)\frac{SU}{D}, \quad \text{共振} \tag{9-42}$$

Rogers 等（1977）和 Barrington（1973）建议 $\alpha = \beta = 0.2$。Blevins 等（1987）测量了 $\alpha = 0.19, \beta = 0.29$ 的典型值，但最大值为 $\alpha = 0.4, \beta = 0.48$。如果式（9-42）适用于任意横向的声模态，则使用该模态预报共振可能会导致高声压级。

步骤 3　在约 30%～40%的实际重要案例中，预计不会出现共振。原因之一是谐振声振幅是管阵参数 T/D 和 L/D 所指定的管阵间距和排列方式的函数（图 9-10 和图 9-14）。在 $L = D$ 的极限条件下，一根管与下游相邻管接触会形成纵向壁，阻碍横向声引起的振动。节距与直径比小于 1.6 的，也会趋于抑制涡旋脱落（Price et al.，1989）。图 9-16 给出了对大量管阵进行第一阶声模态、共振测试时测得的最大共振振幅（Blevins et al.，1987）。对于小于 1.6 的节距与直径比，间距的微小变化可以使声压级发生很大的变化。

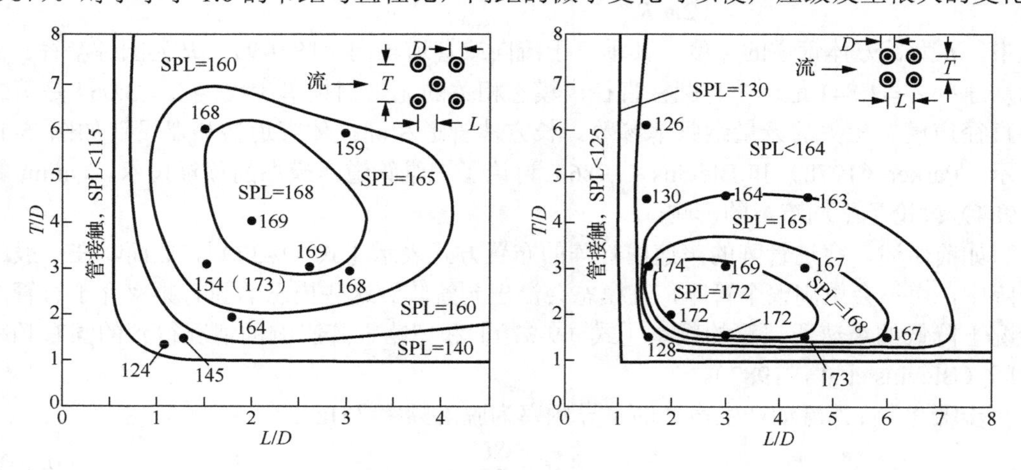

图 9-16　作为管间距的函数，管阵内声共振峰值的声压级（Ma=0.2, Re=80000）

涡旋脱落辐射的声压随马赫数［U/c。式（9-7）］的增大而增大。产生声的能量来自气体流经管道时产生的静压损失（Δp_{drop}）。Blevins 等（1987）发现用压降和马赫数来预报最大共振声，

$$p_{\text{rms}} = 12\Delta p_{\text{drop}} \frac{U}{c} \tag{9-43}$$

因此，管阵的高阶声模态比基本模态更容易发生声共振，因为高阶声模态在较高的马赫数下易被激发（Ziada et al.，1988；Funakawa et al.，1970；Grotz et al.，1956）。图 9-16 中声的马赫数为 0.2，压降为 20in 的水柱。这个值对于较低马赫数来说可能是保守的，但对于更高的马赫数和更高的压降来说它是非保守的。

2. 抑制

在换热器管阵声共振中常采用以下 4 种方法进行抑制：①用折流板使共振失谐，这将使折流板的声固有频率向上移；②使用亥姆霍兹谐振器增加声阻尼；③改变管的表面；④移走管。

实际上，$U/(f_a D) < 2$ 时不发生共振，U 为管间最小参考间隙内水流的平均速度，f_a 为基频，D 为管径，见图 9-15。增加声的一阶固有频率［式（9-39）］到 $f_a > U/(2D)$ 时，声固有频率高于脱落频率范围，使管阵远离共振。这是通过安装平行于流和管轴线的折流板以减少截面的有效横向宽度 b 来实现的。Cohan 等（1965）、Grotz 等（1956）、Baird（1954）成功地利用折流板来抑制共振。折流板安装如图 9-17 所示。

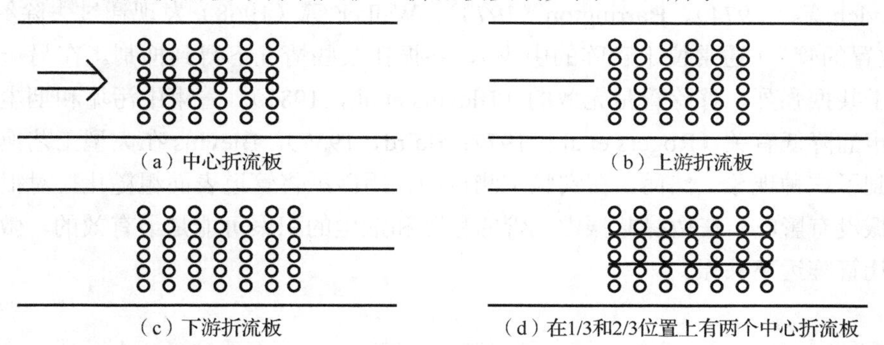

图 9-17 折流板阵列的定位

图 9-18 显示了单个和多个折流板对线内管阵产生的声的影响[注：P/D=2.0，f=365Hz（基频）且管直径 D=0.75in（19mm）]（Blevins et al.，1987）。一个单一的折流板会降低声的基本模态，但对声的第二阶模态没有影响；多个折流板能抑制更高阶模态。中心折流板比上下游折流板更有效，固体折流板比穿孔折流板更有效。尽管在某些情况下，穿孔折流板已经证明了足够有效（Blevins et al.，1987；Byrne，1983）。相对薄的，1/8in（3.2mm）金属薄层折流板证明是有效的。折流板的有效性是要求它的质量比交换器体积内气体的质量大得多，比如说要大 10 倍，而不是它的固有频率高于声的频率。

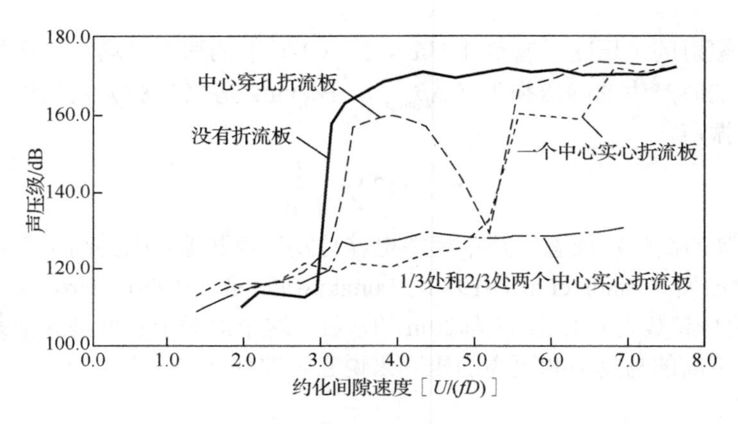

图 9-18 沿线内方向带各种折流板的方形管阵的声压级

亥姆霍兹谐振器是附在换热器壳体一侧的瓶状腔型结构，通过一个狭窄的颈部与壳体侧的气体连通，当空气被迫进入颈部时，通过黏性损失改善声模态。Blevins 等（1987）发现，一个体积等于换热器管道体积 3.2%的精心调谐的谐振器，其声学基本模态的共振降低了 13dB，而体积等换热器管道体积 1.5%的谐振器的效果可以忽略不计。与折流板相比，谐振器的优点是侵入到换热器腔型结构内的体积是最小的；缺点是必须调到声波的频率才能有效，而谐振器本身是相当大的器件（Baylac et al.，1975）。

抑制共振的两种不太可靠的方法是去除管和通过烟灰积聚来改变管的表面。Zdravkovich 等（1974）、Barrington（1973）、Walker 等（1968）发现通过去除约 3%的“合理放置的管”（通常位于管阵的中央），共振在某些情况下得到抑制。在另一种情况下，由于共振强烈，移除管是无效的（Blevins et al.，1987）。管束中污垢和烟尘的积聚与共振声的降低有关（Rogers et al.，1977；Baird，1959）。Blevins 在大型工艺换热器中也观察到了这种现象。然而，在实验室测试中，用砂纸将管道表面粗糙化，对很大且持久的共振没有影响。在边缘共振中，管的移除和烟尘的积聚可能是最有效的，微小的变化可能让管阵远离共振。

练 习 题

1. 考虑 5.5 节描述的换热器。如果将空气［$c=1100\text{ft/s}$（335m/s）］而不是水注入壳体一侧，则前两种模态的横向声固有频率是多少？在多大流量下，涡旋脱落和这些模态之间产生共振？产生的声压是多少？如果节距直径比是 2.0 而不是 1.25，你的答案会有什么变化？

9.4　源于流经空腔的声

在空气动力学和流体动力学的应用中，会出现流体流过和进入空腔的现象，这些现象会发生在液压水槽、闸门、飞机的进气口和舱、管道的分支和阀门、波纹管、火箭发动机、孔洞和乐器上（Flatau et al.，1988；Harris et al.，1988；Jungowski et al.，1987；Fletcher，1979；Rockwell et al.，1978）。空腔流动与空腔声固有频率上的一系列声有关，这些声是由穿过腔口的不稳定剪切层激发的。在亚音速流和超音速流的流动中都能观察到，空腔的开口与垂直于水流流动的方向平行。

考虑图 9-19 所示水流在空腔内的流动（Jungowski et al.，1987）。空腔上游边缘边界层厚度为δ。它流过上游边缘，形成一个自由剪切层，沿空腔开口的后部流动。自由剪切层本身是不稳定的；上游扰动会在离散频率下形成交替的向内和向外的流动。剪切层涡旋冲击空腔的下游边缘，在腔内压力产生振荡时向上游反馈，形成向内和向外交替流动的空腔流。振荡的剪切层的失稳与长笛发声的机理一样（Fletcher，1979），它也会在飞机和流体动力系统中产生强烈的不必要的噪声。

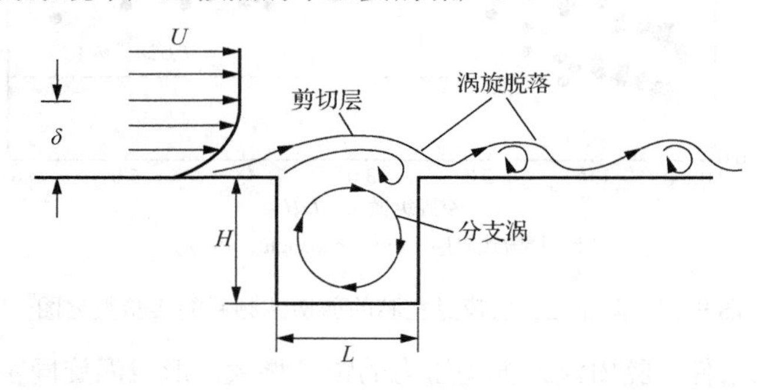

图 9-19　水在空腔内的流动

Bhattacharjee 等（1986）、Harris 等（1988）、Gharib 等（1987）、Blake（1986）、Rockwell 等（1982，1978）、Ronneberger（1980）回顾了剪切层振荡与反馈的一些较为复杂的细节。在这里，我们用不夸张的方式来描述振荡的频率、声共振的开始和抑制方法。

主导剪切层失稳的波具有显著的波长，此波长中有最不稳定的频率。当这些波长是流动方向上空腔体开口长度 L 的整数倍数时，下游边缘的冲击反馈增强了剪切层的失稳。实验表明，以 Hz 为单位的相关频率是

$$f_n=\begin{cases}\dfrac{0.33\left(n-\dfrac{1}{4}\right)U}{L}, & \text{湍流边界层（Franke et al.,1975)}, n=1,2,3,\cdots \\ \dfrac{0.53nU}{L}, & \text{层流边界层（Ethembabaoglu,1978)}, n=1,2,3,\cdots\end{cases} \tag{9-44}$$

这些关系如图 9-20 所示。n 为剪切波的模态数，即穿过开口的剪切波的波长数，U 为自由流的速度。边界层厚度和马赫数对频率也有影响（图 9-20。Rockwell，1977）。

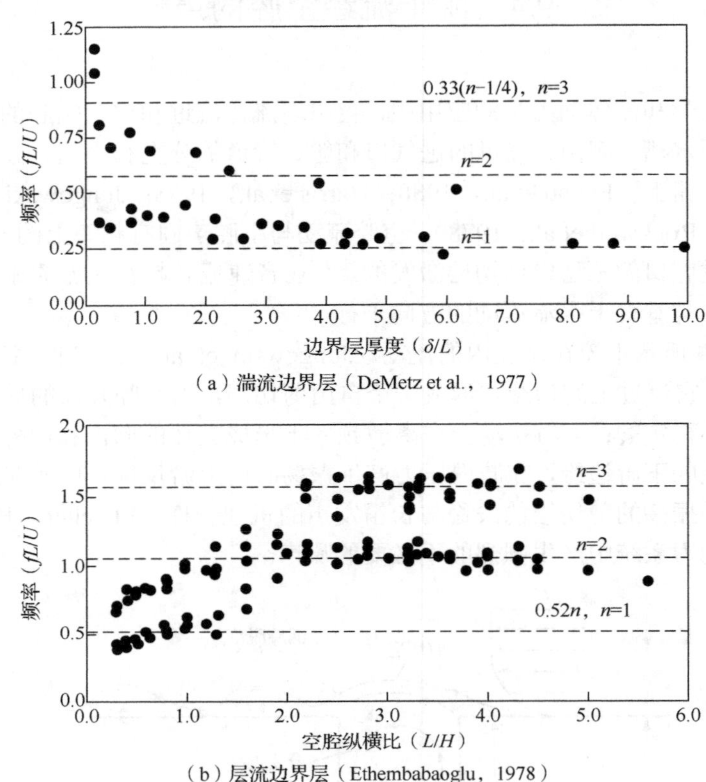

（a）湍流边界层（DeMetz et al.，1977）

（b）层流边界层（Ethembabaoglu，1978）

图 9-20　湍流边界层流过空腔的剪切波频率的实验数据图

随着接近共振条件，腔内涡致振动压力的幅度增大，形成涡旋同步振动，增强了流场中涡旋的强度，直到腔内声固有频率形成共振。这种腔内的剪切波振荡不局限于二维的实验模型。它们也出现在圆形、方形、二维和轴对称的开口处，以及深腔、浅腔、波纹管、进气口和面向流动的各种空腔。

在亚音速流和超音速流中腔内流都发生振荡。它们可以增加阻力，在一定的范围内也能减少阻力（Gharib et al.，1987）。空腔共振可以产生超过 175dB 的声压。

对于剪切波激励频率与空腔声频之间的共振，空腔必须足够长或足够深，以使声固有频率与主要的、不稳定的剪切波频率一致［式（9-44）］。对于浅腔，$L/H<1$，当声波波长与开口长度相当或小于开口长度时，即 $\lambda \ll L$，则共振呈现出纵向驻波。对于深腔，$L/H>1$，声模态往往发生在深腔中。如果空腔开口导致一个膨胀但封闭的空腔，那么声模态被称为亥姆霍兹模态，甚至可能出现更低的频率。这些以 Hz 为单位的空腔声模态的固有频率（Blevins，1979）为

$$f_a = \begin{cases} (c/2)\sqrt{(i/L)^2 + [j/(2H)]^2}, & \text{矩形空腔}, \quad i = 1,3,5,\cdots; j = 0,1,2,3,\cdots \\ jc/(4H), & \text{带有狭窄开口的空腔}, \ j=1,3,5,\cdots \\ (c/2\pi)\sqrt{A/(Vd)}, & \text{亥姆霍兹共振腔} \end{cases} \tag{9-45}$$

如图 9-9 所示，L 为矩形空腔的长度，H 为深度，c 为声速。方程的第二种形式适用于任何窄而深截面的空腔。对于三维亥姆霍兹腔来说，A 是空腔开口的横截面积，d 是空腔开口的深度加上一个校正系数，近似等于空腔开口半径的 1.6 倍，以作为有效深度，V 是共振器内的体积。亥姆霍兹腔与一个相对小的开口相耦合，能够比相同深度的等截面空腔产生更低频率的声。

下面五种方法已被证明在减少开口空腔中的声共振是有效的：①使尾边变圆或倾斜；②在上游边缘安装围栏或旋转叶片，使经过空腔上方的气流偏转；③用“蛋箱”把开口分成许多小开口；④将质量流量引入或引出空腔；⑤阻尼声学模式。图 9-21 显示了双斜坡可以实现 20dB 的声压级下降（Franke et al.，1975）。其他实验表明，这种效果也可以对后缘设计成锥形或倒圆形来实现，而不是同时把导边和尾边设计成锥形或倒圆形来实现（Rockwell et al.，1978）。Bernstein 等（1989）通过在安全阀中将边做成圆导边，半径为空腔直径的 30%，将振荡压力降低 200 倍。探测尾边有效性的原因认为是尾边使质量流量返回空腔，中断了反馈。它还将涡旋的影响扩散到一系列更小、更不相干的情形中。另外，阻碍涡旋冲击的方法是沿上游边缘安装一个偏转器，使自由剪切层不再影响空腔的下游边缘（Willmarth et al.，1978；Rockwell et al.，1978）。如偏转栅栏被广泛地应用于汽车的天窗。

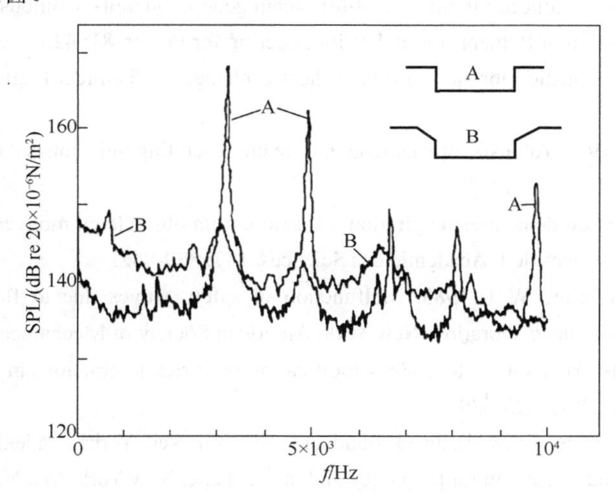

图 9-21　双坡道对浅空腔声学振荡衰减的影响（Franke et al.，1975）

可以通过向腔内注入质量流量或从腔中吸出质量流量的方式来抑制腔的声共振（Marquart et al.，1987；Sarohia et al.，1977）。空腔注入和流出明显地稳定了开口处的涡流振动并抑制了导致共振的反馈。Blevins 在一个进气口中发现了这种效果。当空气导管气流受到控制或下游阀门关闭时，在空气导管到阀门处产生的声压达到 175dB。当阀门打开允许质量流量注入时，振荡减少了 20dB。用面积等于或超过管道面积 7%的孔对阀门进行打孔，也会抑制共振。

共振的大小与声腔的阻尼成反比，小阻尼的声模态会导致明显的共振，如图 9-21 所示。通过增加空腔声模态的阻尼，如采用辅助调谐的亥姆霍兹谐振器，可以将共振振幅降低 20dB。

练 习 题

1. 买一瓶饮料或一个类似的瓶子，清空它。利用式(9-45)和空气中 1100ft/s(335m/s)的声速来预报其亥姆霍兹固有声模态。你可以通过在房间里吹小纸片来估算你吹空气的速度。通过式(9-44)估算瓶子的剪切波频率。激起的声模态理论值和实验结果一致吗？

参 考 文 献

Abd-Rabbo A, Weaver D S. 1986. A flow visualization study of flow development in a staggered tube array. Journal of Sound and Vibration, 106(2): 241-256.

Baird R C. 1954. Pulsation-induced vibration in utility steam generation units. Combustion, 25(10): 38-44.

Baird R C. 1959. Discussion of Putnam. Journal of Engineering for Power, 81: 420.

Barrington E A. 1973. Acoustic vibration in tubular heat exchangers. Chemical Engineering Process, 69(7): 62-68.

Baylac G, Gregorie J P. 1975. Acoustic phenomena in a steam generating unit. Journal of Sound and Vibration, 42(1): 31-48.

Bernard H. 1908. Formation de centres de giration a I’arriere d’un obstacle en mouvement. Comptes Rendus Hebdomadaire des Seances de I’ Academie des Sciences, 147: 839-842.

Bernstein M D, Bloomfieldw W J. 1989. Malfunction of safety valves due to flow-induced vibrations. Proceeding of Flow-Induced Vibration. New York: American Society of Mechanical Engineers: 155-164.

Bhattacharjee S, Scheelke B, Troutt T R. 1986. Modification of vortex interactions in a reattaching separated flow. AIAA Journal, 24(4): 623-629.

Blake W K. 1986. Mechanics of flow-induced sound and vibration. New York: Academic Press.

Blevins R D. 1979. Formulas for natural frequency and mode shape. New York: Van Nostrand Reinhold.

Blevins R D. 1984. Review of sound by vortex shedding from cylinders. Journal of Sound and Vibration, 92(4): 455-470.

Blevins R D. 1985. The effect of sound on vortex shedding from cylinders. Journal of Fluid Mechanics, 161: 217-237.

Blevins R D.1986. Acoustic modes of heat exchanger tube bundles. Journal of Sound and Vibration,109(1): 19-31.

Blevins R D,Bressler M M. 1987. Acoustic resonance in heat exchanger tube bundles—part I: physical nature of the phenomena, part II: prediction and suppression of resonance. Journal of Pressure Vessel Technology, 109(3): 275-288.

Brown R S, Dunlap R, Young S W, et al. 1985. Vortex shedding studies in a simulated coaxial dump combustor. Journal of Propulsion and Power, 1(5): 413-415.

Burton T E, Blevins R D. 1976. Vortex-shedding noise for oscillating cylinders. Journal of the Acoustical Society of America, 60(3): 599-606.

Byrne K P. 1983. The use of porous baffles to control acoustic vibrations in crossflow tubular heat exchangers. Journal of Heat Transfer, 105(4): 751-758.

Chen Y N. 1973. Karman vortex streets and flow-induced vibrations in tube banks. Journal of Engineering for Industry, 95(1): 410-412.

Cohan L J, Deane W J. 1965. Elimination of destructive, self-excited vibrations in large, gas and oil-fired utility units. Journal of Engineering for Power, 87(2): 223-228.

DeMetz F C, Farabee T M. 1977. Laminar and turbulent shear flow induced cavity resonances. AIAA, New York, AIAA Paper 77-1293.

Donaldson I S, McKnight W. 1979. Turbulent and acoustic signals in a cross-flow heat exchanger model // Flow-Induced Vibrations. New York: ASME: 123-128.

Ethembabaoglu S. 1978. On the fluctuating flow characteristics in the vicinity of gate slots. Division of Hydraulic Engineering, Norwegian Institute of Technology, University of Trondheim.

Etkin B, Korbacher G K, Keefe R T. 1957. Acoustic radiation from a stationary cylinder in a fluid stream (aeolian tones). Journal of the Acoustical Society of America, 29(1): 30-36.

Fahy F. 1985. Sound and structural vibration. London: Academic Press.

Farrell C. 1980. Uniform flow around circular cylinders: a review//Advancements in Aerodynamics, Fluid Mechanics and Hydraulics. New York: ASME: 301-313.

Ffowcs Williams J E, Zhao B C. 1989. The active control of vortex shedding. Journal of Fluids and Structures, 3(2): 115-122.

Fitzpatrick J A, Donaldson I S, McKnight W. 1988. Strouhal numbers for flows in deep tube array models. Journal of Fluids and Structures, 2(2): 145-160.

Flandro G A. 1986. Vortex driving mechanism in oscillatory rocket flows. Journal of Propulsion and Power, 2(3): 206-214.

Flatau A, van Moorhem W K. 1988. Flow, acoustic and structural resonance interaction in a cylindrical cavity//International Symposium on Flow-Induced Vibration and Noise, 6. Keith W L ed. New York: America Society of Mechanical Engineers: 1-12.

Fletcher N H. 1979. Air flow and sound generation in musical wind instruments. Annual Review of Fluid Mechanics, 11: 123-146.

Franke M E, Carr D L. 1975. Effect of geometry on cavity flow-induced pressure oscillations. AIAA, New York, AIAA Paper 75-492.

Funakawa M, Umakoshi R. 1970. The acoustic resonance in a tube bank. Bulletin of the JSME, 13(57): 348-355.

Gerrard J H. 1955. Measurements of sound from circular cylinders in an air steam. Proceedings of the Physical Society, Section B, 68(7): 453-461.

Gharib M, Roshko A. 1987. The effect of flow oscillations on cavity drag. Journal of Fluid Mechanics, 177: 501-530.

Goldstein M E. 1976. Aeroacoustics. New York: McGraw-Hill.

Grotz B J, Arnold F R. 1956. Flow-induced vibrations in heat exchangers. Department of Mechanical Engineering, Stanford University, Stanford, Calif., Technical Report 31, DTIC Number 104568.

Harris R E, Weaver D S, Dokainishet M A. 1988. Unstable shear layer oscillation past a cavity in air and water flows//International Symposium on Flow-Induced Vibration and Noise. New York: American Society of Mechanical Engineers: 13-24.

Horak Z. 1977. An appreciation of cenek Strouhal. Journal of Wind Engineering & Industrial Aerodynamics, 2(2): 185-188.

Jungowski W M, Botros K K, StudzinskiW, et al. 1987. Tone generation by flow past confined, deep cylindrical cavities. AIAA, New York, AIAA Paper 87-2666.

Keefe R T. 1962. Investigation of the fluctuating forces acting on stationary circular cylinder in a subsonic stream and of the associated sound field. Journal of the Acoustical Society of America, 34(11): 1711-1714.

Kim H J, Durbin P A. 1988. Investigation of the flow between a pair of circular cylinders in the flopping regime. Journal of Fluid Mechanics, 196: 431-448.

Kinsler L E, Frey A R, et al. 1982. Fundamentals of acoustics. 3rd ed. New York: Wiley.

Koopman G H. 1969. Wind induced vibrations and their associated sound fields. Washington D.C.: Catholic University of America.

Leehey P, Hanson C E. 1970. Aeolian tones associated with resonant vibration. Journal of Sound and Vibration, 13(4): 456-483.

Lighthill M J. 1952. On sound generated aerodynamically. I. General theory. Proceedings of the Royal Society A, 211(1107): 564-587.

Mair W A, Jones P D F, Palmer R K W. 1975. Vortex shedding from finned tubes. Journal of Sound and Vibration, 39(3): 293-296.

Marquart E J, Grubb J P. 1987. Bow shock dynamics of a forward-facing nose cavity. AIAA 11th Aeroacoustics Conference, Sunnyvale, Calif., AIAA Paper 87-2709.

Mathias M, Stokes A N, Hourigan K, et al. 1988. Low-level flow-induced acoustic resonances in ducts. Fluid Dynamics Research, 3(1-4): 353-356.

Muller E A. 1979. Mechanics of sound generation in flows. New York: Springer-Verlag.

Parker R. 1972. The effect of the acoustic properties of the environment on vibration of a flat plate subject to direct excitation and to excitation by vortex shedding in an airstream. Journal of Sound and Vibration, 20(1): 93-112.

Parker R.1978. Acoustic resonances in passages containing banks of heat exchanger tubes. Journal of Sound and Vibration, 57(2): 245-260.

Phillips O M. 1956. The intensity of aeolian tones. Journal of Fluid Mechanics, 1(6): 607-624.

Price S J, Paidoussis M P. 1989. The flow-induced response of a single flexible cylinder in an in-line array of rigid cylinders. Journal of Fluids and Structures, 3(1): 61-82.

Putnam A A. 1959. Flow-induced noise in heat exchangers. Journal of Engineering for Power, 81(4): 417-420.

Quinn M C,Howe M S. 1984. The influence of mean flow on the acoustic properties of a tube bank. Proceedings of the Royal Society A, 396(1811): 383-403.

Rayleigh F R S. 1879. Acoustical observations II. Philosophical Magazine, 7: 149-162.

Rayleigh F R S. 1894. Theory of sound. New York: Dover Publications.

Rayleigh F R S. 1915. Aeolian tones. Philosophical Magazine, 29: 434-444.

Relf E F. 1921. On the sound emitted by wires of circular section when exposed to an air-current. Philosophical Magazine, 42(247): 173-176.

Richardson E G. 1923. Aeolian tones. Proceedings of the Physical Society of London, 36: 153-167.

Richardson E G.1958. The flow and sound field near a cylinder towed through water. Applied Science Research, Section A, 7: 341-350.

Rockwell D. 1977. Prediction of oscillation frequencies for unstable flow past cavities. Journal of Fluids Engineering, 99(2): 294-299.

Rockwell D, Naudascher E. 1978. Review—self-sustaining oscillations of flow past cavities. Journal of Fluids Engineering, 100(2): 152-165.

Rockwell D, Schachenmann A. 1982. The organized shear layer due to oscillations of a turbulent jet through an axisymmetric cavity. Journal of Sound and Vibration, 85(3): 371-382.

Rogers J D, Penterson C A. 1977. Predicting sonic vibration in cross flow heat exchangers—experience and model testing. ASME, New York, Paper 77-WA/DE-28.

Ronneberger D. 1980. The dynamics of shearing flow over cavity. Journal of Fluid Mechanics, 71: 565-581.

Sarohia V, Massier P F. 1977. Control of cavity noise. Journal of Aircraft, 14(9): 833-837.

Stoneman S A T, Hourigan K, Stokes A N, et al. 1988. Resonant sound caused by flow past two plates in tandem in a duct. Journal of Fluid Mechanics, 192: 455-484.

Stowell E Z, Deming A F. 1936. Vortex noise from rotating cylindrical rods. Journal of the Acoustical Society of America, 7: 190-198.

Strouhal V. 1878. Ueber eine besondere art der tonerregung. Annalen der Physik and Chemie (Leipzig), 5: 216-251.

Tyler J M, Sofrin T G. 1962. Axial compressor noise studies. Society of Automotive Engineers Transactions, 70: 309-332.

von Hole W. 1938. Frequenz und schallstarkemessungen an hiebtonen. Akustische Zeitschrift, 3: 321-331.

von Karman T, Rubach H. 1912. Uber den mechanismus des flussigkeits- und luftwiderstandes. Physikalische Zeitschrift, 13: 49-59.

von Kruger F, Lauth A. 1914. Theorie der hiebtone. Annalen der Physik (Leipzig), 44: 801-812.

Walker E M, Reising G F S. 1968. Flow-induced vibrations in cross flow heat exchangers. Chemical Process Engineering, 49: 95-103.

Wallis R P. 1939. Photographic study of fluid flow between banks of tubes. Engineering, 148:423-425.

Weaver D S, Abd-Rabbo A. 1985. A flow visualization study of a square array of tubes in water cross flow. Journal of Fluids Engineering, 107(3): 354-363.

Weaver D S, Fitzpatrick J A, ElKashlan M. 1987. Strouhal numbers for heat exchanger tube arrays in cross flow. Journal of Pressure Vessel Technology, 109(2): 219-223.

Welsh M C, Stokes A N, Parker R. 1984. Flow-resonant sound interaction in a duct containing a plate. Journal of Sound and Vibration, 95(3): 305-323.

Willmarth W W, Gasparovic R F, Maszatics J M, et al. 1978. Management of turbulent shear layers in separated flow. Journal of Aircraft, 15(7): 385-386.

Yudin E Y. 1944. On the vortex sound from rotating rods. Zhurnal Teknicheskoi Fiziki, 14(9): 561.

Zdravkovich M M, Nuttall J A. 1974. On the elimination of aerodynamic noise in a staggered tube bank. Journal of Sound and Vibration, 34(2): 173-177.

Ziada S, et al. 1988. Acoustical resonance in tube arrays. International Symposium on Flow-induced Vibration and Noise, New York: 219-254.

第 10 章　输液管的振动

流经管道的流体对管壁施加压力，会引起管道偏移。水锤是由加速流引起的管道偏移，最典型的水锤例子是早晨在家中打开水龙头时管道发出低沉的“嗡”的一声。打开或关闭阀门时，阀门不停地振动是对这种压力的反应。管道的鞭振（或屈曲）是管线对瞬间破裂的动态响应。稳定流也可以使管道偏移，薄壁管道中的高速流可使管道大幅度弯曲或振动。本章将回顾这种失稳以及由泄漏和外部轴向流动引起的失稳。

10.1　输液管的失稳

10.1.1　固定边界的振动方程及其解

Ashley 等（1950）研究了输液管的振动和横贯阿拉伯输油管线的流致振动。Housner（1952）首次正确地推导输液管的振动控制方程并预报了它的失稳。失稳的形式取决于管道的末端条件。当流速超过临界速度时（Holmes，1978；Dodds et al.，1965；Housner，1952），两端支撑的管道会拱起并弯曲。一旦流速超过临界速度，悬臂管会发生大幅度摆动（Holmes，1978；Gregory et al.，1966）。这种最熟知的失稳形式是无约束软管的挥舞。

处于非稳定流中（Paidoussis，1987；Ginsberg，1973）的铰接管（Benjamin，1961）、集中质量管（Hill et al.，1970；Chen et al.，1985）、具有圆周模式的管（即壳体）（Shayo et al.，1978；Weaver et al.，1977）、短管（Paidoussis et al.，1986；Matsuzaki et al.，1977）、黏流同轴管（Chebair et al.，1990）、弯管（Unny et al.，1970；Chen，1973；Misra et al.，1988）以及主动控制管（Doki et al.，1989）的振动求解方法已经获得。Paidoussis（1987）以及 Paidoussis 等（1974）对输液管动力特性做了极好的综述。在本节中，Gregory 等（1966）和 Niordson（1953）建立并求解了直线输液管的振动方程。

图 10-1 为一个偏离平衡位置、发生横向挠度$Y(x,t)$的管跨。密度为ρ的流体在压力p作用下，以定常流速v流过内部截面（面积为A）。管道长L，弹性模量为E，截面惯性矩为I，面积矩为J。在图 10-2 中，考虑从输液管上截取一段微元。为更清晰地表示，流体单元［图 10-2（a)］是从管道单元［图 10-2（b)］中提取出来的。当流体流过弯曲管时，管的变形使得管道存在曲率的变化，产生了离心加速度，其方向与作用在流体微元上压力F的垂向分量方向相反，F为单位长度管道对流体单元作用力。小变形时，y方向上流体单元的力平衡方程为

$$F - pA\frac{\partial^2 Y}{\partial x^2} = \rho A\left(\frac{\partial}{\partial t} + v\frac{\partial}{\partial x}\right)^2 Y \tag{10-1}$$

流体沿管长方向的压力梯度和流体与壁面摩擦的剪切应力相反，对于定常流速，平行于管轴的合力［图 10-2（a）］为

$$A\frac{\partial p}{\partial x} + \tau S = 0 \tag{10-2}$$

式中，S 是单位长度输液管的内部周长；τ 是内壁剪切应力。管单元的振动方程根据图 10-2（b）推导出，平行于管轴方向的合力为

$$\frac{\partial T}{\partial x} + \tau S - Q\frac{\partial^2 Y}{\partial x^2} = 0 \tag{10-3}$$

式中，T 表示管的纵向拉伸应力；Q 表示管的横向剪切力。小变形时，垂直于管轴线的作用力使管道单元在 y 方向产生加速度：

$$\frac{\partial Q}{\partial x} + T\frac{\partial^2 Y}{\partial x^2} - F = m\frac{\partial^2 Y}{\partial t^2} \tag{10-4}$$

式中，m 表示单位长度空心管的质量。

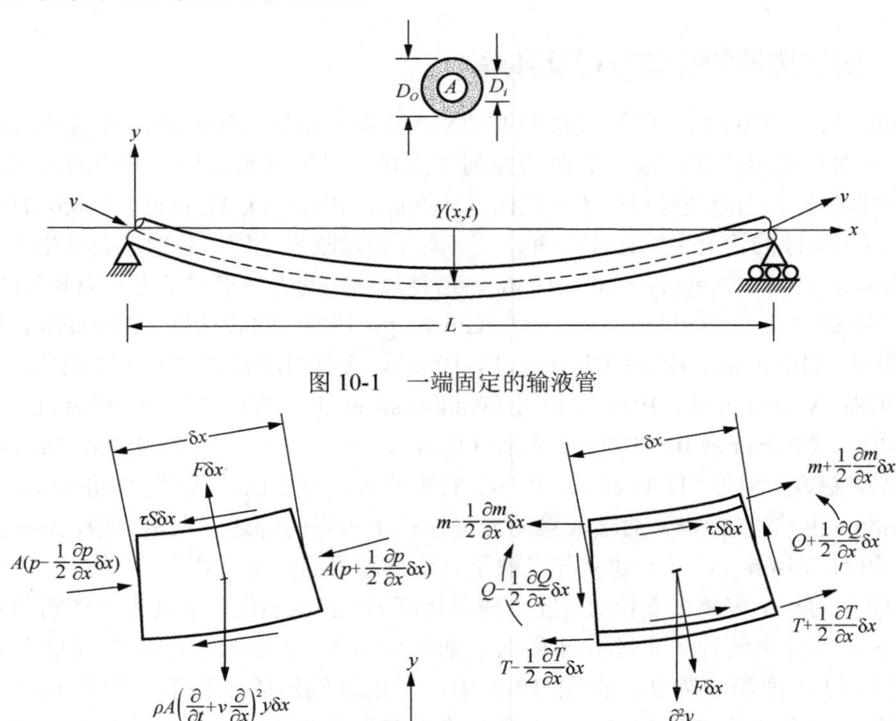

图 10-1　一端固定的输液管

图 10-2　作用于输液管微元上的力和力矩

管内横向剪切力Q与管内弯矩M_b有关，管道变形为

$$Q=-\frac{\partial M_b}{\partial x}=-EI\frac{\partial^3 Y}{\partial x^3} \tag{10-5}$$

Q正比于$\partial Y^3/\partial x^3$，式（10-3）左侧第三项是$Y$的二阶小项，在线弹性小变形分析时可以忽略。结合式（10-1）、式（10-4）和式（10-5），消去F,Q：

$$EI\frac{\partial^4 Y}{\partial x^4}+(pA-T)\frac{\partial^2 Y}{\partial x^2}+\rho A\left(\frac{\partial}{\partial t}+v\frac{\partial}{\partial x}\right)^2 Y+m\frac{\partial^2 Y}{\partial t^2}=0 \tag{10-6}$$

从式（10-2）和式（10-3）中消去剪切应力τ得到

$$\frac{\partial(pA+T)}{\partial x}=0 \tag{10-7}$$

该方程显示$pA-T=0$与管道的展向位置无关。如果假定管端处管内张力为零，流体压力为环境压力，即$x=L$时，$p=T=0$，那么式（10-7）对所有x均有$pA-T=0$。如果该管装有收敛喷管，考虑动量能得到$pA-T=\rho Av(v_j-v)$，其中v_j为喷管喉部速度（Gregory et al.，1966）。

将$pA-T=0$代入式（10-6），无张力的、直的输液管的自由横向振动方程为

$$EI\frac{\partial^4 Y}{\partial x^4}+\rho Av^2\frac{\partial^2 Y}{\partial x^2}+2\rho Av\frac{\partial^2 Y}{\partial x\partial t}+M\frac{\partial^2 Y}{\partial t^2}=0 \tag{10-8}$$

式中，$M=m+\rho A$为单位长度管的质量和管内流体质量的和。简支管的边界条件为端部挠度和弯矩为零（图 10-1）：

$$Y(0,t)=Y(L,t)=0,\qquad \frac{\partial^2 Y}{\partial x^2}(0,t)=\frac{\partial^2 Y}{\partial x^2}(L,t)=0 \tag{10-9}$$

对于悬臂管，在其固定端处的挠度和转角为零：

$$Y(0,t)=\frac{\partial Y}{\partial x}(0,t)=0,\qquad \frac{\partial^3 Y}{\partial x^3}(L,t)=\frac{\partial^2 Y}{\partial x^2}(L,t)=0 \tag{10-10}$$

在自由端处没有弯矩和剪切力。Paidoussis 等（1974）、Crandall（1968）和 Housner（1952）使用能量法给出了这些振动方程和边界条件的推导。

式（10-8）左侧的第一项和最后一项为管的刚度和惯性项，与流动无关。左侧第二项为流体流过变形管段弯曲处加速产生的离心力。该项在形式上和轴向压缩项一致［与式（10-6）左侧第二项对比］，它会降低固有频率，并最终导致屈曲。式（10-8）左侧第三项是使流体单元随局部管旋转而产生的旋转力，称为科里奥利力。其混合导数导致典型振型下的非对称变形，并导致类似于不稳定的颤振，这也使得式（10-8）求解困难。

式（10-8）不具有典型的正交模态（附录 A），其解不能简单分离成时间和空间的分量。比如，若存在一个试算解的形式：

$$Y(x,t)=\tilde{y}(x)\sin\omega t \tag{10-11}$$

代入式（10-8），可将科里奥利力写成$\cos\omega t$形式，其余项具有时间独立项$\sin\omega t$，据此解可写成

$$Y(x,t)=a_1\tilde{y}(x)\sin\omega t+a_2\tilde{y}(x)\cos\omega t \tag{10-12}$$

式中，a_1, a_2 是相互影响的。

图 10-1 和式（10-9）中简支边界条件满足一组正弦振型：

$$\tilde{y}(x)=\sin\frac{n\pi x}{L},\quad n=1,2,3,\cdots \tag{10-13}$$

这些模态的振型在式（10-8）的第一项、第二项和第四项不变，但混合导数的科里奥利力产生了对称振型的空间非对称项（$n=1,3,5,\cdots$）和非对称振型的空间对称项（$n=2,4,6,\cdots$）。从这些情况可得出，端部简支的流体输液管振动方程的解是带有对称的 sin 时间项的空间模态和带有非对称 cos 时间项的空间模态之和：

$$Y_j(x,t)=\sum_{n=1,3,5,\cdots} a_n\sin\frac{n\pi x}{L}\sin\omega_j t+\sum_{n=2,4,6,\cdots} a_n\sin\frac{n\pi x}{L}\cos\omega_j t,\quad j=1,2,3,\cdots \tag{10-14}$$

式中，ω_j 为 j 阶振型的固有频率。将试算解代入式（10-8）中，科里奥利力的产生项含有 $\cos(n\pi x/L)$。这些 cos 项可沿整个管道的展向在半个傅里叶域里用 sin 函数的级数展开：

$$\cos\frac{n\pi x}{L}=\sum_{p=1,2,3,\cdots} b_{np}\sin\frac{p\pi x}{L},\quad n=1,2,3,\cdots \tag{10-15}$$

式中，

$$b_{np}=\begin{cases}0, & n+p=\text{偶数}\\ 4p/[\pi(p^2-n^2)], & n+p=\text{奇数}\end{cases} \tag{10-16}$$

傅里叶级数在管跨上收敛是相对缓慢的，在末端则完全不收敛，但它允许的解与空间无关。利用这些替代式（10-8）中的项可以根据它们是否包含 $\sin\omega t$ 或 $\cos\omega t$ 进行分组，每组的系数设为 0，得出如下方程：

$$a_n\left[EI\left(\frac{n\pi}{L}\right)^4-\rho Av^2\left(\frac{n\pi}{L}\right)^2-M\omega_j^2\right]=\frac{8\rho Av\omega_j}{L}\sum_{p=2,4,6,\cdots} a_p\frac{pn}{n^2-p^2},\quad n=1,3,5,\cdots \tag{10-17}$$

$$a_n\left[EI\left(\frac{n\pi}{L}\right)^4-\rho Av^2\left(\frac{n\pi}{L}\right)^2-M\omega_j^2\right]=-\frac{8\rho Av\omega_j}{L}\sum_{p=1,3,5,\cdots} a_p\frac{pn}{n^2-p^2},\quad n=2,4,6,\cdots \tag{10-18}$$

这些方程可写成矩阵形式：

$$\left|[K]-\omega_j^{\ 2}M[I]\right|\{\tilde{a}\}=0 \tag{10-19}$$

式中，$\{\tilde{a}\}$ 为包含 $a_1, a_2, \cdots$ 的 $N\times 1$ 列矢量；$[I]$ 为对角线上值为 1、其他值为 0 的单位矩阵；$[K]$ 为刚度矩阵，含有以下几项：

$$k_{np}=\begin{cases}EI(\pi n/L)^4-\rho Av^2(\pi n/L)^2, & n=p\\ -(8\rho Av\omega_j/L)[np/(n^2-p^2)], & n=\text{奇数},\ n+p=\text{奇数}\\ (8\rho Av\omega_j/L)[np/(n^2-p^2)], & n=\text{偶数},\ n+p=\text{奇数}\\ 0, & n\neq p,\ n+p=\text{偶数}\end{cases} \tag{10-20}$$

令系数矩阵行列式为 0，求得式（10-19）的非零解：

$$\left|[K]-\omega_j^2M[I]\right|=0 \tag{10-21}$$

由于系统存在无穷阶固有模态，式（10-21）的有效解一般只考虑前几阶模态，有些分析甚至只需考虑前两阶模态。此时 $a_3, a_4, \cdots$ 等于 0，式（10-21）化为

$$\left[1-\left(\frac{v}{v_c}\right)^2-\left(\frac{\omega_j}{\omega_N}\right)^2\right]\left[16-4\left(\frac{v}{v_c}\right)^2-\left(\frac{\omega_j}{\omega_N}\right)^2\right]-\frac{256}{9\pi^2}\left(\frac{v}{v_c}\right)^2\frac{\rho A}{M}\left(\frac{\omega_j}{\omega_N}\right)^2=0 \tag{10-22}$$

式中，ω_N 为管内无流体时的周向最低固有频率，

$$\omega_N=2\pi f_N=\frac{\pi^2}{L^2}\left(\frac{EI}{M}\right)^{1/2} \tag{10-23}$$

其中，

$$v_c=\frac{\pi}{L}\left(\frac{EI}{\rho A}\right)^{1/2} \tag{10-24}$$

式（10-22）的精确解决定了管道的前两阶固有频率，

$$\left(\frac{\omega_j}{\omega_N}\right)^2=\alpha\pm\left\{\alpha^2-4\left[1-\left(\frac{v}{v_c}\right)^2\right]\right\}\left[4-\left(\frac{v}{v_c}\right)^2\right]^{1/2}，\ j=1,2 \tag{10-25}$$

式中，

$$\alpha=\frac{17}{2}-\left(\frac{v}{v_c}\right)^2\left(\frac{5}{2}-\frac{128}{9\pi^2}\frac{\rho A}{M}\right) \tag{10-26}$$

ω_1 和 ω_2 对所有 $v/v_c\leqslant 1$ 均为实数，ω_1 仅为质量比的弱函数。给出式（10-25）的估算值如下：

$$\frac{\omega_1}{\omega_N}=\left[1-\left(\frac{v}{v_c}\right)^2\right]^{1/2} \tag{10-27}$$

对于 $v\leqslant v_c, \rho A/M\leqslant 0.5$ 的情况，误差控制在 2.6%，对于 $v\leqslant v_c, \rho A/M\leqslant 1$ 的情况，误差控制在 12.8%。

零速度时管的前两阶固有频率为 $2\omega_N$ 和 $4\omega_N$，它们为典型固有频率（见附录 A）。随着流速增加，固有频率降低。当管内流速达到临界速度时，管的最低固有频率接近零［式（10-25）或式（10-27）］：

$$\lim_{v\to v_c}\omega_1=0 \tag{10-28}$$

当 $v\leqslant v_c$ 时，管道产生拱起和屈曲，使得流体符合小变形引起的管道弯曲所需的流体力超过了管道的刚度。在学术界，这种不稳定性称为静态尖分叉。

从数学角度而言，两端支持输液管的失稳是由式（10-8）中离心力项 $\rho Av^2\partial^2Y/\partial x^2$（见练习题中的第 2 题）引起的。如前所述，该项在形式上与管内张力相关项 $-T\partial^2Y/\partial x^2$ 等效。这说明两端支持的输液管失稳时的临界速度可通过等效于屈曲所需伸缩条件下这些项的系数来估算：

$$v_c \approx \left(\frac{|T_b|}{\rho A}\right)^{1/2} \tag{10-29}$$

式中，T_b 为管发生屈曲时需要的载荷。这种估算方法对简支管道来说是精确的，且很好地吻合了 Naguleswaran 等（1968）对管跨的数值计算结果。

图 10-3 中，将式（10-27）得到的数据与实验结果进行比较。实验是在一跨长 10.5ft（3.2m）、直径 1in（2.54cm）、壁厚 0.065in（1.65mm）的铝管上进行。管内水由蓄水池提供。其他的实验参数为 $\rho A = 0.008\text{slug/ft}$（$0.383\text{kg/m}$）、$E = 10\times10^6\text{psi}$（$68.9\times10^9\text{Pa}$）、$I = 1.0\times10^{-6}\text{ft}^4(8.63\times10^{-9}\text{m}^4)$、$m = 0.00712\text{slug/ft}$（$0.341\text{kg/m}$）。该长管产生失稳的临界速度为 129ft/s（39.3m/s）［式（10-24）］。

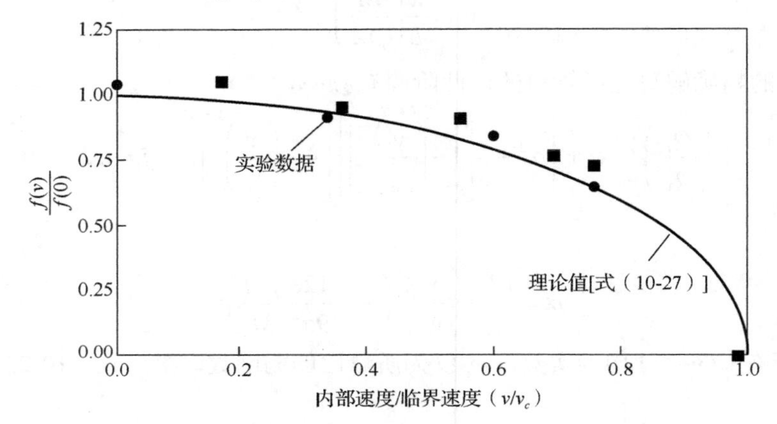

图 10-3　增加流速、降低输液管基频的理论值与实验结果对比

已知 a_2/a_1，式（10-19）可解。a_2/a_1 决定了振型，对于基频有

$$\frac{a_2}{a_1} = -\frac{8}{3\pi^2}\frac{\omega_1 L}{v_c}\frac{v}{v_c}\left[16 - 4\left(\frac{v}{v_c}\right)^2 - \left(\frac{\omega_1}{\omega_N}\right)^2\right]^{-1} \tag{10-30}$$

式中，ω_1 是式（10-25）的最低固有频率解。对于 $v < v_c$ 的情况，$|a_2/a_1| < 0.094$。因此，一阶正弦弯曲模态会主导振动响应。

练　习　题

1. 从式（10-6）开始，很容易得出存在内部张力和压力的输液管振动方程：

$$EI\frac{\partial^4 Y}{\partial x^4} + (pA - T)\frac{\partial^2 Y}{\partial x^2} + \rho A v^2\frac{\partial^2 Y}{\partial x^2} + 2\rho A v\frac{\partial^2 Y}{\partial x\partial t} + M\frac{\partial^2 Y}{\partial t^2} = 0$$

$pA - T$ 沿跨长方向不变。如果 $p = 0$，张力的解是什么？根据式（10-25），输液管管道中是否包含稳定张力？张力使输液管管道的稳定性增加还是降低？

2. 因为流体输液管管道的屈曲失稳是静态失稳而非动态失稳，式（10-8）中与时间无关的惯性项和科里奥利力项（$\partial^2 Y/\partial x\partial t$ 和 $\partial^2 Y/\partial t^2$）在确定临界速度时可忽略。使用该方法确定简支-简支管和固定-固定管的临界速度，振型由式（10-36）给出。

3. 考虑一内部压力为 p 的简支-简支自由张力管（$T=0$），其压力是稳定还是不稳定的？是否取决于下游末端有无轴向约束？压力或吸力为何值时管会屈曲？内部加压能否增大管的固有频率？Naguleswaran 等（1968）和 Paidoussis（1987）讨论了其结果。

10.1.2 悬臂输液管和弯曲管

直线流体输液悬臂管的自由振动（图 10-4）可通过振动方程（10-8）求解，边界条件为式（10-10）。Gregory 等（1966）给出了几种求解方案。本节给出的近似求解类似于两端简支梁情况下使用的模态展开，可用于生成任意阶的解。

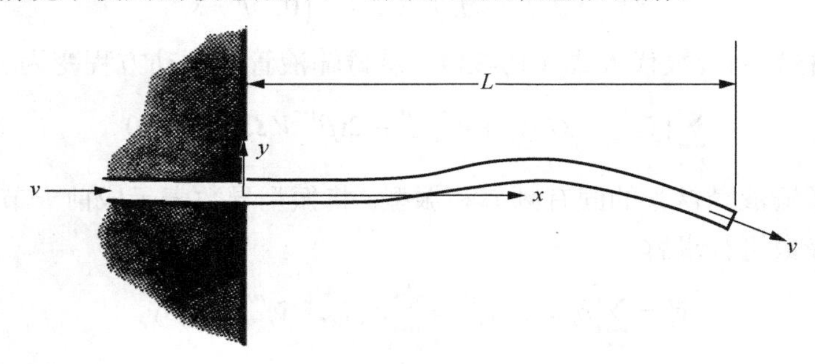

图 10-4 悬臂输液管

假设悬臂输液管的挠度为

$$Y(x,t)=\mathrm{Re}[\Psi(x/L)\mathrm{e}^{\mathrm{i}\omega t}] \tag{10-31}$$

式中，Re 为实部；i 为虚数单位，$\mathrm{i}=\sqrt{-1}$。因此，如果 ω 是实数，

$$\mathrm{e}^{\mathrm{i}\omega t}=\cos\omega t+\mathrm{i}\sin\omega t \tag{10-32}$$

该式描述了频率 ω 的稳态谐振。如果 ω 是虚数，$\omega=\mathrm{i}\omega_R$，其中 ω_R 为一实数且 $\mathrm{e}^{\mathrm{i}\omega t}=\mathrm{e}^{-\omega_R t}$ 存在两种情况：$\omega_R>0$ 时，振动随时间呈指数衰减；$\omega_R<0$ 时，振动随时间呈指数增长。通常来说，ω 既有实数部分也有虚数部分，所以悬臂输液管的振动包含在指数增长或衰减包络线内。

如果将方程（10-31）的试算解代入振动方程（10-8），结果为

$$\Psi''''+V^2\Psi''+2\mathrm{i}\beta^{1/2}V\Omega\Psi'-\Omega^2\Psi=0 \tag{10-33}$$

式中，$(')$ 定义为 x/L 的导数。无量纲常数 β,Ω 和 V 值分别为

$$\beta=\frac{\rho A}{M},\quad \Omega=\omega L^2\left(\frac{M}{EI}\right)^{1/2},\quad V=vL\left(\frac{\rho A}{EI}\right)^{1/2},\quad M=\rho A+m \tag{10-34}$$

式中，M 等于单位长度空管质量与内部流体质量的和。

悬臂输液管的振型近似于没有流体流动时一系列的悬臂管振型之和：

$$\Psi\left(\frac{x}{L}\right)=\sum_{r=1}^{\infty}a_r\tilde{y}\left(\frac{x}{L}\right) \tag{10-35}$$

式中，

$$\tilde{y}\left(\frac{x}{L}\right)=\cosh(L\lambda_r x/L)-\cos(L\lambda_r x/L)-\sigma_r[\sinh(L\lambda_r x/L)-\sin(L\lambda_r x/L)] \tag{10-36}$$

对于前三阶模态，$L\lambda_r$ 和 σ_r 的值为 $L\lambda_1=1.875, L\lambda_2=4.694, L\lambda_3=7.855, \sigma_1=0.734099,$ $\sigma_2=1.018466, \sigma_3=0.999225$（Blevins，1979）。这些模态满足式（10-10）的边界条件且垂直于悬臂管的跨度，

$$\int_0^1\tilde{y}_r\left(\frac{x}{L}\right)\tilde{y}_s\left(\frac{x}{L}\right)d\left(\frac{x}{L}\right)=\begin{cases}1, & r=s\\0, & r\neq s\end{cases} \tag{10-37}$$

如果将式（10-35）的级数代入式（10-33），悬臂输液管的振动方程变为

$$\sum_{r=1}^{\infty}[\tilde{y}_r''''-\Omega^2\tilde{y}_r+V^2\tilde{y}_r''+2\mathrm{i}\beta^{1/2}V\Omega\tilde{y}_r']a_r=0 \tag{10-38}$$

这组方程决定了输液悬臂管的固有频率和振型。将振型导数表示成前一节简支边界条件那样，振型按级数进行求解：

$$\tilde{y}_r'=\sum_{s=1}^{\infty}b_{rs}\tilde{y}_s,\quad \tilde{y}_r''=\sum_{s=1}^{\infty}c_{rs}\tilde{y}_s,\quad \tilde{y}_r''''=\lambda_r{}^4\tilde{y}_r \tag{10-39}$$

式中，

$$b_{rs}=\frac{4}{(\lambda_s/\lambda_r)^2+(-1)^{r+s}}$$

$$c_{rs}=\begin{cases}\dfrac{4(\lambda_r\sigma_r-\lambda_s\sigma_s)}{(-1)^{r+s}-(\lambda_s/\lambda_r)^2}, & r\neq s\\ \lambda_r\sigma_r(2-\lambda_r\sigma_r), & r=s\end{cases} \tag{10-40}$$

将这些级数代入式（10-38）得到

$$\sum_{r=1}^{\infty}\left[\left(\lambda_r^4-\Omega^2\right)\tilde{y}_r+V^2\sum_{s=1}^{\infty}c_{rs}\tilde{y}_s+2\mathrm{i}\beta^{1/2}V\Omega\sum_{s=1}^{\infty}b_{rs}\tilde{y}_s\right]a_r=0 \tag{10-41}$$

如果将该式乘以 $\tilde{y}_s$ 并将所得方程沿跨长方向进行积分，之后使用式（10-37）的正交条件，将方程写成矩阵形式：

$$\left|[K]-\Omega^2[I]\right|\{\tilde{a}\}=0 \tag{10-42}$$

式中，刚度矩阵 $[K]$ 中各项表示为

$$k_{rs}=\begin{cases}\lambda_r^4+V^2c_{sr}+2\mathrm{i}\beta^{1/2}V\Omega b_{sr}, & r=s\\ V^2c_{sr}+2\mathrm{i}\beta^{1/2}V\Omega b_{sr}, & r\neq s\end{cases} \tag{10-43}$$

仅当系数矩阵行列式等于 0 时，矩阵形式（10-42）的非零解存在，

$$\left|[K]-\Omega^2[I]\right|=0 \tag{10-44}$$

该方程的解说明了无量纲固有频率 Ω_j 是无量纲质量比 β 、无量纲速度 V 的函数。如果我们给定 Ω 值，式（10-44）可给出这两个参数的关系。

无量纲频率［式（10-34）］可以写成虚数形式：

$$\Omega=\Omega_R+\mathrm{i}\Omega_I \tag{10-45}$$

然而式（10-44）的余项都是实数。如果 $\Omega_I>0$ ， Ω_R 在指数衰减范围内产生振动；如果 $\Omega_I<0$ ，在指数扩大范围内产生振动； $\Omega_I=0$ 定义为中性稳定。

采用多模态分析，令 $\Omega_I=0$ ，获得图 10-5 中的稳定性图。悬臂输液管质量比约为 $\rho A/M$ = 0.295,0.67 和 0.88。增加流动速度会导致管道失稳，之后重新稳定。中性稳定频率下的实数部分如图 10-6 所示。Gregory 等（1966）发现在稳定性估算分析中，为尽可能完整地再现“精确的”数值解的大部分特征，至少需要三个模态。图 10-7 给出了这一理论计算值和实验值的对比。Jendrzejczyk 等（1985）对其他输液管的实验进行了总结。

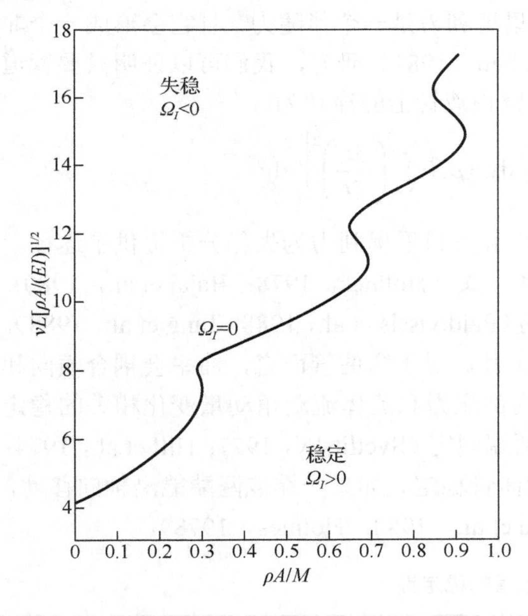

图 10-5 悬臂输液管临界速度与质量比的关系

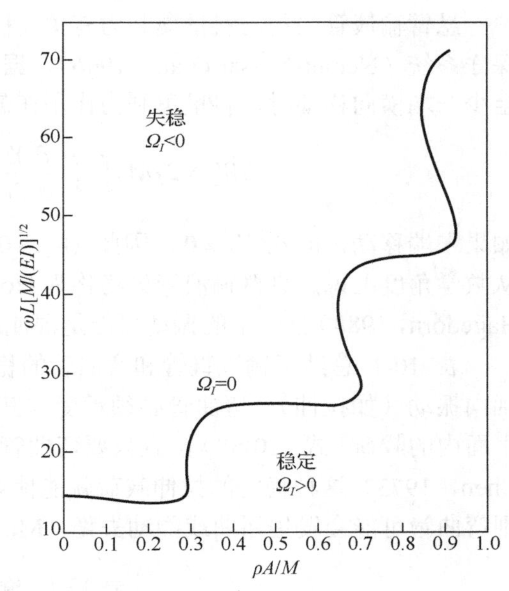

图 10-6 悬臂输液管动力不稳定时频率与质量比的关系

悬臂输液管开始失稳时，频率的实数部分不为零，不像简支-简支管一样屈曲。在速度超过临界速度时，流体悬臂输液管不会拱起和屈曲，相反，它会像花园中不加约束的浇水管一样以有限的频率做大幅摆动。

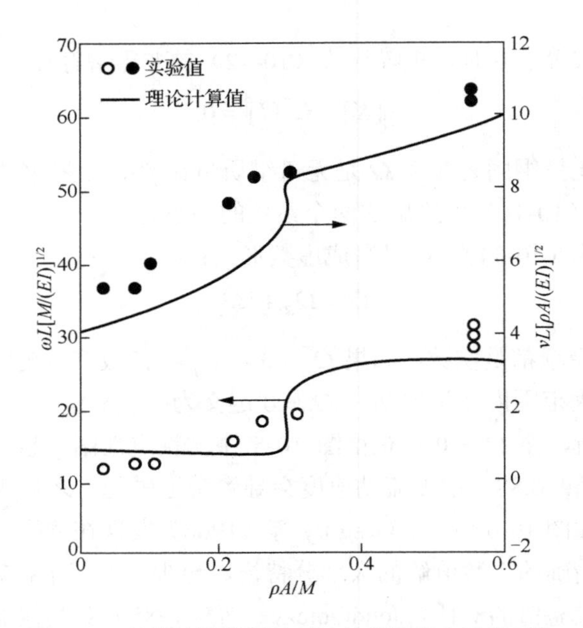

图 10-7　悬臂输液管振动理论计算值和实验值对比

悬臂输液管失稳与科里奥利力有关，科里奥利力是一个伴随力，且它会形成一个非保守系统（Nemat-Nassar et al.，1966）。据 Chen（1981）研究，我们可以证明只要管道至少一端横向移动时，科里奥利力作用在悬臂输液管上的净功为

$$\Delta W_c = 2\rho A v\int_0^Y\int_0^L \frac{\partial^2 Y}{\partial x\partial t}\mathrm{d}y\mathrm{d}x = \rho A v\int_0^Y\left(\frac{\partial Y}{\partial t}\right)^2\Bigg|_0^L \mathrm{d}y$$

如果末端移动，即 $\partial Y/\partial t \neq 0$，因此 $\Delta W_c > 0$，并且科里奥利力为失稳分析提供了途径。从数学角度上说，悬臂输液管失稳称为 Hopf 分叉（Holmes，1978；Bajaj et al.，1980；Hagedorn，1988）且产生的振动可能是混沌的（Paidoussis et al.，1988；Tang et al.，1988）。

表 10-1 总结了输液直管和弯曲管的稳定性。对于弯曲管而言，曲率会耦合横向和轴向振动（如拉伸）。弯曲管必须承受与其内部压力和流体流动角动量变化相关的稳定平面内的载荷［式（10-58）］，且只要弯曲管两端固定（Svetlitsky，1977；Hill et al.，1974；Chen，1973）这种稳定的拉伸载荷就能使弯曲管稳定。如果一端或两端能沿轴向移动，则弯曲管可能会发生屈曲或颤动失稳（Misra et al.，1988；Holmes，1978）。

表 10-1　输液管的稳定性

管道几何形状	边界条件[①]	平面内或平面外	失稳模式[②]
直管	两端固定	两者都有	屈曲
直管	一端固定，一端简支	两者都有	屈曲
直管	两端简支	两者都有	屈曲
直管	一端固定，一端自由	两者都有	颤振

续表

管道几何形状	边界条件①	平面内或平面外	失稳模式②
弯曲管	两端固定	两者都有	稳定③
弯曲管	一端固定，一端简支	两者都有	稳定③
弯曲管	两端简支	两者都有	稳定③
弯曲管	一端固定，一端自由	平面内	屈曲
弯曲管	一端固定，一端自由	平面外	颤振
弯曲管	一端固定，一端滑移	平面内	颤振

资料来源：Misra 等（1988）。

注：①固定可以防止横向位移、横向坡度和轴向运动。简支可以防止横向位移和轴向运动。滑移可以防止横向位移和倾斜，但允许轴向运动。

②随着流速增加的一阶失稳模式。

③平面内稳定拉伸载荷提供稳定性。

练　习　题

1. 对于悬臂管，使用幂级数 $\Psi(x)=\sum a_r x^r$ 表示式（10-8）解的空间相关性。如果分析中仅有两项 $r=1$ 和 $r=2$ 已知，写出刚度矩阵的表达式。

10.1.3　算例

考虑固定-简支管道（图 10-1），使用式（10-29）和式（10-30）描述的内部流体的质量比和临界速度［式（10-24）］为

$$\frac{\rho A}{M}=0.537,\quad v_c=129\text{ft/s}(39\text{m/s})$$

如果给定两个可能的速度分别为75ft/s（23m/s）和150ft/s（46m/s），那么较高流速会被拒绝使用，因为它超过临界速度会使管道发生屈曲。对于流速等于75ft/s（23m/s），由式（10-24）可得：

$$\frac{v}{v_c}=0.581$$

由式（10-27）得出

$$\frac{\omega_1}{\omega_N}=0.814$$

通过式（10-23）计算得到无流体时管道的固有频率 ω_N 值，$\omega_N=28.4\text{rad/s}$，因此管道的基频为 3.68Hz。

如果对于同样的一根管道，一端固定一端不受约束，管道变成悬臂管道。由图 10-5 预测悬臂管道开始失稳的流速为

$$v=\frac{9.4(EI/\rho A)^{1/2}}{L}=387\text{ft/s}\ (118\text{m/s})$$

注意，悬臂管道失稳需要的流速比相应的简支-简支管道的要高。这说明，在悬臂管道自由端处施加额外约束，比如自由端被握住，稳定的悬臂管道将立即屈曲，因为额外约束产生了类似简支-简支情况的几何特征。

10.2 外部轴向流动

外部轴向流流过管道和杆的现象会在平行流的换热器中发生，如核反应堆燃料棒簇、拖船系统，甚至在微生物的游动中（Taylor，1952）。本节将探讨轴向流动中圆杆和圆柱的稳定性问题。Paidoussis（1987）回顾了此类问题。

弹性圆柱对外部轴向流动和内部流动的响应（见 10.1.1 节和 10.1.2 节）在流体力和动态响应上是非常相似的。流动的力学简图见图 7-8（7.3.3 节讨论了在平行流中固定圆柱对湍流的响应）。由 Paidoussis 等（1981）推导的轴向流体流经弹性圆柱的振动方程为

$$EI\frac{\partial^4 Y}{\partial x^4}+\rho AU^2\frac{\partial^2 Y}{\partial x^2}+2\rho AU^2\frac{\partial^2 Y}{\partial x\partial t}-\frac{1}{2}\rho U^2 DC_f\left(1+\frac{D}{D_h}\right)(L-x)\frac{\partial^2 Y}{\partial x^2}$$
$$+\frac{1}{2}\rho DUC_f\frac{\partial Y}{\partial t}+\frac{1}{2}\rho U^2 DC_f\left(1+\frac{D}{D_h}\right)\frac{\partial Y}{\partial x}+M\frac{\partial^2 Y}{\partial t^2}=0 \quad (10\text{-}46)$$

假定每个圆柱单元上的流体力和以同流速、大小、方向的流体作用在无限长刚性圆柱的单元流体力相同。大多数符号与前面章节相同，$Y(x,t)$ 为圆柱的横向变形；E 为弹性模量；I 为面积惯性矩；ρ 为流体密度；x 为圆柱的跨距；U 为圆柱绕流的轴向流速；$M=m+\rho A$ 为单位长度圆柱的质量 m 与外部流体附加质量之和，$A=\pi D^2/4$ 为直径为 D 的圆柱的横截面积；M 的计算详见 2.2 节。C_f 为流体流过圆柱的摩擦系数，因此单位长度圆柱上轴向力的平均值为 $\frac{1}{2}\rho U^2 DC_f$。C_f 取决于边界层表面摩擦和表面粗糙度，其典型值取 0.02。

因为建立一致的流体力项模型是很难的，因此式（10-46）和式（10-8）的推导很复杂。这会导致错误的发生，参见 Housner（1952）对 Ashley 等（1950）关于内部流动推导的修正，Dowling（1988）对 Paidoussis（1966）关于外部流动推导的修正，以及 Ginsberg（1973）对 Chen（1971）关于非稳定流推导的修正。本书作者延续该传统，在第一版中有一个符号错误，此问题由 C. S. Lin 解决，得到修正。

如果表面摩擦系数 C_f 为零，流速 v 替换为 U，则外部流体绕过圆柱的方程[式(10-46)]与内流管道的振动方程［式（10-8)］在形式上是一致的。因此，内部流动和外部轴向流动的解和观察到的现象也很相似。与内部流动一样，若速度超过式（10-24）或式（10-29）（Paidoussis，1966）定义的近似临界速度，外部轴向圆柱绕流同样会激发屈曲和颤振失稳。类似地，轴向张力抑制失稳，使管道稳定。如果下游末端可沿轴向自由移动，例如拖曳圆柱，式（10-46）中的轴向流体摩擦项能产生这种稳定张力。如果下游末端张力超过 ρAU^2 或总的长直径比超过 $\pi/2C_f$，Lee（1981）和 Triantafyllou 等（1985）预报出

拖曳圆柱稳定性能得以保证。由于摩擦引起张力（Dowling，1988）的作用，长的拖曳的中性浮力水听器线缆总是稳定的。短圆柱可通过下游端部的锥管或海锚固定。

因为后缘形状决定了张力诱导的阻力，并且悬臂管对于作用在自由端的力非常敏感，所以后缘形状对稳定性和外轴流中悬臂管的湍流振动有很大的影响。Wambsganss 等（1979）的实验结果与 Paisoussis（1976）所发现的平行流中方形弹簧盖减小悬臂管激励的结果一致。Wambsganss 等于 1979 年编写的后缘几何形状和悬臂管对轴向流激励的相关响应在表 10-2 中给出，参见 7.3.3 节关于圆柱在轴向湍流诱导振动的讨论。

表 10-2　后缘几何形状对悬臂管在轴向流动中响应的影响

后缘几何形状①	位移响应		阻尼系数	
	$(y/d)_{rms}$	归一化的值②	$\zeta(\%Cr)$	归一化的值②
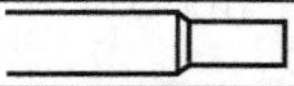	0.024	0.80	0.20	0.77
	0.024	0.80	2.24	0.92
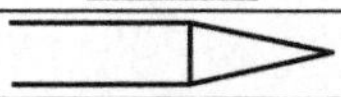	0.028	0.93	0.14	0.54
	0.030	1.0	0.26	1.00
	0.042	1.4	0.29	1.12
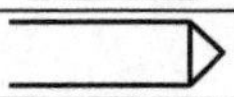	0.046	1.5	0.38	1.46
	0.046	1.5	0.40	1.54
	0.050	1.7	0.36	1.38
	0.074	2.5	0.43	1.65
	0.084	2.8	0.26	1.00
	0.112	3.7	0.23	0.88

资料来源：Wambsganss 等（1979）。

注：①在衰减振动时相对有效性排序。

②对于方形端几何体归一化的值。

但是，在轴向流动时，圆柱失稳的预测值通常与实验值不太一致，但不超过实验值的 2 倍。各种失稳机制和湍流激励间的转换仍未得到较好理解。如果需要对特定系统达到失稳的流速进行定量精确地预测，则需要进行模型比尺试验。Riley 等（1988）回顾了顺应涂层对于流体响应的相关研究。

10.3　管道的鞭振

所有管道都存在缺陷，大多数管道会发生腐蚀。如果管道内的一处缺陷增长到不容忽视的长度，或者腐蚀从管道面侵蚀足够多的材料，管道会在横截面处快速地断裂。如果管道是高压系统的一部分，那么流体将会从断裂处排出进入空气中。流体的快速溢出和不受约束的流体压力在管上产生脉冲反应，导致管道鞭振并危害到人员和结构安全。发电厂的设计人员普遍假设管道发生断裂，然后进行分析确定需要什么约束或什么保护来避免二次失效（U.S. Atomic Energy Commission，1973）。

通常假定断裂仅发生在交叉点或者管内弯曲点附近（图 10-8）。流体以垂直管径的直角喷出，且流体反作用力趋向使管道弯曲，而不是促进失稳。作用在管道上的反作用力可通过对图 10-8（Blevins，1984）所示的静止控制体使用流体动量方程进行估算：

$$F = -\int_s p n \mathrm{d}s - \frac{\mathrm{d}}{\mathrm{d}t}\int_{\mathrm{vol}} \rho v \mathrm{d}V - \int_s \rho v (v \cdot n) \mathrm{d}s \tag{10-47}$$

式中，F 为作用在管道上的反作用力矢量；n 为垂直于控制面 s 指向外法线方向的单位矢量，它在空间是固定的，包含控制体积 V，并且 v 为相对于固定空间的速度矢量。

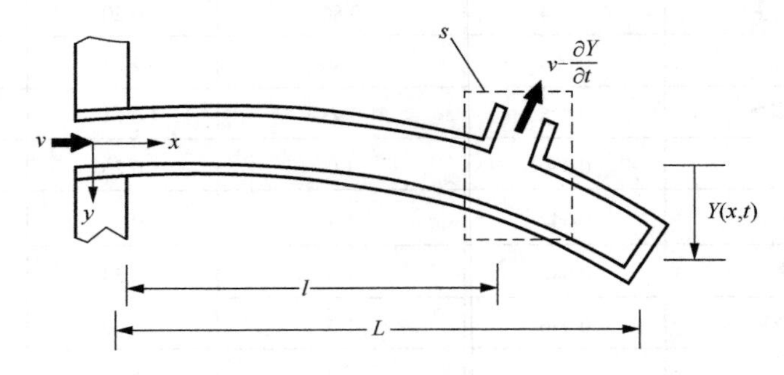

图 10-8　悬臂管的破裂

因为上式需要一个包含流体速度和压力的瞬态模型以及管道振动的估计值，所以式（10-47）的估计并不容易。相对于管排出液体而言，在高压气体环境或蒸汽系统中，流体在断裂处堵塞，流体将以声速从管内流出，直到系统排出液体的时间超过 1s。

如果我们忽略式（10-47）中的瞬态项，并假定流体以相对于管道的流速 v 从断裂处流出，作用在管道上的横向作用力为

$$F_y = \rho A\left[v - \frac{\partial Y(l,t)}{\partial t}\right]^2 + (p - p_s)A \tag{10-48}$$

该力基本上与稳定流中直角弯管受到的力相同（Blevins，1979），它主要由两部分组成：其一，当流体从断裂处以绝对速度 $v - \partial Y/\partial t$ 排出时，力分量需要能使流体转动 90°；其二，相对于任意环境压力 p_s 的内部压力而产生的压力引起的力。对于断裂瞬间的高压系统（$p \gg p_s$），该力仅由压力产生，$v = \partial Y/\partial t = 0$，

$$F_y \approx pA \tag{10-49}$$

这种近似虽然忽略了系统排空时重要的流体动力项，但该估计方法仍得到广泛应用。

根据式（10-49），即断裂处瞬时流体力作用下发生弯曲的、细长均匀管道的振动方程为

$$EI\frac{\partial^4 Y(x,t)}{\partial x^4}+M\frac{\partial^2 Y(x,t)}{\partial t^2}=\begin{cases}0, & t<0, x\neq l\\ pA, & x=l, t\geqslant 0\end{cases} \tag{10-50}$$

式中，E 为管道的材料弹性模量；I 为管道的面积惯性矩；M 为单位长度上管道和包含流体的质量和。通过模态展开进行求解：

$$Y(x,t)=\sum_{j=1}^{N}\tilde{y}_j(x)y_j(t) \tag{10-51}$$

式中，$\tilde{y}_j(x)$ 为与断裂管道自由振动相关的振型。将式（10-51）代入式（10-50），将结果乘以 $y_k(x)$ 并沿管跨进行积分，应用式（10-37）的正交条件得出一系列线性常微分方程，每阶模态的响应为

$$\ddot{y}_j(t)+\omega_j^2 y_j(t)=pA\tilde{y}_j\left(\frac{l}{L}\right)\left[ML\int_0^L \tilde{y}_j^2\left(\frac{x}{L}\right)\mathrm{d}\left(\frac{x}{L}\right)\right]^{-1} \tag{10-52}$$

$$若 t\geqslant 0,\ j=1,2,3,\cdots$$

式中，ω_j 为管道的固有圆频率。假定管道在断裂前静止，因此式（10-52）的初始条件为 $y_j(0)=\dot{y}_j(0)=0$。

考虑通过忽略式（10-52）的 $\ddot{y}_j$ 项来获得稳态解。每阶模态的静变形 $Y_j(x)$ 等于每阶模态下刚度计算的变形：

$$Y_j(x)=\frac{pA}{\omega_j^2 ML}\frac{\tilde{y}(l/L)}{\int_0^L \tilde{y}_j^2(x/L)\mathrm{d}(x/L)}\tilde{y}_j(x) \tag{10-53}$$

式中，$\omega_j^2 ML$ 为第 j 阶模态时管道的刚度（考虑弹簧-质量系统的固有频率为 $\omega^2=k/m$，因此刚度为 $k=\omega^2 m$）。pA 乘以振型项组成广义力。通常响应主要取决于前几阶模态，例如，如果断裂发生在悬臂管道的端部［图（10-8）］，且第一阶模态的响应为 1.0，那么第二阶和第三阶模态的振幅分别等于 0.0255 和 0.00324。

精确的瞬态挠曲可由杜阿梅尔（Duhamel）积分求得（Thomson，1988）。第 j 阶模态［可通过反代入方程（10-50）进行验证］为

$$Y_j(x,t)=Y_j(x)(1-\cos\omega_j t),\quad j=1,2,\cdots \tag{10-54}$$

瞬态变形在稳态变形附近振荡［式（10-53）］，其值为 2 倍稳态解的最大值。由于忽略了阻尼，振动持续。通过在式（10-50）左侧添加 $2\zeta_j\omega_j\dot{y}_j(t)$ 项，可将阻尼引入杜阿梅尔积分的求解中。有阻尼的瞬态解为

$$Y_j(x,t)=Y_j(x)[1-\mathrm{e}^{-\zeta_j\omega_j t}(1-\zeta_j^2)^{-1/2}\cos(\sqrt{1-\zeta_j^2}\,\omega_j t-\phi)] \tag{10-55}$$

定义相位角 $\tan\phi=\zeta_j/(1-\zeta_j^2)^{1/2}$。如图 10-9 所示的有阻尼的瞬态解。注意阻尼最终会使动态解衰减到稳态解，但短时间内即 $t\ll 1/(\zeta_j\omega_j)$ 动态响应不会明显减小。

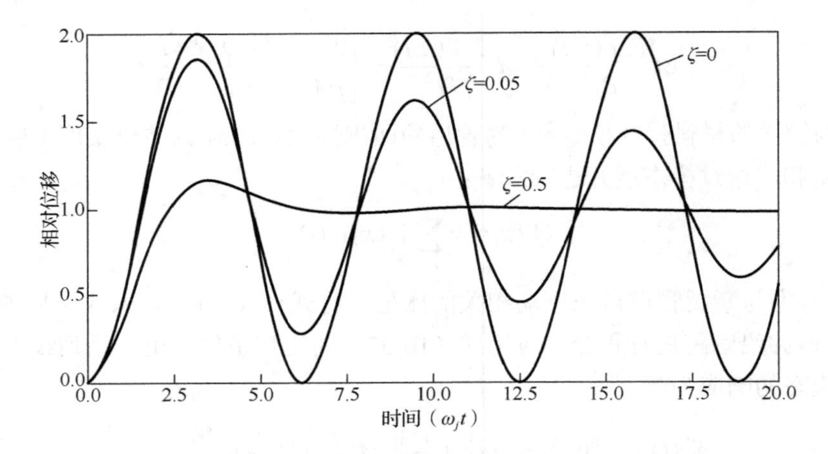

图 10-9　以时间和阻尼系数为函数的管道位移的时历曲线

当管道弯曲时管内力矩减小，

$$M_b = EI\frac{\partial^2 Y}{\partial x^2} = EI\sum_{j=1}^{N} y_j(t)\frac{\partial^2 \tilde{y}_j(x)}{\partial x^2} \tag{10-56}$$

很多情况下，弯矩会超过管道弹性范围内能承受的弯矩。管道发生塑性屈曲。屈曲管道的动态分析可使用连接中间刚性管段塑性铰链或有限元弹性-塑性模型来模拟（Anderson et al.，1976）。

练　习　题

1. 阻尼管道的最大响应值是多少？［式（10-55）］

2. 使用杜阿梅尔积分法或数值方法确定弹性管在瞬时力 $F_y = pAe^{-\alpha t}$ 作用下的响应，其中 α 为常数。

10.4　声强和泄漏所致振动

10.4.1　管道声强所致振动

流经阀门、弯管和节流孔处的流体会形成湍流并在上下游辐射出声（Blake，1986；Reethof，1978）。在变化区域声波会反射，如在阀门、水箱和缩颈管处会形成一系列声学驻波，这是管道的声模态。声波对弯曲管和变化区域施加力，导致管道振动。如果声源具有充足的能量，并且声的固有声频和管道的固有频率一致，那么大规模声引起管道的振动会极大干扰到工厂操作人员，最终可能使管道发生疲劳破坏。这些声强迫的管道振动发生在电厂的蒸汽管道和水管道上，以及加工工业里的碳氢化合物管道上（Hartlen et al.，1980；Gibert，1977）。

考虑图 10-10 的管道系统。流体从储液器流向弯曲管，经过一个区域的变化，再经过另一个弯曲处到达流量调节阀。储液器和阀门可以看作一个一维声学系统。进行第一次近似，边界条件为阀门（如关闭的）和泄压边界（如开放的，零声压）处的声速为零。若我们忽略表面改变，这些系统的固有频率（单位为 Hz）为（Blevins，1979）

$$f_i=\begin{cases} ic/(4L), & \text{封闭开放系统，} i=1,3,5,\cdots \\ ic/(2L), & \text{封闭系统或开放系统，} i=1,2,3,\cdots \end{cases} \tag{10-57}$$

式中，L 为沿管道中心线边界之间的轴向长度；c 为流体中的声速。

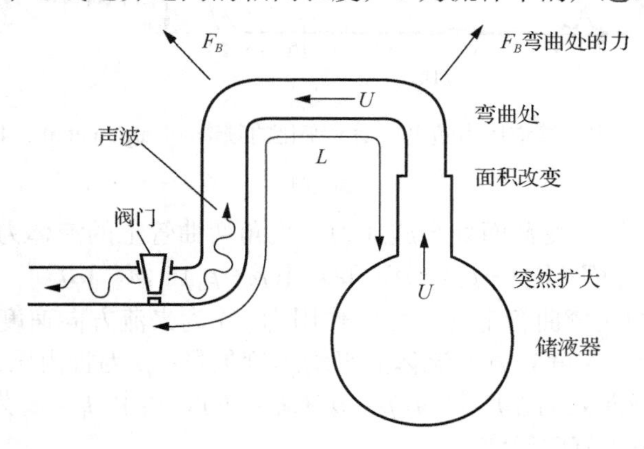

图 10-10 阀门处有声源的管道

管道的弹性使得声速略有减弱（Wylie et al.，1978）。在多相流或靠近临界状态的流体中，声速可根据熵为常数时的方程 $c=\partial p/\partial \rho$ 进行热力学估算。Siikonen（1983）、To（1984）和 Bradshaw（1976）为管道系统声模态的数值计算开发了计算程序。在大型发电厂和石化工厂中，长的管道跨长会产生低固有声频。Hartlen 等（1980）报道了传统发电厂蒸汽管道的主导频率为 7.5Hz。他观察到地热发电厂内直径为 42in（1.1m）的碳氢化合物管道出现了 5Hz 的振荡。

Chadha 等（1980）发现在自然界中的阀门声源为宽带声源并且整体等级约为 1%的稳态压降（在流体流经阀门时）。宽带频率在超过最大频率约为 $f_{\text{cutoff}}\approx 0.05U/d$ 时快速下降，这里 d 为阀门喉部的直径，U 为下游速度。宽带声压成分［式（10-57）］在接近固有声频时被放大。根据本书作者经验，声基频下的最大声压甚至可达到流经连续阀或孔时稳态压力损失的 1%～2%。也就是说，如果阀门产生 300psi（2MPa）的稳态压降，那么连续管道内共振脉动声压预期在 3～6psi（20.7～41.4kPa）。图 10-11 给出了电厂管道中压力脉动的振幅。

注意，能量集中在声频附近且随着流经调节阀的压降增加，电厂功率增加。Blevins 等（1993）提出一个方程［式（9-43）］来确定用压降表示的内部声共振辐射的声大小，数据与图 10-12 中的数据一致。

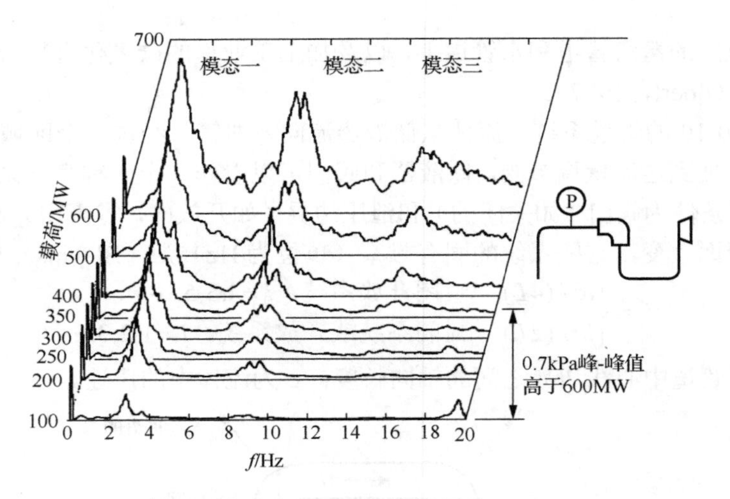

图 10-11　电厂管道压力随电厂功率变化的频谱（Hartlen et al.，1980）

P 为阀门

振荡声压在弯曲管或变截面处会施加力。直角弯曲管上的流体力为

$$F = [(p - p_s) + \rho U^2]Ai - [(p - p_s) + \rho U^2]Aj \tag{10-58}$$

式中，F 为流体施加在弯曲管上的平面内作用力；i 为来流方向速度矢量；j 为流出方向速度矢量；U 为管内密度为 ρ 的流体的平均速度矢量；p 为管内压力；A 为横截面积；p_s 为环境压力。变截面处的作用力为 $(p - p_s)(A_1 - A_2)$，其中 $A_1 - A_2$ 为过水断面的变化。力的作用方向与管轴线方向一致。

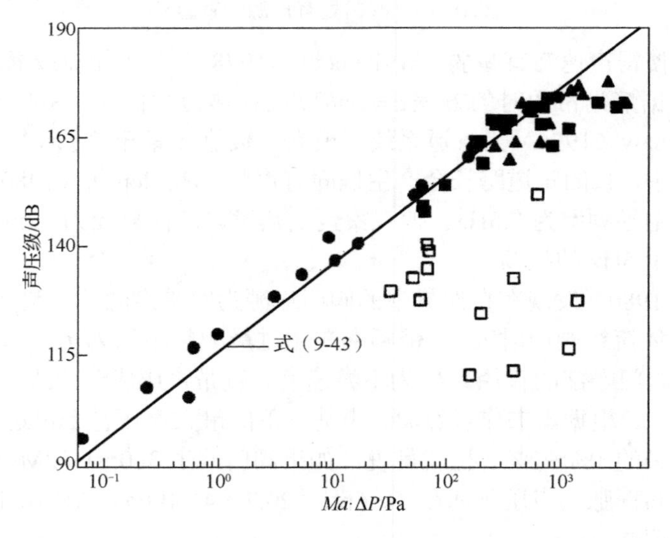

图 10-12　实验中最大的共振声压级与式（9-43）结果的对比（Blevins et al.，1993）

压力 p 和流速 U 均有稳态和振荡成分：

$$U = U_0 + u_a \sin \omega t, \quad p = p_a \sin \omega t \tag{10-59}$$

式中，U_0为平均流速；p_0为平均压力；声诱导的速度$u_a = p_a/(\rho c)$；振荡声压峰值p_a产生振荡压力以固有声频作用在弯曲管上。在式（10-58）中，由于平方项的作用，速度诱导的力会在声频和谐频上产生力的分量。

管道产生的最大响应发生在固有声频或它们的谐频与管道的固有频率一致时。本书作者发现这种频率的重合会使直径为 42in（1.1m）的管道产生 2ft（0.6m）的挠度。有三种方法可以降低重合频率引起的振动：第一，通过改变工作条件减少流体流经阀门和孔的压降来减少声源；第二，使用低噪声阀门或联排消声器降低激发的声压（Beranek，1980）；第三，在管道弯曲端和变截面处提供刚性支持。通过使用刚性外部架支撑弯曲管和变截面结构的方式，声载荷会作用在地面上而不会诱导管道振动。

水锤是管道声振动的极端例子。水锤作用下，突然的破裂或阀门的打开或关闭会产生强烈的瞬态声波。Tullis（1989）和 Wylie 等（1978）讨论了水锤分析。

练　习　题

1. 忽略内部流体质量，两端简支薄壁管跨的固有基频为 $f = [D/(8\pi L^2)](2E/\rho_m)^{1/2}$（Hz），$\rho_m$为管材料密度，$E$为弹性模量。管长为多大时，该频率和关-开声学系统的声基频一致？

通过绘制直径 D 为 12in（0.3m）和 24in（0.6m）的输送压缩空气钢管的两个频率来显示这一结果，此频率是输送跨度 L 的函数。

10.4.2　泄漏所致振动

通常流体通过阀门、闸门、塞子或能约束流体的含有弹性或转轴式元件的密封口调节器（图 10-13），局部高流速泄漏的流体载荷作用在阀门元件上，使其产生变形、改变了局部流场和作用在元件上的力。结果可能引发磨损和流动振荡失稳。这种现象称为泄漏流动诱导振动。

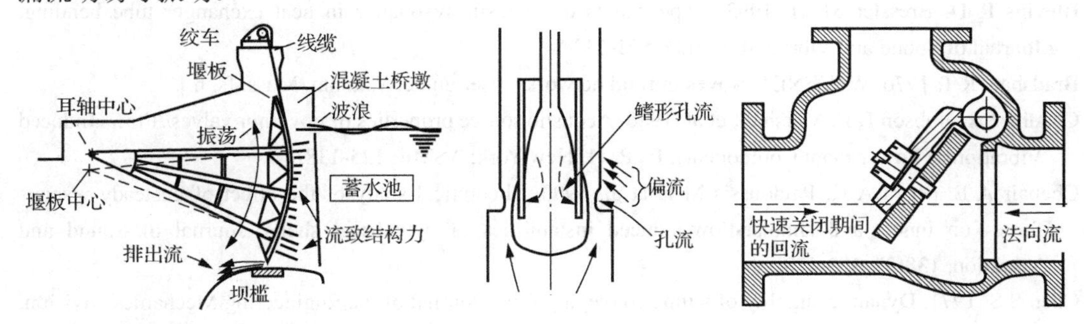

图 10-13　阀门元件的不稳定产生的泄漏流（Mulcahy，1984；Parkin et al.，1983；Naudascher et al.，1980；Weaver et al.，1978）

泄漏流动失稳可能发生在自来水控制阀处（D'Netto et al.，1987；Weaver et al.，1978），流体存在于气冷反应器杆段的液压系统的闸门处（Jongeling，1988；Thang et al.，1986；Naudascher et al.，1980）、环形扩散器的中间段（Hobson et al.，1990）、煤气系统的流动调节装置（Parkin et al.，1983），以及溢流堰（Eguchi et al.，1989）。对于这些系统的分析似乎不存在普遍规律。失稳为压降、上游缩窄和下游扩散形态的函数。失稳受下游涡旋形成或喷射切换的影响，并且失稳能够与管道的声模态发生耦合作用，但并非总是如此。

Mulcahy（1986）指出上游缩窄通常较小，比下游缩窄更稳定；Weaver 等（1978）说明通过阀门元件缓慢地而不是突然地关闭流量会更容易保持稳定。此外，Parkin 等（1983）有着类似的发现，他们指出在中心段（阀门元件）加装纵槽可以增加稳定性。然而，每一种泄漏流动诱导振动的实例都必须依照个案基础独立进行实验（Mulcahy，1988）。

参考文献

Anderson J C, Singh A K. 1976. Inelastic response of nuclear piping subject to rupture forces. Journal of Pressure Vessel Technology, 98(2): 98-104.

Ashley H, Haviland G. 1950. Bending vibrations of a pipe line containing flowing fluid. Journal of Applied Mechanics, 17(3): 229-232.

Bajaj A K, Sethna P R, Lundgren T S. 1980. Hopf bifurcation phenomena in tubes carrying fluid. SIAM Journal of Applied Mathematics, 39(2): 213-230.

Benjamin T B. 1961. Dynamics of a system of articulated pipes conveying fluid, parts 1 and 2. Proceedings of the Royal Society of London, Series A, 261(1307): 457-499.

Beranek L L. 1980. Noise reduction. Malabar, Fla.: Kreiger Publishing.

Blake W K. 1986. Mechanics of flow-induced sound and vibration. New York: Academic Press.

Blevins R D. 1979. Formulas for natural frequency and mode shape. New York: Van Nostrand Reinhold.

Blevins R D. 1984. Applied fluid dynamics handbook. New York: Van Nostrand Reinhold: 70.

Blevins R D, Bressler M M. 1993. Experiments on acoustic resonance in heat exchanger tube bending. Journal of Sound and Vibration, 164(3): 503-533.

Bradshaw R T. 1976. WAVENET: waves in fluid networks: user guide.Waltham, Mass: [s. n.].

Chadha J A, Hobson D E, Marshall, et al. 1980. Acoustic source properties of governor valves//Flow- Induced Vibration of Power Plant Components. PVP. 41. New York: ASME: 125-138.

Chebair A E, Misra A K, Paidoussis M P, et al. 1990. Theoretical study of the effect of unsteady viscous forces on inner- and annular-flow-induced instabilities of cylindrical shells. Journal of Sound and Vibration, 138(3): 457-478.

Chen S S. 1971. Dynamic stability of a tube conveying fluid. Journal of the Engineering Mechanics Division, 97(5): 1469-1485.

Chen S S. 1973. Out-of-plane vibration and stability of curved tubes conveying fluid. Journal of Applied Mechanics, 40(2): 362-368.

Chen S S. 1981. Fluid damping for circular cylindrical structures. Nuclear Engineering and Design, 63(1): 81-100.

Chen S S, Jendrzejczyk J A. 1985. General characteristics, transition, and control of instability of tubes conveying fluid. Journal of the Acoustical Society of America, 77(3): 887-895.

Crandall S H. 1968. Dynamics of mechanical and electromechanical systems. New York: McGraw-Hill: 300-395.

D'Netto W, Weaver D S. 1987. Divergence and limit cycle oscillations in valves operating at small openings. Journal of Fluids and Structures, 1(1): 3-18.

Dodds H L, Runyan H. 1965. Effect of high-velocity fluid flow in the bending vibrations and static divergence of a simply supported pipe. National Aeronautics and Space Administration, Washington, D.C., Report NASA TN D-2870.

Doki H, Tani J. 1988. Dynamic stability and active control of cantilevered pipes conveying fluid: an attempt of stabilization by tendon control method. Transactions of the Japan Society of Mechanical Engineers Series C, 54(498): 357-362.

Dowling A P. 1988. The dynamics of towed flexible cylinder, parts 1 and 2. Journal of Fluid Mechanics, 187: 507-571.

Eguchi Y, Tanaka N. 1990. Fluid-elastic vibration of flexible overflow weir. JSME International Journal, Ser. 3, Vibration, Control Engineering, Engineering for Industry, 33(3): 323-329.

France E R, Rowney B A. 1988. Flow-induced vibration of control rods in an advanced gas cooled reactor// International Symposium on Flow-Induced Vibration and Noise, 4. New York: ASME: 147-164.

Gibert R J. 1977. Pressure fluctuations induced by fluid flow in singular points of industrial circuits. Structural Mechanics in Reactor Technology Conference, CEA-N-1925, Paper B 3/5.

Ginsberg J H. 1973. The dynamical stability of a pipe conveying a pulsatile flow. International Journal of Engineering Science, 11(9): 1013-1024.

Gregory R W, Paidoussis M P. 1966. Unstable oscillations of tubular cantilevers conveying fluid, parts 1 and 2. Proceedings of the Royal Society of London, Series A, 293(1435): 512-542.

Hagedorn P. 1988. Non-linear oscillations, Oxford science publications. Oxford: Clarendon Press.

Hartlen R T, Jaster W. 1980. Main stream vibration driven flow-acoustic excitation. New York: Springer-Verlag: 144-152.

Hill J L, Davis C G. 1974. Effect of initial forces on the hydroelastic vibration and stability of planar curved tubes. Journal of Applied Mechanics, 41(2): 355-359.

Hill J L, Swanson C P. 1970. Effects of lumped masses on the stability of fluid-conveying tubes. Journal of Applied Mechanics, 37(2): 494-497.

Hobson D E, Jedwab M. 1990. Investigations of the effect of eccentricity on the unsteady fluid forces on the centrebody of an annular diffuser. Journal of Fluids and Structures, 4(2): 155-169.

Holmes P J. 1978. Pipes supported at both ends cannot flutter. Journal of Applied Mechanics, 45(3): 619-622.

Housner G W. 1952. Bending vibrations of a pipe line containing flowing fluid. Journal of Applied Mechanics, 19(2): 205-208.

Jendrzejczyk J A, Chen S S. 1985. Experiments on tubes conveying fluid. Journal of Thin-Walled Structures, 3(2): 109-134.

Jongeling T H G. 1988. Flow-induced self-excited in-flow vibration of gate plates. Journal of Fluids and Structures, 2(6): 541-566.

Lee T S. 1981. Stability analysis of the Ortloff-Ives equation. Journal of Fluid Mechanics, 110: 293-295.

Matsuzaki Y, Fung Y C. 1977. Unsteady fluid dynamic forces on a simply-supported circular cylinder of finite length conveying a flow. Journal of Sound and Vibration, 54(3): 317-330.

Misra A K, Paidoussis M P, Van K S, et al. 1988. On the dynamics of curved pipes transporting fluid, parts I and II. Journal of Fluids and Structures, 2(3): 221-261.

Mulcahy T M. 1984. Avoiding leakage flow-induced vibration by a tube-in-tube slip joint. Argonne National Laboratory, Illinois, Report ANL-84-82.

Mulcahy T M. 1986. Leakage flow-induced vibration for variations of a tube-in-tube slip joint. Argonne National Laboratory, Illinois, Report ANL-86-11.

Mulcahy T M. 1988. One-dimensional leakage-flow vibration instabilities. Journal of Fluids and Structures, 2(4): 383-403.

Naguleswaran S, Williams C J H. 1968. Lateral vibrations of a pipe conveying a fluid. Journal of Mechanical Engineering Science, 10(3): 228-238.

Naudascher E, Rockwell D. 1980. Practical experiences with flow-induced vibrations. New York: Springer-Verlag.

Nemat-Nassar S, Prasad S N, Herrmann G. 1966. Destabilizing effects of velocity-dependent forces in nonconservative continuous systems. AIAA Journal, 4(7): 1276-1280.

Niordson F I N. 1953. Vibrations of a cylindrical tube containing flowing fluid. Stockholm: Transations of the Royal Institute of Technology.

Paidoussis M P. 1966. Dynamics of flexible slender cylinders in axial flow, parts 1: theory, part 2: experiments. Journal of Fluid Mechanics, 26(4): 717-751.

Paidoussis M P. 1970. Dynamics of tubular cantilevers conveying fluid. Journal of Mechanical Engineering Science, 12(2):85-103.

Paidoussis M P, Byung-Kun Y. 1976. Elastohydrodynamics of towed slender bodies: the effect of nose and tail shapes on stability. Journal of Hydronautics, 10(4): 127-134.

Paidoussis M P. 1987. Flow-induced instabilities of cylindrical structures. Applied Mechanics Reviews, 40(2): 163-175.

Paidoussis M P, Issid N T. 1974. Dynamic stability of pipes conveying fluid. Journal of Sound and Vibration, 33(3): 267-294.

Paidoussis M P, Moon F C. 1988. Nonlinear and chaotic fluidelastic vibrations of a flexible pipe conveying fluid. Journal of Fluids and Structures, 2(6): 567-591.

Paidoussis M P, Ostoja-Starzewski M .1981. Dynamics of a flexible cylinder in subsonic axial flow. AIAA Journal, 19(11): 1467-1475.

Paidoussis M P, Luu T P, Laithier B E. 1986. Dynamics of finite-length tubular beams conveying fluid. Journal of Sound and Vibration, 106(2): 311-331.

Parkin M W, France E R, Boley W E. 1983. Flow instability due to a diameter reduction of limited length in a long annular passage. Journal of Vibration, Acoustics, Stress, and Reliability in Design, 105(3): 355-360.

Reethof G. 1978. Turbulence-generated noise in pipe flow. Annual Review of Fluid Mechanics, 10(1): 333-367.

Riley J J, Gad-el-Hak M, Metcalfe R W. 1988. Compliant coatings. Annual Review of Fluid Mechanics, 20(1): 393-420.

Salmon M A, Verma V. 1976. Rigid plastic beam model for pipe whip analysis. Journal of the Engineering Mechanics Division, 102(3): 415-430.

Shayo L K, Ellen C H. 1978. Theoretical studies of internal flow-induced instabilities of cantilever pipes. Journal of Sound and Vibration, 56(4): 463-474.

Siikonen T. 1983. Computational method for the analysis of valve transients. Journal of Pressure Vessel Technology, 105(3): 227-233.

Svetlitsky V A. 1977. Vibrations of tubes conveying fluids. Journal of the Acoustical Society of America, 62(3): 595-600.

Tang D M, Dowell E H. 1988. Chaotic oscillations of a cantilevered pipe conveying fluid. Journal of Fluids and Structures, 2(3): 263-283.

Taylor G I. 1952. Analysis of the swimming of long and narrow animals. Proceedings of the Royal Society of London, Series A, 214(1117): 158-183.

Thang N D, Naudascher E. 1986. Self-excited vibrations of vertical lift gates. Journal of Hydraulics Research, 24(5): 391-404.

Thomson W T. 1988. Theory of vibrations with applications. 3rd ed. Englewood Cliffs, N. J.: Prentice-Hall.

To C W S. 1984. The acoustic simulation and analysis of complicated reciprocating compressor piping systems, part II, program structure and applications. Journal of Sound and Vibration, 96(2): 195-205.

Triantafyllou G S, Chryssostomidis C. 1985. Stability of a string in axial flow. Journal of Energy Resources Technology, 107(4): 421-425.

Tullis J P. 1989. Hydraulics of pipelines, pumps, valves, cavitation and transients. New York: Wiley.

Unny T E, Martin E L, Dubey R N. 1970. Hydroelastic instability of uniformly curved pipe-fluid systems. Journal of Applied Mechanics, 37(3): 817-822.

U.S. Atomic Energy Commission. 1973. Protection against pipe whip inside containment. Regulatory Guide 1.46.

Wambsganss M W, Jendrzejczyk J A. 1979. The effect of trailing end geometry on the vibration of a circular cantilevered rod in nominally axial flow. Journal of Sound and Vibration, 65(2): 251-258.

Weaver D S, Paidoussis M P. 1977. On collapse and flutter phenomena in thin tubes conveying fluid. Journal of Sound and Vibration, 50(1): 117-132.

Weaver D S, Adubi F A, Kouwen N. 1978. Flow-induced vibrations of a hydraulic valve and their elimination. Journal of Fluids Engineering, 100(2): 239-245.

Wylie E B, Streeter V L. 1978. Fluid transients. New York: McGraw-Hill.

附录A 模态分析

模态分析的目的是将描述连续的复杂偏微分方程简化为等效的、更容易求解的一维结构振动的常微分方程。Meirovitch（1967）给出了模态分析的处理方法，本附录给出了细长梁跳跃振动和流体弹性失稳的模态分析实例。描述细长梁振动的偏微分方程是

$$\frac{\partial^2}{\partial z^2}\left[EI\frac{\partial^2 Y(z,t)}{\partial z^2}\right]+m\frac{\partial^2 Y}{\partial t^2}=F(z,t) \tag{A-1}$$

式中，Y 是垂直于梁轴向的位移；z 是沿梁轴向的距离；m 是单位长度梁的质量；F 是施加在垂直于梁轴向（沿 Y 方向）的单位长度的外界激励力；I 为弯曲惯性矩，

$$I=\int_A \xi^2 \mathrm{d}A \tag{A-2}$$

其中，A 是梁的横截面积，ξ 是沿 Y 方向距剪切中心的距离。通常情况下，梁的惯性矩、弹性模量、单位长度质量等沿梁的跨长方向变化，但在本例中，认为这些量在跨长方向是不变的。

方程（A-1）的解可根据梁的自由振动方程求得：

$$EI\frac{\partial^4 Y}{\partial z^4}+m\frac{\partial^2 Y}{\partial t^2}=0 \tag{A-3}$$

在梁上有两种边界条件：

（1）几何边界条件。这是由梁端部的几何约束引起的。例如，如果梁的端部 $z=0$ 处被固支时，则 $Y(0,t)=0$。当梁的端部 $z=0$ 被简支时，这时有 $\partial Y(0,t)/\partial z=0$。

（2）运动学边界条件。这是梁上的力和力矩引起的。例如，简支梁两端的力矩必为0。由于梁上力矩为 $EI\frac{\partial^2 Y}{\partial z^2}$，$z=0$ 处由简支梁端部条件可推出 $\partial^2 Y(0,t)/\partial z^2=0$。

对于一个长为 L 的简支-简支梁，近似的边界条件是

$$\begin{gathered}Y(0,t)=Y(L,t)=0\\ \frac{\partial^2 Y(0,t)}{\partial z^2}=\frac{\partial^2 Y(L,t)}{\partial z^2}=0\end{gathered} \tag{A-4}$$

方程（A-3）和方程（A-4）可以采用分离变量法进行求解：

$$Y(z,t)=\tilde{y}(z)y(t) \tag{A-5}$$

将式（A-5）代入式（A-3）中并整理，式（A-3）变为

$$\frac{1}{\tilde{y}(z)}\frac{\mathrm{d}^4\tilde{y}(z)}{\mathrm{d}z^4}=-\frac{m}{EI}\frac{1}{y(t)}\frac{\mathrm{d}^2 y(t)}{\mathrm{d}t^2}=\text{常数} \tag{A-6}$$

利用式（A-4）中的边界条件，方程（A-6）的解为

$$\tilde{y}(0)=\tilde{y}(L)=0 \\ \tilde{y}''(0)=\tilde{y}''(L)=0 \tag{A-7}$$

这里，

$$y(t)=A\sin\omega_n t+B\cos\omega_n t,\quad n=1,2,3,\cdots \\ \omega_n=\frac{n^2\pi^2}{L^2}\left(\frac{EI}{m}\right)^{1/2} \tag{A-8}$$

且有

$$\tilde{y}_n(z)=\sin(n\pi z/L),\quad n=1,2,3,\cdots \tag{A-9}$$

式中，$\tilde{y}_n(z)$是结构固有振型；ω_n是结构固有频率，最低的固有频率（n=1）称为基频。Thomson（1988）、Blevins（1984）、Weaver 等（1974）和 Meirovitch（1967）还给出了其他类型边界条件时梁的固有振型和固有频率。方程（A-6）和方程（A-7）的完整解为

$$Y(z,t)=\sum_{n=1}^{\infty}(A\sin\omega_n t+B\cos\omega_n t)\sin(n\pi z/L) \tag{A-10}$$

式中，A 和 B 是任意常数。

需要注意的是，沿梁跨长方向分布的固有振型是正交的：

$$\int_0^L \tilde{y}_i\tilde{y}_j \mathrm{d}z=\begin{cases}0, & i\neq j\\ L/2, & i=j\end{cases} \tag{A-11}$$

如果振动方程的矩阵是自伴随矩阵，则结构的固有振型一定是正交的（Meirovitch，1967）。（一些学者更喜欢在振型中引入常数，这样对于任意的j，$\int_0^L \tilde{y}_j^2\mathrm{d}z=L$恒成立。本书并未采用该方法。）

根据模态叠加法，求得强迫振动方程的解为

$$Y(z,t)=\sum_{n=1}^{\infty}y_n(t)\tilde{y}_n(z) \tag{A-12}$$

将此表达式代入式（A-1）中，得

$$\sum_{n=1}^{\infty}\left[EI\left(\frac{\pi n}{L}\right)^4 y_n(t)+m\ddot{y}_n(t)\right]\sin(n\pi z/L)=F(z,t) \tag{A-13}$$

将此式乘以$\sin\left(\frac{j\pi z}{L}\right)$，沿梁的长度积分，并利用正交特性，则

$$\ddot{y}_n+\omega_n^2 y_n=\frac{\int_0^L F(z,t)\sin(n\pi z/L)\mathrm{d}z}{\int_0^L m\sin^2(n\pi z/L)\mathrm{d}z},\quad n=1,2,3,\cdots \tag{A-14}$$

通常，如果一个梁的模态是正交的（大多数情况），则

$$\ddot{y}_n + \omega_n^2 y_n = \frac{\int_0^L F(z,t)\tilde{y}_n(z)\mathrm{d}z}{\int_0^L m\tilde{y}_n^2(z)\mathrm{d}z}, \quad n = 1,2,3,\cdots \tag{A-15}$$

这个常微分方程描述了一组一维弹簧支撑的、广义力作用下的［式（A-15）右侧］结构振动的响应。每阶振型下结构的响应之和等于连续结构的响应［式（A-12）］。因此，只要结构的振型具有正交性，则二阶偏微分方程［式（A-1）］就可以简化为一组等价的常微分方程［式（A-15）］。即使结构的振型不具有正交性，式（A-15）通常也可以给出结构响应的近似值。

如果结构的质量沿跨长变化，则梁通常不具备正交模态。如果变化的质量对振型没有显著影响，则单位长度的等效质量可定义为

$$m = \frac{\int_0^L m(z)\tilde{y}_n^2(z)\mathrm{d}z}{\int_0^L \tilde{y}_n^2(z)\mathrm{d}z} \tag{A-16}$$

等效质量 m 是振型的函数。如果单位长度结构的质量是常数，那么 m 总是等于单位长度结构的质量。通常，只有确定结构在某阶模态上有明显振动时，等效质量的概念才被使用。利用式（A-16），式（A-15）可写成

$$\ddot{y}_n + \omega_n^2 y_n = \frac{\int_0^L F(z,t)\tilde{y}_n(z)\mathrm{d}z}{m\int_0^L \tilde{y}_n^2(z)\mathrm{d}z}, \quad n = 1,2,3,\cdots \tag{A-17}$$

式（A-17）等号右边为 $1/m$ 乘以第 n 阶模态的 Y 方向的广义力。广义力 $F(z,t)$ 是阻尼项和激励项的和：

$$F = F^{\mathrm{d}} + F^{\mathrm{e}} \tag{A-18}$$

结构的阻尼项 F^{d} 可由黏性阻尼系数来估算（它与速度成正比，是阻碍振动的力）：

$$F^{\mathrm{d}} = -c\frac{\partial Y}{\partial t} \tag{A-19}$$

将式（A-18）和式（A-19）代入式（A-17）中，得

$$\ddot{y}_n + 2\zeta_n\omega_n\dot{y} + \omega_n^2 y = \frac{\int_0^L F^{\mathrm{e}}(z,t)\tilde{y}_n(z)\mathrm{d}z}{m\int_0^L \tilde{y}_n^2(z)\mathrm{d}z}, \quad n = 1,2,3,\cdots \tag{A-20}$$

式中，每阶模态的等效黏性阻尼系数定义为

$$\zeta_n = \frac{c}{2m\omega_n} \tag{A-21}$$

A.1　梁的跳跃振动

如果一个激励力是由空气流动的动力引起的，那么，如第 4 章所讲，在梁上 z 点附

近单位长度的激励力（流速为U）为

$$F_y^{\mathrm{e}} = \frac{1}{2}\rho U^2 D \sum_{i=1}^{\infty} a_i \left(\frac{\frac{\partial Y}{\partial t}}{U} \right)^i \tag{A-22}$$

式中，a_i是由结构升力和阻力系数决定的常数。有两种易于分析的情况：第一种情况是忽略除了a_1之外的所有a_i项时的稳定性分析；第二种情况是对基本模态的振动有限振幅的分析。

对零解的稳定性分析，仅仅考虑式（A-22）中的线性项（$i=1$）。当流速U沿梁的跨度方向变化时，可将式（A-22）中的线性项代入式（A-20）中，忽略高阶模态，只考虑$Y(z,t)=y(t)\tilde{y}(z)$时的单一模态，则有

$$\ddot{y} + 2\zeta\omega_n \dot{y} + \omega_n^2 y = \frac{1}{2}\rho D a_1 \frac{\dot{y}\int_0^L U(z)\tilde{y}^2(z)\mathrm{d}z}{m\int_0^L \tilde{y}^2(z)\mathrm{d}z}, \quad n=1,2,3,\cdots \tag{A-23}$$

式中，$U(z)$是每个跨度点上的流速。跳跃振动的开始等效速度可以定义为

$$U = \int_0^L U(z)\tilde{y}^2(z)\mathrm{d}z \Big/ \int_0^L \tilde{y}^2(z)\mathrm{d}z \tag{A-24}$$

这个等效速度通常是振型的函数。跳跃振动发生［式（4-16）］时，

$$2\zeta_n\omega_n = \frac{\rho D a_1 U}{2m} \tag{A-25}$$

达到不稳定状态时的临界速度为

$$\frac{U}{f_n D} = \frac{4m(2\pi\zeta_n)}{\rho D^2 a_1} \tag{A-26}$$

对于弹性支撑的结构，如果将等效速度［式（A-24）］和等效质量［式（A-16）］代替第4章中使用的均匀流速和质量，与第4章导出的结果是一致的。

因为式（A-26）预报了每阶模态的不稳定开始时所需的流速随固有频率的增加而增加，所以基本模态对跳跃振动是最敏感的。通常，跳跃振动分析限于基本模态。如果将式（A-22）代入式（A-20），并且分析仅限于单一的模态（当$n=1$时，$\tilde{y}_n=\tilde{y}$；当$n\neq 1$时，$\tilde{y}_n=0$），则

$$\ddot{y} + 2\zeta\omega\dot{y} + \omega^2 y = \frac{\rho D}{2m}\sum_{i=1}^{\infty}\beta_i a_i \dot{y}^i \tag{A-27}$$

式中，

$$\beta_i = \int_0^L U^{2-i}(z)\tilde{y}^{i+1}(z)\mathrm{d}z \int_0^L \tilde{y}^2(z)\mathrm{d}z \tag{A-28}$$

式（A-27）描述了一个梁的非线性的、有限振幅的跳跃振动，这个振动仅发生在单一模态下。如果流速和质量沿梁的跨度是常数，式（A-27）和式（A-28）可简化为第4章的式（4-26）。

A.2 管排的流体弹性不稳定性

单位长度上的气动力垂直作用于管排的第 j 个管跨度点 z 处的流速为U，如第 5 章（图 5-7）所示为

$$F_{yj}^{\mathrm{e}}=\frac{\rho U^2}{4}K_y(X_{j+1}-X_{j-1}) \tag{A-29}$$

式中，X 是平行于自由流的位移。假设管排仅在单一模态下振动，若在基本模态下管排的振型在 x 方向和 y 方向的位移用 $\tilde{y}(z)$ 表示：

$$\begin{aligned}X_i(z,t)&=x_i(t)\tilde{y}(z)\\Y_j(z,t)&=y_j(t)\tilde{y}(z)\end{aligned} \tag{A-30}$$

若将式（A-29）和式（A-30）代入式（A-20），则第 j 个管在 y 方向的振动方程为

$$\ddot{y}_j+2\zeta_y^j\omega_y^j\dot{y}_j+(\omega_y^j)^2y_j=\frac{\rho}{4m}\frac{\int_0^L U^2(z)\tilde{y}^2(z)\mathrm{d}z}{\int_0^L\tilde{y}^2(z)\mathrm{d}z}K_y(x_{j+1}-x_{j-1}) \tag{A-31}$$

如果流速沿管的跨度方向变化，则涡流的等效速度可定义为

$$\widetilde{U}^2=\frac{\int_0^L U^2(z)\tilde{y}^2(z)\mathrm{d}z}{\int_0^L\tilde{y}^2(z)\mathrm{d}z} \tag{A-32}$$

式中，$U(z)$ 是沿跨度方向每个点的流速。然后振动方程就变为

$$\ddot{y}_j+2\zeta_y^j\omega_y^j\dot{y}_j+(\omega_y^j)^2y_j=\frac{\rho\widetilde{U}^2}{4}K_y(x_{j+1}-x_{j-1}) \tag{A-33}$$

除了用等效速度［式（A-32)］代替第 5 章中考虑的均匀流速外，这与弹簧支撑的管的振动方程［式（5-9)，$C_y=0$］是一致的。

参 考 文 献

Blevins R D. 1984. Formulas for natural frequency and mode shape. Malabar, Fla.: Krieger.

Meirovitch L. 1967. Analytical methods in vibrations. Electronics & Power, 13(2): 480.

Thomson W T. 1988. Theory of vibration and applications. 3rd ed. Englewood Cliffs, N.J.: Prentice-Hall.

Weaver W, Timoshenko S P, Young D H. 1974. Vibration problems in engineering. 4th ed. New York: Wiley.

附录B 主 坐 标

主坐标法的目的是生成一组描述结构位移坐标的方法，在它的自然坐标下，结构位移是耦合的，而在主坐标下是不耦合的。在本附录中，如图 B-1 所示，对双自由度振子进行了主坐标分析；这种分析可以很容易地扩展到三自由度的情况。用附录 A 中描述的模态分析将描述结构的偏微分方程转化为二阶常微分方程后，可以将连续结构置于主坐标系中。

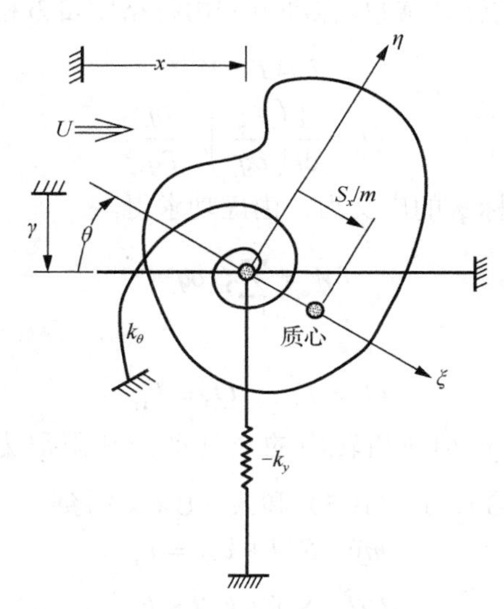

图 B-1　双自由度结构的模型（没有显示平行于弹簧的阻尼器）

下面的分析假设弯曲-扭转跳跃振动可以用一个二维模型来表示，在这个模型中，结构对垂直弯曲和扭转的阻力用弹簧和阻尼器来模拟，如图 B-1 所示。假设二维流动成立，这是严格且适用于大展弦比结构的，但如果最终影响很小，也能适用于相对较小的展弦比结构。

对于较小的θ，图 B-1 中横截面上各点(η,ξ)的绝对位置(X,Y)，相对位移(y,θ)为

$$X=\eta\theta+\xi,\quad Y=y+\xi\theta-\eta \tag{B-1}$$

相应的速度是

$$\dot{X}=\eta\dot{\theta},\quad \dot{Y}=\dot{y}+\xi\dot{\theta} \tag{B-2}$$

式中，X 和 Y 为绝对位置；y 为剪切中心垂直于自由流的位移；θ 为剪切中心的旋转角；且ξ,η 坐标系是固定在物体上的（图 B-1）。

截面的动能是

$$T=\frac{1}{2}\int_A(\dot{X}^2+\dot{Y}^2)\mu\mathrm{d}\xi\mathrm{d}\eta=\frac{1}{2}m\dot{y}^2+\frac{1}{2}J_\theta\dot{\theta}^2+S_x\dot{\theta}\dot{y} \tag{B-3}$$

式中，

$$J_\theta=\int_A(\xi^2+\eta^2)\mu\mathrm{d}\xi\mathrm{d}\eta$$
$$m=\int_A\mu\mathrm{d}\xi\mathrm{d}\eta \tag{B-4}$$
$$S_x=\int_A\xi\mu\mathrm{d}\xi\mathrm{d}\eta$$

μ 为截面 A 的单位体积密度；J_θ 为质量极惯性矩。单位长度结构的势能为

$$V=\frac{1}{2}k_y y^2+\frac{1}{2}k_\theta\theta^2 \tag{B-5}$$

式中，k_y 和 k_θ 为单位长度的弹簧常数。振动方程由拉格朗日方程导出（Meirovitch，1967），

$$L=T-V \tag{B-6}$$

$$Q_i=\frac{\mathrm{d}}{\mathrm{d}t}\left(\frac{\partial L}{\partial\dot{q}_i}\right)-\frac{\partial L}{\partial q_i} \tag{B-7}$$

式中，Q_i 为相对于广义坐标 q_i 的广义力，由虚功求得

$$\delta W=\sum_{i=1}^{2}Q_i\delta q_i \tag{B-8}$$

因此，

$$Q_y=F_y,\quad Q_\theta=F_M \tag{B-9}$$

式中，F_y 和 F_M 是分别沿 y 轴在扭转中的空气动力和阻尼力之和。将拉格朗日方程［式（B-7）］应用于式（B-3）、式（B-5）和式（B-6）得到

$$m\ddot{y}-S_x\ddot{\theta}+k_y y=F_y \tag{B-10}$$

$$J_\theta\ddot{\theta}-S_x\ddot{y}+k_\theta\theta=F_M \tag{B-11}$$

这些方程等同于式（4-39）、式（4-40）和式（4-45）、式（4-46）。y 和 θ 的位移是 S_x 的 2 倍。将这些方程化成矩阵是很方便的：

$$[M]\{\ddot{\underline{x}}\}+[K]\{\underline{x}\}=\{\underline{F}\} \tag{B-12}$$

式中，

$$[M]=\begin{bmatrix}m & S_x\\ S_x & J_\theta\end{bmatrix},\quad [K]=\begin{bmatrix}k_y & 0\\ 0 & k_\theta\end{bmatrix}$$
$$\{\underline{x}\}=\begin{Bmatrix}y\\ \theta\end{Bmatrix},\quad \{\underline{F}\}=\begin{Bmatrix}F_y\\ F_M\end{Bmatrix} \tag{B-13}$$

且 $[M]$ 和 $[K]$ 分别为质量和刚度矩阵，要求的主坐标如下：

$$\{\underline{x}\}=\{\tilde{P}_j\}\cos\omega_j t \tag{B-14}$$

通过构造特征值问题

$$[-\omega_j^2[M]+[K]]\{\tilde{P}_j\}=0 \tag{B-15}$$

这里等价于

$$\begin{bmatrix} k_y - m\omega^2 & -S_x\omega^2 \\ -S_x\omega^2 & k_\theta - J_\theta\omega^2 \end{bmatrix}\{\tilde{P}\}=0 \tag{B-16}$$

对非零解，系数矩阵的行列式必须为零，设行列式为零得出特征频率：

$$\omega_{1,2}^2=\frac{\omega_y^2+\omega_\theta^2\pm\{(\omega_y^2+\omega_\theta^2)^2-4\omega_y^2\omega_y^2\omega_\theta^2(1-S_x^2/J_\theta m)\}^{1/2}}{2(1-S_x^2/J_\theta m)} \tag{B-17}$$

特征矢量是

$$\{\tilde{P}_1\}=\begin{Bmatrix}\alpha_1\\1\end{Bmatrix},\quad \{\tilde{P}_2\}=\begin{Bmatrix}1\\\alpha_2\end{Bmatrix} \tag{B-18}$$

式中，

$$\alpha_1=\frac{S_x}{m}\frac{\omega_1^2}{\omega_y^2-\omega_1^2},\quad \alpha_2=\frac{S_x}{J_\theta}\frac{\omega_2^2}{\omega_\theta^2-\omega_2^2} \tag{B-19}$$

式（B-15）说明

$$-\omega_1^2[M]\{\tilde{P}_1\}+[K]\{\tilde{P}_1\}=0 \tag{B-20}$$

$$-\omega_2^2[M]\{\tilde{P}_2\}+[K]\{\tilde{P}_2\}=0 \tag{B-21}$$

取这些方程的转置（j 列变为 j 行），由于 $[M]$ 和 $[K]$ 是对称的，那么

$$-\omega_1^2\{\tilde{P}_1\}^{\mathrm{T}}[M]+\{\tilde{P}_1\}^{\mathrm{T}}[K]=0 \tag{B-22}$$

$$-\omega_2^2\{\tilde{P}_2\}^{\mathrm{T}}[M]+\{\tilde{P}_2\}^{\mathrm{T}}[K]=0 \tag{B-23}$$

式中，上标T表示转置。如果式（B-20）预先乘以 $\{\tilde{P}_2\}^{\mathrm{T}}$，式（B-23）预先乘以 $\{\tilde{P}_1\}$，然后两方程相减得

$$(\omega_2^2-\omega_1^2)\{\tilde{P}_2\}^{\mathrm{T}}[M]\{\tilde{P}_1\}=0 \tag{B-24}$$

因此，

$$\{\tilde{P}_2\}^{\mathrm{T}}[M]\{\tilde{P}_1\}=0 \tag{B-25}$$

若 $\omega_1\neq\omega_2$，类似地，

$$\{\tilde{P}_2\}^{\mathrm{T}}[K]\{\tilde{P}_1\}=0 \tag{B-26}$$

如果 $\omega_1\neq\omega_2$，方程（B-25）和方程（B-26）表示由特征矢量组成的矩阵将质量矩阵和刚度矩阵对角化，

$$[\{\tilde{P}_1\}\{\tilde{P}_2\}]^{\mathrm{T}}[M][\{\tilde{P}_1\}\{\tilde{P}_2\}]=\begin{bmatrix}* & 0\\0 & *\end{bmatrix} \tag{B-27}$$

$$[\{\tilde{P}_1\}\{\tilde{P}_2\}]^{\mathrm{T}}[K][\{\tilde{P}_1\}\{\tilde{P}_2\}]=\begin{bmatrix}* & 0\\0 & *\end{bmatrix} \tag{B-28}$$

假设 ω_1 和 ω_2 是明显不同的频率。星号 $(*)$ 表示矩阵中的非零项。

如果主坐标变换定义为

$$\{\underline{x}\}=[\{\tilde{P}_1\}\{\tilde{P}_2\}]\{p\} \tag{B-29}$$

式中，主坐标 p 是

$$\{\underline{p}\}=\begin{Bmatrix} p_1 \\ p_2 \end{Bmatrix} \tag{B-30}$$

将主坐标变换代入系统方程（B-12），所得方程左乘$[\{\tilde{P}_1\}\{\tilde{P}_2\}]^{\mathrm{T}}$，得到主坐标的一组非耦合微分方程：

$$\ddot{p}_i+\omega_i^2 p_i=f_i,\quad i=1,2 \tag{B-31}$$

式中，

$$\begin{Bmatrix} f_1 \\ f_2 \end{Bmatrix}=([\{\tilde{P}_1\}\{\tilde{P}_2\}]^{\mathrm{T}}[M][\{\tilde{P}_1\}\{\tilde{P}_2\}])^{-1}[\{\tilde{P}_1\}\{\tilde{P}_2\}]^{\mathrm{T}}\begin{Bmatrix} F_1 \\ F_2 \end{Bmatrix} \tag{B-32}$$

如果系统有不同的、明显的特征频率，式（B-32）中括号内的矩阵求逆就很简单，因为这个矩阵是对角的［式（B-27）］。

第 4 章通过对非耦合振子的分析发现主坐标系下跳跃振动的不稳定性。力 f_1 和 f_2 在 $p_1, p_2, \dot{p}_1$ 和 $\ddot{p}_2$ 中展开成泰勒级数。跳跃振动的开始是通过设置这些项的系数来确定的，这些项的系数是在 f_1 中的 $\dot{p}_1$ 和在 f_2 中的 $\dot{p}_2$，直到 0。这意味着跳跃振动的开始：

$$k_1\frac{\partial F_y}{\partial \dot{p}_1}+\frac{\partial F_m}{\partial \dot{p}_1}=0 \tag{B-33}$$

$$\frac{\partial F_y}{\partial \dot{p}_2}+k_2\frac{\partial F_m}{\partial \dot{p}_2}=0 \tag{B-34}$$

式中，F_y 和 F_m 为第 4 章定义的气动力；在 $p_1=p_2=\dot{p}_1=\dot{p}_2$ 时，力的导数被估算。这两个方程可简化为式（4-43）。当然，如果 $\omega_1\approx\omega_2$，不能保证主坐标解耦系统，并且必须使用第 4 章中描述的其他技术来找到跳跃振动开始。

参考文献

Meirovitch L. 1967. Analytical methods in vibrations. Electronics & Power, 13(2): 480.

附录C　空气动力声源

本附录给出了在无限流体中流体受力产生的气动声方程。该推导遵循了 Koopman（1969）的研究，进行一些修正，并结合了 Curle（1955）和 Lighthill（1952）的基本结论。Blake（1986）非常详细地考虑了推导过程。

首先考虑流体质量和动量连续性，Lighthill 给出了空气产生声的方程：

$$\frac{\partial \rho}{\partial t}+\frac{\partial}{\partial y_i}(\rho u_i)=0 \tag{C-1}$$

$$\frac{\partial}{\partial t}(\rho u_i)+\frac{\partial}{\partial y_j}(\rho u_i u_j-\tau_{ij})=0 \tag{C-2}$$

式中，ρ 为质量密度；t 为时间；u_i 为流体速度矢量分量（$i=1,2,3$）；ρu_i 为动量密度；y_i 为源点的坐标（$i=1,2,3$）；τ_{ij} 为斯托克斯应力张量，

$$\tau_{ij}=-p\delta_{ij}-\tau'_{ij} \tag{C-3}$$

其中，p 为压力；τ'_{ij} 为黏性流体应力引起的应力。

本附录中的所有方程均采用求和约定，同一下标出现两次的所有术语都对该下标上求和。

引入应力张量 T_{ij} 是方便的，有

$$T_{ij}=\rho u_i u_j+(p-c^2\rho)\delta_{ij}+\tau'_{ij} \tag{C-4}$$

T_{ij} 是流场中的有效应力与静止均匀声介质中的应力之差。振动方程可以写成

$$\frac{\partial}{\partial t}(\rho u_i)+c^2\frac{\partial \rho}{\partial y_i}=-\frac{\partial T_{ij}}{\partial y_j} \tag{C-5}$$

$$\frac{\partial \rho}{\partial t}+\frac{\partial}{\partial y_i}(\rho u_i)=0 \tag{C-6}$$

在物理上，这表明均匀声介质内的波动流，会产生与额外应力 T_{ij} 作用在稳态声介质中相同的密度波动。从式（C-4）和式（C-5）中消掉项 ρu_i 得出

$$\frac{\partial^2 \rho}{\partial t^2}-c^2\frac{\partial^2 \rho}{\partial y_i^2}=\frac{\partial^2 T_{ij}}{\partial y_i \partial y_j} \tag{C-7}$$

忽略可压缩效应和黏性流体应力，式（C-7）可简化为低速流（Howe，1975）方程，则

$$T_{ij}=\rho u_i u_j$$

张量 $\rho u_i u_j$ 称为雷诺应力。进一步使用这些近似值，显然式（C-7）可变化（Blake，1986；Kambe et al.，1981；Howe，1975）为

$$\frac{\partial^2 \rho}{\partial t^2} - c^2 \frac{\partial^2 \rho}{\partial y_i^2} = \rho \nabla \cdot (\omega \times U) \tag{C-8}$$

式中，ω 是涡量矢量；U 是流体速度矢量。因此，流体中的低马赫数声源与流体速度中的涡线的拉伸有关。

声是边界与流体相互作用的结果。Curle（1955）考虑了该方程的一般解，包括在表面 S 处存在边界，在固定内表面外无限区域利用非齐次波动方程的标准 Kirchhoff 解，得到该形式的解，

$$c^2(\rho - \rho_0) = \frac{\partial^2}{\partial x_i \partial x_j} \int_{\underline{V}} \left(\frac{T_{ij}}{4\pi r} \right) \mathrm{d}\underline{V}(y) + \frac{1}{4\pi} \int_S \frac{l_i}{r} \left[\frac{\partial}{\partial y_j} (\rho u_i u_j + p_{ij}) \right] \mathrm{d}S(y)$$
$$+ \frac{1}{4\pi} \frac{\partial}{\partial x_i} \int_S \frac{l_j}{r} [\rho u_i u_j + p_{ij}] \mathrm{d}S(y) \tag{C-9}$$

式中，$\rho - \rho_0$ 为密度波动；x_i 为观测点坐标（$i = 1,2,3$）；$r = |x_i - y_i|$；l_i 为流体体积外法向上取的方向余弦。

假设流体的湍流效应发生在体积 $\underline{V}$ 内，其中有一个封闭表面 S 的物体位于该体积内。声场可以解释为在均匀的静止声介质中产生的声场，其作用是：①四极子的体积分布，其强度 T_{ij} 分布在整个流动中；②声源分布在内部边界 S 周围，其强度等于 S 的局部质量流出的变化率；③偶极子分布在 S 周围，其强度等于 S 输出动量的局部速率。结果表明，对于低马赫数流动，四极子源的贡献远小于偶极子源。因此，通过设置 $T_{ij} = 0$ 忽略四极子源。

式（C-9）的一个局限性是表面 S 是固定在空间中的。这意味着等式（C-9）的解仅适用于处于静止状态或只有小振动的结构。然而，Frost 等（1975）已经证明，对于振荡球面，表面振动所诱导的项比式（C-9）的解小 $(D/\lambda)^2$ 量级，其中，D 是横截面尺寸，λ 是声波波长。因此，在远场分析中（$D/\lambda \ll 1$）直接应用式（C-9）是合理的，即使在振幅与横截面尺寸在相同量级的情况下也是如此。

式（C-9）中的第二项可以通过将式（C-2）代入式（C-9）来简化。如果忽略流体可压缩性的二阶效应，这对于低马赫数流动是合理的，式（C-9）变为

$$\rho - \rho_0 = -\frac{\rho_0}{4\pi c^2} \int_S \frac{l_i}{r} \left(\frac{\partial u_i}{\partial t} \right) \mathrm{d}S(y) + \frac{1}{4\pi c^2} \frac{\partial}{\partial x_i} \int_S \frac{l_j}{r} (\rho_0 u_i u_j + p_{ij}) \mathrm{d}S(y) \tag{C-10}$$

方程（C-10）可以用更可行的形式来表示，方法是将高斯理论应用到第一个积分，

$$\int_S \frac{l_i}{r}\left(\frac{\partial u_i}{\partial t}\right)\mathrm{d}S(y) = -\int_V \frac{\partial}{\partial y_i}\frac{\frac{\partial u_i}{\partial t}}{r}\mathrm{d}\underline{V}(y)$$

$$= -\int_V \left\{\frac{1}{r}\left[\frac{\partial^2 u_i}{\partial t \partial y_i} + \frac{1}{c}\frac{\partial^2 u_i}{\partial t^2}\frac{(x_i - y_i)}{r}\right] + \left(\frac{\partial u_i}{\partial t}\right)\frac{x_i - y_i}{r^3}\right\}\mathrm{d}\underline{V}(y) \quad \text{(C-11)}$$

式（C-11）的形式是因为$\partial u_i / \partial t$是在延迟时间内计算的，因此，

$$\frac{\partial}{\partial y_i}\left[\frac{1}{r}f(y_i, t - r/c)\right] = \frac{1}{r}\frac{\partial f}{\partial y_i} - \left[\frac{1}{r^2}f + \frac{1}{cr}\frac{\partial f}{\partial(t - r/c)}\right]\frac{\partial r}{\partial y_i} \quad \text{(C-12)}$$

式（C-11）的符号是由外矢量l_i的方向定义的。如果将具有封闭表面（表面积为S）的物体置于不可压缩的流体［体积为$\underline{V}(y)$］内［ρ为式（C-1）中的常数］，则式（C-11）右侧积分中的第一项为零。

用$\partial / \partial x_i$对式（C-10）中的第二个表面积分进行运算得出

$$\frac{\partial}{\partial x_i}\int_S \frac{l_j}{r}(\rho_0 u_i u_j + p_{ij})\mathrm{d}S(y)$$

$$= -\int_S l_j \left\{\frac{(x_i - y_i)}{cr^2}\left[\frac{\partial}{\partial t}(\rho_0 u_i u_j + p_{ij})\right] + \frac{x_i - y_i}{r^3}(\rho_0 u_i u_j + p_{ij})\right\}\mathrm{d}S(y) \quad \text{(C-13)}$$

如果包含在封闭表面S中的物体，D作为其横截面的特征尺寸，且$D \ll c/\omega$，其中ω是一个典型的声频，则可以将延迟时间项$r(x,y)/c$写成$r(x)/c$来计算积分。如果$t' = t - \frac{r(x)}{c}$，且$p_i = -l_j p_{ij}$，假设到场点的距离比物体的尺寸大（即$x_i \gg y_i$），然后利用等式（C-11）～等式（C-13），等式（C-10）变为

$$\rho - \rho_0 = \frac{\rho_0 x_i}{4\pi c^3 r^2}\int_V \frac{\partial^2 u_i}{\partial t^2}(y,t')\mathrm{d}\underline{V}(y) + \frac{\rho_0 x_i}{4\pi c^2 r^3}\int_V \frac{\partial u_i}{\partial t}(y,t')\mathrm{d}\underline{V}(y)$$

$$- \frac{x_i}{4\pi c^3 r^2}\int_S \frac{\partial p_i}{\partial t}(y,t')\mathrm{d}S(y) - \frac{x_i}{4\pi c^2 r^3}\int_S p_i(y,t')\mathrm{d}S(y)$$

$$- \frac{\rho_0 x_i}{4\pi c^3 r^2}\int_S l_j \frac{\partial u_i u_j}{\partial t}(y,t')\mathrm{d}S(y) - \frac{\rho_0 x_i}{4\pi c^2 r^3}\int_S l_j u_i u_j(y,t')\mathrm{d}S(y) \quad \text{(C-14)}$$

由于假定S中包含的物体为不可压缩的，因此可以证明等式（C-14）中的最后两项消失了。

如果物体横截面的特征尺寸比关注频率的声波波长小，则可忽略横截面的影响计算式（C-14）中的积分。如果物体具有从$z = 0$到$z = L$的中心轴，则u_i取轴上的值。

物体对单位长度的流体施加的力是

$$F_i = -\int_S p_i(y,t')\mathrm{d}s \quad \text{(C-15)}$$

式中，s表示该区域轴线的积分线。对于小的声干扰，密度波动与压力波动成正比，

$$\rho - \rho_0 = \frac{p - p_0}{c^2} \quad \text{(C-16)}$$

且式（C-14）变成

$$p - p_0 = \frac{x_i}{4\pi r^2}\int_0^L \left[\frac{\rho_0 A}{c}\frac{\partial^2 V_i}{\partial t^2} + \frac{1}{c}\frac{\partial F_i}{\partial t} + \frac{1}{r}\left(\rho_0 A \frac{\partial V_i}{\partial t} + F_i \right) \right] \mathrm{d}z \qquad \text{（C-17）}$$

式中，V_i 是物体轴向速度；V_i 和 F_i 是在延迟时间内估算的。这是振动物体在无限大流体的体积上施加力，从而产生了气动声压 p 的基本方程。

参 考 文 献

Blake W K. 1986. Mechanics of flow-induced sound and vibration. New York: Academic Press.

Curle N. 1955. The influence of solid boundaries upon aerodynamic sound. Proceedings of the Royal Society A, 231(1187): 505-514.

Frost P A, Harper E Y. 1975. Acoustic radiation from surfaces oscillating at large amplitude and small mach number. Journal of the Acoustical Society of America, 58(2): 318-325.

Howe M S. 1975. Contributions to the theory of aerodynamic sound, with application to excess jet noise and the theory of the flute. Journal of Fluid Mechanics, 71(4): 625-673.

Kambe T, Minota T. 1981. Sound radiation from vortex systems. Journal of Sound and Vibration, 74(1): 61-72.

Koopman G H. 1969. Wind induced vibrations and their associated sound fields. Washington D.C.: Catholic University of America.

Lighthill M J. 1952. On sound generated aerodynamically. I. General theory. Proceedings of the Royal Society A, 211(1107): 564-587.

附录 D　数字频谱和傅里叶分析

如果定义时间函数 $y(t)$ 在 $[0,T]$ 上连续，则它可以用同一区间的傅里叶级数表示：

$$y(t) = a_0 + \sum_{k=1}^{\infty}[a_k \cos(2\pi k/T)t + b_k \sin(2\pi k/T)t],\quad 0 \leqslant t \leqslant T \tag{D-1}$$

式中，傅里叶系数由积分得到，

$$\begin{aligned} a_0 &= \frac{1}{T}\int_0^T y(t)\mathrm{d}t \\ a_k &= \frac{2}{T}\int_0^T y(t)\cos(2\pi k/T)t\mathrm{d}t \\ b_k &= \frac{2}{T}\int_0^T y(t)\sin(2\pi k/T)t\mathrm{d}t \end{aligned} \tag{D-2}$$

随着级数中包含的项数增加，傅里叶级数会收敛到 $y(t)$（Bracewell，1978）。分析这一结果，我们发现傅里叶系数 a_k 和 b_k 是 $y(t)$ 在频率 $f_k(f_k = k/T, k = 1,2,3,\cdots)$ 处分量的大小。在其相关频率上，可通过傅里叶系数绘制出函数在频域上的结果，这样的图称为频谱。

与式（D-2）的傅里叶系数类似，有限傅里叶变换定义为在 $0 \leqslant t \leqslant T$ 上的函数变换（Bendat et al.，1986），

$$H(f_k) = \int_0^T y(t)\mathrm{e}^{-\mathrm{i}2\pi f_k t}\mathrm{d}t \tag{D-3}$$

式中，i 是虚数单位，即

$$\mathrm{i} = \sqrt{-1},\quad \mathrm{e}^{-\mathrm{i}\theta} = \cos\theta - \mathrm{i}\sin\theta \tag{D-4}$$

$H(f_k)$ 是一个复函数。$H(f_k)$ 的实部等于 $(T/2)a_k$，虚部等于 $-(T/2)b_k$ [a_k, b_k 为傅里叶系数，见式（D-1）和式（D-2）]。

有限傅里叶变换可以通过将时间间隔 $0 \leqslant t \leqslant T - \Delta T$ 离散为宽度 $\Delta T = T/N$ 的 $N-1$ 个时间间隔，把这 N 个点用 $N = 0,1,2,3,\cdots, N-1$ 进行编号来实现数值计算，如图 D-1 所示，

$$t_k = 0, \Delta T, 2\Delta T, \cdots, (N-1)\Delta T \tag{D-5}$$

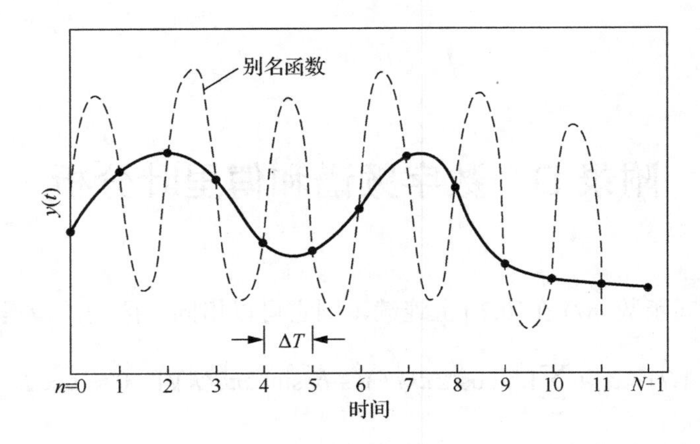

图 D-1　时历的数字化

在离散时历下的有限傅里叶变换为

$$H(f_k)=\Delta T\sum_{n=0}^{N-1}y(n\Delta T)\mathrm{e}^{-\mathrm{i}2\pi f_k n\Delta T},\quad k=0,1,2,3,\cdots,N-1 \tag{D-6}$$

有限傅里叶变换中的频率为

$$f_k=\frac{k}{T}=\frac{k}{N\Delta T},\quad k=0,1,2,3,\cdots,N-1 \tag{D-7}$$

频率的范围从 0 到 $(N-1)/T$，这对数据采样有很大的影响。例如，如果我们想描述周期在 10～20s 的波浪，则采样的时间区间应该超过 20s，如 $T=100\text{s}$。如果样本量为 1024 个点，则会在每 $\Delta T=100\text{s}/1024=0.0976\text{s}$ 采集一次数据。频谱信息的分辨率为 $\Delta f=f_{k+1}-f_k=1/T=1/100\text{s}=0.01\text{Hz}$。其中，最低非零频率为 $1/T=0.01\text{Hz}$。在分析中，包含的最高频率为 $(N-1)/T=10.23\text{Hz}$，但有用的信息仅在奈奎斯特频率（Nyquist frequency）$N/(2T)=5.12\text{Hz}$ 内得到。

将式（D-7）代入式（D-6）实现离散变换：

$$H(k/T)=\Delta T\sum_{n=0}^{N-1}y(n\Delta T)\mathrm{e}^{-\mathrm{i}2\pi nk/N},\quad k=0,1,2,3,\cdots,N-1 \tag{D-8}$$

式中，k 是频率指标索引；n 是积分索引。式（D-8）的数值计算很简单。在累积求和时需要进行 N^2 的估算，本书作者称之为慢傅里叶变换（slow Fourier transform，SFT）。1965 年，Cooley 等提出了一种称为快速傅里叶变换（fast Fourier transform，FFT）的数值算法，只要 N 是 2 的倍数（$N=2^p$，其中，p 为整数），就可以将计算次数减少到 $N\log_2 N$，因此在小型计算机上计算有限傅里叶变换是切实可行的。部分学者开发了一种称为 Hartley 变换的相关变换，有效地提高了计算速度（Bracewell，1989，1986）。

Brigham（1974）在 FORTRAN 和 ALGOL 中给出了 FFT 计算程序，Ramirez（1985）在 BASIC 中给出了大约 50 行的程序指令。这些 FFT 算法只能计算式（D-8）中的总和，

$$\mathrm{FFT}(k/T)=\sum_{n=0}^{N-1}y(n\Delta T)\mathrm{e}^{-\mathrm{i}2\pi nk/N},\quad k=0,1,2,3,\cdots,N-1 \tag{D-9}$$

结果是每个频率变换的实部和虚部。除零频外，离散傅里叶变换的实部与中心频率 $f_{N/2}=N/(2T)$ 对称，其也称为奈奎斯特频率。虚部是反对称的，如图 D-2 所示（Brigham，1974）。这种对称性与混叠现象有关。

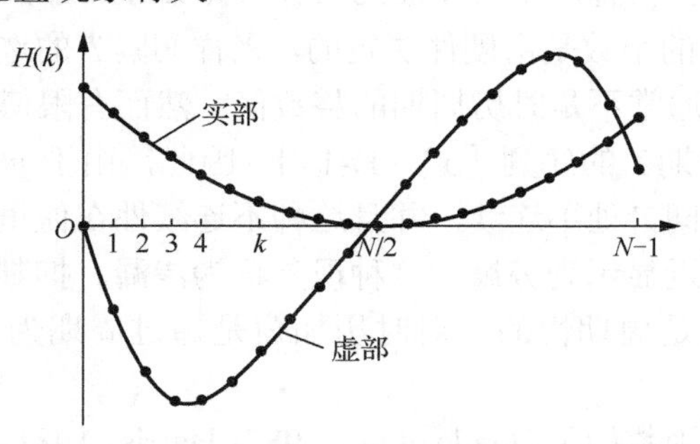

图 D-2　离散傅里叶变换的实部和虚部

混叠是时历离散化的结果。如图 D-1 所示，离散点可以从低频函数（实线）或非常高的频率函数（虚线）中提取。因此，对于离散傅里叶变换形式中的每个低频分量，都有一个对称的高频分量。如果在时历数字化之前我们有足够的频率采样数据或滤除关注频率外的频率，那么在奈奎斯特频率 $f_k=N/(2T)$ 以上的傅里叶变换中出现的高频分量没有物理意义。可以通过以下方法避免将时历中的高频混叠到低频中：①对时历进行数字化之前，滤除目标频率以上的分量，②以等于最高目标频率分量一半的速率进行数字化（Brigham，1974）。前者是通过在数字化之前插入所谓的抗混叠滤波器来实现的。

高频部分离散傅里叶变换的截断单边谱定义如下：

$$G_y(k/T)=\begin{cases}H(0), & k=0\\ 2H(k/T), & 1\leqslant k<N/2-1\\ 0, & N/2\leqslant k\leqslant N-1\end{cases}\tag{D-10}$$

$G_y(k/T)$ 如 $H(k/T)$，是一个复杂的函数。基于 $G_y(k/T)$ 计算的功率谱密度是一个实函数，它等于每个频率分量的均方值除以频率间隔 Δf 的宽度，

$$\begin{aligned}&S_y(0)=\frac{1}{T}[G_y(0)]^2\\&S_y(k/T)=\frac{1}{2T}\left|G_y(k/T)\right|^2=\frac{1}{2T}G_y^*(k/T)G_y(k/T)=(a_k^2+b_k^2)\frac{T}{2}\\&k=1,2,3,\cdots,N/2-1\end{aligned}\tag{D-11}$$

式中，*表示复共轭；$S_y(k/T)$ 的单位为 y^2/Hz，即 y 可以是位移，也可以是压力。自谱定义为每个频率间隔的均方值，

$$S_{yy}(k/T)=\Delta f\,S_y(k/T)=\frac{1}{T}S_y(k/T)\tag{D-12}$$

$\Delta f=f_{k+1}-f_k=1/T$ 是频率分辨率。自谱的大小等于每个自谱分量的均方根，

$$\mathrm{Mag}\{S_{yy}(k/T)\}=\sqrt{S_{yy}(k/T)},\quad k=0,1,2,3,\cdots,N/2-1\tag{D-13}$$

自谱的单位与 $y(t)$ 的单位相同。傅里叶系数［式（D-1）］为

$$a_k = \mathrm{Re}\{G_y(k/T)\}/T,\ b_k = -\mathrm{Im}\{G_y(k/T)\}/T,\ k = 0,1,2,3,\cdots,N/2-1 \quad \text{(D-14)}$$

这些算法已经纳入实验分析程序中（Bruel et al.，1985；Harris，1981）。

实际上，采样点 N 的个数是由硬件决定的，采样间隔 T 的选择使得关注的频率范围低于奈奎斯特频率，T 通常不是时历周期的整数倍。然而有限傅里叶变换［式（D-1），式（D-6）］产生的是周期 T 的序列［式（D-1）］。因此，由于 $y(0) \neq y(T)$，有限傅里叶级数的表达式通常在时间 T 处不连续，并且这种不连续性在傅里叶分量中会产生外部分量，这些分量在谱峰附近显示为旁瓣，这种现象称为渗漏。抑制频谱泄漏的最直接方法是强迫时历在周期 T 处是周期性的。对时历加窗是通过周期为 T 的窗函数预乘时历结果来实现的。

四个广泛使用的窗函数如下（Gade et al.，1987；Harris，1981，1978；Brigham，1974）：

（1）矩形：$W(t) = 1.0$。

（2）三角形：$W(t) = 1 - |(2t/T) - 1|$。

（3）Hanning：$W(t) = \dfrac{1}{2} - \dfrac{1}{2}\cos(2\pi t/T)$。

（4）Kaiser-Bessel：$W(t) = 1 - 1.24\cos(2\pi t/T) + 0.244\cos(4\pi t/T) - 0.00305\cos(6\pi t/T)$。

这些窗函数适用于采样间隔 $0 \leqslant t \leqslant T$。几种窗函数如图 D-3 所示。Gade 等（1987）与 Harris（1981，1978）发现 Kaiser-Bessel 窗在解决两个相干频率之间的差异方面优于 Hanning 窗，并且在宽带信号方面优于 Hanning 窗。如图 D-3 所示，这两个窗函数在归一化到相同的最大振幅时非常相似。

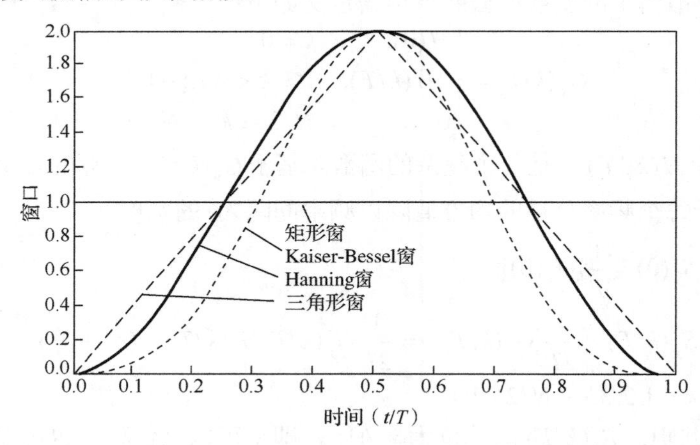

图 D-3　归一化到相同最大值的各种窗函数

因为窗函数会影响时历信号的平均振幅，因此它们会影响傅里叶分量的幅值，并且需要附加因子来保持均方值。Bendat 等（1986）提出，如果使用 Hanning 窗，傅里叶分量 $H(k/T)$ 应增加因子 $\sqrt{8/3}$，以恢复频谱的适当幅值。根据本书作者的经验，这一因子随着频率的变化而有所不同。

练 习 题

1. 计算方波在1s周期内的有限傅里叶级数。$y(t)=-1/2$，$0<t<0.5s$；$y(t)=1/2$，$0.5s \leqslant t \leqslant 1s$。

2. 傅里叶分量［式（D-1），式（D-14）］与自谱、自谱的大小和功率谱密度之间的关系是什么？

3. 分析仪样本点限制在2048个，即2^{11}个。需要用加速度计来表征管道的振动特性。最大管道频率认为在200Hz左右。应该使用什么时间变化率ΔT？采样持续时间T是多少？奈奎斯特频率是多少？应在什么频率设置抗锯齿滤波器？在什么离散频率下会得到结果？频率分辨率是多少？有限离散傅里叶变换、功率谱密度、自谱和自谱的大小和各自的单位是什么？如果我们使用2048个样本点，好处是什么？若因硬件的限制我们一次使用2048个样本点，有没有办法获得与4096个样本点时的好处？

参 考 文 献

Bendat J S, Piersol A G. 1986. Random data: analysis and measurement procedures. New York: John Willey.

Bracewell R N.1978. The Fourier transformation and its application. 2nd ed. New York: McGraw-Hill.

Bracewell R N. 1986. The hartley transform. Oxford: Oxford University Press.

Bracewell R N.1989. The Fourier transform.Scientific American, 260(6): 86-95.

Brigham E O. 1974. The fast Fourier transform. Englewood Cliffs, N. J.: Prentice-Hall.

Bruel & Kjaer. 1985. Instruction manual for the dual channel signal analyzer type 2032, 2. Naerum, Denmark.

Gade S, Herlufsen H. 1987. Use of weighting function in DFT/FFT analysis. Bruel & Kjaer Technical Review, Nos. 3 and 4: 19-21.

Harris F J. 1978. On the use of windows for harmonic analysis with discrete Fourier transforms. Proceedings of the IEEE, 66(1): 51-83.

Harris F J. 1981. Trigonometric transforms. San Diego, California: Scientific-Atlanta, Spectral Dynamics Division Publication.

Ramirez R W. 1985. The FFT fundamentals and concepts. Englewood Cliffs, N. J.: Prentice-Hall.

附录 E

《ASME 锅炉与压力容器规范》（1992 年）的附录 N 的第 1 部分第III节

N-1300 管和管束的流致振动

N-1310 介绍和范围

结构的流致振动（flow-induced vibration，FIV）早已为人们所知（Blevins，1993；Chen S S，1987；Chen P Y，1981a；Paidoussis，1983；Naudascher et al.，1982；Mulcahy et al.，1976）。因此，在确定设计的充分性时需要进行 FIV 分析；在不确定的区域，如果构件需要必要的高可靠性，则需要进行试验验证（Mulcahy，1981；Bohm et al.，1981）。FIV 可由多种激励机制中的任何一种引起，因为动力系统包括受各种流体流动影响的许多类型的柔性构件，例如管道、通道、增压室和换热器。由于邻近结构和边界的影响，单个构件往往受到来自多个方向不同湍流的作用，因此对多个激励机制的 FIV 分析并不罕见。

对流场中每个构件尾流流态而言，用于进行 FIV 分析的定量数据及分析的相关性是唯一的。一些构件比其他构件有更多的定量信息和设计方法，特别是对圆柱的研究最多。本附录中 N-1320 至 N-1340 说明了圆柱阵在 FIV 分析时一个或多个有用的分析步骤，此圆柱阵受三种最重要激励机制影响。所采用的一般方法也适用于其他类型的构件，但定量数据是专门针对单圆柱和圆柱阵的。由于 FIV 机制众多，本书参考了一些分析方法，并提供了足够多的信息来理解这些机制和设计计算。随着该研究领域的发展，可以推荐一组以上的设计数据或方法，这意味着设计人员将使用既适合又保守的预报。

基于实验数据、由振动方程指导的、半经验的公式经常是设计方法的基础。关于 FIV 机理描述的最新进展是，已经提出了许多流体-结构耦合力的数学模型，尽管模型模拟这些问题是有效的，但许多物理现象尚未达成一致。

N-1311 定义

在 FIV 分析中，本节给出了一些常用术语的定义和简要说明。

（1）流体力可以分为两大类来描述 FIV 的激励机制（Blevins，1993；Chen S S，1987；Paidoussis，1983；Chen P Y，1981a；Mulcahy et al.，1976）：流体激励力是来流作用在结构上产生的，即使没有结构振动，它们也会以某种形式出现；流固耦合力是由结构振动引起的，其在流动和非流动流体中都会产生。

（2）附加质量和附加阻尼已成功地用来描述非流动流体中结构振动产生的流固耦合力（Chen，1981b；Connors，1981；Mulcahy，1980；Blevins，1979；Sarpkaya，1979；Au-Yang，1977）。附加质量和附加阻尼增加了结构在流体中振动的有效质量和阻尼。此外，在其他未连接的相邻结构之间存在稠密流体时，可能会导致耦合振动，这与真空中获得的固有频率、振型和阻尼明显不同。但对于低密度流体（如空气），附加质量通常可以忽略不计。

（3）在弱耦合的流体-结构系统中，FIV 的激励机制会引起较小的结构振动。由于结构振动引起的流体力可以线性叠加到流体激励力上，而流体激励很大程度上与结构振动无关。流固耦合力可用附加质量、刚度和阻尼矩阵表达为一阶近似。流体激励力可通过分析或模拟从模型实验的耦合力中分离出来，并实现预报。

产生弱耦合的流体结构系统的 FIV 激励机制的例子有：杆、板和壳上的湍流来流和湍流边界层（Blevins，1993；Chen，1987）；一些尾流源自钝体绕流，以及许多噪声源（Blevins，1984a；Paidoussis，1983）。在这些情况下，流体激发的能量是流体回流中在某个点上产生的，结构是吸收能量的。由于湍流和附加边界层产生的力通常是宽带随机的，而分离的尾流会融入到周期性脱落的涡旋中，从而产生非定常的涡激力（Blevins，1993；Sarpkaya，1979；Keefe，1962）。

（4）在强耦合的流体-结构系统中，FIV 激励机制会使结构振动变得足够大，足以改变流场；一些流体力会放大而不是抑制它们的结构振动。在强耦合的流固耦合系统中，明确区分流固耦合力和流体激励力是困难的。一般来说，高度非线性的流固耦合力是结构振动（或运动）和流速的函数。

（5）密排换热器管束（Blevins，1993；Chen，1987；Paidoussis，1983；Mulcahy et al.，1976）的流体弹性不稳定性是强耦合流体结构系统的一个例子。每根管的运动都将流体力和其他管的运动联系起来，从而产生自激。失稳的发生被解释为是结构质量、阻尼和流固耦合力的不利影响造成的（Chen，1981b）。

然而，大多数预测失稳开始的表达式都是基于对失稳开始时临界速度测量的收集和统计。

（6）横向流是垂直于结构纵轴的流。横向流是产生 FIV 机制的一个例子，由该机制可以创建弱耦合或强耦合的流体-结构系统。在横向流中，管的尾流中涡旋脱落会产生的流体激励力和流固耦合力都会放大结构振动。对于理想横向流，当一根细长的、表面光滑的管处于二维均匀的横向流中时，且管附近的流体中几乎没有湍流，管尾流中会产生周期性的二维涡旋。如果雷诺数小于 2×10^5（Blevins，1993；Cornors，1981；Sarpkaya，1979），这些涡旋产生垂直于管轴和来流方向的交变升力，几乎与稳定的流向阻力一样大。

当涡旋脱落频率与结构固有频率相差较大时，交变升力仅作为流体激励力。然而，如果涡旋脱落频率与结构固有频率之一足够接近时，并且流体激励力能够产生足够大的运动，则会产生流固耦合力，这显然会进一步放大结构的振动。已有足够的实验数据来描述流体激励力，但流固耦合力的表示方法仍在研究中。大多数力的表述形式是基于物理现象的简化模型，这些模型在不同程度上仅覆盖了理想条件、部分范围内的少量数据。

（7）联合受纳（验收）是测量在某一阶模态下振动的结构在受到随机激励力时保持相同模态的概率；交叉受纳是测量在某一阶模态下振动的结构受到随机力激励时转变为另一阶模态的概率。对于许多应用，只有联合受纳被认为是重要的。当振型正则化时，联合受纳的总和等于 1（见 N-1342.1）。因此，假设联合受纳等于 1，则给出了结构响应的保守估算。

N-1312 术语

C_n 为第 n 阶模态中的约化阻尼

C_L 为升力系数

D 为圆柱直径

E 为弹性模量

f_n 为第 n 阶振型的固有频率（Hz）

f_s 为周期性涡旋脱落频率（Hz）

F 为力

G_f 为激励函数的单边功率谱密度［$(\mathrm{N/m})^2/\mathrm{Hz}$］

G_f^i 为多跨管第 i 跨的 G_f 谱

G_y 为单边功率谱响应密度

H_j 为第 j 阶振型传递函数

I 为惯性矩

J^2 为联合受纳

J_{jk}^2 为第 j 和第 k 振型的交叉受纳

$(J_{jk}^i)^2$ 为第 i 跨的受纳

$l_c = 2\int_0^L r(x')\mathrm{d}x'$ 为轴向相关长度，$r(x')$ 是相关函数，x' 是分离距离

l_c^i 为第 i 跨的相关长度

L_e 为受涡旋脱落影响的圆柱长度

L_i 为跨度

m 为单位长度质量

m_A 为单位长度的附加流体质量

m_c 为单位长度所含的流体质量

m_f 为圆柱替代流体质量/长度

m_s 为单位长度结构的质量

$m_t = m_A + m_c + m_s$ 为单位长度圆柱（管）的总质量

M_j 为第 j 阶模态质量

M_n 为第 n 阶振型的有效模态质量/长度

n 为振动模态。n=1 是基本模态

p 为压力

P 为管间距

q 为动态压力

Re 为雷诺数，VD/ν

R_p 为压力场的互相关

S 为施特鲁哈尔数，f_sD/V

S_f 为激励力函数的交叉谱密度［$(\mathrm{N/m})^2/\mathrm{Hz}$］

S_{fo} 为激励力函数的功率谱密度

S_p 为压力的功率谱密度

S_y 为圆柱响应功率谱密度

t 为时间

U_c 为对流速度

V 为平均速度

x 为轴向距离

y_n^* 为第 n 阶振动模态的最大位移

$\overline{y^2}$ 为圆柱的均方响应

α_n 为第 n 阶振动模态的放大系数

γ_n 为第 n 阶振动模态的振型比例因子

Γ 为复相干函数

Γ^i 为第 i 跨的复相干函数

δ_m 为质量阻尼系数，$2\pi\zeta_n m_t/(\rho D^2)$

δ_n 为第 n 阶振型对数衰减率

ζ_n 为第 n 阶模态的临界阻尼系数

ρ 为流体质量密度

ϕ_n 为第 n 阶振型

ϕ_n^* 为 ϕ_n 的最大值

θ 为流动方向与管轴向的夹角

ν 为运动黏性系数

ω 为圆频率（rad/s）

N-1320 涡旋脱落

N-1321 固定钝体的涡旋脱落

对于均匀横向流中的钝体，钝体后面的尾流不再是规则的，而是包含如图 E-1 所示的圆柱模式下的明显涡旋。涡旋从钝体的两侧有规律地交替脱落，并产生交替升力。涡旋脱落过程的实验研究表明（Blevins，1984a；King，1977），交变升力的频率（赫兹）可以表示为

$$f_s = SV/D \tag{E-1}$$

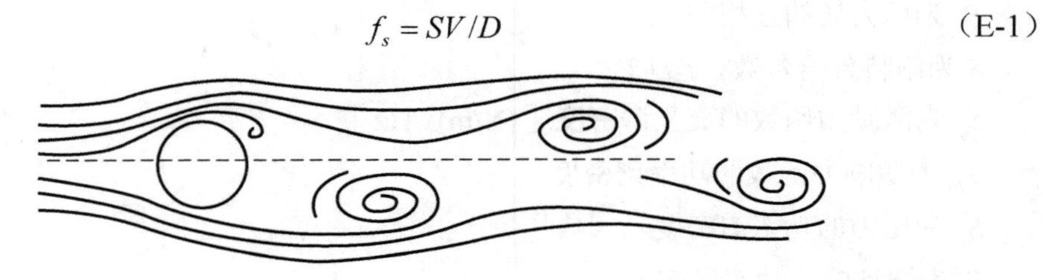

图 E-1　圆柱上的涡旋脱落

图 E-2 为发生涡旋脱落的一些常见类型的钝体或结构。下面是对柱体的讨论，但这些概念同样适用于其他钝体。

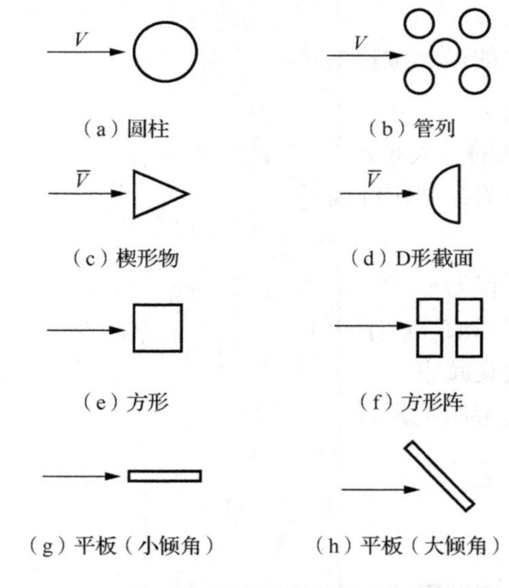

图 E-2　涡旋脱落的一些典型钝体的截面

均匀横向流对直径 D 和长度 L 的单圆柱产生的振荡升力可表示为（Keefe，1962；Den Hartog，1956）

$$F = C_L JqDL[\sin(2\pi f_s t)] \tag{E-2}$$

式中，C_L, f_s 和 J 是雷诺数 Re 的函数，必须通过实验确定。在均匀横向流中，涡旋脱落的能量发生在中心频率为 f_s 的非常窄的频带上，但在雷诺数（$2\times10^5 \sim 3\times10^6$）的过渡带上，频率成分的特征可能从接近周期变化到完全随机。当 $10^3 < Re < 2\times10^5$，测得的施特鲁哈尔数 $S \approx 0.2$；对于更大雷诺数，S 和 C_L 的实验值会具有相当大的分散性。
通常，在整个圆柱长度 L 上，交变涡旋流体力一般不相关。因此，对于均匀刚体的模态，存在两个极限的联合受纳函数（Keefe，1962），

$$J^2 = \begin{cases} l_c L, & l_c \ll L \\ 1, & \text{完全相关} \end{cases} \tag{E-3}$$

对于 $10^3 < Re < 2\times10^5$（Sarpkaya，1979），已发现静止圆柱在升力方向上的相关长度约为 3～7 倍直径（$3D < l_c < 7D$）。对于更大的雷诺数，由于附着的边界层变为完全湍流，固定圆柱的相关长度预计会更小。对于固定长圆柱，J^2 通常比 1 小得多。如在 N-1323 和 N-1324 所述，圆柱在涡旋脱落频率下的运动会大大增加相关长度（Blevins，1993；Sarpkaya，1979）。

涡旋脱落也会在流向或阻力方向上产生力。阻力的频率是单圆柱涡旋脱落频率的两倍（Sarpkaya，1979）。然而，振荡阻力的大小通常比振荡升力小一个数量级。

N-1322 实际的横向流

理想横向流的情况在实验室外很少发现。许多实际条件降低了作为激励机制的涡旋脱落的有效性和强度：

（1）如果结构位于湍流中，或者管表面粗糙，那么湍流倾向扩宽脱落频率的频带，并降低主导脱落频率处的能量（Mulcahy，1984）。

（2）如果圆柱在流体中倾斜，则可采用垂直于圆柱轴线的流速分量来充分预报脱落频率：

$$f_s = (SV / D) / \cos\theta \tag{E-4}$$

式中，θ 是流体流动方向与圆柱轴线的角度。倾斜流趋于减小涡旋脱落激励力（Ramberg，1978）。

（3）流速沿展向的变化意味着涡旋脱落频率也会沿展向变化。这种效应通常会降低净涡旋脱落激励力。

（4）一些证据（Paidoussis，1981；Pettigrew et al.，1981）表明，在两相流中不会发生涡旋脱落，涡旋脱落只是单相流中的问题。

（5）虽然上述讨论的涡旋脱落特性具有普遍性，但仍没有具体考虑相邻物体的影响。对两个（Zdravkovich，1977）或多个圆柱的研究表明，圆柱后确实会发生涡旋脱落，其对圆柱间的相对位置和间距非常敏感。管排作为典型案例，从它们的大量分散的实验数

据中可以看出，式（E-2）中使用的J, S和C_L的值比单圆柱的值更不稳定（Weaver et al.，1987a，1987b；Pettigrew et al.，1981；Fitz-Hugh，1973；Chen，1972，1968；Owen，1965）。

N-1323 柔性圆柱

当涡旋脱落频率f_s与结构固有频率显著不同时，称为非共振，式（E-2）中给出的振荡升力F的表达式是有效的。如果选择$C_L=1$和$J=1$，则是保守的。这个力的保守表示可以推广到非均匀载荷，并可以使用模态叠加法简化多模态作用下的圆柱响应分析。通常，非共振响应很小。然而，当接近共振时，会发生很大的振动。

对于单个柔性或弹性支撑的圆柱，一旦振动开始，脱落频率和圆柱的固有频率可以在两个足够接近的情况下同步。对在气流中弹簧支撑的圆柱（Scruton，1963），显示同步的持续速度范围取决于阻尼系数$m_t\delta_n/(\rho D^2)$。在图 E-3 中，阴影区域是同步范围。纵坐标$V/(f_nD)$是约化速度，其中f_n是弹性支撑圆柱的固有频率。特别注意的是，随着$m_t\delta_n/(\rho D^2)$的增加，同步持续的约化速度范围减小，并且$m_t\delta_n/(\rho D^2)>32$不发生同步。如式（E-2）所示，在阴影区域外，圆柱会受到交变升力，其频率为涡旋脱落频率。

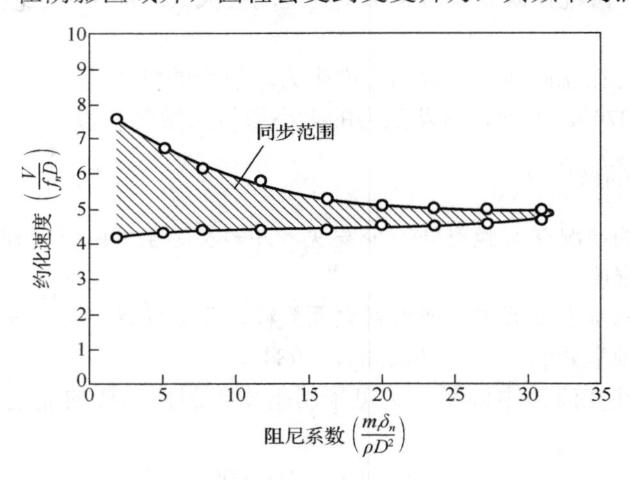

图 E-3　单个柔性圆柱涡旋脱落频率随阻尼系数的变化（Scruton，1963）

同步的后果是多方面的。随着流速的变化，涡旋脱落频率接近结构固有频率时，将发生以下情况：

（1）涡旋脱落频率转为结构固有频率，即流速或结构频率在如图 E-3 所示的同步范围内变化，它与结构频率同步或“锁定”于结构的频率。

（2）涡旋脱落激励函数的展向相关性随结构响应的增加而显著增加。

（3）升力是结构振幅的函数。

（4）结构的阻力增大。

（5）涡旋脱落的强度增加。

在同步范围内，小阻尼结构经常发生共振。在稠密的流体（如水）中，在缆绳和管道上都观测到了振幅高达 3 倍直径的峰峰值。振动主要是横向的，它是自限的（Blevins，1993；Sarpkaya，1979；King，1977）。

在水中观察到阻力方向上的大振幅同步振动。根据 N-1321（Bishop et al.，1964；King et al.，1973）的式（E-1），这些振动在相对较低的流速开始，对应于涡旋脱落的次谐波频率，即在同步所需流速的 1/4,1/3 或 1/2 处。然而，阻力方向不如升力方向上的同步性强，并且通常只发生在稠密流体中的小阻尼结构上（Sarpkaya，1979，1978）。在两相流或密集管束（超过几排）中未观察到锁定现象。

N-1324 圆柱的设计程序

设计程序时应避免锁定条件，但由于设计复杂，锁定很难避免。因此，给出了避免锁定的方法，并采用非共振结构分析方法进行程序设计，进而计算锁定中结构的响应。

N-1324.1 避免同步锁定。通过以下四种方法之一（Blevins，1993；Mulcahy，1987；King et al.，1973；Scruton，1963）可以避免单圆柱的锁定。对于管阵，仅为（1）、（2）和（3）是适用的方法，V 必须是最小间隙（$P-D$）中的流速。

（1）如果基本振动模态（$n=1$）的约化速度满足：

$$V/(f_1D)<1 \tag{E-5}$$

就可以避免升力和阻力方向的锁定。

（2）如果对于给定的振动模态，约化阻尼足够大：

$$C_n>64 \tag{E-6}$$

那么在该振动模态下避免了锁定的发生。

（3）如果对于给定的振动模态：

$$V/(f_nD)<3.3 \tag{E-7}$$

并且

$$C_n>1.2 \tag{E-8}$$

这样就避免升力和阻力方向锁定的发生。

（4）如果结构的固有频率落在 $f_n<0.7f_s$ 或 $f_n>1.3f_s$ 的范围内，则在第 n 模态中避免了升力方向的锁定。

约化阻尼 C_n 的计算公式为

$$C_n=\frac{4\pi\zeta_nM_n}{\rho D^2\int_{L_e}\phi_n^2(x)\mathrm{d}x} \tag{E-9}$$

式中，$\zeta_n=\delta_n/2\pi$ 是在空气中测得的临界阻尼系数；M_n 是广义质量，

$$M_n=\int_0^L m_t(x)\phi_n^2(x)\mathrm{d}x \tag{E-10}$$

其中，ϕ_n 是第 n 阶振型函数，$m_t(x)$ 是单位长度的圆柱质量；分母中 L_e 的范围表示积分

仅在横向流作用下圆柱的锁定长度范围。注意，$m_t(x)$ 的计算公式如下：

$$m_t(x) = m_s(x) + m_c(x) + m_A(x) \tag{E-11}$$

对于单圆柱，m_A 是置换流体的质量。如果圆柱的截面靠近其他物体，则必须考虑可能出现的附加质量和流体阻尼（Blevins，1993，1979；Chen，1987，1981c；Mulcahy，1980；Au-Yang，1977）。

N-1324.2 涡致响应。在非共振状态下，可使用强迫振动分析方法（Den Hartog，1956）并采用激励函数［式（E-2）］计算响应（Blevins，1993；Connors，1981）。由此产生的响应通常很小。如果工作条件无法避免或抑制锁定，则必须计算共振涡致响应。对于如下三类结构和流动——均匀结构和流动、管阵、非均匀结构和流动，计算结构响应时建议采用下面的三种方法。

（1）均匀结构和流动。如果一个均匀的圆柱在其跨度上受到均匀横向流的作用，那么在圆柱跨度上的涡旋脱落频率和涡激力都是恒定的。式（E-2）给出了周期性的涡激升力。锁定时，涡旋脱落频率等于第 n 阶振型的固有频率，$f_s = f_n$，圆柱响应由下式给出（Blevins，1993；Connors，1981）：

$$\frac{y_n^*}{D} = \frac{C_L J \phi_n^*}{16\pi^2 S/[m_t \zeta_n/(\rho D^2)]} \tag{E-12}$$

如果升力系数设为 $C_L = 1$，且涡旋脱落沿圆柱展向完全相关，$J = 1$，则该式为周期性的涡致振动振幅提供了一个保守的上限估计。实验数据充分时，可以使用其他的 C_L 和 J 值。然而，由于在振幅超过 0.5 倍直径时升力系数有减小的趋势，但振幅较小时又缺乏展向完全相关性，因此发现式（E-12）中 $C_L = 1$ 和 $J = 1$ 给出了过度保守的预报。为了获得不太保守的预报，表 E-1 给出了三种半经验的非线性预报方法。振型系数 γ 通常在 1.0～1.3（Blevins，1993）变化，根据空气中的 ζ_n 使用式（E-9）来确定 C_n。

表 E-1　由半经验相关性预报的涡致振动共振振幅

参考文献	预报的共振振幅
Griffin 等（1975）	$\frac{y_n^*}{D} = \frac{1.29\gamma}{[1+0.43(2\pi S^2 C_n)]^{3.35}}$
Blevins（1993）	$\frac{y_n^*}{D} = \frac{0.07\gamma}{(C_n+1.9)S^2}\left[0.3+\frac{0.2}{(C_n+1.9)S}\right]^{1/2}$
Sarpkaya（1978）	$\frac{y_n^*}{D} = \frac{0.32}{\left[0.06+(2\pi S^2 C_n)^2\right]^{1/2}}$

（2）管阵。在中心距小于 2 倍直径的管阵中，涡旋脱落相干仅存在于前几排，而最小间隙（$P-D$）中的流体速度可用于单管的设计。在管阵内，涡旋脱落频率是在较宽的频率范围内，而不是在不同的单个频率上。阵内管的响应通常小于类似的单管的响应。目前已研究的预报管阵的振动技术是基于随机振动理论和 N-1340 中给出的理论。

（3）非均匀结构和流动。许多圆柱结构具有非均匀性的质量和刚度分布，且它们处于沿跨度变化的流速下。在这种情况下，只有结构跨度的一部分会与涡旋脱落产生共振，并助于产生激励力。

处理非均匀流中非均匀结构的一种方法是：

①确定结构的固有频率和振型。

②确定流动的展向分布。

③确定每阶模态下可与涡旋脱落发生共振的部分结构。这可以通过计算涡旋脱落频率的展向分布来实现，并估算该频率在±30%频带内发生潜在共振的可能性。

④将式（E-2）（$f_n = f$ 和$C_L = 1$）给出的升力施加到共振的跨度段上。

步骤①至④如 Connors（1981）和 Au-Yang（1985）的文章所示。对于均匀横向流中的一个均匀圆柱，完全相关的假设④和$C_L = 1$给出了过于保守的预报。在实验数据充足的情况下，可以使用其他的C_L值。

N-1330　流体弹性失稳

当供应系统的能量持续增加时，会出现许多 FIV 机制。流速的增加达到一个临界值时，结构会出现较大的响应。若提供能量的流速继续增加，将导致响应的静态或动态的偏离（快速增加）。通常，流体弹性失稳是结构与流体强耦合的结果。

N-1331　横向流中管阵的失稳

流体流过弹性管阵会引起动态失稳，一旦流速超过临界横向流速，就会导致振幅很大。通常，振动主要受管间距的影响。流体在管上的流动会对管产生流体激励力和流固耦合力。它们分为以下几类：

（1）力随管位移（相对于平衡位置的偏移）近似地呈线性变化（称位移机制）（Connors，1970）；

（2）振荡管相对平均流速引起净阻力的波动（流体阻尼机制）（Chen，1981b）；

（3）由于流体分离点的突然移动，当振动超过一定振幅时，上述的组合会出现阶跃的变化（射流开关机制）（Roberts，1966）。任何或所有的这些流体力都可能引起失稳。这些流体力是管振动响应的函数。

失稳时管振动的一般特征如下：

（1）管振幅。图 E-4 给出了金属管阵对横向流的响应。从图中可以看出，流速一旦超过临界横向流速，振幅随流速 V 迅速增加，通常为 V_0，$n = 4$ 或更大，而指数在失稳时阈值在$1.5 < n < 2.5$范围。最初的峰是涡旋脱落造成的，在水流中涡旋脱落引起的振幅往往比气流中的更大。

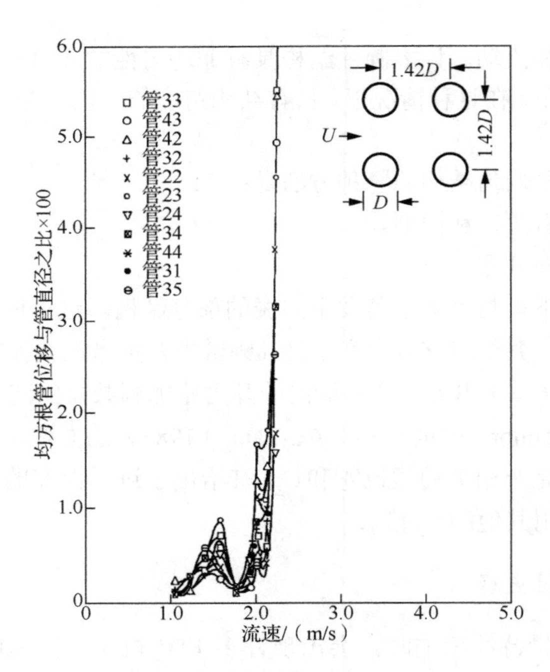

图 E-4　管束对横向流的响应（Chen et al.，1978）

（2）时变的振动行为。通常，大振幅振动是不稳定的，而不是振幅的跳动（振幅相对于平衡位置的上升和下降）（Chen et al.，1981）。

（3）管间同步振动。大多数情况下，管的振动不是单独的，而是与相邻管以某种同步的轨迹一起振动，如图 E-5 所示。在水和空气中的试验（Guerrero et al.，1980；Weave et al.，1979；Chen et al.，1981；Connors，1970）都观察到了这种现象，轨迹的形状从近圆形到近直线形不等。当管在椭圆轨迹上振动时，它们从流体中获取能量。刚度机制依赖于相邻管的振动，但阻尼机制不依赖。

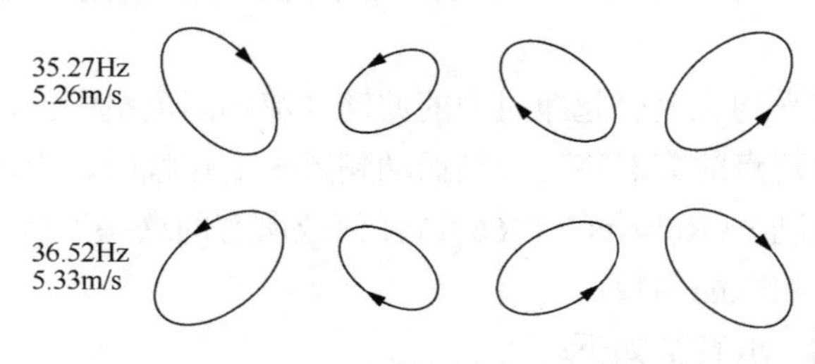

图 E-5　流体弹性失稳时四管阵振动形式

（4）管结构变化的影响。通常，管间的振动受限会引起振动的频率差，这会增加失稳的临界速度（Weave et al.，1979；Chen et al.，1981；Southworth et al.，1975）。这种增幅一般不超过 40%。通常，在具有频率差的管束中，失稳的开始比自由振动的相同管束更迟。

N-1331.1 临界速度的预测。量纲分析意味着失稳的开始，可由以下无量纲组表达：

质量比 $m_t/(\rho D^2)$；约化速度 $V/(fD)$；流体中测量的阻尼系数 ζ_n；中径比 P/D；管阵模式（图 E-6）和雷诺数 VD/ν。这里，V 是管间隙的流速，它等于来流速度与 $P/(P-D)$ 的乘积。注意：由于相邻管的相互限制，m_t 的附加质量部分可能比置换的流体质量大得多（Chen，1987，1981c；Blevins，1979）。此外，大多数情况下，流动是完全湍流（$VD/\nu > 2000$），雷诺数不会在失稳中起主要作用。在这种情况下，因失稳开始时的约化临界速度可以表示为其他无量纲参数的函数。

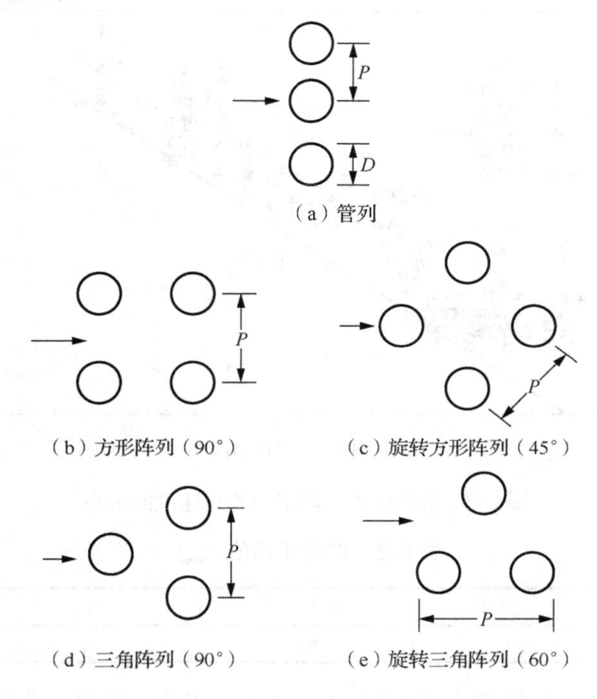

图 E-6　管阵模式

这些参数之间的关系可以通过理论或实验进行研究。拟合实验数据的通用形式为

$$V_c/(f_n D) = C[m_t/(\rho D^2)]^a (2\pi\zeta_n)^b \tag{E-13}$$

式中，C 和指数 a,b 是管阵模式的函数。实验数据表明 a 和 b 在 $0<a,b<1.0$ 范围内（Weaver et al.，1987a，1984，1979；Paidoussis，1980；Chen et al.，1981）。

N-1331.2 推荐的公式。失稳开始速度的平均值可以通过实验数据的半经验相关性拟合来确定，其形式为

$$V_c/(f_n D) = C[m_t(2\pi\zeta_n)/(\rho D^2)]^a \tag{E-14}$$

式中，V_c 是临界的横向流速；f_n 是浸沉管的固有频率。均匀横向流中，若横向流速 V 小于临界速度 V_c，则管稳定。若横向流管跨分布是不均匀的，则等效的均匀间隙速度可以定义为最大横向流速或模态加权速度：

$$V_e^2 = \int_0^L V^2(x)\phi_n^2(x)\mathrm{d}x \Big/ \int_0^L \phi_n^2(x)\mathrm{d}x \tag{E-15}$$

式中，$V(x)$ 是管轴向位置的横向流速。在所有模态下，如果 $V_e < V_c$，管是稳定的。

图 E-7 给出了失稳开始时有效的 170 个数据点的分布（Chen，1984）。在 $m_t(2\pi\zeta_n)/(\rho D^2) > 0.7$ 的范围内，每种管阵模式都有足够的数据满足拟合公式（E-14）。C 的平均值 C_{mean} 如表 E-2 所示。

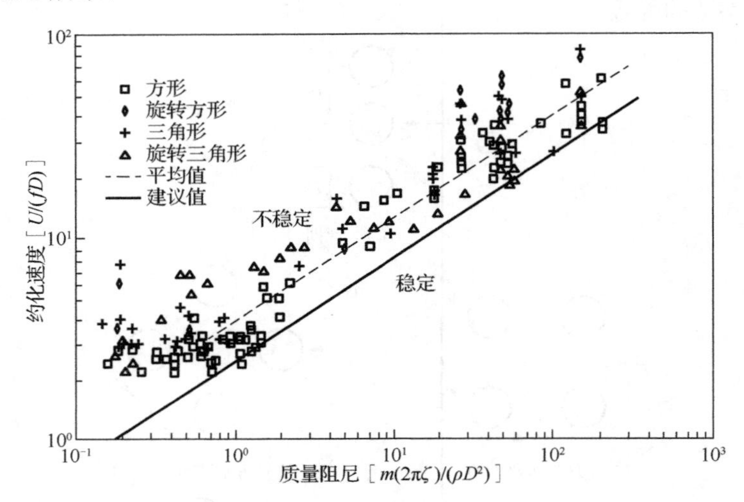

图 E-7　管阵中质量阻尼与约化速度的关系

表 E-2　C 的平均值 C_{mean}

三角形	旋转三角形	旋转方形	方形	所有阵列
4.5	4.0	5.8	3.4	4.0

根据该参数范围内有效的位移机制（Connors，1970）理论，选取其拟合中 $a = 0.5$。$m_t(2\pi\zeta_n)/(\rho D^2) < 0.7$，流体阻尼机制起主要作用，理论和数据上都不足以确定式（E-14）中 C 和 a 的值。可以使用 $a = 0.5$ 和表 E-2 中 C 的平均值保守地估算 $V_c/(f_n D)$ 的值。质量阻尼在图 E-7 测试的范围内时，建议 a 取 0.5、C 取 3.3，并使用式（E-14）估算（Paidoussis，1983；Pettigrew et al.，1981）。

N-1331.3 建议输入。准确地预报临界速度需要进行模型实验来确定具体应用中的 C 值和阻尼系数。因为实际的流动和结构所包含的参数特征是不尽相同的，所以在简单、可控的实验测试中常常用来建立它们在 E-7 中的数据库（Chen，1984）。通常，工业管阵（束）涉及多个跨度，中间支撑由孔板（孔径略大于管直径）提供。即使在管束内，流体也可能绕管束边缘流动，且不具有图 E-6 所示的纯横向流。此外，当振动的振幅较小时，例如亚临界振动时，并非所有支撑板都处于活动状态。这种振动模态的阻尼系数通常很小，如气体中的阻尼系数约 0.1%，蒸汽或水中的阻尼系数约 1%。当振动的振幅较大时，从失稳开始，支撑板与管阵的相互作用大大增加了阻尼系数，阻尼系数在 5%

及以上。

以上所讨论的所有实际情况都倾向于提高临界速度。因此，图 E-7 的数据库可用于保守地确定或避免管阵的流体弹性失稳：如果设计的等效均匀横向流间隙速度［式（E-14）、式（E-15）］小于图 E-7 中基于式（E-14）计算（$C=2.4, a=0.5$）的临界速度建议值，气体中的阻尼系数为0.5%，“湿”蒸汽或液体中阻尼系数为1.5%，那么不会发生失稳，无须进行模型实验。否则，必须通过模型实验或运用经验来确定更准确的C值和浸沉管的阻尼系数或临界速度。

N-1340 湍流

一般来说，冷却剂的流动路径和流量会维持或促进湍流流动，这对传热来说是最理想的，却为结构激励力提供了来源。此外，流体中的湍流会影响伴随边界层分离的激励机制的存在和强度，如 N-1320 中关于涡旋脱落的讨论。本节将集中讨论流体激励力的来源——湍流。

N-1341 随机激励

当湍流流过结构物时，一部分动量会转化成脉动压力。除了由湍流平均分量引起的力外，湍流速度分量也会产生随机的表面脉动压力。时历的表面脉动压力与湍流一样复杂，只能用统计的方法来描述。然而，脉动压力和其诱导的响应通常可视为遍历的，并使用不依赖于时间起点的有限时间进行记录和分析。

为了进行结构分析和设计，一旦确定了压力场的空间功率谱密度$S_p(x_1,x_2,\omega)$，就可以获得关于脉动压力最有用的信息。功率谱密度是由压力互相关的傅里叶变换得到的，

$$S_p(x_1,x_2,\omega)=\frac{1}{2\pi}\int_{-\infty}^{\infty}\left[\lim_{t_0\to\infty}\frac{1}{2t_0}\int_{-t_0}^{t_0}p(x_1,t)\cdot p(x_2,t+\tau)\mathrm{d}\tau\right]\mathrm{e}^{-\mathrm{i}\omega t}\mathrm{d}t \qquad \text{(E-16)}$$

并对结构上的每个点x_1和x_2配对（包括同一个点）提供了有关压力$p(x,t)$［圆频率ω（rad/s）的函数］各分量的平均乘积。S_p的单位是Pa^2/s。频谱的频率受频带限制，其范围是从零到湍流源决定的最大频率。当湍流能量在频率ω处增加时，功率谱也会增大。结构上不同点处的压力是相干或具有某种因果关系的，被称为压力场的相关长度或伴随湍流涡尺度（Blevins，1993）。

只有选定部分的表面压力才能有效地激发动态结构响应：频率落在以结构固有频率为中心的窄频带中，相关长度就与相关振动模态的空间波长相似（Au-Yang et al.，1977）。由此产生的结构响应出现在随机振幅和窄频带宽中，频带宽度由系统阻尼决定。利用概率理论所统计的表面压力结果可以用来预报相关的结构响应。

N-1342 管和梁的结构响应

N-1342.1 对均匀湍流激励的响应。对于弱耦合的流体-结构系统，湍流引起的结构小振动，线性结构的假设是合理的。任意随机载荷作用下，梁的线性结构动力分析理论得

到了充分发展。由于湍流的耗能机制能迅速消除由流道内结构边界和管内结构边界引起的扰动，因此湍流横向流的统计特性往往在单管和管束的总跨距上逐渐变化，尤其是在管束内。因此，在许多应用中，均匀的平均速度和各向同性的湍流的假设是合理的。

假设压力场是各向同性的且遍历的，振动方程可以解耦，以便通过模态分析进行求解（见 N-1222）。圆柱响应的功率谱密度为（Lin，1967）

$$S_y(x_1,x_2,\omega)=S_{fo}L_j=\sum_{j=1}^{\infty}\sum_{k=1}^{\infty}\phi_j\phi_k J_{jk}^2 H_j H_k^* \tag{E-17}$$

振型 $\phi_j(x)$ 满足正交关系：

$$\int_0^L m_t(x)\phi_i(x)\phi_j(x)\mathrm{d}x=M_j\delta_{ij} \tag{E-18}$$

式中，M_j 是广义质量，这里定义为具有与 m_t 相同的维数。因此，如果 m_t 是常数，$M_j=m_t$，正交性条件降为

$$\int_0^L \phi_i(x)\phi_j(x)\mathrm{d}x=\delta_{ij} \tag{E-19}$$

第 j 模态的传输函数为

$$H_j(\omega)=\left[M_j(\omega_j^2-\omega^2+2\mathrm{i}\xi_j\omega\omega_j)\right]^{-1} \tag{E-20}$$

式中，ω_j 和 ξ_j 分别是模型固有频率和阻尼。受纳积分是

$$J_{jk}^2(\omega)=L^{-1}\int_0^L\int_0^L \phi_j(x_1)\Gamma(x_1,x_2,\omega)\phi_k(x_2)\mathrm{d}x_1\mathrm{d}x_2 \tag{E-21}$$

复相干函数是

$$\Gamma(x_1,x_2,\omega)=S_f(x_1,x_2,\omega)/S_{fo}(\omega) \tag{E-22}$$

式中，S_f 是圆柱长度上两个不同点 $x=x_1$ 和 $x=x_2$ 之间单位长度湍流复相干函数的交叉谱密度。当 $x_1=x_2=x$ 时，$S_f(x_1,x_2,\omega)=S_{fo}(\omega)$ 是与各向同性压力场无关的功率谱密度。联合受纳函数 $J_{jj}(\omega)$ 反映了第 j 阶振型时相干函数的相对有效性，而交叉受纳函数 $J_{jk}(\omega)$（$j\neq k$）反映了不同振型间对耦合的贡献。一般来说，两种不同模态的响应是相互依赖的。

均方响应 $\overline{y^2}(x)$ 是振幅或应力-应变设计中最有用的测量参数，通过在频带上对响应的功率谱密度 $S_y(x,\omega)=S_y(x,x,\omega)$ 进行积分得到，或

$$\overline{y^2}(x)=\int_{-\infty}^{\infty}S_y(x,\omega)\mathrm{d}\omega \tag{E-23}$$

在平行流中，从杆的基本模态中发现位移的正负峰值分布呈高斯分布（Chen，1987；Wambsganss et al.，1968；Blevins，1993）。假设脉动压力分布为高斯型，则响应的绝对振幅预计为瑞利分布（Blevins，1993；Crandall et al.，1963）。

基于物理推导和实验数据，横向流中管的各向同性湍流压力场的复相干函数的表达式（Au-Yang，1977；Corcos，1964）为

$$\Gamma(x_1,x_2,\omega)=\exp[-2|x_1-x_2|/l_c]\times\exp[-\mathrm{i}\omega(x_1-x_2)\sin\theta/U_c] \tag{E-24}$$

式中，$l_c \ll L$ 是相关长度，它是湍流压力场相干范围的度量；U_c 是对流速度，或湍流涡旋随流运动的速度；θ 是流动方向与管轴法线之间的夹角。注意 $U_c/\sin\theta$ 是压力信号沿管长的相速度。

对于具有良好分离模态的小阻尼结构，交叉模态对响应的贡献可以忽略不计，分析式（E-23）可以得出（Crandall et al.，1963；Au-Yang，1985）

$$\overline{y^2}(x) = \sum_j 2\pi\xi_j\omega_j S_y(\omega_j) = \sum_j \pi\xi_j f_j G_y(f_j) \tag{E-25}$$

在第二个等式中，响应由更常用的频率 f（单位为 Hz）和单侧功率谱密度 G（f 的函数）表示，式中，

$$G(f) = 4\pi S(\omega),\quad f = \omega/2 \geqslant 0 \text{ 或 } f < 0 \tag{E-26}$$

在相同的小结构阻尼假设下，

$$\overline{y^2}(x) = \sum_j \frac{LG_f(f_j)\phi_j^2(x)}{64\pi^3 M_j^2 f_j^3 \xi_j} J_{jj}^2 \tag{E-27}$$

式中，$G_f(f_j)$ 是第 j 模态固有频率 f_j 下湍流压力场产生的单边功率谱密度［$(\mathrm{N/m})^2/\mathrm{Hz}$］。

N-1343 湍流横向流中管和梁的设计程序

大多数情况下，垂直于圆柱轴线的湍流分量比平行分量具有更主要的激励机制，流体的流向平行或倾斜于圆柱轴线的情况除外。因此，经常使用垂直于圆柱的流体分量对横向流进行分析，并辅以小倾角下 N-1345 的平行流动分析。

以下各节中的理论一般可应用于一维结构，但有关压力场统计的具体信息必须限于管（圆柱），直到其他梁截面有足够的信息。

N-1343.1 均匀横向流。圆柱两端由弹簧支撑，式（E-24）中受纳函数计算时的一个简单例子，即均匀的横向流绕过一个小阻尼、质量均匀分布的刚性圆柱。在式（E-24）中，$\phi = L^{-1/2}, \theta = 0$，并且 $i = j = 0$ 时，式（E-21）中的联合受纳积分变为（Au-Yang，1986，1985）

$$J_{11}^2 \approx l_c / L,\quad l_c \ll L \tag{E-28}$$

大多数横向流绕过管（圆柱）时，相关长度 l_c 不超过 3 倍直径（见 N-1322）。同样，尽管式（E-27）给出了针对弹簧支撑的刚性圆柱横向振动所推导的响应公式，它们也可以用于估算两端简支或固支的圆柱基本模态的联合受纳函数。当然，在确定均方根响应时，式（E-27）要根据实际的边界条件和式（E-19）中的正交条件，求解对应的振型。对于其他边界条件和更高阶的模态，联合受纳积分必须通过数值计算（大多数情况）或根据式（E-24）的封闭性进行估算。由于 $J_{11}^2 \leqslant 1.0$（Au-Yang，1986），通过设置式（E-27）中的所有 $J_{11} = 1.0$，可以找到响应上限的估算值。

湍流作用于管上的力的随机特性必须通过试验获得。单位长度管阵的湍流功率谱密度的两个表达式是

$$G(f)=[C_R(f)\rho V_g^2 D/2]^2 \quad \text{(Pettigrew et al., 1981)} \tag{E-29}$$

$$G(f)=[C_L(f)\rho V_g^2 D/2]^2 (D/V_g) \quad \text{(Blevins et al., 1981)} \tag{E-30}$$

式中，间隙速度V_g与管上游速度V_∞有关，

$$V_g/V_\infty = P/(P-D) \tag{E-31}$$

式（E-29）中，$C_R(f)$是系数。如图E-8给出的$C_R(f)$是频率的函数。因此，式（E-29）的使用限于数据采集的参数范围内，即高湍流水流（1～2m/s）流入直径为12～19mm的密排换热器管。$C_R(f)$会因流体中管束的存在而降低，这是由于入口处的高湍流和前几排管中观测的大涡激励。对于管阵布置的情况（Axisa et al.，1990；Chen et al.，1987），尚未获得式（E-30）中的$C_L(f)$数据。但使用该表达式可能会预报出不太保守的响应（Axisa et al.，1990）。

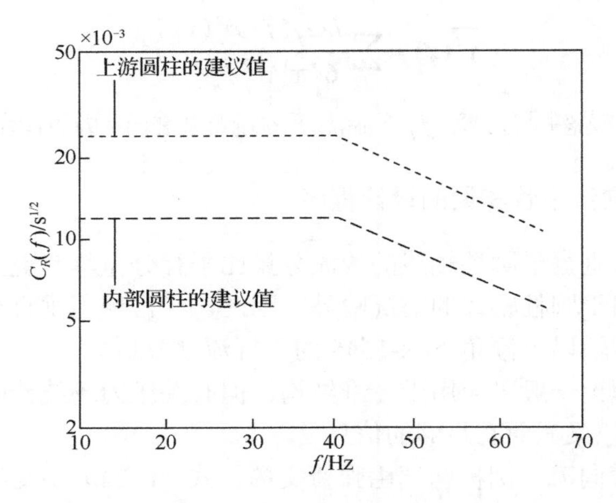

图E-8　横向流中圆柱阵的随机激励力系数

对于横向流中的单管，它不受涡旋脱落锁定条件（见N-1323）的影响。功率谱密度$G_f(f)$和相关长度是入射流中上游结构产生的湍流的函数。相对少量的湍流会让涡旋脱落（激励机制）的有效性显著降低，并且足够强的入射湍流可以消除所有涡旋的周期性。对于给定的湍流强度和入射流的长度比尺时，$G_f(f)$可用相关长度l_c（Mulcahy，1984）和入射流的比尺来近似。在没有关于入射流具体信息的情况下，图E-8中上游管的随机湍流系数可用于估算横向流中大多数单管的$G_f(f)$，因为数据库中包含了各种各样的入射流条件。在后一种情况下，式（E-29）和式（E-30）中使用的速度应为流的自由流速度。

如果上游结构产生清晰的涡旋，则可能会在下游20倍直径以上的单圆柱上产生强烈的激励（Chen，1986），应该避免这种布置。

N-1343.2 多跨均匀横向流。在许多应用中，圆柱常处于一个或多个均匀的、不同速度和不同密度的横向流中，这些横向流的流动彼此是不相关的。当使用折流板在压力容器（换热器、反应器等）内部引导不同密度的流体流动时，通常会存在这种情况。这种

条件下的均方响应可以通过对 N-1342.2 中给出的均匀湍流激励结果的简单归纳和使用来确定。

由于长度为 L_i 的跨度上的均匀横向流与其他跨度上的均匀横向流是不相关的，式（E-27）中的 $G_f J_{jj}^2$ 就可以通过对存在显著横向流的所有跨度 i 上局部定义的谱 G_f^i 和联合受纳函数 $(J_{jj}^i)^2$ 的乘积来计算（Au-Yang，1986），因此均方响应变为

$$\overline{y^2}(x) \approx \sum_j \sum_i \frac{L_i G_f^i(f_j)\phi_j^2(x)}{64\pi^3 M_j^2 f_j^3 \xi_j}(J_{jj}^i)^2 \tag{E-32}$$

式中，

$$G_f^i(f_j) = G_f(f_j)\int_0^{L_i} \phi_j^2(x)\mathrm{d}x \tag{E-33}$$

$(J_{jj}^i)^2$ 由式（E-21）使用第 i 跨上有效的 ϕ_j 确定，用 ϕ_j^i 表示。如 N-1343 所述，如果 ϕ_j^i 与两端简支或固支的单跨梁的基本振型相似，则 $(J_{jj}^i)^2 \approx l_c^i / L_i$。管束内的相关长度小于单管的相关长度，为 1～2 倍管直径。例如，在指定 $G_f^i(f)$ 并使用式（E-29）和式（E-30）后，可以确定均方响应。

N-1343.3 不均匀横向流。在工业换热器中，横向流速度在整个管段甚至一个管跨内很少是均匀的。虽然可以使用均匀横向流速度来估计式（E-29）、式（E-30）和式（E-32）中的力谱，但当速度分布已知时，可使用与确定性分析中广义力类似的振型加权功率谱密度来获得更好的预报（Au-Yang，1986）。

对于均匀质量密度：

$$G_f(f_j) = (D/2)^2 C_R^2(f_j)\int_0^L [\rho U^2(x)]^2 \phi_j^2(x)\mathrm{d}x \tag{E-34}$$

对于多跨的均匀质量密度：

$$G_f^i(f_j) = (D/2)^2 C_R^2(f_j)\int_0^{L_i} [\rho_i U^2(x)]^2 \phi_j^2(x)\mathrm{d}x \tag{E-35}$$

这些估算不是严格推导的，但它们可以使估算的响应更精确，特别是当速度分布的峰值接近振动模态波幅时。

N-1344 管束涡致振动

与单管相比，管束中是否存在涡旋脱落的定义要模糊得多。有关管束的实验测量表明，即使在动态压力功率谱密度中存在共振峰，它也比单管的功率谱密度宽得多，也不像单管那样明确。然而，如果在某一特定跨度内发生锁定的涡致振动，激励函数与管模态则完全相关，在跨度上相位也完全相关。这意味着联合受纳函数 $J_{jj}^i = 1.0$。为保守起见，根据 N-1324.1，将 $J_{jj}^i = 1.0$ 代入式（E-32）中，可计算多跨管束中某深度处的锁定涡致振动的振幅，以避免或抑制锁定。

边界管内确实存在典型的涡旋脱落现象。管束中的前两到三排管道，建议按照 N-1320 中概述的程序进行涡致振动分析。

N-1345 轴向流中的圆柱

与横向流相比，在伴有横向流的轴向流中，湍流是一种弱得多的激励机制，在这里流体从物体上分离出来。轴向流也是流体阻尼的一个来源，流体阻尼会随流量的增加而增加（Blevins，1993；Chen，1987；Chen et al.，1972）。因此，轴向流中管振幅的均方根通常仅为管直径的百分之几。

在轴向流中，激起细长圆柱（如管、杆等）的脉动压力有多种来源：发展的边界层中剪切流引起的局部湍流；上游扰动（如拦污栅格、槽道尺寸的突然变化，弯头和阀门等）引起的自由湍流，这些扰动会迅速减弱其对下游的影响；局部噪声（波）和系统噪声（可长距离传播）(Kadlec et al.，1971)。仅受充分发展湍流影响的管和单杆，一般实验表明相对均匀压力场是可能存在的（Chen et al.，1972），因为它们仅取决于局部结构的几何形状和流量。然而，尽管已经研究了很多特定的系统，但还没有研究出上游扰动和邻近物体的整体干扰特征的明确解释(Mulcahy et al.，1981，1980；Lin et al.，1981；Wambsganss et al.，1979a，1979b；Gibert，1976；Chen et al.，1972；Kadlec et al.，1971)。显然，在同一系统中，测量压力场中响应的特征可以给出准确的预报，但是对相同的轴向流速，系统间的预报可能有一个数量级的差别。响应通常比压力场（特别是非均匀压力场）中的压力波更容易测量，因此针对重要结构的几何形状，应建立响应的经验公式（Paidoussis，1981；Wambsganss et al.，1979a，1979b)。组件和原型相关性的测试中考虑了所有组件的几何形状和激励源。当然，这些相关性的使用必须限于所研发的组件类型和参数变化。

N-1345.1 推荐的设计程序。

（1）当压力场的特性可用时，可用 N-1342 中概述的一般方法来预报结构的响应。但是，与横向流不同，结构对流速度U_c很重要，在受纳积分之前，必须知道轴向流中的对流速度，可用式（E-21）和式（E-24）估算。在轴向流中，与横向流一样，相关长度l_c越大响应越大的说法通常是不正确的。相反，除了其功率谱密度外，响应还取决于结构的模态和压力场的相位相干性的匹配程度（Au-Yang，1985；Au-Yang et al.，1977）。

（2）无论压力场特征是否可用，采用最大的振幅进行计算使得经验公式能估算出相同数量级的振幅（Paidoussis，1981），

$$\frac{y^*}{D}=\frac{5\times10^{-4}K_n}{\alpha^4}\frac{u^{1.6}\epsilon^{1.8}Re^{0.25}}{1+u^2}\left(\frac{D_h}{D}\right)^{0.4}\frac{\beta^{2/3}}{1+4\beta} \tag{E-36}$$

圆柱的参数常在下述范围内：

$$2.1\times10^{-3}\leqslant u^2=m_AV^2L^2/(EI)\leqslant 8\times10^{-1}$$
$$26.8\leqslant\epsilon=L/D\leqslant 58.7$$
$$2.6\times10^4\leqslant Re=VD/\nu\leqslant 7\times10^5$$
$$4.9\times10^{-4}\leqslant\beta=m_A/m_t\leqslant 6.2\times10^{-1}$$
$$2.10\leqslant\alpha^2=\omega_1[m_tL^4/(EI)]^{1/2}\leqslant 20.8$$
$$1\leqslant K_n\leqslant 5$$

式中，K_n 是一个噪声因子，它代表偏离了 $K_n = 1$ 的平静、稳定的轴向流，商业系统预估以 $K_n = 5$ 为界；E 为弹性模量；I 为惯性矩；ν 为流体的运动黏性系数。

参 考 文 献

Au-Yang M K. 1977. Generalized hydrodynamic mass for beam mode vibration of cylinders coupled by fluid gap. Journal of Applied Mechanics, 44(1): 172-173.

Au-Yang M K. 1985. Flow-induced vibration: guidelines for design, diagnosis, and troubleshooting of common power plant components. Journal of Pressure Vessel Technology, 107(4): 326-334.

Au-Yang M K. 1986. Turbulent buffeting of a multi-span tube bundle. Journal of vibration, Stress and Reliability in Design, 108(2): 150-154.

Au-Yang M K, Connelly W H. 1977. A computerized method for flow-induced random vibration analysis of nuclear reactor internals. Nuclear Engineering and Design, 42(2): 257-263.

Axisa F, Antunes J, Villard B. 1990. Random excitation of heat exchangertubes by cross-flows. Journal of Fluids and Structures, 4(3): 321-341.

Bishop R E D, Hassan A Y. 1964. The lift and drag forces on a circular cylinder oscillating in a flowing fluid. Proceedings of the Royal Society A, 277(1368): 51-75.

Blevins R D. 1979. Formulas for natural frequency and mode shape. New York: Van Nostrand Reinhold.

Blevins R D. 1984a. Review of sound induced by vortex shedding from cylinders. Journal of Sound and Vibration, 92(4): 455-470.

Blevins R D. 1984b. Discussion of “guidelines for the instability flow velocity of tube arrays in crossflow”. Journal of Sound and Vibration, 97(4): 641-643.

Blevins R D. 1993. Flow-induced vibration. 2nd ed. New York: Van Nostrand Reinhold.

Blevins R D, Gibert R J, Villard B. 1981. Experiments on vibration of heat-exchanger tube arrays in cross flow. Transactions of the 6th International Conference on Structural Mechanics in Reactor Technology, Paris, France, Paper B6/9.

Bohm G J, Tagart S W. 1981. Flow-induced vibration in the design of nuclear components. Flow-Induced Vibration Design Guidelines: 1-10.

Chen P Y. 1981a. Flow-induced vibration design guidelines. New York: ASME: 1-52.

Chen S S. 1981b. Vibration of a group of circular cylinders subjected to a fluid flow. Flow-Induced Vibration Design Guidelines: 75-88.

Chen S S. 1981c. Fluid damping for circular cylindrical structures. Nuclear Engineering and Design, 63(1): 81-100.

Chen S S. 1984. Guidelines for the instability flow velocity of tube arrays in crossflow. Journal of Sound and Vibration, 93(3): 439-455.

Chen S S. 1986. A review of flow-induced vibration of two circular cylinders in crossflow. Journal of Pressure Vessel Technology, 108(4): 382-393.

Chen S S. 1987. Flow-induced vibration of circular cylindrical structures. Washington, D.C.: Hemisphere Publishing Corporation.

Chen S S, Jendrzejczyk J A. 1981. Experiments on fluid elastic instability in tube banks subjected to liquid cross flow. Journal of Sound and Vibration, 78(3): 355-381.

Chen S S, Jendrzejczyk J A. 1987. Fluid excitation forces acting on a square tube array. Journal of Fluids Engineering, 109(4): 415-423.

Chen S S, Wambsganss M W. 1972. Parallel-flow-induced vibration of fuel rods. Nuclear Engineering and Design, 18(2): 253-278.

Chen Y N. 1968. Flow-induced vibration and noise in tube-bank heat exchangers due to von Karman streets. Journal of Engineering for Industry, 90(1): 134-146.

Chen Y N. 1972. Fluctuating lift forces of the Karman vortex streets on single circular cylinders and in tube bundles, part 3—lift forces in tube bundles. Journal of Engineering for Industry, 94(2): 623-628.

Connors H J. 1970. Fluid-elastic vibration of tube arrays excited by cross-flow. Symposium on Flow-induced Vibration in Heat Exchangers, ASME Winter Annual Meeting.

Connors H J. 1981. Vortex shedding excitation and the vibration of circular cylinders. Flow-Induced Vibration Design Guidelines: 47-74.

Corcos G M. 1964. The structure of the turbulent pressure field in boundary-layer flow. Journal of Fluid Mechanics, 18(3): 353-378.

Crandall S H, Marks W D. 1963. Random vibration in mechanical systems. New York: Academic Press.

Den Hartog J P. 1956. Mechanical vibrations. 4th ed. New York: McGraw-Hill: 305.

Fitz-Hugh J S. 1973. Flow-induced vibration in heat exchangers. International Symposium on Vibration Problems in Industry, Keswick, Paper 427.

Gibert R S. 1976. Etude des fluctuations of pressiondans les circuits para courus par des fluids—Sources de fluctuations engendrees par les singularites d'Scoulement, Note CEA-N 1925.

Griffin O M, Skop R A, Ramberg S E. 1975. The resonant, vortex-excited vibrations of structures and cable systems. 7th Annual Offshore Technology Conference, Houston, Texas, Paper OTC-2319.

Guerrero H N, et al. 1980. Flow induced vibrations of a PWR upper guide structure tube bank model. Topical Meeting on Nuclear Reactor Thermal Hydraulics, Saratoga, NY, Combustion Engineering Technical Paper TIS-6297.

Kadlec J, Ohlmer E. 1971. On the reproducibility of the parallel-flow induced vibration of fuel pins. Nuclear Engineering and Design, 17(3): 355-360.

Keefe R T. 1962. An investigation of the fluctuating forces acting on stationary circular cylinder in a subsonic stream, and of the associated sound field. Journal of the Acoustical Society of America, 34(11): 1711-1714.

King R. 1977. A review of vortex shedding research and its application. Ocean Engineering, 4(3): 141-171.

King R, Prosser M J, Johns D J. 1973. On vortex excitation of model piles in water. Journal of Sound and Vibration, 29(2): 169-188.

Lin W H,Wambsganss M W, Jendrzejczyk J A. 1981. Wall pressure fluctuations within a seven rod array. General Electric, San Jose, CA, Report GEAP-24375(DOE/ET/34209-20).

Lin Y K. 1967. Probabilistic theory of structural dynamics. New York: McGraw-Hill.

Mulcahy T M. 1980. Fluid forces on rods vibrating in finite length annular regions. Journal of Applied Mechanics, 47(2): 234-240.

Mulcahy T M. 1981. Flow-induced vibration testing scale modeling relations. Flow-Induced Vibration Design Guidelines: 111-126.

Mulcahy T M. 1984. Fluid forces on a rigid cylinder in turbulent cross flow//Symposium on Flow-Induced Vibrations, I—Excitation and Vibration of Bluff Bodies in Cross Flow, New York: ASME: 5-28.

Mulcahy T M. 1987. Avoidance of the lock-in phenomenon in partial crossflow. Journal of Sound and Vibration, 112(3): 570-574.

Mulcahy T M, Wambsganss M W. 1976. Flow-induced vibration of nuclear reactor system components. Shock and Vibration Digest, 8(7): 33-45.

Mulcahy T M, Wambsganss M W, Lin W H, et al. 1981. Measurements of wall pressure fluctuations on a cylinder in annular water flow with upstream disturbances. Sixth International Conference on Structural Mechanics in Reactor Technology, Paris, France, Paper B6/5.

Mulcahy T M, Yeh T T, Miskevics A J. 1980. Turbulence and rod vibrations in an annular region with upstream disturbances. Journal of Sound and Vibration, 69(1): 59-69.

Naudascher E, Rockwell D. 1982. Practical experiences with flow-induced vibrations. New York: Springer-Verlag.

Owen P R. 1965. Buffeting excitation of boiler tube vibration. Journal of Mechanical Engineering Science, 7(4): 431-439.

Paidoussis M P. 1980. Flow-induced vibrations in nuclear reactors and heat exchangers//Practical Experience with Flow induced Vibrations. Naudascher E and Rockwell D, eds. New York: Springer-Verlag: 1-81.

Paidoussis M P. 1981. Fluidelastic vibration of cylinder arrays in axial and cross flow: state of the art. Journal of Sound and Vibration, 76(3): 329-360.

Paidoussis M P. 1983. A review of flow-induced vibrations in reactors and reactor components. Nuclear Engineering and Design, 74: 31-60.

Pettigrew M J, Gorman D J. 1981. Vibration of heat exchanger tube bundles in liquid and two-phase cross-flow. Flow-induced Vibration Design Guidelines: 89-110.

Ramberg S E. 1978. The influence of yaw angle upon the vortex wakes of stationary and vibrating cylinder. Naval Research Laboratory Memorandum, Washington, D.C., Report 3822.

Roberts B W. 1966. Low frequency, aero-elastic vibrations in a cascade of circular cylinder. Mechanical Engineering Science Monograph No. 4.

Sarpkaya T. 1978. Fluid forces on oscillating cylinders. Journal of the Waterway Port, Coastal and Ocean Division, 104(3): 275-290.

Sarpkaya T. 1979. Vortex-induced oscillations: a selective review. Journal of Applied Mechanics, 46(2): 241-258.

Scruton C. 1963. On the wind excited oscillations of stacks, towers and masts. Proceedings of the Conference on Wind Effects on Buildings and Structures, Teddington, England: 798-832.

Southworth P J, Zdravkovich M M. 1975. Cross-flow-induced vibrations of finite tube banks in-line arrangements. Journal of Mechanical Engineering Science, 17(4): 190-198.

Wambsganss M W, Boers B L. 1968. Parallel-flow induced vibration of a cylindrical rod. ASME, Paper 68-WANE-15.

Wambsganss M W, Mulcahy T M. 1979a. Flow-induced vibration of nuclear reactor fuel: part I: modeling. Shock and Vibration Digest, 11(11): 11-22.

Wambsganss M W, Mulcahy T M. 1979b. Flow-induced vibration of nuclear reactor fuel: part II: design considerations. Shock and Vibration Digest, 11(12): 11-13.

Weaver D S, Fitzpatrick J A. 1987a. A review of flow induced vibrations in heat exchangers. International Conference on Flow Induced Vibrations, Bowness-on-windermere, England, Paper Al: 1-17.

Weaver D S, Fitzpatrick J A, ElKashlan M. 1987b. Strouhal numbers for heat exchanger tube arrays in cross flow. Journal of Pressure Vessel Technology, 109(2): 219-223.

Weaver D S, Grover L K. 1979. Cross-flow induced vibrations in a tube bank—turbulent buffeting and fluid elastic instability. Journal of Sound and Vibration, 59(2): 277-294.

Weaver D S, Yeung H C. 1984. The effect of tube mass on the flow induced response of various tube arrays in water. Journal of Sound and Vibration, 93(3): 409-425.

Zdravkovich M M. 1977. Review—review of flow interference between two circular cylinders in various arrangements. Journal of Fluids Engineering, 99(4): 618-633.

作者索引

T

专业术语索引

H

J